电力电子技术

主编　张国琴　马双宝

参编　吴伟标　邓　奕

華中科技大學出版社
http://press.hust.edu.cn
中国·武汉

图书在版编目(CIP)数据

电力电子技术/张国琴，马双宝主编．—武汉:华中科技大学出版社，2022.12
ISBN 978-7-5680-8832-9

Ⅰ．①电…　Ⅱ．①张…　②马…　Ⅲ．①电力电子技术-高等学校-教材　Ⅳ．①TM76

中国版本图书馆 CIP 数据核字(2022)第 229829 号

电力电子技术
Dianli Dianzi Jishu

张国琴　马双宝　主编

策划编辑：袁　冲
责任编辑：刘　静
封面设计：孢　子
责任监印：朱　玢
出版发行：华中科技大学出版社(中国·武汉)　电话：(027)81321913
　　　　　武汉市东湖新技术开发区华工科技园　邮编：430223
录　　排：华中科技大学惠友文印中心
印　　刷：武汉市首壹印务有限公司
开　　本：787mm×1092mm　1/16
印　　张：19.5
字　　数：486 千字
版　　次：2022 年 12 月第 1 版第 1 次印刷
定　　价：49.00 元

前言

电力电子技术是利用电力电子器件进行能源变换的技术。伴随着我国“碳中和”与“碳达峰”目标的提出，电力电子技术有了更广阔的应用空间，同时电力电子技术在国民经济中起着越来越重要的作用。“电力电子技术”是电气工程及其自动化专业和自动化专业的一门必修专业基础课，在课题体系中起着举足轻重的作用。本书的编者在多年教授“电力电子技术”课程的基础上，进一步对电力电子基本理论进行梳理，编写了这本比较适合普通高校学生学习的电力电子技术教材。

本书的理论内容主要包括电力电子器件、逆变电路及其 PWM 控制技术、直流斩波电路、整流电路和交流-交流变换电路、软开关技术，在每章的理论内容后面都对相应的典型电路利用 MATLAB 进行了仿真，这样更能提高学生的学习兴趣，帮助学生深入分析和理解各种变换电路的拓扑结构和控制原理。另外，由于“电力电子技术”是一门实践性很强的课程，在理论学习的基础上，学生应能独立完成一些基本的实验和简单的项目设计。本书的第 8 章精选了 4 个项目，包括高效数控恒流源、无线电能传输装置、双向 DC-DC 变换器、24 V 交流单相在线式不间断电源，提供了这些项目的设计方案及过程，供学生自行实践学习。本书的第 9 章结合实验室中现有的电力电子技术及电机控制实验装置，设计了单相正弦波脉宽调制(SPWM)逆变电路、直流斩波电路、锯齿波同步移相触发电路、三相桥式全控整流及有源逆变电路和单相相控式交流调压电路共 5 个实验项目。

本书由张国琴、马双宝主编，全书共有 9 章，其中第 3、5、6、9 章由张国琴老师编写，第 1、2、4、8 章由马双宝老师编写，第 7 章由吴伟标老师编写，邓奕老师提供了一些习题和答案的参考资料。研究生左欣怡、肖权参与了部分图形的绘制工作。全书由张国琴老师统稿。

本书在编写过程中得到华中科技大学出版社和武汉纺织大学教务处的大力支持，也得到了武汉纺织大学电子与电气工程学院老师和学生的热心帮助，在此一并对他们表示感谢。

由于编者水平有限，殷切期望广大同行和读者对本书的疏漏和不妥之处给予批评指正。

编　者

2022 年 10 月

目录

第1章 绪论

1.1 电力电子技术的概念

电子技术包括信息电子技术和电力电子技术两大分支。信息电子技术主要应用于信息的处理，通常所说的模拟电子技术和数字电子技术都属于信息电子技术，属于弱电范畴，包括微电子学、纳米电子学、光电子学等分支，基于信息电子技术出现了计算机技术、通信技术、互联网技术，这些技术的发展与融合使人类从电气时代走向了信息时代。电力电子技术是有效地使用电力电子器件（又称为功率半导体器件），应用电路理论和控制技术以及分析开发工具，实现对电能高效的变换和控制的一门技术，是弱电控制强电的技术。利用电力电子技术对电力系统所产生的电能进行高效变换之后，可满足电力系统的输配电、航空航天、一般工业、电力传动、家用电器等各个方面的供电需求。电力电子技术也称为电力电子学，或功率电子学（power electronics）。国际电工委员会认为，电力电子技术就是应用于电力领域的电子技术，是电气工程三大领域——电力、电子和控制之间的边缘学科，被学术界承认的倒三角形形象地描述了这一特征，如图 1-1 所示。

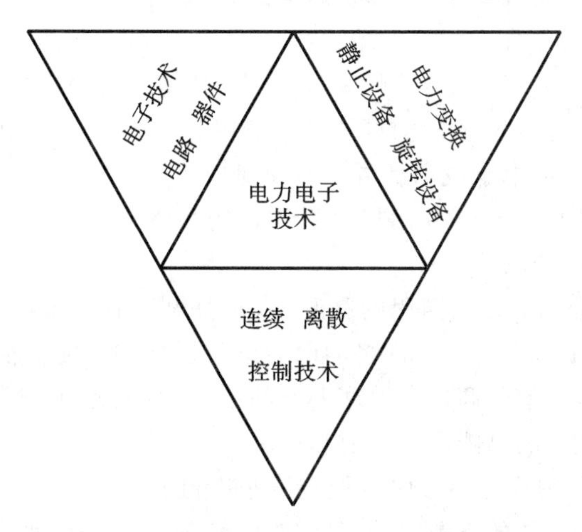

图 1-1 电力电子学定义的倒三角形描述

电力电子技术分为电力电子器件制造技术和电力电子变流技术两个方面。电力电子器件制造技术包括各种电力电子器件的设计、测试、模型分析、工艺及数字仿真等。电力电子变流技术包括应用电力电子器件构成各种电力变换电路和对这些电路进行控制的技术，以及由这些电路构成电力电子装置和系统的技术。电力电子器件制造技术是电力电子技术的基础，而电力电子变流技术是电力电子技术的核心。

通常所说的电力包括交流电和直流电两种。从公用电网直接得到的电力是交流电(alternating current，简称 AC)，比如每户的居民用电。从蓄电池或干电池得到的电力是直流电(direct current，简称 DC)。根据不同的负载，通常这些电能不能直接应用，需要在两种电能之间或者同种电能的一个或多个参数(如电压、电流、频率和功率因数等)之间进行电力变换。

用于电力变换的电路通常包括以下四种。

(1) 直流-交流变换器(DC-AC converter)：将直流电变换为频率和电压固定或者可调的交流电，也称为逆变器。当交流的输出接电网时，称为有源逆变。当交流的输出接负载时，称为无源逆变。

(2) 交流-直流变换器(AC-DC converter)：将交流电变换为固定的或可调的直流电，也称为整流器(rectifier)。

(3) 直流-直流变换器(DC-DC converter)：将直流电(由蓄电池、光伏电池提供或经整流输出)变换为幅值可调、性能更好的直流电。

(4) 交流-交流变换器(AC-AC converter)：也称交流电力控制器，可以用于电压的变换，也可以用于频率或相数的变换。

电力电子技术和信息电子技术之间既有联系又有区别。在器件的制造技术方面，二者的理论基础、工艺方法相似；在电路分析方法上，二者也有许多相通之处。二者的区别在于：在电力电子技术中，为了避免损耗过大，电力电子器件总是工作在开关状态；而在信息电子技术中，半导体器件既可工作在放大状态，也可工作在开关状态。

1.2 电力电子技术的发展过程

1948 年，贝尔实验室的巴丁、布拉顿和肖克利三位博士发明了世界上第一支硅晶体管。这一发明拉开了第一波电子学革命的序幕。硅半导体器件的发展衍生了现代的微电子技术，当今世界大多数先进的电子技术都可以追溯到这一发明。另一个突破性进展是 1956 年贝尔实验室发明了一种具有 PNPN 门极触发结构的晶体管。这个新发明的晶体管称为晶闸管，或者叫作可控硅整流器。

1958 年通用电气公司研发出商用的晶闸管，并获得工业应用，这标志着电力电子技术的诞生。从此开始，人们逐渐发明了许多的电力电子器件和电能变换技术。微电子技术的革命使人们能够以难以置信的高速度处理大量的信息，而电力电子学的革命使人们能够以不断提高的高效率对大量的电能实现变换和控制。

20 世纪 70 年代，晶闸管开始形成由低电压小电流到高电压大电流的系列产品。随着自身容量的不断增大和性能的不断完善，晶闸管已经在交流调压、调功、电解、电镀、冶金、直流调速、交流调速等电力电子设备中广泛应用。1969 年门极可关断晶闸管(GTO)研制成功，从此可自关断的全控型器件受到广泛重视，并迅速发展。同一时期，电力晶体管(GTR)出现。GTO 和 GTR 的出现，使电力电子技术的应用范围扩展到交流调速、机车牵引、开关

电源、中小功率UPS等领域。

20世纪80年代后期,电力场效应晶体管(power MOSFET)、绝缘栅双极型晶体管(IGBT)等高频全控型器件得到广泛应用,使变频器的输出波形大为改观,谐波含量大为减少。

20世纪90年代中后期集成门极换流晶闸管(IGCT)和电子注入增强栅晶体管(IEGT)的诞生,对高压大电流电力变换控制系统是一个突破。

为了使电力电子设备的结构紧凑、体积减小,常常把若干个电力电子器件及必要的辅助元件做成模块的形式,这给应用带来很大的方便。后来,又把若干个电力电子器件及必要的辅助元件集成在一起,构成功率集成电路(PIC)。

当然,电力电子器件的发展和性能的提高离不开半导体材料的发展。半导体材料共经历了三个发展阶段。第一代半导体材料发明并实用于20世纪50年代,以硅(Si)、锗(Ge)为代表,特别是硅(Si),构成了一切逻辑器件的基础。第二代半导体材料发明并实用于20世纪80年代,主要是指化合物半导体材料,以砷化镓(GaAs)、磷化铟(InP)为代表,其中砷化镓(GaAs)在射频功放器件中扮演重要角色,磷化铟(InP)在光通信器件中应用广泛。第三代半导体材料发明并实用于21世纪初年,以氮化镓(GaN)、碳化硅(SiC)、硒化锌(ZnSe)等宽带半导体材料为主。相较于第一代和第二代半导体材料,第三代半导体材料能够承受更高的电压、适应更高的频率,可实现更高的功率密度,并具有耐高温、耐腐蚀、抗辐射、禁带宽度大等特性。特别是碳化硅(SiC),由于在高温、高压、高频等条件下性能优异,在交流和直流变换器等电源变换装置中得到大量应用。2018年,美国、欧盟等继续加大对第三代半导体领域的研发支持力度,国际厂商积极、务实推进,商业化的碳化硅(SiC)、氮化镓(GaN)电力电子器件新品不断推出,性能日益提升,应用逐渐广泛。目前,我国碳化硅(SiC)在高端市场领域,如智能电网、新能源汽车、军用电子系统等尚处于发展初期。

1.3 电力电子技术的应用

电力电子技术的应用非常广泛,目前电力电子技术已经广泛应用到社会生产生活的各个领域。

1.3.1 柔性交流输电

柔性交流输电系统(FACTS)的英文表达为flexible AC transmission systems。它是综合电力电子技术、微处理和微电子技术、通信技术和控制技术而形成的用于灵活快速控制交流输电的新技术。

20世纪80年代中期,美国电力科学研究院(EPRI)N. G. Hingorani博士首次提出FACTS概念:应用大功率、高性能的电力电子元件制成可控的有功或无功电源以及电网的一次设备等,以实现对输电系统的电压、阻抗、相位角、功率、潮流等的灵活控制,将原来基本不可控的电网变得可以全面控制,从而大大提高电力系统的高度灵活性和安全稳定性,使得现有输电线路的输送能力大大提高。

柔性交流输电系统的主要决议有如下几点:①能在较大范围有效地控制潮流;②线路的

输送能力可增大至接近导线的热极限，例如一条 500 kV 线路的安全送电极限为 1000～2000 kW，线路的热极限为 3000 kW，采用 FACTS 技术后，可使输送能力提高 50%～100%；③备用发电机组容量可从典型的 18%减少到 15%，甚至更少；④电网和设备故障的危害可得到限制，防止线路串级跳闸，以避免事故扩大；⑤易消除电力系统振荡，提高系统的稳定性。柔性交流输电系统是应用于交流输电系统的电力电子装置，其中“柔性”是指对电压、电流的可控性：该装置与系统并联可以对系统电压和无功功率进行控制，与系统串联可以对系统电流和潮流进行控制。

FACTS 技术（技术系统应用技术及其控制器技术）已被国内外一些权威的输电工作者预测确定为未来输电系统新时代的三项支持技术之一（另外两项支持技术为先进的控制中心技术和综合自动化技术）。构成柔性交流输电系统的主要设备包括静止无功补偿器（SVC）、静止无功发生器（SVG）、综合潮流控制器（UPFC）和可控串联电容补偿器（TCSC）等，目前在这些设备方面均已有较深入的研究。

1.3.2 高压直流输电

大功率电力电子技术的发展与成熟，使得直流输电受到青睐，远距离大功率输送促使直流输电进一步发展，直流输电系统还提高了电力系统抗故障的能力，无须进行无功补偿，同样电压等级的直流输电能输送更大功率，且损耗小。直流输电在长距离、大容量输电时具有很大的优势。直流输电将发电厂发出的三相交流电升压后经过整流变为 500 kV 以上的高压直流电，远距离输送到用电地点，然后在变流站再变换为通常的工频交流电，经降压后与公用电网连接。

1.3.3 新能源发电

已经广泛利用的煤炭、石油、天然气、水能、核裂变能等能源，称为常规能源。由于生化燃料煤炭、石油的资源日益枯竭，新能源包括风能、太阳能、潮汐能、地热能已经是世界各国能源政策的重点。这些新能源取之不尽、用之不竭，并且没有污染排放，是绿色干净的能源。要使这些新能源产生的电能实用化，离不开各种电力电子设备，如逆变器、充电器、启动器、稳压器等。

随着世界能源需求的不断增长，可再生能源进入了发展新纪元。电力电子技术是实现可再生能源传输、分配和存储的主要手段。

1.3.4 工业应用

在一般工业中，电力电子技术主要用于电机调速传动和工业用电源。电机调速传动又分工艺调速传动和节能调速传动两大类。工艺调速传动指工艺要求必须调速的传动，例如轧机、矿井卷扬、机床造纸等以前用直流电动机驱动的机械的传动。节能调速传动指风机、泵等以前不调速，为节能而改用调速的机械的传动。它的节能效果非常显著。工业用电源的种类很多，有电解、电镀和冶炼用的大电流直流电源，电炉、电磁搅拌及热处理用的低、中、高频交流电源，焊机电源和各种控制电源等。由于具有相关性，电力电子技术在一般工业中

的应用范围非常广泛。

1.3.5　交通运输

在各种运输工具，如火车、磁悬浮列车、汽车以及飞机和轮船等中，动力装置都是核心。随着现代科技的发展，动力装置逐渐由机械化向机电一体化、电气化、自动化方向发展，其中电力电子技术起着越来越重要的作用。

我国电力机车传动技术发展迅速，并在当今社会取得了显著的成就。交流-直流传动方式经历了大功率二极管整流技术、晶闸管相控调压技术和相控无极调压技术三代式发展历程，而交流-直流-交流传动方式属于变频调速技术，实现了传动技术的第四代跨越式跳跃。

1.3.6　家居生活

1. 灯光照明

随着人民生活水平的不断提高，照明用电的电力消耗越来越大，绿色照明节能技术就显得越来越重要了。将传统的白炽灯照明改为利用电力电子技术制作的荧光灯、半导体发光二极管、金属卤化物灯、高压钠灯、光纤灯照明等，都可以提高电能利用率，同时照明灯具的寿命也延长了。另外，利用单向或双向可控硅构成的调光电路，更是满足了人们对光亮度的需求。

2. 变频空调、洗衣机、冰箱等电器

变频空调、洗衣机、冰箱等电器中都有变频器。这些电器中的变频器均由主电源电路（整流桥、滤波电容）、计算机芯片CPU、功率模块（逆变电路）等半导体元件组成。这里以变频空调为例来说明变频的过程：220 V正弦交流电经过整流桥整流、滤波电容滤波后变为直流电，这个直流电直接供给功率模块，CPU控制部分将变频波形信号送给功率模块，功率模块在CPU控制下，输出可变化的三相交流电，并提供给压缩机中的变频电机，从而实现对压缩机的变频控制。根据空调制冷情况及时改变它的频率，从而达到节约能源的目的。

3. 办公自动化

办公自动化设备中计算机的电源、复印机的传动都要使用电力电子器件。发展中的机器人，一身集中有数十个电机，这些电机的驱动都需要得到电力电子技术的支持。

总之，电力电子技术的应用越来越广泛，将来从发电厂和电网上得到的50 Hz交流电大都需要经过电力电子装置的二次处理，以满足各种设备、仪器和家用电器的要求。电力电子技术也与节能与高效率联系在一起，电力电子技术的应用、开发和研究具有广阔和辉煌的前景。

1.4　电力电子电路的仿真平台介绍

电力电子器件属于非线性器件，由这些非线性器件构成的电力电子电路工作状态非常复杂，这给电力电子电路的分析带来一定的困难。现代计算机仿真技术为电力电子电路和系统的分析提供了崭新的方法，可以使复杂电力电子电路和系统的分析和设计变得更容易和有效，是学习电力电子技术的重要手段。

现在用于电力电子仿真电路的软件有多种，其中较有影响的是PSpice和MATLAB。这两个软件都有很好的人机对话图形界面和内容丰富的模型库，都包含了电力电子器件和电机的模型，都可以用于控制理论、电力电子电路和电力拖动控制系统的仿真。PSpice的电子元器件模型种类齐全，模型精细，使用它可以从事复杂精巧的大规模集成电路的设计和制造。MATLAB的电力电子器件使用的是宏模型，主要只是反映器件的外特性，但是它有强大的控制功能，用于系统的仿真更方便。本书的仿真采用MATLAB/Simulink仿真平台，是主要考虑到MATLAB不仅可以仿真电力电子电路，并且在控制理论和电力拖动控制系统等课程的学习中使用比较多，使用MATLAB便于课程间的衔接，发挥仿真的优势。

1.4.1 MATLAB/Simulink仿真平台

MATLAB是矩阵实验室（matrix laboratory）的简称，是一种用于算法开发、数据可视化、数据分析及数值计算的高级技术计算语言和交互式环境。MATLAB的应用范围非常广，包括信号和图像处理、通信、控制系统设计、测试和测量、财务建模和分析，计算生物学以及电力系统等众多应用领域，附加的工具箱（单独提供的专用MATLAB函数集）扩展了MATLAB的使用环境，以解决这些应用领域内特定类型的问题。

Simulink是一个用于对动态系统进行多域建模和模型设计的平台。它提供了一个交互式图形环境即仿真平台，以及一个自定义模块库。它是一个高级计算和仿真平台，对于电力系统及电力电子电路的仿真，提供了很多现成的模块供使用。本书以MATLAB 2019来介绍MATLAB和Simulink的具体操作方法。

我们首先需要掌握启动Simulink的方法。启动Simulink有三种方法：①在MATLAB的命令行窗口直接输入Simulink命令；②单击MATLAB主页选项中的 按钮；③单击MATLAB主页选项中的 → Simulink Model 按钮。通过这三种方法都会打开Simulink起始页面窗口，如图1-2所示。

在进入图1-2所示的Simulink起始页面窗口之后，有两种进入模型文件创建窗口的方法：①单击Simulink→Blank Model，出现图1-3所示的Simulink模型窗口；②单击Simscape→Specialized Power Systems，出现搭建电力系统模型的窗口，如图1-4所示。

在图1-3和图1-4这两个窗口中都可以进行电力电子或电力系统模型的搭建。在利用图1-3所示的环境中搭建电力电子或电力系统的模型时，一定要自行加入powergui模块，否则运行出错；而在图1-4所示的环境中进行电力电子或电力系统模型的搭建时，不需要自行加入powergui模块。

在模型窗口打开后，可以进行窗口的一些环境属性设置。和Windows窗口类似，在Simulink的起始页面窗口和模型窗口的View菜单下选择或取消选择Toolbar和Status Bar命令，就可以显示或隐藏工具条和状态条。在进行仿真的过程中，模型窗口的状态条会显示仿真状态、仿真进度和仿真时间等相关信息。

MATLAB环境设置对话框可以让用户集中设置MATLAB及其工具软件包的使用环境，包括Simulink的环境设置。要在Simulink环境中打开该对话框，可以在Simulink模型窗口中选择File→Simulink Preferences菜单命令，这时就会出现图1-5所示的对话框。

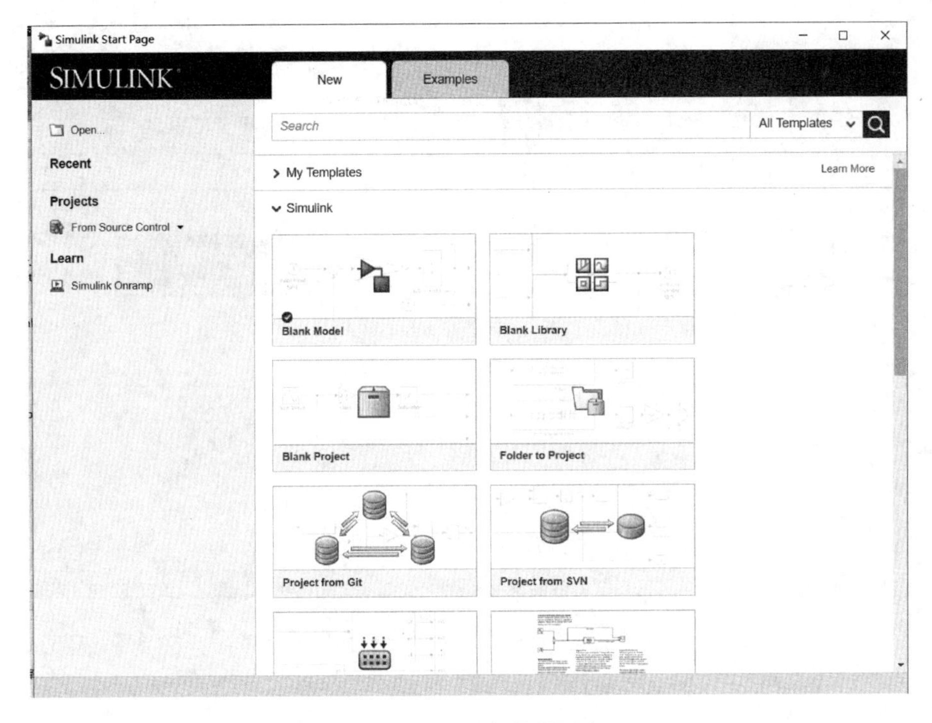

图 1-2　Simulink 起始页面窗口

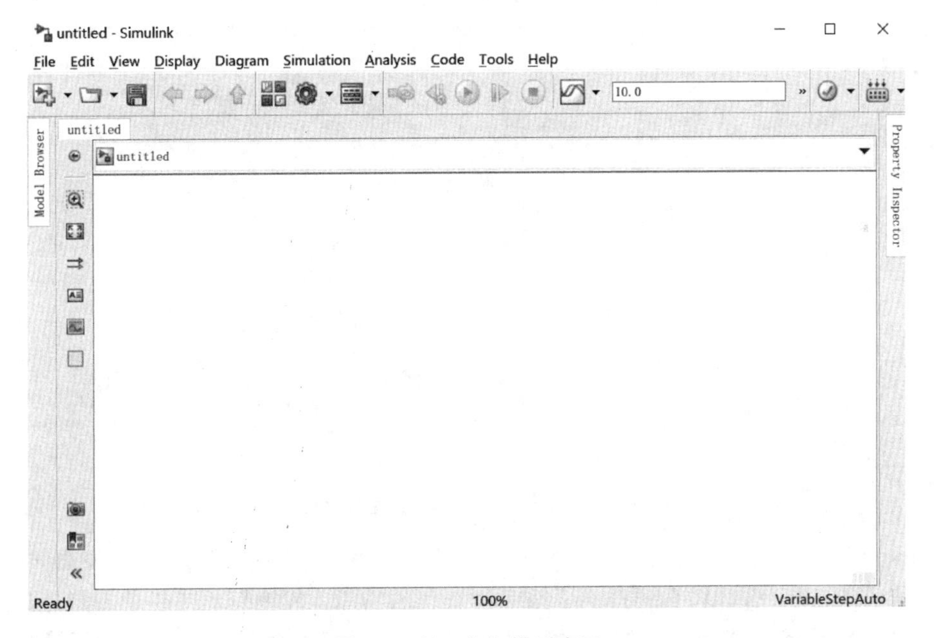

图 1-3　Simulink 模型窗口

要在模型窗口中建立模型文件，还需要打开库浏览器，然后从库浏览器中找到相应的模块。在图 1-3 或图 1-4 所示的模型窗口中单击图标，就会弹出图 1-6 所示的库浏览器窗口。可以说，Simulink 主要由库浏览器和模型窗口组成。前者为用户提供了展示 Simulink 标准模块库和专业工具箱的界面，后者是用户创建模型方框图的地方。

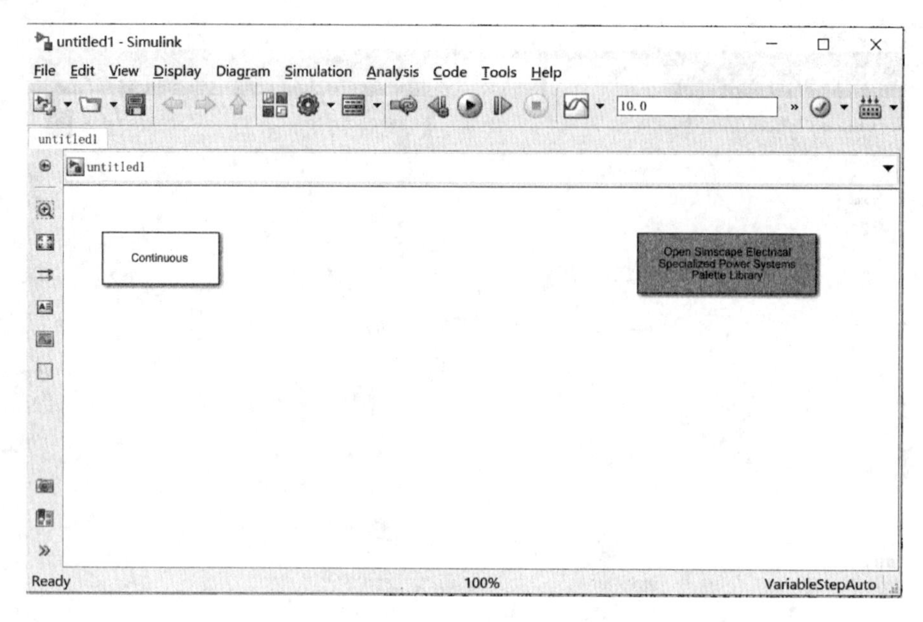

图 1-4 电力系统专用 Simulink 模型窗口

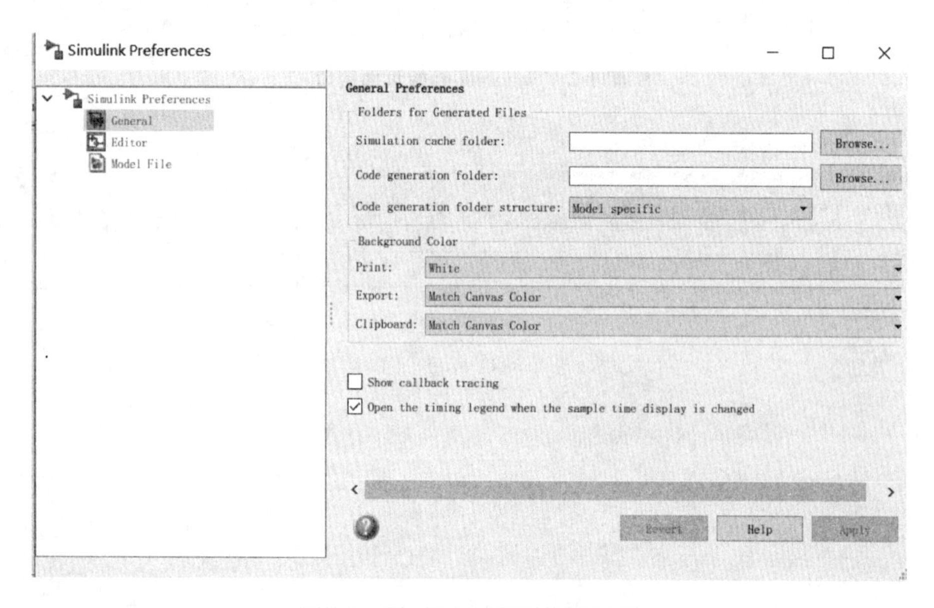

图 1-5 Simulink 环境设置对话框

Simulink 库浏览器将各种模块库按树状结构进行罗列，如图 1-6 所示，以便用户快速地查询所需要的模块。同时，它还提供了按名称查找的功能。库浏览器提供的模块库有很多，单击模块库浏览器中 Simulink 前面的＋号，将看到 Simulink 模块库中包含的子模块库，单击所需要的子模块库，在右边的窗格中将看到相应的基本模块，选择所需基本模块，用鼠标就可以将其拖到模型编辑窗口。与电力电子系统仿真密切相关的库有两个（Simulink 库和 Simscape→Electrical→Specialized Power Systems）。

在 Simulink 提供的图形用户界面（GUI）即仿真平台上，只要使用鼠标进行简单的拖拉操作就可以构造出复杂的仿真模型。Simulink 的模块以方框图形呈现，且采用分层结构。

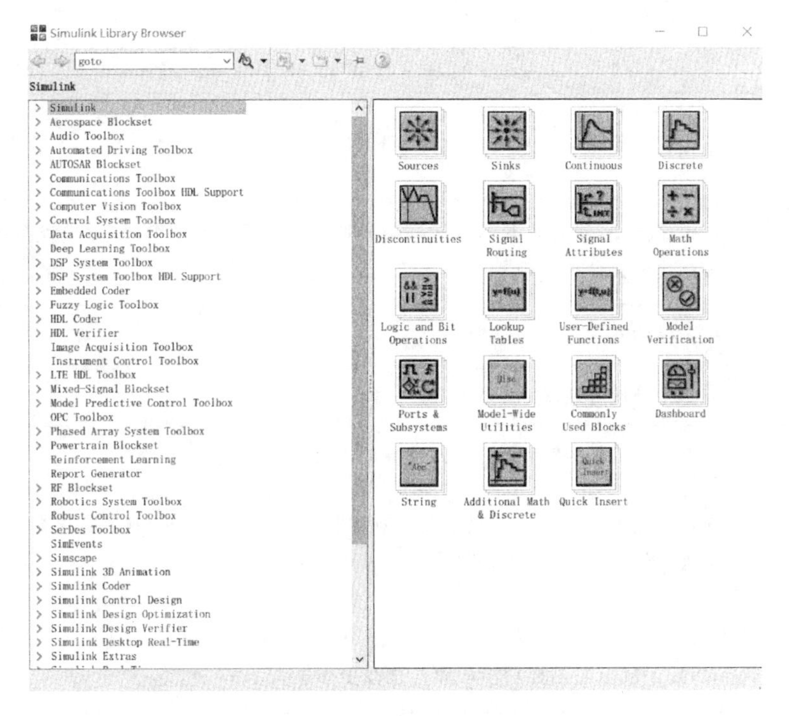

图 1-6　模块库浏览器窗口

Simulink 的每一个模块对于用户来说都相当于一个"黑匣子",用户只需要知道模块的输入和输出及模块功能即可,而不必管模块内部是怎么实现的。因此,用户使用 Simulink 进行系统建模的任务就是选择合适的模块并把它们按照模型结构连接起来,然后进行调试和仿真。如果仿真结果不满足要求,可以改变模块的相关参数再运行仿真,直到结果满足要求为止。至于在仿真时各个模块是如何执行的、各个模块间是如何通信的、仿真时是如何采样的及事件是如何驱动的等细节问题,用户都不用去管,因为这些 Simulink 都解决了。

1.4.2　仿真模型中基本元素的操作

仿真模型由模块、连接线以及注释等组成。下面具体说明构成模型的基本元素的操作。

1. 模块

模块是建立 Simulink 模型的基本单元。利用 Simulink 进行系统建模就是用适当的方式把各种模块连接在一起。表 1-1 列出了对模块的基本操作。

表 1-1　对模块的基本操作

任务	Microsoft Windows 环境下的操作
选择一个模块	单击要选择的模块。在用户选择了一个新的模块后,之前选择的模块被放弃
选择多个模块	按住鼠标左键不放拖动鼠标,将要选择的模块包括在鼠标画出的方框里;或者按住 Shift 键,然后逐个选择

续表

任务	Microsoft Windows 环境下的操作
不同窗口间复制模块	直接将模块从一个窗口拖到另一个窗口
同一模型窗口内复制模块	先选中模块,然后按下 Ctrl+C 组合键,再按下 Ctrl+V 组合键;或者在选中模块后,通过快捷菜单来实现
移动模块	按下鼠标左键直接拖动模块
删除模块	先选中模块 ,再按下 Delete 键
连接模块	先选中源模块,然后按住 Ctrl 键并单击目标模块
断开模块间的连接	先按下 Shift 键,然后用鼠标左键拖动模块到另一个位置;或者将鼠标指向连线的箭头处,当出现一个小圆圈圈住箭头时按下鼠标左键并移动连线
改变模块大小	先选中模块,然后将鼠标移到模块方框的一角,当鼠标图标变成两端有箭头的线段时,按下鼠标左键拖动模块图标以改变图标大小
调整模块的方向	先选中模块,然后通过 Format→Rotate Block 命令来改变模块的方向
给模块加阴影	先选中模块,然后通过 Format→Show Drop Shadow 命令来给模块加阴影
修改模块名	双击模块名,然后修改
模块名的显示与否	先选中模块,然后通过 Format→Show Name/Hide Name 命令来决定是否显示模块名
改变模块名的位置	先选中模块,然后通过 Format→Flip Name 命令来改变模块名的显示位置
在连线之间插入模块	用鼠标拖动模块到连线上,使得模块的输入/输出端口对准连线

Simulink 中几乎所有模块的参数都允许用户进行设置,只要双击要设置的模块或在模块上单击鼠标右键,并在弹出的快捷菜单中选择相应模块的参数设置命令,就会弹出模块参数设置对话框。该对话框分为两个部分,上面一部分是模块功能说明,下面一部分用来进行模块参数设置。

图 1-7 所示的增益模块的参数对话框显示了一个增益模块的配置。用户可以设置增益模块的增益大小、采样时间和输出数据类型等参数。

2. 连接线和信号标签以及模型注释

连接线也就是直线,是建立模型的另一个重要组成元素。表 1-2 列出了对直线的操作方法。

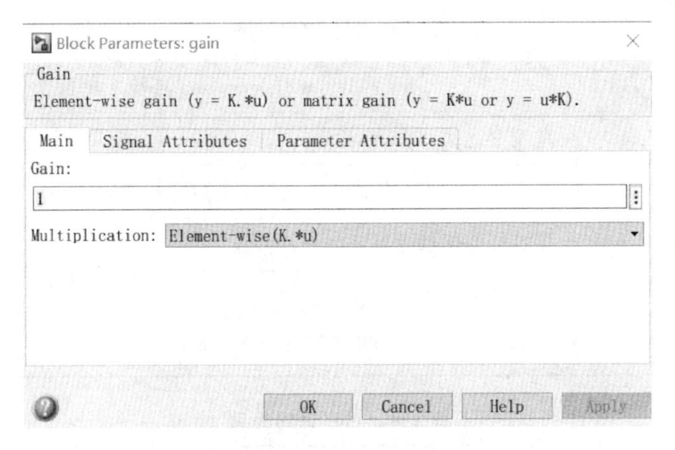

图 1-7　增益模块的参数设置对话框

表 1-2　对直线的操作方法

任务	Microsoft Windows 环境下的操作
选择多条直线	与选择多个模块的方法一样
选择一条直线	单击要选择的直线。当用户选择一条新的直线时，之前选择的直线都要被放弃
直线的分支	按下 Ctrl 键，然后拖动直线；或者按下鼠标左键并拖动直线
移动直线端	按下鼠标左键并拖动直线
移动直线顶点	将鼠标指向直线的箭头处，当出现一个小圆圈圈住箭头时按下鼠标左键并移动直线
直线调整为斜线段	按下 Shift 键，将鼠标指向需要调整的直线上的一点并按下鼠标左键直接拖动直线
直线调整为折线段	按住鼠标左键不放直接拖动直线

对信号进行标注及在模型图表上建立描述模型功能的注释文字，是一个好的建模习惯。信号标签和模型注释实例如图 1-8 所示。对标注和注释的具体操作分别见表 1-3 和表 1-4。

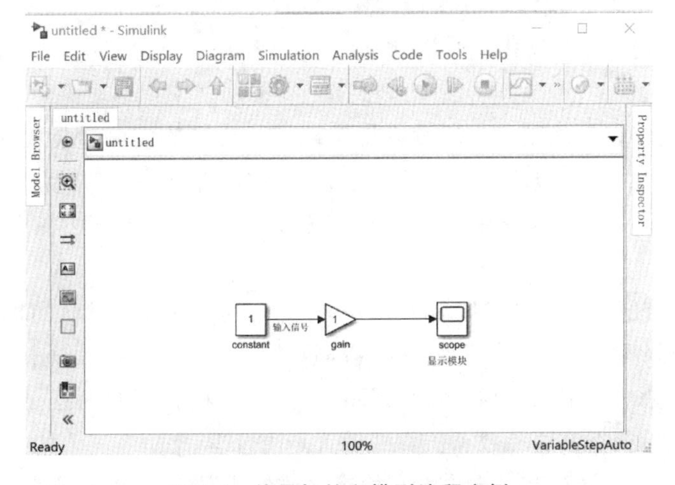

图 1-8　信号标签和模型注释实例

表 1-3　对标注的处理

任务	Microsoft Windows 环境下的操作
建立信号标签	在直线上直接双击，然后输入
复制信号标签	按下 Ctrl 键，然后按住鼠标左键选中标签并拖动
移动信号标签	按住鼠标左键选中标签并拖动
编辑信号标签	在标签框内双击，然后编辑
删除信号标签	按下 Shift 键，然后单击选中标签，再按下 Delete 键

表 1-4　对注释的处理

任务	Microsoft Windows 环境下的操作
建立注释	在模块图标中双击，然后输入文字
复制注释	按下 Ctrl 键，然后选中注释文字并拖动
移动注释	选中注释文字并拖动
编辑注释	单击注释文字，然后编辑
删除注释	按下 Shift 键，选中注释文字，再按下 Delete 键

1.4.3　建立模型文件的方法

1. 建立模型文件的基本步骤

(1) 画出系统草图。将所要仿真的系统根据功能划分成一个个小的子系统，然后用一个个小的模块来搭建每个子系统。这一步骤也体现了用 Simulink 进行系统建模的层次性特点。当然，所选用的模块最好是 Simulink 库里现有的模块，这样用户就不必进行烦琐的代码编写。当然，这要求用户必须熟悉 Simulink 库的内容。

(2) 启动 Simulink 模块库浏览器，新建一个空白模型。

(3) 在库浏览器中找到所需模块并拖到空白模型窗口中，按系统草图的布局摆放好各模块并连接各模块。

(4) 如果系统较复杂、模块太多，可以将实现同一功能的模块封装成一个子系统，使系统的模型看起来更简洁(封装的具体方法将在第 3 章“逆变电路”中介绍)。

(5) 设置各模块的参数及其他与仿真有关的各种参数(具体方法在后面的相关章节有详细介绍)。

(6) 保存模型，模型文件的扩展名为. mdl 或. slx，其中. slx 是默认的扩展名。

(7) 运行仿真，观察结果。如果仿真出错，通过弹出的错误提示框来查看出错的原因，然后进行修改；如果仿真结果与预想的结果不符，首先要检查模块的连接是否有误、选择的模块是否合适，然后检查模块参数和仿真的设置是否合理。

(8) 调试模型。如果在上一步中没有检查出任何错误，那么就有必要进行调试，以查看系统每一个仿真步骤的运行情况，直至找到出现仿真结果与预想的结果或实际情况不符的地方，修改后再进行仿真，直至结果符合要求。当然，最后还要保存模型。

2. Simulink 的简单示例

模拟一次线性方程：

$$y=\frac{9}{4}x+30$$

其中输入信号 x 是幅值为 10 的正弦波。

（1）建模所需模块的确定。

在建模之前，首先要确定建立上述模型需要的模块及其所在的模块库。本例所需模块及其所在的模块库具体如表 1-5 所示。

表 1-5　本例所需模块及其所在的模块库

模块	功能	所在的模块库
Gain	用于定义常数增益	Simulink→Math Library
Constant	用于定义一个常数	Simulink→Source Library
Sum	用于将两项相加	Simulink→Math Library
Sine Wave	作为输入信号	Simulink→Source Library
Scope	显示系统的输出	Simulink→Sinks Library

（2）模块的复制及连接。

把所需的模块从各自的模块库中复制到用户的模型窗口，并把各个模块连接起来，构成系统框图，如图 1-9 所示。

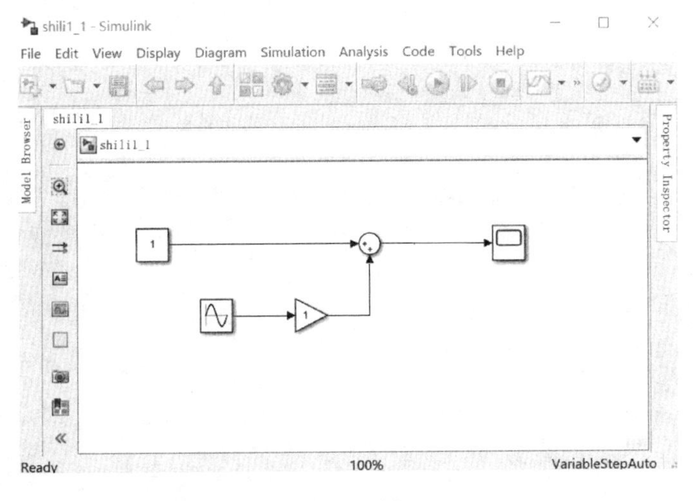

图 1-9　系统框图

分别打开 Gain 模块和 Constant 模块（双击模块图标），分别将它们设置为 9/4 和 30，然后单击 OK 按钮。打开 Sine Wave 模块，把它的幅值设为 10，相位设为 0，频率设为 $2\times\pi\times 50$ rad/s（实际输入时以 pi 表示 π），以使其得到较大的变化。

(3) 开始仿真。

在模型窗口中选择 Simulation→Configuration Parameters 命令,定义"Stop time"为0.04 s,然后选择 Simulation→Run 命令,仿真开始。仿真曲线如图 1-10 所示。

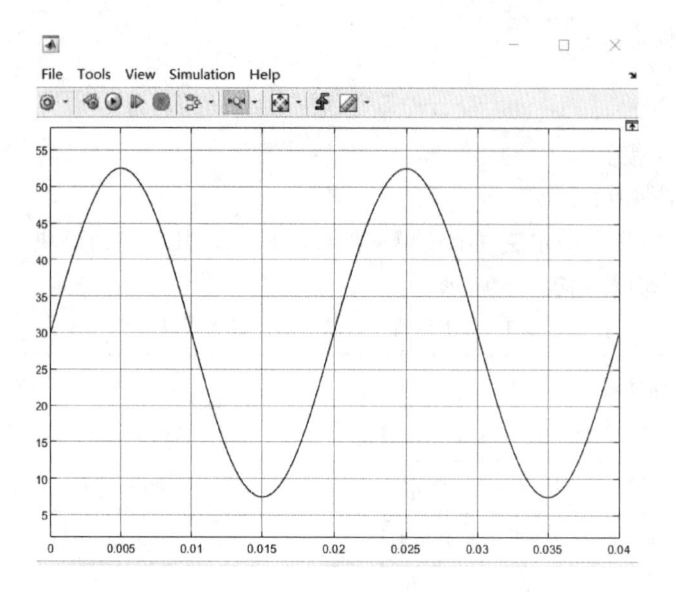

图 1-10 仿真曲线

第2章 电力电子器件

电力电子器件是电力电子技术的基础，是用于电能的变换与控制的核心器件。这些器件经常承受相当大的电流和电压，通常也被称为功率半导体器件。

2.1 概述

2.1.1 电力电子器件的概念和特征

在电气设备或电力系统中，直接承担电能的变换或控制任务的电路被称为主电路。电力电子器件是指可直接用于处理电能的主电路中，实现电能的变换或控制的电子器件。电力电子器件与普通半导体器件一样，目前主要采用的材料仍然是单晶硅，但由于电压等级和功率要求不一样，二者的制作工艺有所不同。

电力电子器件由于直接用于处理电能的主电路中，因而同处理信息的电子器件相比，具有一些特有的特征：

(1) 电力电子器件所能处理的电功率远大于信息电子器件。也因此，承受电压和电流的能力是电力电子器件重要的指标。

(2) 电力电子器件一般都工作在开关状态，导通时(通态)阻抗很小，接近于短路，管压降接近于零，而电流由外电路决定；阻断时(断态)阻抗很大，接近于断路，电流几乎为零，而管子两端电压由外电路决定。这就像普通晶体管的饱和与截止状态一样。

(3) 在实际应用中，电力电子器件还需要控制电路和驱动电路。电力电子器件所处理的电功率较大，因此普通的信息电子电路信号一般不能直接控制电力电子器件的导通和关断，需要一定的中间电路对控制信号进行适当的放大，这就是电力电子器件的驱动电路。

(4) 电力电子器件一般需要安装散热器。尽管电力电子器件工作于开关状态，但是自身的功率损耗通常远大于信息电子器件，因而为了保证不至于因损耗散发的热量导致器件温度过高而损坏，不仅在器件封装上比较讲究散热设计，而且在其工作时一般都还需要安装散热器。

2.1.2 电力电子器件的分类

近 60 年来，电力电子器件经历了非常迅猛的发展。从大功率电力二极管、半控型器件、晶闸管到开通关断都可控的全控型器件，从驱动功率较大的电流型控制器件到驱动功率很小的电压型控制器件，从低频开关到高频开关，从低压小功率到高压大功率，先后出现了多种电力电子器件。下面分别从器件的可控程度、驱动信号的性质和器件中参与导电的载流子情况来对电力电子器件进行分类。

1. 根据控制信号所控制的程度分类

（1）半控型器件：通过控制信号可以控制其导通而不能控制其关断的电力电子器件。这类器件主要指晶闸管（thyristor）及其大部分派生器件，器件的关断完全由其在主电路中承受的电压和电流决定。

（2）全控型器件：通过控制信号既可以控制其导通，又可以控制其关断的电力电子器件。全控型器件由于与半控型器件相比可以由控制信号控制其关断，因此又称为自关断器件。这类器件品种多，目前最常用的是绝缘栅双极型晶体管和电力场效应晶体管。

（3）不可控器件：不能用控制信号来控制其通断的电力电子器件，如电力二极管。这种器件只有两个端子，基本特性与信息电子电路中的二极管一样，器件的导通和关断完全是由其在主电路中承受的电压和电流决定的。

2. 根据驱动信号的性质分类

按照驱动电路加在电力电子器件控制端和公共端之间信号的性质，可以将电力电子器件分为电流型器件和电压型器件。

（1）电流型器件：通过从控制端注入或抽出电流的方式来实现导通或关断的电力电子器件，如晶闸管（SCR）及其派生器件（GTO、GTR）。

（2）电压型器件：通过在控制端和公共端之间施加一定电压信号的方式来实现导通或关断的电力电子器件，如 MOSFET、IGBT。由于它是通过加在控制端上的电压在器件的两个主电路端子之间产生可控的电场来改变流过器件的电流大小和通断状态的，因此电压型器件又被称为场控器件，或者场效应器件。

根据驱动电路加在电力电子器件控制端和公共端之间的有效信号的波形，又可将电力电子器件（电力二极管除外）分为脉冲触发型和电平控制型两类。通过在控制端施加电压或电流的一个脉冲信号来实现器件的开通或者关断的控制，一旦进入导通或阻断状态且在主电路条件不变的情况下，器件就能够维持其导通或阻断状态，而不必通过继续施加控制端信号来维持其状态，这类电力电子器件被称为脉冲触发型电力电子器件。必须通过持续在控制端和公共端之间施加一定电平的电压或电流信号来使器件开通并维持在导通状态，或者关断并维持在阻断状态，这类电力电子器件则被称为电平控制型电力电子器件。

3. 根据器件内部载流子参与导电的情况分类

（1）单极型器件：内部由一种载流子参与导电的器件，如电力场效应晶体管（power MOSFET）、静电感应晶体管（SIT）等。

（2）双极型器件：由电子和空穴两种载流子参与导电的器件，如电力二极管、电力双极型晶体管（GTR）、晶闸管（SCR）、门极可关断晶闸管（GTO）。

（3）复合型器件：由单极型器件和双极型器件集成混合而成的器件，如绝缘栅双极型晶体管（IGBT）。

2.2 电力二极管

电力二极管也被称为功率二极管(power diode)、半导体整流管(semiconductor rectifier,SR)或电力整流管(power rectifier),自 20 世纪 50 年代初期就获得应用,属于不可控器件。电力二极管实际上就是由 PN 结加上电极引线和管壳封装构成的,因此先回顾一下 PN 结的工作原理。

2.2.1 PN 结的工作原理

1. PN 结的形成

当一片 P 型半导体(空穴导电)和一片 N 型半导体(电子导电)结合在一起时,由于载流子电子和空穴的相互扩散,因而在界面两侧留下了带正、负电荷但不能任意移动的杂质离子。这些不能移动的正、负电荷被称为空间电荷。空间电荷构成的区域称为空间电荷区。PN 结产生的内电场阻止了半导体多数载流子的继续扩散,因此 PN 结也称为阻挡层。PN 结的形成如图 2-1 所示。

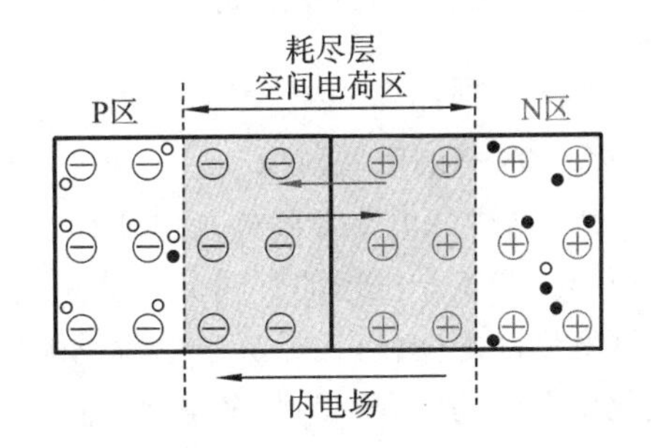

图 2-1 PN 结的形成

2. PN 结的单向导电性

PN 结外加正向电压,即 P 端接正极,N 端接负极,通常称为 PN 结正偏,如图 2-2 所示。此时,由正向电压产生的外电场与 PN 结的内电场方向相反,使内电场削弱,阻挡层变薄乃至消失,大量的多数载流子越过 PN 结界面,形成正向电流,PN 结正向导通。PN 结导通时,正向电阻很小,正向电流受外电阻 R 的限制,管子两端的正向压降 U_{PN} 一般小于 1 V。

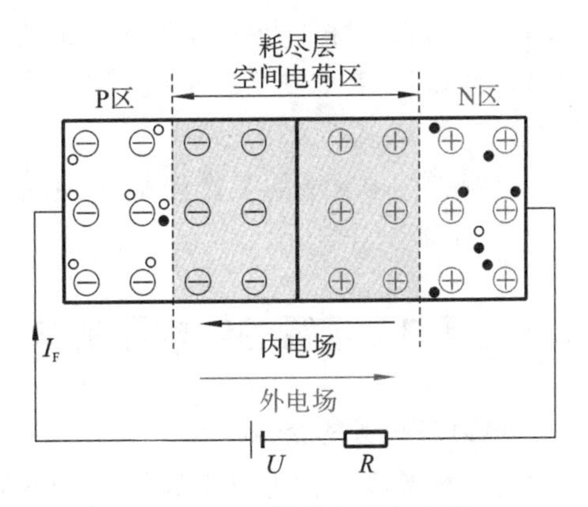

图 2-2 PN 结外加正向电压

PN 结外加反向电压,即 P 端接负极,N 端接正极,通常称为 PN 结反偏,如图 2-3 所示。此时,由反向电压产生的外电场与 PN 结的内电场方向相同,使内部空间电荷区变宽,即阻挡层变厚,多数载流子难以越过 PN 结界面形成电流,PN 结截止。PN 结截止时,反向电阻很大,仅有少量的少数载流子(简称少子)在反向的外电场的作用下漂移形成很小的漏电流。漏电流数值趋于恒定,被称为反向饱和电流,一般仅为微安数量级。

PN 结的反向耐压能力是有限制的,施加的反向电压过大时,会造成 PN 结的反向击穿。按照机理不同,PN 结的反向击穿有雪崩击穿和齐纳击穿两种形式。反向电压加大后,内电场使少子加快运动速度,与共价键中的价电子相碰撞,撞出价电子,形成电子空穴对,新产生

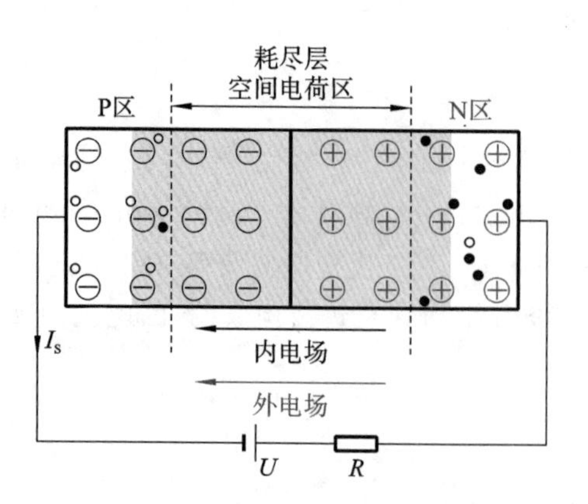

图 2-3 PN 结外加反向电压

的电子空穴对又被加速，再撞其他价电子，造成载流子雪崩式倍增，电流急剧增加，称雪崩击穿。反向电压加大后，形成很强的内电场，强行拉出共价键中的价电子产生电子空穴对，致使电流急剧增加，称为齐纳击穿。反向击穿发生后，若电路采取限制反向电流大小的措施，反向电压降低后，PN 结仍可恢复原态。如果反向电流未被限制住，继续增加，使得反向电压与反向电流的乘积超过 PN 结允许的耗散功率，热量散不出去，使 PN 结的结温上升，直至过热而烧毁，就会导致热击穿，造成永久性损坏。

3. PN 结的电容效应

PN 结中的电荷量随外加电压而变化，呈现电容效应。PN 结的等效电容称为结电容。结电容按照工作机理的不同分为势垒电容和扩散电容。当 PN 结外加电压变化时，空间电荷区宽度随之变化，耗尽层中电荷量随之增减，如同电容的充放电一样，将这种耗尽层宽窄变化所等效的电容称为势垒电容 C_B。当 PN 结外加正向偏置电压时，N 区扩散到 P 区的自由电子在 P 区所形成的浓度梯度（靠近 PN 结的浓度高，远离 PN 结的浓度低）也会随之变化，外加正向电压大，浓度梯度大，正向电流（扩散电流）大，反之亦然。这与电容的充放电相类似，所等效的电容被称为扩散电容 C_D。

结电容的大小除了与本身结构和工艺有关外，还与外加电压有关。当 PN 结处于正向偏置时，结电容主要取决于扩散电容 C_D；当 PN 结处于反向偏置时，结电容主要取决于势垒电容 C_B。

结电容影响 PN 结的工作频率，特别是在高速开关的状态下，可能使 PN 结单向导电性变差，甚至不能工作。

2.2.2 电力二极管的结构和基本特性

1. 电力二极管的结构

电力二极管在结构上以半导体 PN 结为基础，由一个面积较大的 PN 结和两端引线以及封装组成。从外形上看，电力二极管主要分为螺栓型和平板型两种。电力二极管的外形、内部结构和电气符号如图 2-4 所示。电力二极管的特性分为静态特性和动态特性。

2. 电力二极管的基本特性

（1）静态特性。

电力二极管的静态特性也就是伏安特性，即流过二极管的电流 i_A 随着二极管两端电压 u_{AK} 的变化曲线。当二极管 A、K 两端加正向电压且电压从 0 V 缓慢增加时，就会得到二极管的正向静态特性曲线，如图 2-5 第一象限所示。二极管正向导电时，外加电压必须超过门槛电压 U_{TO}，硅二极管的门槛电压在 0.5 V 左右。当外加电压小于门槛电压时，外电场不足以削弱 PN 结的内电场，因此正向电流几乎为零。当二极管的外加电压大于门槛电压时，内

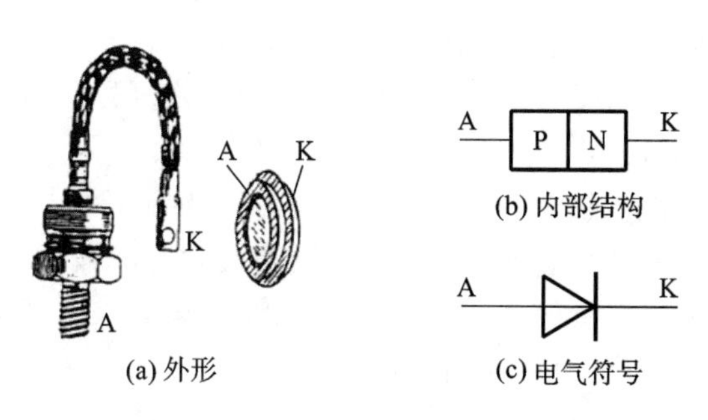

(a) 外形　(b) 内部结构　(c) 电气符号

图 2-4　电力二极管的外形、内部结构和电气符号

电场被大大削弱，电流才会迅速上升，并且二极管的正向电流大小取决于外电阻 R。

当二极管 A、K 两端外加反向电压且电压从 0 V 缓慢增加时，就会得到二极管的反向静态特性曲线，如图 2-5 第三象限所示。当加反向电压时，PN 结内电场进一步增强，使扩散运动更难进行，这时只有少数载流子在反向电压作用下的漂移运动形成微弱的反向电流，反向电流很小，且在一定范围内几乎不随反向电压的增大而增大。但当反向电压增大到一定数值 U_{RB} 时，反向电流剧增，这种现象称为二极管的反向击穿，U_{RB} 被称为反向击穿电压（reverse breakdown voltage）。

电力二极管和普通二极管的不同之处是它能够承受较高的反向电压和通过较大的正向电流。电力二极管经常使用在整流电路中，故也称为整流二极管（rectifier diode）。

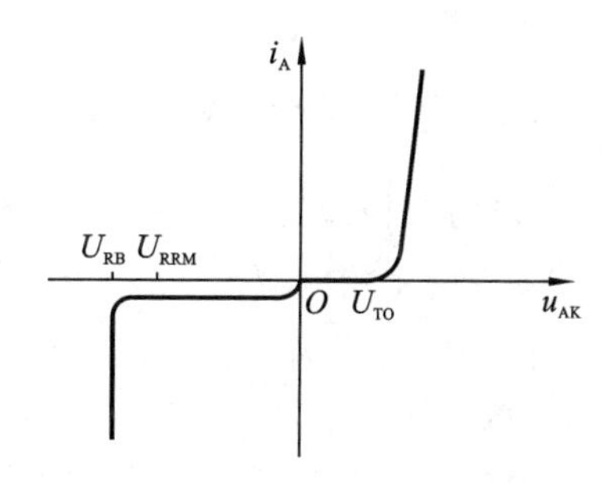

图 2-5　电力二极管的静态特性曲线

（2）动态特性。

电力二极管的动态特性主要指二极管在导通和截止两种状态转换过程中的特性。二极管从高阻的反向阻断转变为低阻的正向导通称为正向恢复，即开通过程；从正向导通转变为反向阻断称为反向恢复，即关断过程。

①电力二极管的关断过程。

电力二极管的关断过程如图 2-6 所示。二极管外加正向电压 U_F 时，PN 结两边的多数载流子不断向对方区域扩散，这不仅使空间电荷区变窄，而且有相当数量的载流子存储在 PN 结的两侧。正向电流越大，P 区存储的电子和 N 区存储的空穴就越多。当输入电压突然由正向电压变为反向电压时，PN 结两边存储的载流子在反向电压作用下朝各自原来的方向运动，即 P 区中的电子被拉回 N 区，形成反向漂移电流 i_R，由于开始时空间电荷区依然很窄，二极管电阻很小，因此反向电流很大。经过延迟时间 t_d 后，PN 结两侧存储的载流子显著减少，空间电荷区逐渐变宽，反向电流慢慢减小，直至又下降时间 t_f 后，在电流变化率接近于零时，i_R 减小至反向饱和电流 I_R，二极管两端承受的反向电压才降至外加电压的大小，二极管完全恢复对反向电压的阻断能力。这实际上是由电荷的存储效应引起的，反向恢复时间就是存储电荷耗尽所需要的时间。二极管的反向恢复时间 t_{rr} 是延迟时间 t_d 与下降时间 t_f 之和。下降时间与延迟时间的比值 $S_r=\frac{t_f}{t_d}$ 称为恢复特性的软度，S_r 越大则恢复特性越软，反向电流下降时间越长，外电路条件下造成的反向过冲电压 U_{RM} 就越小。为避免器件的关断过电压和降低 EMI 强度，在实用时应选择具有软恢复特性的二极管。

②电力二极管的开通过程。

由零偏置突然加入正向电压后，电力二极管的正向压降也会有一个过冲，最大值为 U_{FM}，经过一段时间才趋于接近稳态压降。这一动态过程时间被称为正向恢复时间 t_{fr}。相对于反向恢复时间而言，二极管的开通时间很短，所以影响二极管开关速度的主要因素是其关断时间。电力二极管的开通过程如图 2-7 所示。

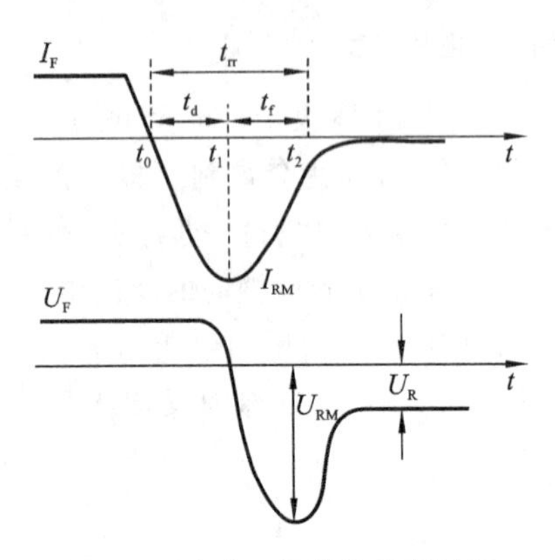

图 2-6　电力二极管的关断过程

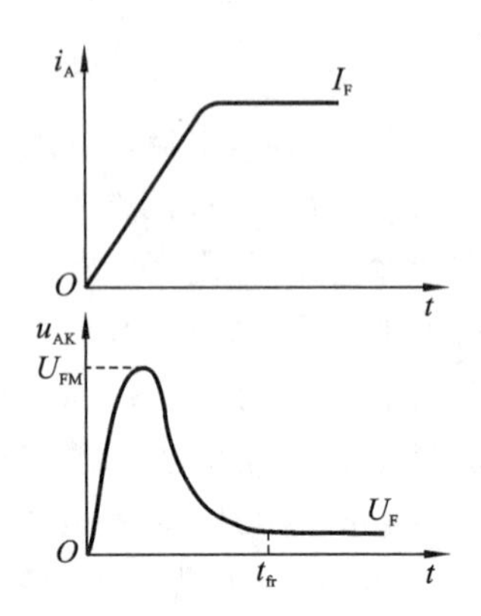

图 2-7　电力二极管的开通过程

3. 电力二极管的主要参数

(1) 正向平均电流 $I_{F(AV)}$ 和额定电流。

正向平均电流 $I_{F(AV)}$ 是指电力二极管长期运行时，在指定的管壳温度（简称壳温，用 T_C 表示）和散热条件下，电力二极管允许流过的最大工频正弦半波电流的平均值。这是标称电力二极管额定电流的参数。如此定义额定电流，是因为二极管只能通过单方向的直流电流，直流电一般以平均值表示，电力二极管又经常使用在整流电路中，所以在测试中以二极管通过工频正弦半波的平均值来衡量二极管的电流能力。但在实际中，流过二极管的电流不一定是正弦半波，因此，实际工作中应按照实际波形的电流与电力二极管所允许的最大正弦半波电流在流过二极管时所导致的发热效应相等，即两个波形电流的有效值相等的原则来选取电力二极管的电流定额，并留有一定的裕量。正向平均电流 $I_{F(AV)}$ 是按照电流的发热效应来定义的，使用时应按有效值相等的原则来选取电流定额，并应留有一定的裕量。

【例 2-1】 设电力二极管的额定电流（正向平均电流）为 $I_{F(AV)}$，也就是允许流过的最大工频正弦半波电流的平均值为 $I_{F(AV)}$，求工频正弦半波的波形系数 K_f（有效值与平均值之比）是多少？该二极管允许流过的最大电流的有效值是多少？

解：工频正弦半波的波形如 2-8 所示。

工频正弦波的表达式为 $I_m\sin(\omega t)$，则工频正弦半波的平均值为：

$$I_{(AV)}=\frac{1}{2\pi}\int_0^{\pi}I_m\sin(\omega t)\mathrm{d}(\omega t)=\frac{I_m}{\pi}$$

工频正弦半波的有效值为：

$$I=\sqrt{\frac{1}{2\pi}\int_0^{\pi}[I_m\sin(\omega t)]^2\mathrm{d}(\omega t)}=\sqrt{\frac{I_m^2}{2\pi}\int_0^{\pi}\frac{1-\cos(2\omega t)}{2}\mathrm{d}(\omega t)}=\frac{I_m}{2}$$

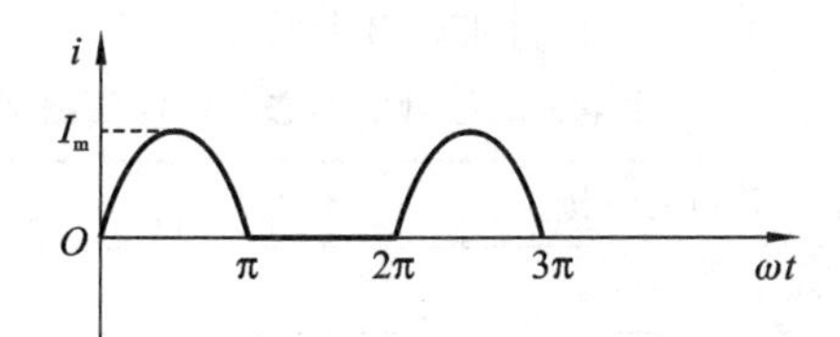

图 2-8　工频正弦半波的波形图

波形系数为：

$$K_f = \frac{I}{I_{(AV)}} = \left(\frac{I_m}{2}\right) \div \left(\frac{I_m}{\pi}\right) = \frac{\pi}{2} = 1.57$$

该二极管能流过的最大电流的有效值为 $I_{max}=1.57I_{F(AV)}$，也就是说如果流过的电流不是正弦半波，而是其他种类的波形，最大电流的有效值也为 $1.57I_{F(AV)}$。

(2) 反向重复峰值电压 U_{RRM} 和额定电压。

反向重复峰值电压是指对电力二极管所能重复增加的反向最高峰值电压，以此来定义电力二极管的额定电压。电力二极管的反向重复峰值电压通常是其雪崩击穿电压 U_{RB} 的 $\frac{2}{3}$。使用时，往往按照电路中电力二极管可能承受的反向最高峰值电压(正弦交流电路中交流电压的峰值)的两倍来选定额定电压。

(3) 最高工作结温 T_{JM}。

结温是二极管内部 PN 结的温度，即管芯温度。最高工作结温是指在 PN 结不致损坏的前提下所能承受的最高平均温度。电力二极管的最高结温一般在 125～175 ℃之间。PN 结的温度影响着半导体载流子的运动和稳定性，结温过高时二极管的伏安特性迅速变坏。结温与器件的功耗、管子的散热条件和环境温度等因素有关。

2.2.3　电力二极管的类型

不同电力二极管在半导体物理结构和工艺上有所差别，从而使得不同电力二极管的正向压降、反向电流以及反向恢复时间等特性有所不同。电力二极管主要分为以下几种类型。

1. 普通电力二极管

普通电力二极管又称为整流二极管，多用于开关频率不高(1 kHz 以下)的整流电路中。它的反向恢复时间较长，一般在 5 μs 以上；正向电压定额和电流定额可以很高，比如几千伏和几千安。

国产普通电力二极管的型号一般如图 2-9 所示。

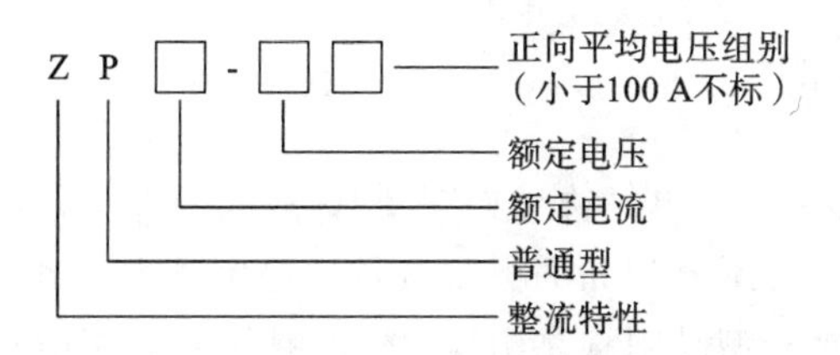

图 2-9　国产普通电力二极管型号示意图

普通电力二极管的通态平均电压组别如表 2-1 所示。

表 2-1 普通电力二极管的通态平均电压组别

组别	通态平均电压(U_T)的范围	组别	通态平均电压(U_T)的范围
A	$U_T \leqslant 0.4$ V	F	0.8 V$<U_T\leqslant$0.9 V
B	0.4 V$<U_T\leqslant$0.5 V	G	0.9 V$<U_T\leqslant$1.0 V
C	0.5 V$<U_T\leqslant$0.6 V	H	1.0 V$<U_T\leqslant$1.1 V
D	0.6 V$<U_T\leqslant$0.7 V	I	1.1 V$<U_T\leqslant$1.2 V
E	0.7 V$<U_T\leqslant$0.8 V		

例如,ZP100-8F 表示额定电流为 100 A,额定电压为 800 V,正向平均电压为 F 级(0.8～0.9 V)的国产普通电力二极管。

2. 快恢复二极管(fast recovery diode,FRD)

快恢复二极管在工艺上采用了掺金工艺,反向恢复过程很短。它从性能上可分为快恢复和超快恢复两个等级。快恢复二极管的反向恢复时间为数百纳秒或更长,但在 5 μs 以下。超快恢复二极管的反向恢复时间在 100 ns 以下,甚至可以达到 20～30 ns。

3. 肖特基势垒二极管(Schottky barrier diode,SBD)

肖特基势垒二极管是以金属和半导体接触形成的势垒为基础的二极管。肖特基势垒二极管的反向恢复时间很短,在 10～40 ns 之间,并且正向恢复过程中也不会有明显的电压过冲;开关损耗和正向导通损耗都比快恢复二极管要小。肖特基势垒二极管的不足之处在于:反向耐压值较高的二极管正向压降也较高,通态损耗较大;反向耐压值较低的二极管正向压降也很小,明显低于快恢复二极管。因此,肖特基势垒二极管常用于 200 V 以下的低压场合,并且它的反向漏电流也较大,对温度变化很敏感,在使用时要严格限制其工作温度。

2.3 半控型器件——晶闸管(SCR)

1956 年,美国贝尔实验室发明了晶闸管;1957 年,美国通用电气公司开发出了世界上第一只晶闸管产品,并于 1958 年使其商业化。晶闸管(thyristor)是晶体闸流管的简称,又称作可控硅整流器(silicon controlled rectifier,SCR),以前被简称为可控硅。晶闸管的出现标志着电子革命在强电领域的开始。晶闸管的特点是可以用小功率信号控制高压大电流,并广泛用于交流电转换成直流电的可控整流器中。

2.3.1 晶闸管的结构

晶闸管的外形、内部结构和电气符号如图 2-10 所示。从外形上分,晶闸管分为塑封型、螺栓型、平板型等,常用的有螺栓型和平板型两种。晶闸管在工作过程中会因损耗而发热,因此必须安装散热器。螺栓型晶闸管靠阳极(螺栓)拧紧在铝制散热器上,可自然冷却;平板型晶闸管由两个相互绝缘的散热器夹紧,靠冷风冷却。和功率二极管一样,一般额定电流大于 200 A 的晶闸管采用平板式外形结构。此外,晶闸管的冷却方式还有风冷和水冷。螺栓

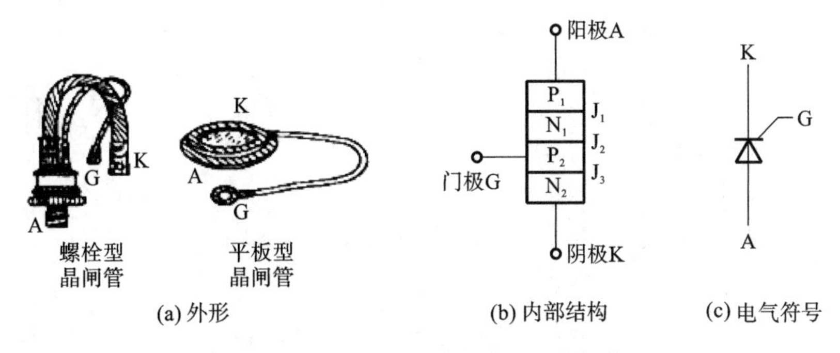

图 2-10　晶闸管的外形、内部结构和电气符号

型晶闸管和平板型晶闸管均引出阳极 A、阴极 K 和门极(控制端)G 三个连接端。对于螺栓型封装,通常螺栓是其阳极,做成螺栓状是为了能与散热器紧密连接且安装方便;另一侧较粗的引线为阴极,细的引线为门极。平板型晶闸管的两个平面分别是阳极和阴极,由中间金属环引出的细长端子为门极,靠门极引线金属环较近的平面是阴极。

2.3.2　晶闸管的工作原理

晶闸管具有 $P_1N_1P_2N_2$ 四层半导体结构,形成 J_1、J_2、J_3 三个 PN 结。当门极没有控制信号时,给晶闸管加正向电压(即 A 端电压高于 K 端电压),PN 结 J_2 反偏,不会有正向电流流过;给晶闸管加反向电压(即 A 端电压低于 K 端电压),J_1、J_3 两个 PN 结都反向,也不会有电流流过。因此,当门极无控制信号时,无论给晶闸管加正向电压还是加反向电压,晶闸管总有 PN 结处于反向电压作用下,器件中只有少数载流子漂移,形成很小的漏电流,晶闸管呈阻断的状态。但在晶闸管承受正向电压,并且门极有触发电流的情况下,晶闸管就会处于导通状态。晶闸管的工作原理可以由一个双晶体管模型来解释。

将晶闸管中间两层斜切,这样晶闸管就可以看成由一个 PNP 型晶体管和一个 NPN 型晶体管互联构成,如图 2-11(a)所示。PNP 型晶体管 V_1 的发射极相当于晶闸管的阳极,NPN 型晶体管 V_2 的发射极相当于晶闸管的阴极。如图 2-11(b)所示,将晶闸管的阳极和阴极通过电阻 R_A 与电源 E 相连,使晶闸管承受正向电压,将门极和阴极通过电阻 R_G 与电源 E_G 相连。当开关 S 断开时,没有基极电流,两个晶体管都不导通。开关 S 合上后,晶体管 V_2 处于正向偏置,E_G 产生的控制电流 i_G 就是 V_2 的基极电流 i_{b2},V_2 的集电极电流 $i_{c2}=\beta_2 i_G$(β_2 是 V_2 的电流放大倍数),而 i_{c2} 又是晶体管 V_1 的基极电流 i_{b1},V_1 的集电极电流 $i_{c1}=\beta_1 i_{c2}=\beta_1\beta_2 i_G$($\beta_1$ 为 V_1 的电流放大倍数),电流 i_{c1} 又流入 V_2 的基极,使 V_2 的基极电流再一次被放大。这样循环下去,形成了强烈的正反馈,使两个晶体管很快达到饱和导通,使原来关断的晶闸管迅速变为导通的状态。晶闸管的正反馈过程可表示为:

$$i_G\uparrow \rightarrow i_{b2}\uparrow \rightarrow i_{c2}(i_{b1})\uparrow \rightarrow i_{c1}\uparrow$$

导通后,晶闸管上的压降很小,电源电压几乎全部加在负载上,晶闸管中流过的电流即负载电流。晶闸管导通后,移除门极控制电压,晶闸管仍然导通。

要想关断晶闸管,最根本的方法是将阳极电流减小到使之不能维持正反馈的程度,也就是将晶闸管的阳极电流减小到维持电流以下。可采用的方法是将阳极电压断开或在阳极与

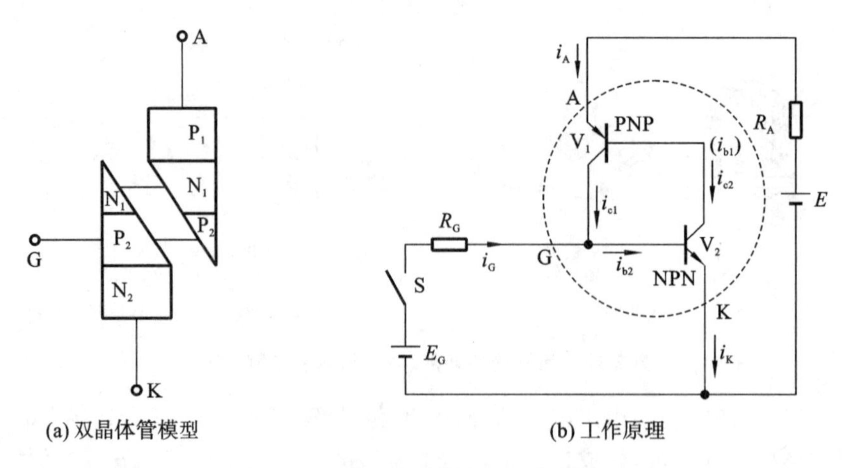

(a) 双晶体管模型

(b) 工作原理

图 2-11　晶闸管的结构和工作原理

阴极间加反向电压。

2.3.3　晶闸管的工作特性和主要参数

1. 晶闸管的静态特性

晶闸管的静态特性(伏安特性)是指晶闸管所承受的阳极到阴极之间的电压与阳极电流之间的关系,如图 2-12 所示。第一象限是晶闸管的正向静态特性,第三象限为晶闸管的反向静态特性。

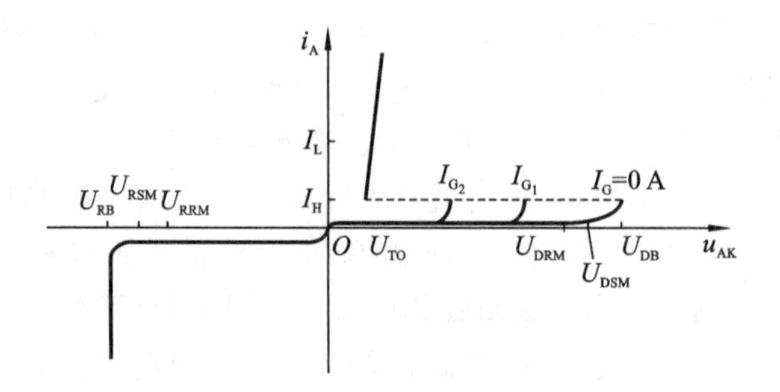

图 2-12　晶闸管的静态特性曲线

晶闸管的反向静态特性与二极管的反向静态特性相似。晶闸管处于反向阻断状态时,也是只有很小的反向漏电流通过。反向电压超过一定限度,达到反向击穿电压后,若外电路无限制措施,则反向漏电流急剧增大,导致晶闸管发热损坏。下面主要讨论晶闸管的正向静态特性。

晶闸管的正向静态特性与门极触发电流 i_G 的大小有关。当 $i_G=0$ A 时,在器件两端(A、K 端)施加缓慢增大的正向电压,晶闸管处于正向阻断的状态,只有很小的正向漏电流流过。如果正向电压超过正向转折电压 U_{DB},则漏电流急剧增大,器件开通。随着门极触发电流的增大(图中 $I_{G_2}>I_{G_1}>0$ A),正向转折电压降低。阳极电流增加至等于擎住电流 I_L 滞后,晶闸管进入正向导通状态。此时,即使去掉门极信号,晶闸管仍然维持导通状态不变。在导通后,晶闸管的正向静态特性与二极管的正向静态特性相似,正向导通压降很小,在

1 V左右，正向导通电流的大小与外电阻的大小有关。

2. 晶闸管的动态特性

晶闸管的动态特性指的是晶闸管的开通特性和关断特性。晶闸管的开通特性是指晶闸管承受正向电压，门极有触发电流时，晶闸管由正向阻断状态到正向导通状态的过程。晶闸管的关断特性是指已经导通的晶闸管在施加反向电压后，由正向导通状态恢复到正向阻断状态的过程。

（1）晶闸管的开通特性。

晶闸管的开通不是瞬间完成的，开通时，阳极电流的上升需要一个过程，这个过程分为三段，如图 2-13 所示。其中：第一段为延迟过程，延迟时间为 t_d，对应着阳极电流上升到稳态值的 10%所需时间，此时 J_2 仍为反偏，晶闸管的电流不大；第二段为上升过程，上升时间为 t_r，对应着阳极电流由稳态值的 10%上升到稳态值的 90%所需时间，这时靠近门极的局部区域已经导通，J_2 已由反偏转为正偏，晶闸管的电流迅速增加。通常定义晶闸管的开通时间 t_{gt} 为延迟时间 t_d 与上升时间 t_r 之和，即 $t_{gt}=t_d+t_r$。晶闸管的延迟时间随门极电流的增大而减小；上升时间除反映晶闸管本身的特性外，还受到外电路电感的严重影响。提高阳极电压，延迟时间和上升时间都可显著缩短。

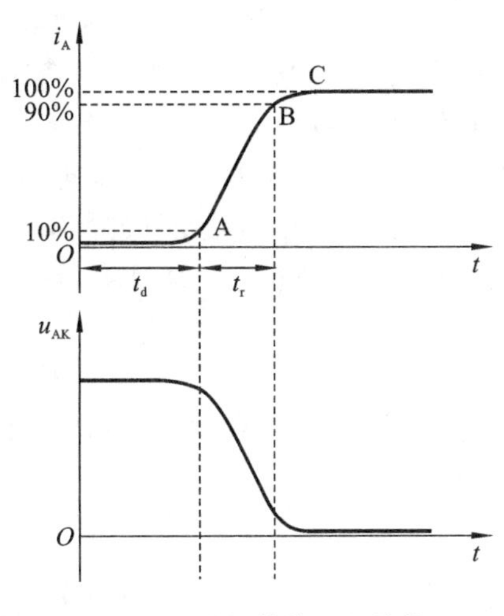

图 2-13　晶闸管的开通特性

（2）晶闸管的关断特性。

由于外电路电感的存在，当外加电压突然由正向变为反向时，处于导通状态的晶闸管的阳极电流在衰减时必然也是有过渡过程的。晶闸管的关断过程如图 2-14 所示。

晶闸管的反向阻断恢复时间 t_{rr} 是指正向电流降为零到反向恢复电流衰减至近于零的时间；正向阻断恢复时间 t_{gr} 是指晶闸管恢复其对正向电压的阻断能力所需要的时间。在正向阻断恢复时间内，如果重新对晶闸管施加正向电压，晶闸管会重新正向导通。在实际应用中，应对晶闸管施加足够长时间的反向电压，使晶闸管充分恢复对正向电压的阻断能力，使电路可靠工作。通常定义晶闸管的关断时间 t_q 为反向阻断恢复时间 t_{rr} 与正向阻断恢复时间 t_{gr} 之和，即 $t_q=t_{rr}+t_{gr}$。

普通晶闸管的关断时间为几百微秒。

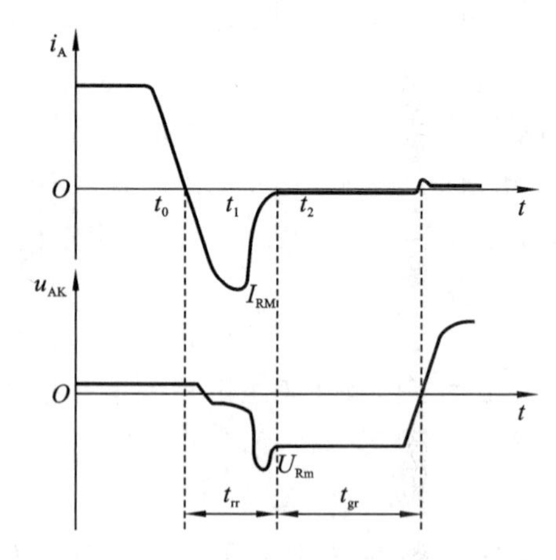

图 2-14　晶闸管的关断特性

3. 晶闸管的主要参数

(1) 额定电压。

在图 2-12 中,U_{DB}、U_{RB}分别为晶闸管的正向转折电压和反向击穿电压;U_{DSM}和U_{RSM}分别为正向断态不重复峰值电压和反向不重复峰值电压,不重复峰值电压是指不造成正向转折和反向击穿的最大电压,一般不允许多次施加,否则容易造成晶闸管损坏;U_{DRM}和U_{RRM}分别为正向断态重复峰值电压和反向重复峰值电压,重复峰值电压是指晶闸管在开通和关断的过程中,能重复经受的最大瞬时电压。正反向重复峰值电压是正反向不重复峰值电压的90%,取正、反向重复峰值电压中的较小者作为晶闸管的额定电压。

在实际应用时,通常按照电路中晶闸管的正常工作峰值电压的 2～3 倍来选择晶闸管的额定电压,以确保有足够的安全裕量。

(2) 正向通态电压。

正向通态电压指晶闸管通过额定电流时阳极与阴极间的电压降,也称管压降,该参数反映了晶闸管的通态损耗特性。

(3) 额定电流。

额定电流是指在环境温度为＋40 ℃和规定的冷却条件下,晶闸管结温达到额定结温时,允许流过的最大工频正弦半波电流的平均值。

在实际使用时,应该按照实际波形的电流与晶闸管所允许的最大正弦半波电流所引起的发热效应相等的原则来选取晶闸管的额定电流。当晶闸管流过不同波形的电流时,确定晶闸管额定电流的计算方法与电力二极管的计算方法相同。

(4) 维持电流。

维持电流是指晶闸管稳定导通后,能够维持晶闸管导通所必需的最小电流,一般为几十到几百毫安。维持电流 I_H 与结温有关,结温越高,I_H 越小。

(5) 擎住电流。

擎住电流 I_L 是指晶闸管刚由断态转入通态并且去掉门极信号,仍能维持晶闸管导通状态的最小阳极电流。一般 I_L 是 I_H 的 2～4 倍。

(6) 断态电压临界上升率 du/dt。

断态电压临界上升率 du/dt 是指在额定结温和门极开路的情况下,不导致晶闸管从断

态到通态转换的外加电压最大上升率。如果外加电压上升率过大，就会使晶闸管误导通。

（7）通态临界电流上升率 di/dt。

通态临界电流上升率 di/dt 是指在规定的条件下，晶闸管能承受而无有害影响的最大通态电流上升率。如果电流上升太快，晶闸管刚一开通，便会有很大的电流集中在门极附近的小区域内，从而造成局部过热而使晶闸管损坏。

【例 2-2】 已知流过晶闸管的电流波形如图 2-15 所示。试计算该电流波形的平均值、有效值及波形系数。不考虑安全裕量，额定电流为 100 A 的晶闸管允许通过该电流的平均值和最大值为多少？

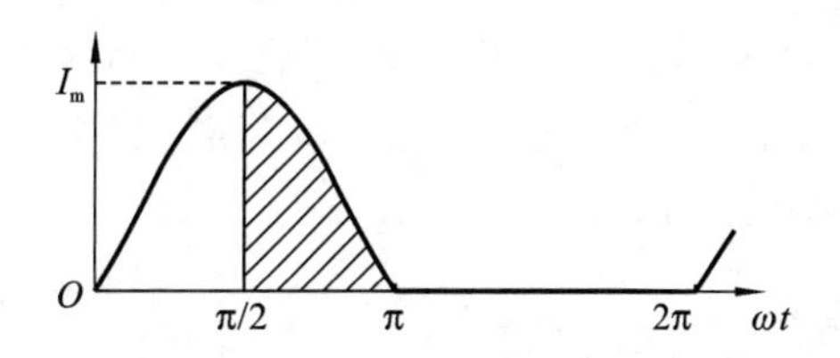

图 2-15　流过晶闸管的电流波形

解：该电流的平均值为：

$$
\begin{aligned}
I_{AV} &= \frac{1}{2\pi}\int_{\frac{\pi}{2}}^{\pi} I_m \sin(\omega t)\mathrm{d}(\omega t) \\
&= \frac{I_m}{2\pi}[-\cos(\omega t)]\Big|_{\frac{\pi}{2}}^{\pi} \qquad (1) \\
&= \frac{I_m}{2\pi} = 0.1592 I_m
\end{aligned}
$$

该电流的有效值为：

$$
\begin{aligned}
I &= \sqrt{\frac{1}{2\pi}\int_{\frac{\pi}{2}}^{\pi} I_m^2 \sin^2(\omega t)\mathrm{d}(\omega t)} \\
&= \sqrt{\frac{I_m^2}{2\pi}\int_{\frac{\pi}{2}}^{\pi} \frac{1-\cos(2\omega t)}{2}\mathrm{d}(\omega t)} \qquad (2) \\
&= \frac{I_m}{2\sqrt{2}} = 0.3536 I_m
\end{aligned}
$$

波形系数为：

$$
K_f = \frac{I}{I_{AV}} = \frac{I_m}{2\sqrt{2}} \times \frac{2\pi}{I_m} = \frac{\pi}{\sqrt{2}} = 2.22
$$

额定电流为 100 A，意思是流过正弦半波电流的平均值是 100 A，由正弦半波电流的波形系数是 1.57 得，流过正弦半波电流的有效值是 157 A，因此流过图 2-8 所示的电流的有效值最大也是 157 A，即

$$
I = \frac{I_m}{2\sqrt{2}} = 157\ \mathrm{A}
$$

有

$$
I_m = 157\ \mathrm{A} \times 2\sqrt{2} = 444\ \mathrm{A}
$$

$$
I_{AV} = 0.1592 \times I_m = 0.1592 \times 444\ \mathrm{A} = 70.68\ \mathrm{A}
$$

由此可知，有效值为 100 A 的管子流过该电流的最大平均值是 70.68 A。

若考虑安全裕量，比如通过晶闸管的某个电流的有效值是 400 A，则流过此晶闸管的正弦半波电流最大平均值为 400 A/1.57=255 A，考虑安全裕量 2 倍左右，可以选 500 A 的管子。

2.4 全控型器件

全控型器件都有一个控制端，通过在控制端施加电压信号或电流信号来控制器件的导通和关断。此类器件的开关频率较高，使用方便，广泛用于斩波器、逆变器等电路中。本节在讲述全控型器件时，主要讲述其结构和原理、静态工作特性和主要参数。动态特性即开关特性主要体现在开通和关断时间上，这里不详细讲述。

2.4.1 门极可关断晶闸管(GTO)

门极可关断晶闸管简称 GTO(gate-turn-off thyristor)，属于晶闸管的派生器件，导通原理和晶闸管相同，但可以通过门极施加负脉冲进行关断。

1. GTO 的结构和原理

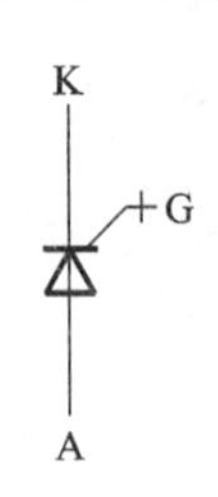

图 2-16 GTO 的电气符号

与普通晶闸管一样，GTO 也具有 $P_1N_1P_2N_2$ 四层半导体结构，外部引出阳极、阴极和门极。和普通晶闸管不同的是，GTO 是一个集成的功率器件，一个 GTO 器件由几十乃至几百个小 GTO 单元组成。这些 GTO 有公共的阳极，阴极和门极也在内部并联在一起。这种结构有利于实现门极控制关断。GTO 的电气符号如图 2-16 所示。

由于 GTO 也是 $P_1N_1P_2N_2$ 四层结构，因此 GTO 的原理仍可以用图 2-11 所示的双晶体管模型来分析。GTO 的导通原理与普通晶闸管相同，不同之处在于关断过程。当 GTO 还处于导通状态时，对门极施加负的脉冲，使门极电流 I_G 反向，这样晶体管 V_2 的基极电流减小，使 V_2 的集电极电流 I_{C2} 减小。这样使 V_1 的基极电流和集电极电流进一步减小。这又引起 V_2 的基极电流进一步减小。这样就形成了负的正反馈效应，使两个三极管 V_1 和 V_2 退出饱和状态，进而关断。

2. GTO 的主要参数

(1) 最大可关断阳极电流。

这是 GTO 通过门极负脉冲能关断的最大阳极电流，并且以此电流定义为 GTO 的额定电流。这与普通晶闸管以最大通态平均电流定义为额定电流是不同的。

(2) 电流关断增益 β_{off}。

最大可关断阳极电流 I_{ATO} 与门极负脉冲电流最大值 I_{GM} 之比是 GTO 的电流关断增益。

$$\beta_{off}=\frac{I_{ATO}}{I_{GM}}$$

β_{off} 一般很小，只有 5～10，这是 GTO 的一个主要缺点。比如一个 1000 A 的 GTO 关断时，门极负脉冲的最大值需要 100～200 A，这是一个相当大的数值，对门极驱动电路的设计提出很高的要求。

2.4.2 电力晶体管(GTR)

电力晶体管（giant transistor，GTR）也称为双极结型晶体管（bipolar junction transistor，BJT），有时也称为 power BJT。

1. GTR 的结构和工作原理

NPN 型 GTR 的内部结构和电气符号如图 2-17 所示。与信息电子电路中的双极结型晶体管(三极管)相比，GTR 多了一个低掺杂 N^- 区，用以承受高电压。GTR 与普通的双极结型晶体管的原理是一样的，但对 GTR 来说，最主要的特性是耐压值高、电流大、开关特性好。

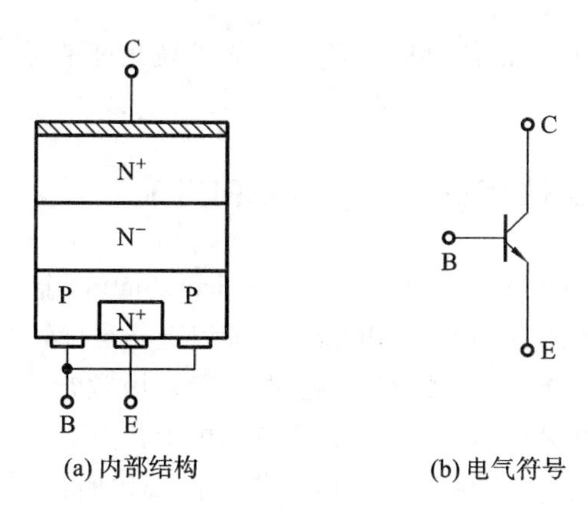

图 2-17　NPN 型 GTR 的内部结构和电气符号

2. GTR 的基本特性

GTR 采用共射极接法时的输出特性如图 2-18 所示，根据基极驱动的情况分为截止区、饱和区和放大区。基极电流 i_b 小于一定值时，GTR 截止；大于一定值时，GTR 饱和导通。在饱和区时，集电极和发射极之间的电压降 U_{CE} 很小。GTR 一般工作在截止区和饱和区，即工作在开关状态。如果在无驱动时集电极与发射极之间的电压 U_{CE} 超过一定的值，GTR 就会被击穿，但如果集电极电流 I_C 没有超过耗散功率的允许值，管子一般不会损坏，这称为一次击穿。发生一次击穿后，集电极电流 I_C 继续增加至超过允许的临界值时，集电极和发射极之间的电压 U_{CE} 会急剧下降，这称为二次击穿。发生二次击穿后，管子将永久损坏。

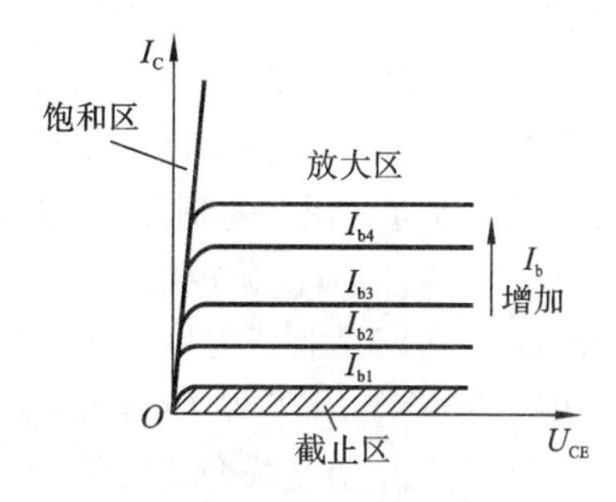

图 2-18　GTR 采用共射极接法时的输出特性

3. GTR 的主要参数

(1) 最高工作电压。

GTR 的最高工作电压决定了它承受外加电压的上限，外加电压超过最高工作电压时，GTR 就会发生击穿。最高工作电压包括：发射极开路时集电极和基极间的反向击穿电压 BU_{cbo}；基极开路时集电极和发射极之间的击穿电压 BU_{ceo}；发射极和基极间用电阻连接或短路连接时集电极和发射极间的击穿电压 BU_{cer} 或 BU_{ces}；发射结反向偏置时，集电极和发射极间的击穿电压 BU_{cex}。

(2) 集电极最大电流 I_{CM}。

集电极最大电流 I_{CM} 即集电极允许流过的最大电流值。通常规定电流放大倍数 β 值下降为规定值的 1/2～1/3 时的 I_C 值为 I_{CM}。实际使用中要留有一定的裕量，通常只用到 I_{CM} 值的 1/3～1/2。

(3) 最大耗散功率 P_{CM}。

最大耗散功率 P_{CM} 即最高允许工作温度下的耗散功率。产品说明书在给出 P_{CM} 时，总是同时给出壳温 T_C，间接表示了最高工作温度。

(4) 最大允许结温 T_{JM}。

最大允许结温 T_{JM} 是电力晶体管能正常工作的最高允许结温。结温过高时，将导致电力晶体管热击穿而烧毁。

2.4.3 电力场效应晶体管(power MOSFET)

MOSFET 的原意是：MOS 即 metal oxide semiconductor，金属氧化物半导体；FET 即 field effect transistor，场效应晶体管。MOSFET 即以金属层(M)的栅极隔着氧化层(O)利用电场的效应来控制半导体(S)的场效应晶体管。场效应晶体管有三个极：源极 S(source)、漏极 D(drain)和栅极 G(gate)。场效应晶体管分为两大类。一类是结型场效应晶体管。它利用 PN 结势垒区宽度随反向电压的变化而变化的特点来控制导电沟道的截面积，从而控制导电沟道的导电能力。另一类是绝缘栅场效应晶体管。它利用栅极和源极之间的电压产生的电场来改变半导体表面的感生电荷改变导电沟道的导电能力，从而控制漏极和源极之间的电流。电力场效应晶体管(power MOSFET)是一种大功率的场效应晶体管，通常主要指绝缘栅型中的 MOS 型(metal oxide semiconductor FET)，简称电力 MOSFET。

根据导电沟道的类型不同，电力 MOSFET 可分为 N 沟道(载流子为电子)和 P 沟道(载流子为空穴)两大类。按栅极电压与导电沟道存在的关系，电力 MOSFET 又可分为耗尽型和增强型。栅极电压为零时漏极与源极之间就存在导电沟道的电力 MOSFET 称为耗尽型。对于 N 沟道器件，栅极电压大于零时才存在导电沟道的称为增强型。对于 P 沟道器件，栅极电压小于零时才存在导电沟道的称为增强型。电力 MOSFET 主要是 N 沟道增强型。传统的 MOSFET 结构是把源极、栅极及漏极安装在硅片的同一侧面上，因而 MOSFET 中的电流是横向流动的，这种结构限制了它的电流容量。现在功率场效应晶体管采用两次扩散工艺，将漏极移到芯片的另一侧表面上，使从漏极到源极的电流垂直于芯片表面流过，有利于减小芯片面积和提高电流密度，这种采用垂直导电结构的场效应晶体管称为 VMOSFET。VMOSFET 又分为利用 V 形槽实现垂直导电的 VVMOSFET 结构和具有垂直导电双扩散 MOS 结构的 VDMOSFET 结构两类，大功率的电力 MOSFET 主要采用 VDMOSFET 结构。下面主要以 VDMOSFET 结构为例进行讨论。

1. 电力 MOSFET 的结构和原理

采用 VDMOSFET 结构的电力场效应晶体管的内部结构和电气符号如图 2-19 所示。

在漏极与源极两极之间形成了 $N^+N^-PN^+$ 这样的结构。N^+ 区是高掺杂区；N^- 区是低掺杂区，也称为漂移区，该层的电阻率和外延厚度决定了器件的耐压水平。当漏极接电源正端、源极接电源负端、栅极与源极之间电压为零时，N^- 区与 P 区形成的 PN 结 J_1 反偏，漏极与源极之间无电流通过。如果在栅极与源极之间加正向电压，即 $U_{GS}>0$ V，由于栅极是绝缘的，因此栅极电流为零。但栅极的正向电压会将其下面 P 区中的空穴推开，而将 P 区的电子吸引到 P 区表面。当栅极与源极之间的电压大于某一电压值，即 $U_{GS}>U_{G(th)}$ 时，栅极下电子的浓度将超过空穴的浓度，从而使 P 型半导体反型成 N 型半导体，形成反型层。该反型层使栅极下面的 PN 结 J_2 消失，漏极和源极之间导电，电流流向如图 2-19(a)中虚线所示。总结起来，电力 MOSFET 具有以下特点：

(1) 电力 MOSFET 是用栅极电压来控制漏极电流的，因此它是电压型器件。

(2) 当 U_{GS} 大于某一电压值 $U_{G(th)}$ 时，栅极下 P 区表面的电子浓度将超过空穴的浓度，从而使 P 型半导体反型成 N 型半导体，形成反型层，然后电力 MOSFET 导通。

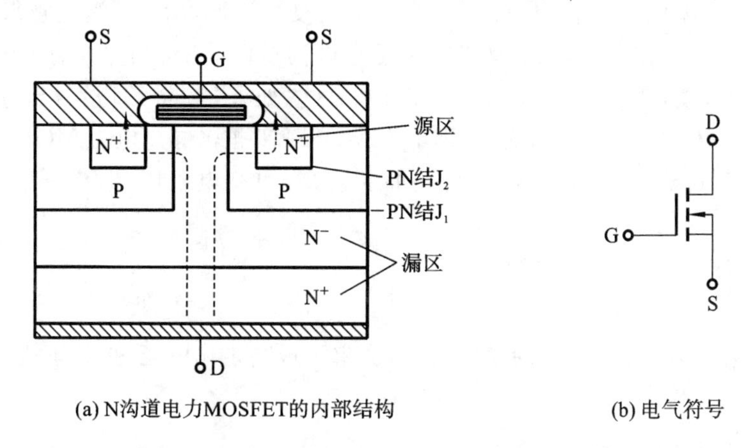

(a) N沟道电力MOSFET的内部结构　　(b) 电气符号

图 2-19　电力 MOSFET(VDMOSFET 结构)的内部结构和电气符号

2. 电力 MOSFET 的基本特性

电力 MOSFET 的静态特性包括转移特性和输出特性。电力 MOSFET 的转移特性是指输入的栅源极电压 U_{GS} 和输出的漏极电流 I_D 之间的关系，如图 2-20(a)所示。从图中可以看出，当漏极电流较大时，I_D 和 U_{GS} 的关系近似为直线，此时的斜率称为电力 MOSFET 的跨导 G_{fs}，即

$$G_{fs}=\frac{dI_D}{dU_{GS}}$$

电力 MOSFET 的输出特性是指当栅源极电压 U_{GS} 取不同的值时，漏电流 I_D 与漏源极电压 U_{DS} 之间的关系，如图 2-20(b)所示。当 U_{GS} 达到或超过 $U_{G(th)}$ 时，电力 MOSFET 才会进入导通状态。在 U_{DS} 相同的情况下，栅源极电压 U_{GS} 越大，反型层越厚，即沟道越宽，漏极电流就会越大。当 U_{GS} 超过导通电压且一定时，漏极电流 I_D 与漏源极电压 U_{DS} 之间并不是线性关系，而会依次经历可变电阻区、饱和区和雪崩区。

当 $U_{GS}<U_{G(th)}$(开启电压)时，在漏源极电压由小变大的过程中，电力 MOSFET 处于截止状态，漏极只有很小的接近于零的电流流过，直到漏源极电压超过击穿转折电压 $U_{DS(BR)}$ 时，器件击穿，使得漏极电流 I_D 急剧增大。当 $U_{GS}>U_{G(th)}$ 时，比如 $U_{GS}=7$ V，随着 U_{DS} 的增

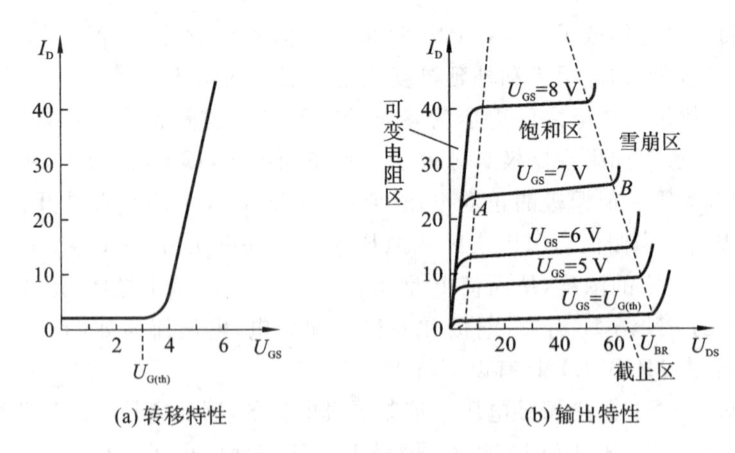

(a) 转移特性　　(b) 输出特性

图 2-20　电力 MOSFET 的转移特性和输出特性

加，漏极正电位对电子的吸引力越来越强，因此在可变电阻区，漏极电流也越来越大，漏极电流线性上升，但当 U_{DS} 较大时，几乎已经吸引了导电沟道内的所有电子，漏极电流就不会随着 U_{DS} 的上升而增大，即电力 MOSFET 进入饱和区。如果 U_{DS} 继续增大，超过 B 点所对应的电压，则电力 MOSFET 进入雪崩区，即电力 MOSFET 被击穿。电力 MOSFET 在电路中用作开关器件，实际上是在截止区(对应关断状态)和可变电阻区(对应开通状态)交替工作的。

3. 电力 MOSFET 的主要参数

(1) 漏源击穿电压 $U_{DS(BR)}$。

该电压称为电力 MOSFET 的额定电压，决定了最高工作电压，是为了避免器件进入雪崩区而设的极限参数。

(2) 栅源击穿电压 $U_{GS(BR)}$。

该电压表征了电力 MOSFET 栅极与源极之间能承受的最高电压。栅极与源极之间的绝缘层很薄，栅源击穿电压 $U_{GS(BR)}$ 一般在 20 V 左右。

(3) 开启电压 $U_{G(th)}$。

$U_{G(th)}$ 又称阈值电压，只有当栅源极电压大于开启电压时，电力 MOSFET 才开始导通。

(4) 漏极最大电流 I_{DM}。

漏极最大电流 I_{DM} 是指电力 MOSFET 正常工作时漏极电流的最大值，表征电力 MOSFET 的电流容量。

(5) 通态电阻 R_{on}。

通态电阻 R_{on} 是指在确定的栅源极电压的情况下，电力 MOSFET 从可变电阻区进入饱和区时漏极与源极间的等效电阻。通态电阻 R_{on} 受温度变化的影响很大，并且耐压高的器件 R_{on} 也比较大。

(6) 极间电容。

电力 MOSFET 的三个极之间存在极间电容：栅源电容 C_{GS}、栅漏电容 C_{GD}、漏源电容 C_{DS}。极间电容是影响开关速度的主要因素，电力 MOSFET 工作频率高，因此极间电容的影响不能忽视。一般厂家提供的是输入电容 C_{iss}、输出电容 C_{oss}、反向转移电容 C_{rss}，它们和极间电容之间的关系为：

$$C_{iss} = C_{GS} + C_{GD}$$
$$C_{rss} = C_{GD}$$
$$C_{oss} = C_{DS} + C_{GD}$$

(7) 开关时间。

开关时间包括开通时间 t_{on} 和关断时间 t_{off}。开通时间和关断时间都在数十纳秒左右。

2.4.4　绝缘栅双极型晶体管(IGBT)

GTR 和 GTO 是双极型电流驱动器件，二者的优点是通流能力强，耐压及耐电流等级高；缺点是开关速度低，所需驱动功率大，驱动电路复杂。电力 MOSFET 是单极型电压驱动器件，开关速度快，所需驱动功率小，驱动电路简单。复合型器件是将上述双极型电流驱动器件和单极型电压驱动器件相互取长补短结合而成的，综合了两者的优点。绝缘栅双极型晶体管(IGBT)是一种复合型器件，由 GTR 和电力 MOSFET 两个器件复合而成，具有 GTR 和电力 MOSFET 两者的优点，具有良好的特性。

1. IGBT 的结构和工作原理

IGBT 的内部结构、等效电路和电气符号如图 2-21 所示。IGBT 相当于一个由电力 MOSFET 驱动的厚基区 BJT。当集电极和发射极之间的电压 $U_{CE}<0$ V 时，PN 结 J_1 处于反偏状态，无论栅极和发射极之间的电压 U_{GE} 是多少，IGBT 都不会导通，呈反向阻断状态。当 $U_{CE}>0$ V 时，IGBT 的工作状态有以下两种情况：①若栅射极电压 $U_{GE}<U_{G(th)}$ ($U_{G(th)}$ 是开启电压)，沟道不能形成，IGBT 呈正向阻断状态；②若栅射极电压 $U_{GE}>U_{G(th)}$，栅极下沟道形成，PN 结 J_1 正偏，因此 IGBT 导通。

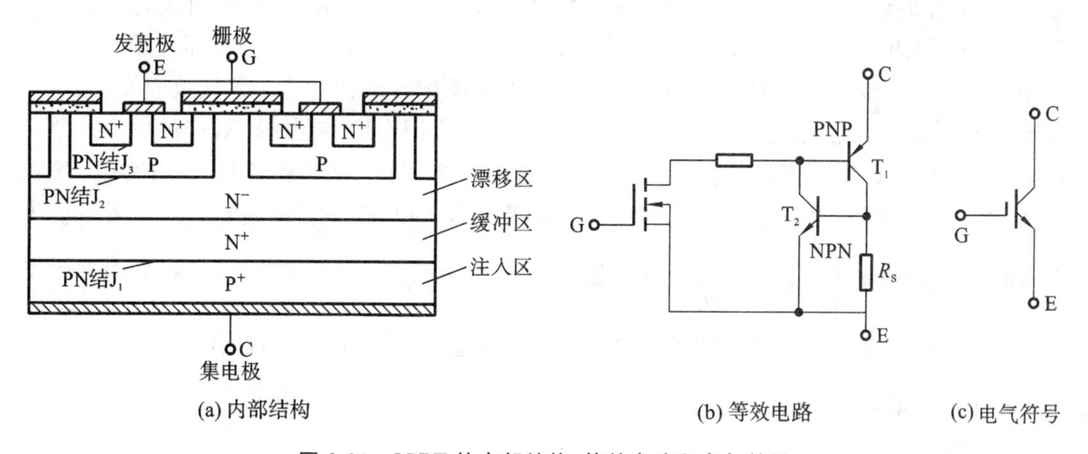

图 2-21　IGBT 的内部结构、等效电路和电气符号

2. IGBT 的基本特性

(1) IGBT 的转移特性。

IGBT 的转移特性是指集电极电流 I_C 与栅射极电压 U_{GE} 的关系。I_C 和 U_{GE} 呈近似的线性关系，如图 2-22(a)所示。

(2) IGBT 的输出特性。

IGBT 的输出特性是指以栅射极电压为参考变量时，集电极电流 I_C 随着门射极电压

U_{CE}变化的特性曲线，也称为伏安特性，曲线如图2-22(b)所示。IGBT的输出特性与GTR的输出特性相似，包括3个区域：正向阻断区、有源区和饱和区（对应GTR的截止区、放大区和饱和区）。当栅射极电压$U_{GE}<U_{G(th)}$时，IGBT工作于正向阻断状态；当$U_{GE}>U_{G(th)}$时，电力MOSFET形成导电沟道，使T_1获得基极电流，从而使T_1的集电极电流增大，IGBT进入正向导通状态，也就是有源区；如果电力MOSFET的栅极电压足够高，则T_1饱和导通。实际的电力电子电路中，IGBT常工作于饱和状态和阻断状态，避免工作在有源区，因为在有源区，器件的功耗会很大。

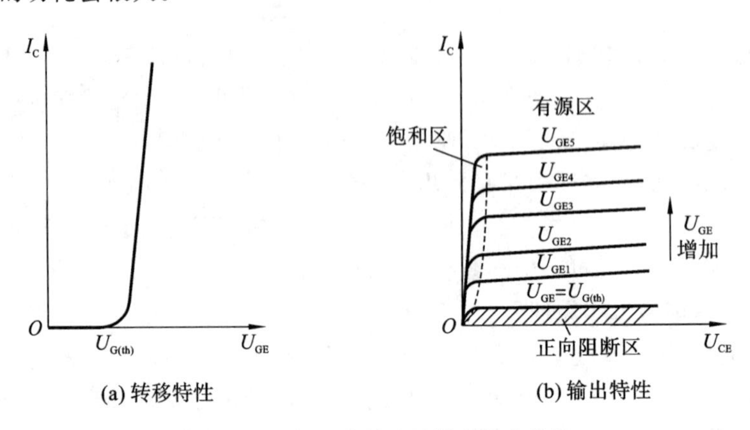

图2-22　IGBT的转移特性和输出特性

3. IGBT的擎住效应

IGBT内部有一个寄生的三极管T_2。当IGBT截止和正常导通时，R_S上压降很小，三极管T_2没有足够的基极电流，不会导通。如果I_C超过额定值，R_S上压降过大，三极管T_2将导通，则T_1和T_2就会饱和导通，也就形成了一个晶闸管的等效结构。即使撤除U_{GE}信号，IGBT仍然继续导通，门极失去控制作用，这种现象称为擎住效应。擎住效应发生后，导致导通状态锁定，无法通过门极关断IGBT，因此实际应用中应避免擎住效应的发生。擎住效应还可能发生在以下两种情况下：① 集电极电压过高，T_1管漏极电流过大，使得R_S压降过大，从而发生擎住效应；②IGBT关断时，若前级电力MOSFET关断过快，使T_1管承受了很大的$\frac{du}{dt}$，T_1的结电容会产生过大的结电容电流，也会在R_S上产生过大压降，从而发生擎住效应。因此，为防止IGBT发生擎住效应，要防止过高的$\frac{du}{dt}$和过大的过载电流。

4. IGBT的主要参数

(1) 栅射极开启电压$U_{G(th)}$。

栅射极开启电压$U_{G(th)}$是指使IGBT导通所需的最小栅射极电压。通常，IGBT的栅射极开启电压$U_{G(th)}$为3～5.5 V。

(2) 栅射极额定电压U_{GES}。

IGBT对栅极的电压控制信号相当敏感，只有电压在额定电压值很小的范围内才能使IGBT导通而不至于损坏。栅射极额定电压U_{GES}通常是20 V。

(3) 集射极击穿电压U_{CES}。

这是IGBT所能承受的最大电压值，超过这个电压，IGBT可能被击穿。

(4) 集电极最大电流。

集电极最大电流包括通态时通过的直流电流 I_C 和 1 ms 脉冲宽度的最大电流 I_{CP}。最大的集电极电流 I_{CP} 是根据避免擎住效应确定的。

(5) 集射极饱和电压 $U_{CE(sat)}$。

IGBT 在饱和导通时，通过额定电流的集射极电压代表了 IGBT 的通态损耗大小。通常 IGBT 的集射极饱和电压 $U_{CE(sat)}$ 为 1.5～3 V。

2.5　其他新型半导体器件

2.5.1　复合型新型电力电子器件

1. MCT

场控晶闸管(MOS controlled thyristor，MCT)最早由美国通用电气公司于 20 世纪 80 年代研发。MCT 是在晶闸管中引入一对 MOSFET(PMOS 和 NMOS)构成的，通过控制这对 MOS 的通断来控制晶闸管的开通和关断。因此，MCT 具有 MOS 的通断特性，如开关速度快、导通电阻低等优点，克服了晶闸管关断速度慢、不能自关断和 MOSFET 功率等级低的缺点。MCT 曾被认为是 IGBT 最大的竞争对手，但由于关键技术长期无法突破而未能大量投入使用，而 IGBT 发展迅速，目前市场逐步淘汰了 MCT 器件。MCT 电气符号如图 2-23(a)所示。

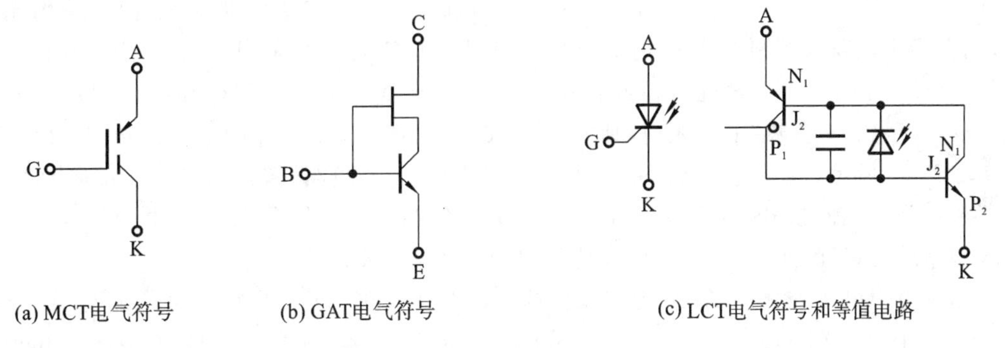

(a) MCT电气符号　(b) GAT电气符号　(c) LCT电气符号和等值电路

图 2-23　电力电子开关电气符号

2. IGCT

集成门极换流晶闸管(integrated gate commutated thyristor，IGCT)于 20 世纪 90 年代末期由 ABB 公司提出并发展起来。IGCT 是由门极可关断晶闸管 GTO 芯片与反并联二极管和门极驱动电路集成在一起，再与其门极驱动器在外围以低电感方式连接在一起形成的新型电力半导体开关器件。IGCT 具有阻断电压高、容量大(高电压、大电流)、通态损耗低、开关频率较高(是普通 GTO 的 10 倍)、可靠性高的优点，目前主要用于中频逆变器中，在其他领域很难看到 IGCT 的身影。随着新型器件 SiC 和 GaN 的兴起，IGCT 的前景很难预料。

3. SIT

静电感应晶体管(static induction transistor，SIT)于 19 世纪 50 年代由日本首次提出并

于1970年诞生于日本西泽半导体研究所。SIT是在普通结型场效应晶体管基础上发展起来的单极型电压控制器件，实际上也是一种结型场效应晶体管。SIT具有优良的高频特性和高速开关特性，除可实现极高速工作之外，还具有自身独到的特点：由于在器件结构上采用了纵向结构使源层和漏层相分离，器件具有很高的耐压性；SIT为多子传输器件，具有负温度系数，即电流随温度升高而下降，不易引起热聚集，易实现多个SIT并联，获得大电流输出；由于自身结构特点，SIT不易产生电流集中，抗破坏能力强。此外，SIT还具有良好的抗辐射能力。因此，SIT是一种发展极为迅速的高压大功率器件，应用范围涉及电机调速、感应加热系统、开关电源、高音质高频放大器、大功率中频广播发射机、电子镇流器、汽车电子器件和空间、军事等领域。

4. GAT

联栅晶体管(gate associated transistor，GAT)也称为辅助晶体管，于19世纪80年代由日本制造。GAT是由SIT和电流型双极结型晶体管(BJT)构成的复合型晶体管。这种复合型结构使得GAT具有一些优点：一是减小了集电极载流子的雪崩倍增效应，有助于抑制一次击穿之后性能的进一步恶化，从而提高GAT的抗二次击穿能力；二是与BJT比较，基区掺杂面积增大，导电能力增强，有效基极电阻减小；三是由于PN结的结面积增加，器件本身的热均匀性好，温度特性优良。同时，由于具有负温度系数、热稳定性好、二次击穿耐量高、安全工作区大、抗冲击能力强、开关速度快、动态损耗小等优点，GAT在电力电子线路和电子镇流器中适于用作功率开关。GAT电气符号如图2-23(b)所示。

5. LCT

光控晶闸管(light controlled thyristor，LCT)是一种利用光照触发导通的晶闸管。LCT的特点是：门极区集成了一个光电二极管，触发信号源与主回路绝缘，由于采用光触发，确保了主电路与控制电路之间的绝缘，同时可以避免电磁干扰，因此绝缘性能好且工作可靠。LCT控制极的触发电流由器件中光生载流子提供。LCT阳极和阴极间加正向电压，若门极区用一定波长的光照射，则LCT由断态转入通态。LCT的电气符号和等值电路如图2-23(c)所示。在阳极施加正向电压时，$J_2(N_1,P_2)$被反向偏置。当光照在反偏的J_2上时，从N_1到P_2流过的漏电流增大，在LCT内正反馈作用下，LCT导通。由于具有光隔离和大功率的特点，因此LCT在高压大功率的场合独据重要位置。

随着电力电子技术的发展，还出现过很多其他器件，如双极静电感应晶体管BSIT(bipolar static induction transistor，BSIT)、静电感应晶闸管SITH(static induction thyristor)、场控晶闸管FCT(field controlled thyristor)等。作为电力电子技术的基础，电力电子半导体器件的重要性不言而喻。随着时代的发展，还会有新的半导体器件涌现。

20世纪90年代中期以来，逐渐形成了小功率(10 kW以下)场合以电力MOSFET为主，中、大功率场合以IGBT为主的压倒性局面。目前，在10 MV·A以上或者数千伏以上的应用场合，如果不需要自关断能力，那么晶闸管仍然是首选器件。在适用的开关频率场合，也逐步形成了低频场合(50 kHz)可以选用IGBT，中等频率场合(20～500 kHz)使用基于电力MOSFET，频率更高的场合(500 kHz以上)使用基于宽禁带半导体材料的SiC和GaN的局面。新型器件IGCT在中频变频器大功率场合仍占有一定的份额。而其他新型器件，如MCT、SIT、SITH所占份额非常少，这主要是由市场决定的。电力MOSFET和IGBT中的技术创新仍然在继续，IGBT还在不断夺取传统上属于晶闸管的应用领域。

常用电力电子器件的全称和中文含义如表 2-2 所示。

表 2-2　常用电力电子器件的全称和中文含义

缩写	全称	中文含义
SR	semiconductor rectifier	半导体整流管
FRD	fast recovery diode	快恢复二极管
SBD	Schottky barrier diode	肖特基势垒二极管
SCR	silicon controlled rectifier	可控硅整流器
GTO	gate-turn-off thyristor	门极可关断晶闸管
GTR	gaint transistor	巨型晶体管
BJT	bipolar junction transistor	双极结型晶体管
FET	field effect transistor	场效应晶体管
MOSFET	mental oxide semiconductor FET	金属氧化物场效应晶体管
IGBT	insulated-gate bipolar transistor	绝缘栅双极型晶体管
MCT	MOS controlled thyristor	场控晶闸管
SIT	static induction transistor	静电感应晶体管
LCT	light controlled thyristor	光控晶闸管
GAT	gate associated transistor	联栅晶体管
BSIT	bipolar static induction transistor	双极型静电感应晶体管
SITH	static induction thyristor	静电感应晶闸管
FCT	field controlled thyristor	场控晶闸管

2.5.2　基于宽禁带半导体材料的电力电子器件

电力电子技术是朝着高频率化、高能量密度方向发展的。前面分析了 MOS 适用于中高频中小功率场合。在高频(>1 MHz)场合，现有的 MOS 在开关速度、功率等级、开关损耗、EMI、散热要求方面很难满足要求。因此，更高耐压等级、更优开关性能、更快开关速度的器件出现是必然的。目前越来越多的注意力都投向了基于宽禁带半导体材料的电力电子器件。

1. SiC 器件

这里不具体展开对 SiC 材料和 Si 材料的描述。在材料上的差异是导致 SiC 器件和 Si 器件性能差异的原因。目前的 SiC 器件主要有 SiC 二极管、SiC MOSFET、SiC IGBT、SiC GTO、SiC BJT 等。这里我们重点介绍 SiC MOSFET。

在 650 V 以下的应用场合，普通 Si MOSFET 由于性能和价格等因素得到了广泛的应用。然而，在 650 V 以上中高频的应用场合，就需要用到 SiC MOSFET。SiC MOSFET 的优势在于芯片面积小、体二极管恢复时间短、功率等级更大等。目前已有电压额定值为 650 V、900 V、1000 V、1200 V、1700 V 的 SiC MOSFET 商业化上市，生产的主要厂家是 Wolfspeed(原 CREE)、英飞凌(Infineon)、ST 公司等。SiC MOSFET 和 Si MOSFET 的区别很大，主要在于栅极开启电压 $U_{gs(th)}$、结电容、跨导 g、导通电阻 $R_{ds(on)}$、最大连续漏极电流 I_{DSS}、栅源极耐压 U_{ds} 等不同。二者的特性对比如表 2-3 所示。值得一提的是，由于 MOSFET 在电力电子中的广泛使用，很多厂家研发的 Si MOSFET 在某一些方面和 SiC MOSFET 相当，但由于受材料的限制，很难做到各个方面都和 SiC MOSFET 相当。

表 2-3　Si MOSFET 和 SiC MOSFET 的特性对比

比较项目	Si MOSFET	SiC MOSFET
电气符号	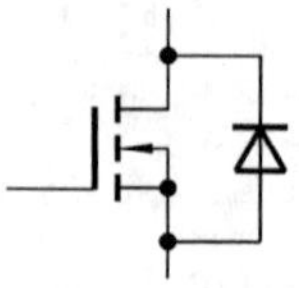	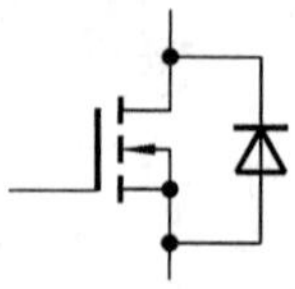
开关频率 f_{sw}	中高(>20 kHz)	高(>50 kHz)
漏源极电压 U_{gs}	0～20 V(一般而言)	−10～15 V(一般而言)
栅极电压 U_{ds}	20～650 V	>650 V
栅极总电荷 Q_g	60～200 nC	6～50 nC
功率等级	<5 kW	>3 kW
主要应用场合	电源、光伏逆变器等	牵引逆变器、电机驱动器等

2. 氮化镓(GaN)器件

电力电子器件的通态电阻和寄生电容分别决定着电力电子器件的导通损耗和开关损耗，这些损耗是决定电力电子设备热设计和效率指标的关键因素。目前来看，Si 基电力电子器件的导通电阻和结电容难以大幅度减小。为了追求更高的开关频率、更低的损耗和更高的能量密度，人们发明了 GaN。独特的晶体结构使 GaN 具有很好的特性。用 GaN 制成的电力电子开关，相比于其他的电力电子开关，优越性能主要体现为耐压等级更高、导通电阻更小、开关速度快、开关频率高、结温更高、散热更好。自从 2010 年美国国际整流器公司(International Rectifier，IR)推出第一款商用 GaN 器件以来，由于 GaN 器件具有独特的优势，国际上越来越多的芯片公司开始进军 GaN 器件领域。目前已有上百家公司对 GaN 器件进行了深入研究并开发出了一系列商用 GaN 开关管。不同电力电子器件的功率范围和开关频率范围如图 2-24 所示。

2.5.3　集成电力电子模块

电力电子技术也是朝着高集成度方向发展的。从 1970 年开始，电力电子器件研发的一个趋势是高度集成化、模块化、专业化。人们主要是按照典型的拓扑结构，将多个电力电子器件集成在一个器件模块中。这样做不仅方便使用，而且可以减小体积、降低成本、提高可靠性和功率密度。对于中高频电路而言，由于集成在一个模块中，各器件之间的高频走线回路引起的电感效应、EMI 干扰等都可以大幅度减小。在大功率的场合可以使用由多个 MOS 管并联集成的模块，在高耐压等级的应用场合则可使用由多个 MOS 管串联集成的模

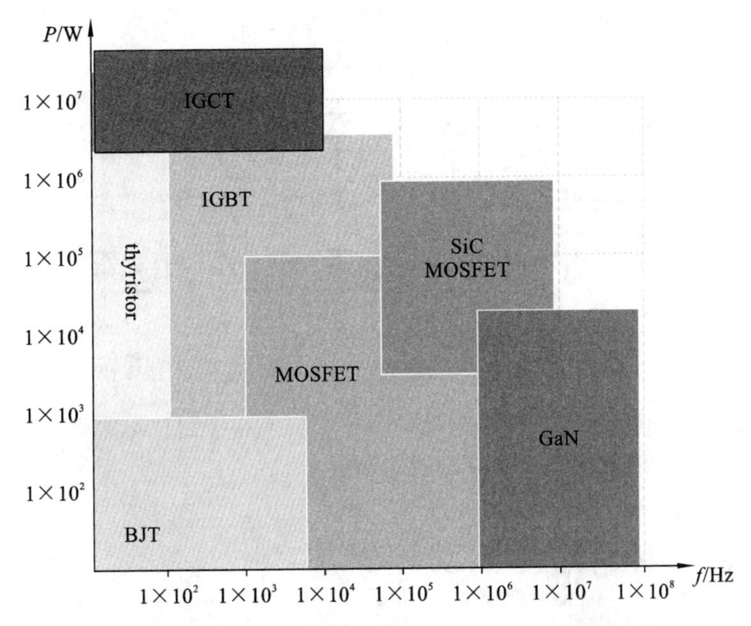

图 2-24　不同电力电子器件的功率范围和开关频率范围

块。MOS 管的串联模块和并联模块如图 2-25 所示。目前在三相逆变器和三相变频器中已经有非常多的 IGBT 模块，如英飞凌公司的 IGBT 模块 FP25R12W2T4 不仅集成了三相整流桥和三相半桥 IGBT，也集成了过电压保护的 IGBT，在变频器领域用得很多。应用于 AC-AC 变频的 IGBT 模块 FP25R12W2T4 如图 2-26 所示。

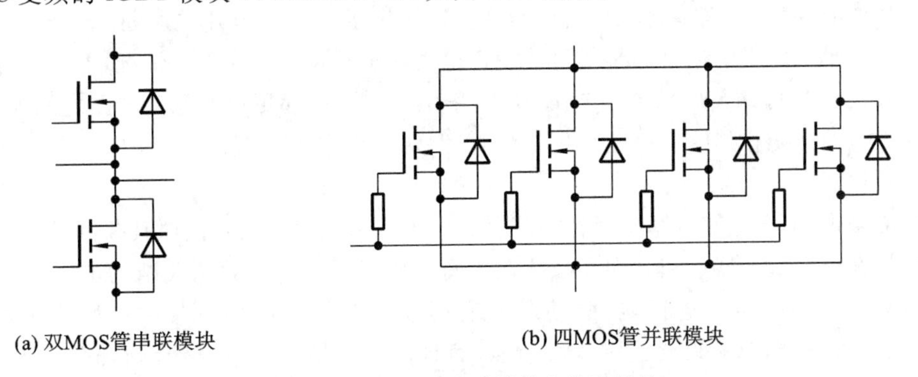

图 2-25　MOS 管的串联模块和并联模块

更进一步，将开关管和逻辑、控制、保护、传感、检测、自诊断等电路集成在同一芯片上，得到功率集成电路（power integrated circuit，PIC）。不同的功率集成电路侧重的性能、要求不同。根据所侧重的性能、要求，有的功率集成电路又被称为高压集成电路（high voltage IC，HVIC），有的功率集成电路又被称为智能功率集成电路（smart power IC，SPIC）或智能功率模块（intelligent power module，IPM）。在功率集成电路的发展过程中，高、低压电路（主回路与控制电路）之间的绝缘或隔离问题以及开关器件模块的温升、散热问题一直是技术难点。现在将 IGBT 及其辅助器件、驱动保护电路集成在一起的智能 IGBT 已在中小功率电力电子变换器中得到较多的应用。较大功率的智能功率模块也已开始在高速列车牵引电力传动系统的电力变换器领域得到应用。功率集成电路实现了电能变换和信息处理的集

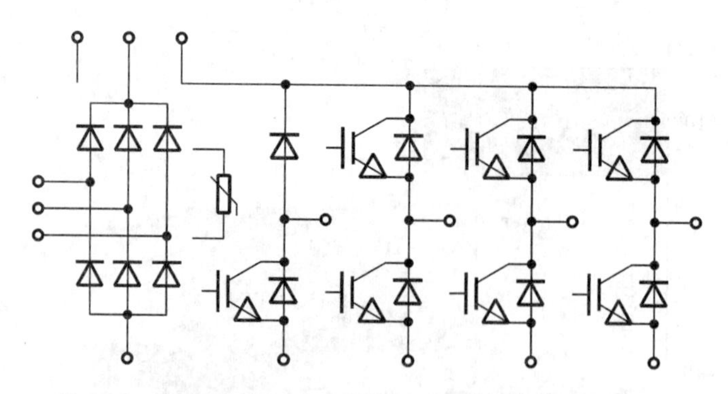

图 2-26 应用于 AC-AC 变频的 IGBT 模块 FP25R12W2T4

成化,集成化与高频化、数字化一样是未来电力电子变换和控制技术的发展方向。随着对模块化的要求越来越高,PIC 技术具有广阔的应用前景。

2.6 电力电子器件驱动和保护

2.6.1 电力电子器件驱动基本原理和技术

1. 驱动基本概述

驱动电路(driver circuit)是电力电子主电路和控制电路之间的接口,是让电力电子开关正常工作的必要前提。驱动性能是否良好,直接决定了电力电子开关通断的情况。一个性能良好的驱动电路设计的目标是尽可能使得电力电子开关工作在理想情况,即开关时间(开通时间和关断时间)小、开关损耗小、驱动损耗小等。此外,还可以在驱动电路之间加入开关管的保护电路以防止炸管。由此可见,驱动电路对电力电子装置的运行效率、安全性、可靠性具有重要意义。

总的来说,驱动电路的基本目标是将信息电子电路传来的信号按照其控制目标的要求,转换成加在电力电子器件控制端和公共端之间来控制开关管开通和关断的电压或电流,即对没有驱动能力的信号进行调理,使其具有驱动开关管的能力。其中:对于 MOSFET、IGBT 等全控型器件,不仅要提供开通信号,而且需要提供关断信号,否则开关管无法正常关断;而对于晶闸管等半控型器件而言,只需要提供开通信号,由主电路施加反向电压来实现开关管的强迫关断。驱动电路也可以分为电流型驱动和电压型驱动两大类。电流型驱动是指驱动信号为电流信号。这类驱动电路的驱动功率大,适合像 GTR、GTO 这类电流型控制器件。电压型驱动是指驱动信号为电压信号。这类驱动电路的驱动功率小,适合像 MOSFET、IGBT 这类电压型控制器件。

由于 MOSFET 驱动电路和 IGBT 驱动电路类似,因此下面我们重点介绍 MOSFET 的驱动电路。

2. MOSFET 的驱动电路

MOS 管是电压型控制器件,等效模型可以认为是由电压控制的电流源(VCCS)。在模拟电子技术或射频电路中,通常将 MOS 管和三极管应用在放大区;而在电力电子技术中,

通常将 MOS 管和三极管应用在饱和区，即都作为开关管使用。那么，对于 MOS 管而言，当 $U_{GS}>U_{G(th)}$，MOS 管就可以开始导通。

（1）MOS 管结电容介绍。

MOS 管的开关特性主要与非线性寄生电容有关，同时栅极驱动电路的性能也对 MOS 管的开通和关断起着关键性的作用。MOS 管开通和关断的典型波形本质是栅极电容的充放电波形。MOS 管的栅极和源极之间存在结电容 C_{GS}，栅极和漏极之间存在结电容 C_{GD}，漏极和源极之间存在结电容 C_{DS}，如图 2-27 所示。其中，C_{GS} 对于能否驱动 MOS 管而言至关重要。一般而言，电力 MOS 管和 IGBT 的栅源结电容 C_{GS} 一般在数百皮法到数千皮法之间。这些结电容参数可以从数据手册中查到。为快速开通 MOS 管，需要快速建立驱动电压使得 $U_{GS}>U_{G(th)}$。通常充电 VCC 电压等级使用 10～20 V 做电源电压。显然，U_{GS} 的充电时间是由栅极电阻 R_g 和栅源结电容 C_{GS} 的时间常数决定的。因此，当开关频率较高时，需要快速建立开启电压，此时需要选取较小的栅极电阻。同样，MOS 管关断的条件是 $U_{GS}<U_{G(th)}$，其本质是 C_{GS} 的放电。为了减小关断时间和关断损耗，可以在关断的时候施加反向电压，一般反向电压 VSS 电压等级是 −20～−10 V。

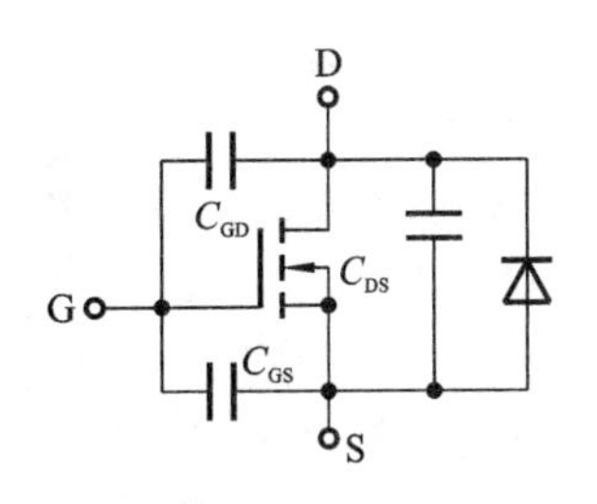

图 2-27　MOS 管结电容

（2）常见的驱动电路介绍。

由前文可知，控制信号无法直接驱动 MOS 管，需要由驱动电路去推动 MOS 管。常见的驱动电路有推挽式（push-pull）和图腾柱式（totem pole）。一般认为，推挽式驱动电路基于一对互补的信号构成，而图腾柱式驱动电路由相同型号的开关管加一个反相器构成，图 2-28 和图 2-29 显示了两种驱动电路的差异。其中，图 2-28 是使用 MOS 管驱动，而图 2-29 是使用 NPN 管驱动。由图 2-28 和图 2-29 可知，具有推挽式结构的驱动电路不仅具有 PWM 输出能力，还具有模拟信号输出能力；而图腾柱式驱动电路仅具有 PWM 输出能力。在电力电子范围内，这两种驱动电路没有什么区别，但由于采用图腾柱式结构的开关管是相同型号的，且大多时候都是 MOS 管或 NPN 管，性能优于 P 管，因此图腾柱式驱动电路应用非常广泛。

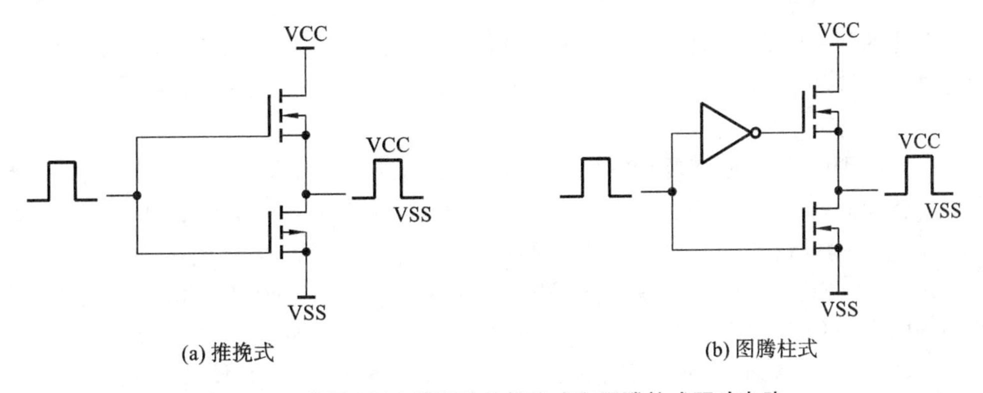

图 2-28　使用 MOS 管驱动的推挽式和图腾柱式驱动电路

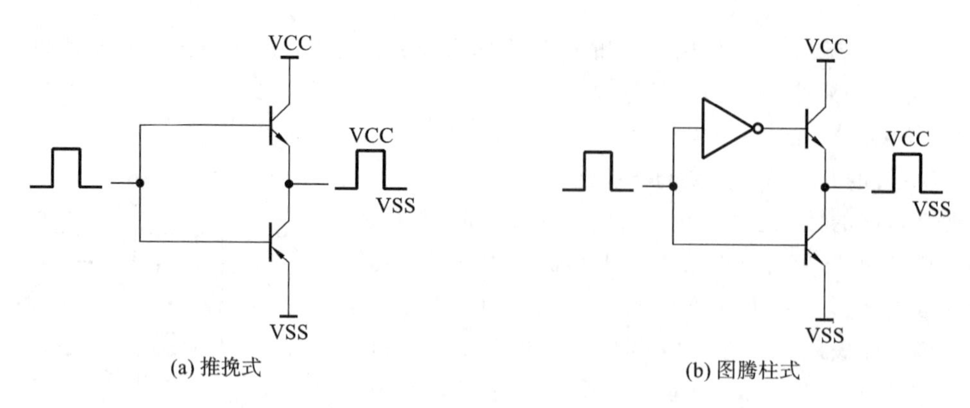

图 2-29　使用 NPN 管驱动的推挽式和图腾柱式驱动电路

（3）隔离电路介绍。

当 MOS 管的源极(S)不接地时，需要采用隔离驱动。驱动电路和主电路之间要进行电气隔离或自举驱动。一般而言，隔离的方式是光隔离或磁隔离。光隔离是指采用光电耦合器进行隔离。光电耦合器是由发光二极管和光敏晶体管经集成而得到的，它的基本原理是光电耦合器原边通过控制 LED 是否导通来控制副边晶体管是否导通。原边二极管导通，电信号转换成光信号进行传输，副边接收到光信号后使晶体管导通，并将光信号转换成电信号。光电耦合器分为普通型、高速型和高传输比型，内部电路如图 2-30 所示。普通型光电耦合器的输出特性和晶体管类似，只是其电流传输比 I_C/I_D 比晶体管的电流放大倍数 β 小得多；而高传输比型光电耦合器的电流传输比 I_C/I_D 要大得多。高速型光电耦合器的传输时间要小于普通型光电耦合器。

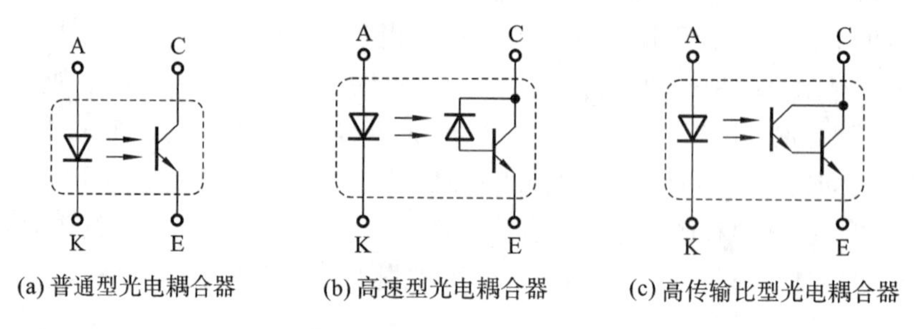

图 2-30　光电耦合器类型

将上述的隔离电路和图腾柱式驱动电路连接在一起就得到常见的开关管驱动电路，如驱动光电耦合器 TLP5702、6N137 等。TLP5702 驱动 MOS 管如图 2-31 所示。

（4）自举电路介绍。

在电力电子应用中，隔离驱动需要引入隔离电源，这无疑使用了更多的元器件，因此当隔离驱动较少时，常常可以用自举驱动取代隔离驱动。典型的自举电路如图 2-32 所示。

VCC 是驱动电路的电源，$T_1 \sim T_4$ 是驱动电路中的 MOS 管。Vin 是电力电子主电路中的电源。Vin 可能比 VCC 大得多，例如 Vin＝200 V，VCC＝15 V。Q_1 和 Q_2 是电力电子主电路中的电力 MOSFET。VD_{boot} 为自举二极管，C_{boot} 为自举电容。该电路的作用是驱动元件 Q_1 和 Q_2 交替导通。Q_2 导通时为状态 1，Q_1 导通时为状态 2。具体的工作过程为：

在状态 1 下，T_2 和 T_3 同时导通。T_3 导通使得主电路中的开关元件 Q_2 导通。VCC 经自举二极管 VD_{boot}、自举电容 C_{boot}、Q_2 到地，此回路电流会给自举电容 C_{boot} 充电，使得自举

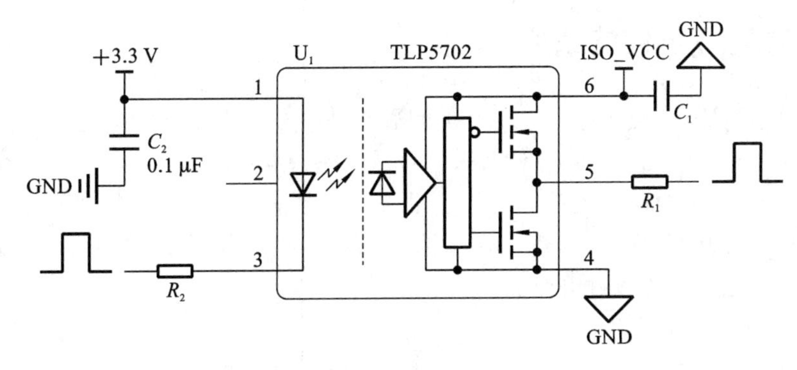

图 2-31　隔离光耦驱动电路

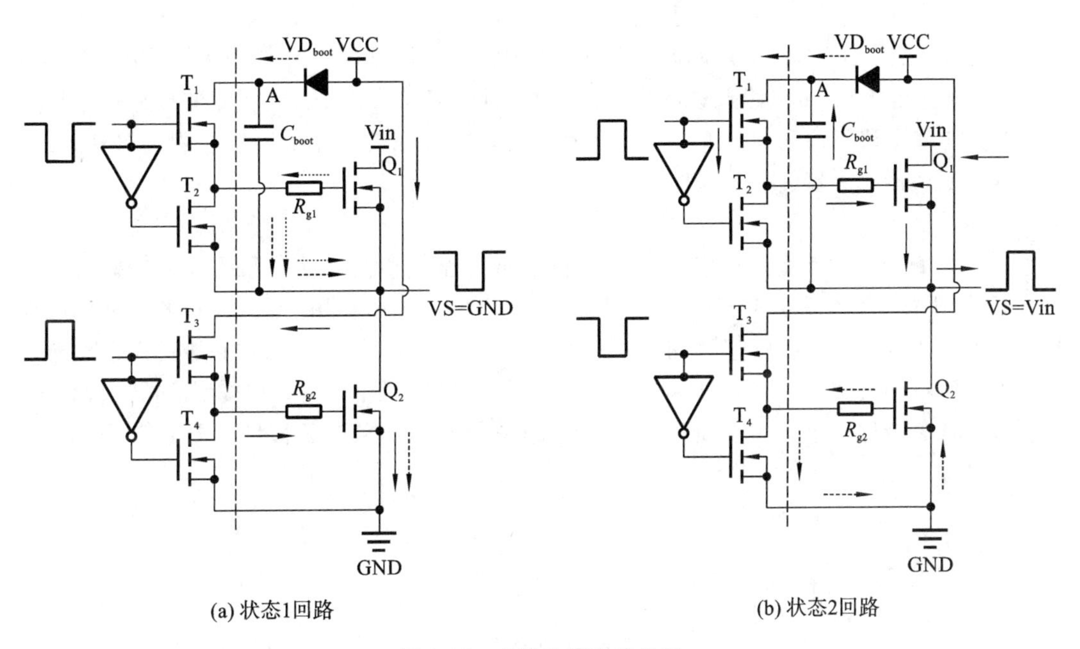

图 2-32　自举电路回路分析

电容上端 A 点的电压为 VCC，自举电容下端电压为 0 V。T_2 导通使得 Q_1 关断，此时，主电路输出端 VS 与 GND 相接，即 VS＝GND＝0 V。

在状态 2 下，T_1 和 T_4 同时导通。T_4 导通使得主电路中的开关元件 Q_2 关断。T_1 导通使得主电路的开关元件 Q_1 导通，主电路输出点的电压 VS＝Vin，由于电容两端电压不能突变，因此电容 C_{boot} 上端 A 点的电压为 VCC＋Vin，并且由于自举电容在此电路中的放电非常慢，因而 Q_1 在此状态下保持导通。

综上所述，电力 MOSFET 的驱动电路应满足以下条件：①很窄的触发脉冲经过驱动电路后不丢失，即驱动电路不会改变驱动信号的脉宽；②能提供足够的电压使得开关管开通，并提供较大的拉电流和灌电流使得开关管快速开通和关断；③所提供的驱动脉冲不应该超过开关管的门极电压和电流的额定值，且应在门极伏安特性的可靠触发区域内；④应具有良好的抗干扰性、温度特性；⑤需要与主电路进行电气隔离的务必进行隔离驱动，不允许开关管误动作。

2.6.2 电力电子器件的保护

在电力电子电路中，由于电力电子开关的通断是冲击函数，因此必然会带来一定程度的EMI，除了设计一个良好的驱动电路外，采用合适的保护电路防止开关管超出额定值也是十分有必要的。同时，电力电子变换器运行不正常或发生故障时，可能会出现过电压和过电流，造成开关器件的永久损坏。有时，电力电子器件还需要进行良好的散热和一定的电磁屏蔽。下面主要讨论过电压和过电流保护。

1. 过电压保护

电力电子系统中发生的过电压主要分为外因过电压和内因过电压两种。

外因过电压有：

(1) 雷击过电压：由雷击引起的过电压。电力电子产品 EMC 测试时应进行雷击测试。

(2) 操作过电压：由电路开关的合闸和分闸操作引起的过电压，电网侧的操作过电压会由供电变压器电磁感应耦合过来或由变压器绕组之间存在的分布电容感应耦合过来，使得电力电子变换器开关器件承受操作过电压。

内因过电压有：

(1) 体二极管反向恢复过电压：由于晶闸管或者全控型器件反并联的续流二极管在换相结束时，不能立即恢复反向阻断能力，因此如果有反向电压作用，则会有较大的反向电流并流过体二极管，而恢复反向阻断能力后，反向电流 I_R 急剧减小，这时线路中的杂散电感所感应出的反电动势很大，这个反电动势与电源电压叠加作用在开关管和寄生的体二极管上，可能使得开关器件因过电压而损坏。考虑杂散电感的 MOS 管等效模型如图 2-33 所示。

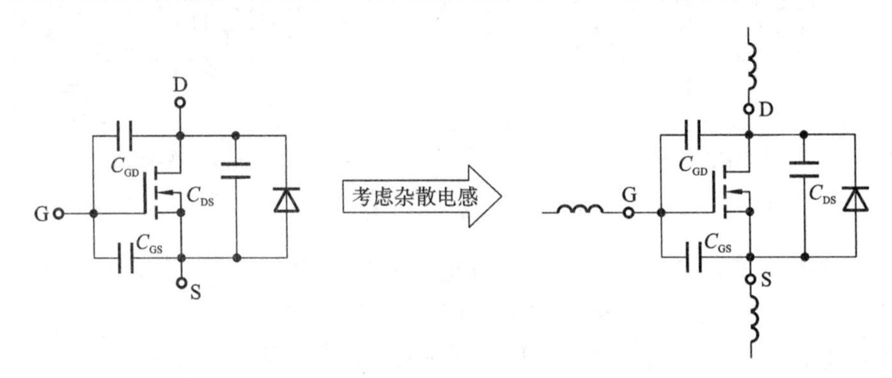

图 2-33 考虑杂散电感的 MOS 管等效模型

(2) 开关管关断过电压：电力电子开关在关断时，电流迅速减小，在线路电感上产生很高的感应电压，会造成器件过电压。

图 2-34 显示了电力电子变换系统中一些可能采用的过电压抑制措施及其配置。图中交流电源经交流熔断器 S 送入降压变压器 PT，F 是避雷器。当雷电过电压从电网线路窜入时，避雷器对地放电，防止雷电过电压进入变压器。C_0 是静电感应过电压抑制电容，当 S 合闸，电网高压加到变压器原方绕组，经变压器原方、副方绕组的耦合电容 C_{12} 把高压电网交流电压直接传至副方时，若 $C_0 \gg C_{12}$，则 C_0 上感应的操作过电压值不高，保护了后面的电力电子开关器件免受合闸操作过电压的危害。图中 R_1C_1、R_2C_2 是两种过电压抑制电路。当

交流电网出现过电压时，过电压对 C_1、C_2 充电，C_1、C_2 两端的电压不能突变，二者的充电过程限制了电压的上升率，减小了开关器件所承受的过电压及其变化率。RC 电路中的 C 越大、R 越小，过电压保护作用越好，但损耗越大。

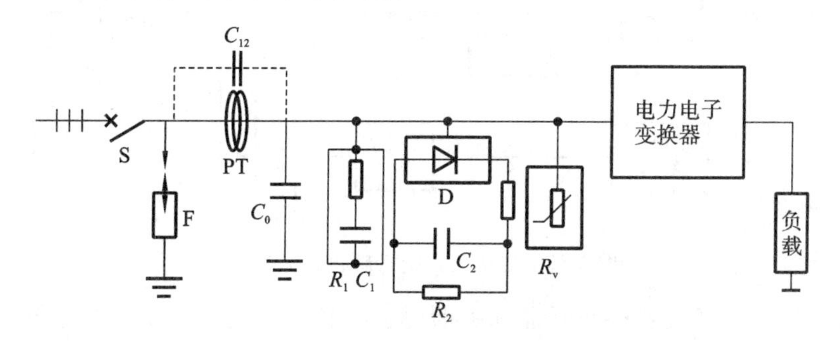

图 2-34　过电压抑制措施和保护装置

图 2-34 中，在简单的 R_1C_1 过电压抑制电路中，过电压对 C_1 充电后，C_1 上的高压对 R_1 放电时过大的放电电流也可能危害被保护设备；而在 R_2C_2 过电压抑制电路中，C_2 被过电压充电后对 R_2 放电时，二极管 D 阻止了放电电流进入电网，不会危害电路中的其他器件，故这种放电阻止型 R_2C_2 过电压抑制电路在高压大容量系统中应用得比较多。图中的 R_v 为非线性压敏电阻，其端电压超过其阈值电压时其等效电阻迅速从无限大下降，流过大电流时其端电压相比阈值电压仅有很少的上升，因此它能将线路上的过电压限制到其阈值电压，实现开关器件的过电压保护。

2. 过电流保护

在不同电位的导体之间建立电气连接时会出现短路，从而形成几乎没有阻抗的路径。在这种状态下，电流不再受到限制。短路可能由各种原因导致，包括接线不良、过载情况或控制故障。短路是逆变器、转换器和电机驱动器等电力电子产品中最普遍的故障之一。短路可能导致电源开关器件发生灾难性故障，因此通常情况下选用电子保护作为延时最短但动作阈值最高的一级保护，当电流传感器检测到过电流值超过动作限定值时，电子保护电路输出过电流信号、封锁驱动信号，关断开关变换器中的开关器件，切断过流故障，最大限度地保护电力电子电路。快速熔断器、直流快速断路器和过电流继电器是最为常见的保护措施。快速熔断器的熔断时间与过电流大小有关(与发热量 I^2t 有关)。快速熔断器对开关器件的保护有全保护和仅做短路保护两种类型。直流快速断路器整定在电子电路动作之后实现保护，而过电流继电器整定在过载时动作。有关电流整定的知识会在电力系统继电保护中学习，这里不做过多介绍。

图 2-35 中给出了利用晶闸管(SCR)的过电流保护方案。当系统发生过电流时，电子保护电路输出的触发信号使得 SCR 导通，将电路短路，从而使得快速熔断器快速熔断，切断短路电路。

2.6.3　电力电子开关器件的安全稳定运行

保证电力电子开关器件的安全稳定运行是保证电力电子设备安全稳定运行的前提，电力电子设备的寿命很大程度上取决于电力电子开关器件的安全稳定运行。当周围环境，如

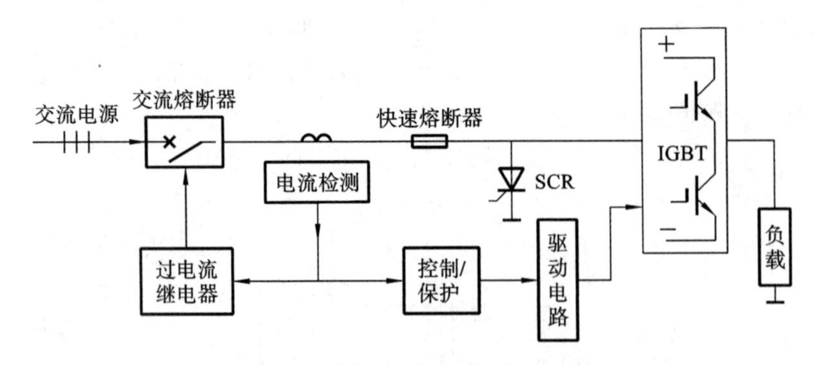

图 2-35　过电流保护措施和保护装置

温度、磁场等变化时，开关器件在开通和关断时会有较大的尖峰。如果尖峰超过可承受范围，开关器件会立刻损坏，尖峰即使在可承受范围内也会对开关器件的使用寿命造成一定的影响。因此，必须保证电力电子开关器件的稳定、安全、可靠运行。

1. 电力电子开关器件的安全工作区

理想的电力电子开关器件在通态下需要承受较大的负载电流而管压降小，在关断下承受较高的电源电压而漏电流小，因此在导通和关断过程中，电压应力、电流应力都在可承受范围内，且损耗也很小。但是，由于结电容的存在，开通和关断是需要时间的。在电力电子开关器件开通和关断的暂态过程中，器件可能承受高电压、大电流，甚至是较大的 EMI，如过大的 $\mathrm{d}u/\mathrm{d}t$、$\mathrm{d}i/\mathrm{d}t$ 和过大的瞬时功率 $P_t = u_T \cdot i_T$，因此有必要讨论开关器件的安全工作区。典型开关器件的安全工作区如图 2-36 所示。要使开关管安全工作，首先，开关管承受的电压瞬时值 u_T 不能超过其击穿电压 U_{CEO}；其次，流过开关管的电流瞬时值不能超过其允许的最大电流值 I_{CM}。最大击穿电压和最大允许电流可以从数据手册中获得。另外，由于半导体发热量一般不允许超过 150 ℃，发热功率取决于电压和电流的乘积，同时发热量还与时间 t 有关，因此功率限制还与时间有关。图中 2-36 给出的功率限制线与时间有关。

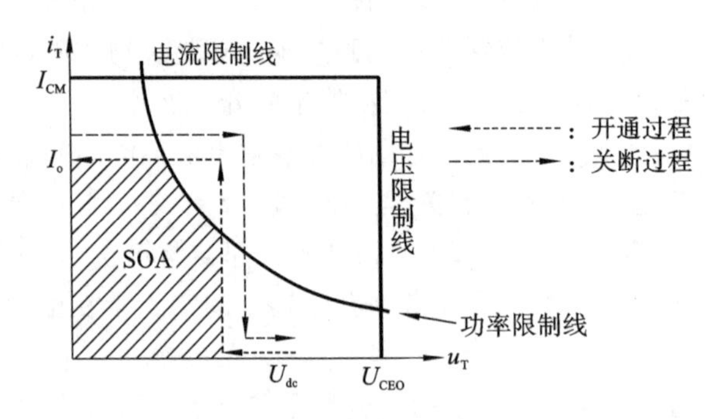

图 2-36　典型开关器件的安全工作区

2. 缓冲电路

缓冲电路(snubber circuit)又称为吸收电路，用来防止瞬间的过电压、过电流和过大的电压变化率、电流变化率及减小开关损耗等，以确保器件能工作在安全工作区。缓冲电路可分为开通缓冲电路和关断缓冲电路。开通过程中，开关管流过的电流从零开始增大，因此开通缓冲电路又可称为 $\mathrm{d}i/\mathrm{d}t$ 抑制电路，本质上利用了电感电流不能突变的原理。关断过程

中，开关管承受的电压从零开始增大，因此关断缓冲电路又可称为 du/dt 抑制电路，本质上利用了电容电压不能突变的原理。图 2-37 中给出了开通缓冲电路和响应波形图。由于存在缓冲电路，开关管开通时，缓冲电容 C_s 使得电流 i_C 先上一个台阶，由于存在 di/dt 抑制电路，电流逐渐上升。VD_i 用于当开关管关断时为电感 L_i 提供续流回路以泄放存储的磁场能量。在开关管关断时，负载电流通过 VD_s 向 C_s 分流，减小了开关管的电流应力，抑制了 du/dt。

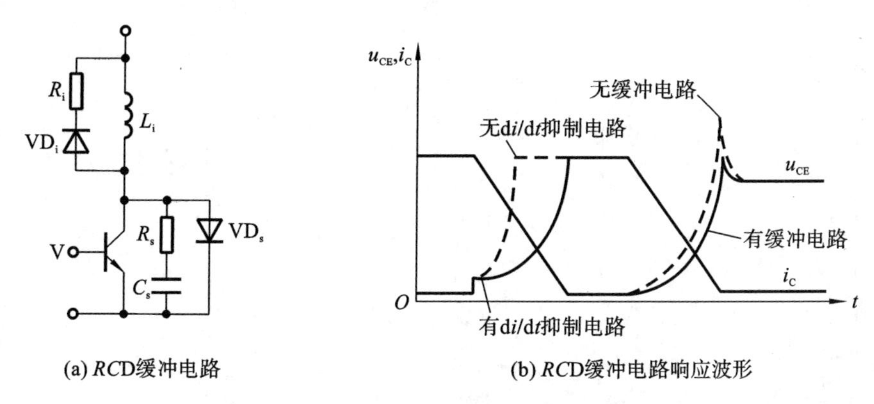

(a) RCD缓冲电路　　(b) RCD缓冲电路响应波形

图 2-37　带 di/dt 的 RCD 缓冲电路和响应波形图

图 2-37 所示是 RCD 缓冲电路，一般适用于中等功率场合，而一般小容量的场合使用简单的 RC 吸收电路即可。一种简单的 RC 缓冲电路如图 2-38 所示，其中二极管 VD 是 MOSFET 的体二极管。

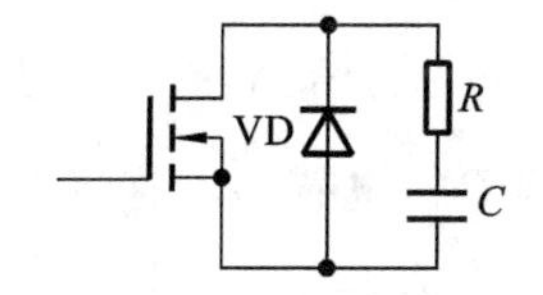

图 2-38　一种简单的 RC 缓冲电路

2.7　Simulink 库中电力电子器件模块

在 MATLAB 2019/Simulink 的库浏览器中，按照 Simscape→Electrical→Specialized Power Systems→Fundamental Blocks→Power Electronics 这个路径，就可以找到电力电子器件模块库。电力电子器件模块库中包含常用的电力电子器件模块和整流、逆变电路模块以及相应的驱动模块，如图 2-39 所示。使用这些模块构建和编辑电力电子电路并仿真是很方便的。MATLAB 中的电力电子器件模块使用的是简化的宏模块，它只要求器件的外特性与实际器件特性基本相符，而没有考虑器件内部的细微结构，属于系统级模块。MATLAB 中的电力电子器件模块较为简单，但是它开销的系统资源较少，用于电力电子和系统仿真时，出现仿真不收敛的概率较小。

开关特性是电力电子器件的主要特性。MATLAB 中的电力电子器件模块主要仿真了电力电子器件的开关特性，并且不同的电力电子器件模块具有类似的模块结构。电力电子

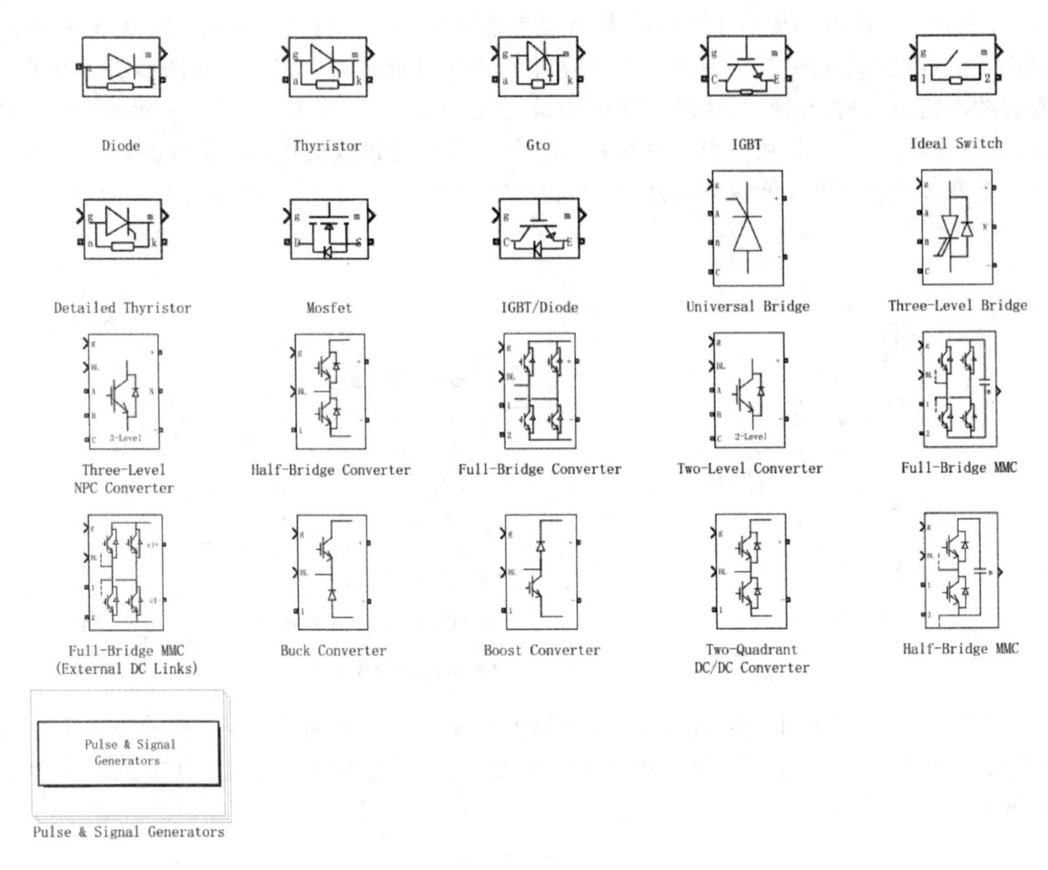

图 2-39 电力电子器件模块图标

器件模块主要由可控开关 SW、电阻 R_{on}、电感 L_{on}、直流电压源 V_f 串联的串联电路和开关逻辑单元组成，如图 2-40 所示。不同的独立电力电子器件，如二极管、晶闸管、GTO、MOSFET、IGBT 等在模块内部结构上的区别仅在于开关逻辑不同，开关逻辑决定了各种器件的开关特征。模块中的电阻 R_{on}、直流电压源 V_f 分别用来反映电力电子器件的导通电阻和导通时的门槛电压。串联电感限制了器件开关过程中的电流升降速度，模拟器件导通或关断时的漏电流。开关逻辑单元一般由开关管承受的电压 V_{ak}、开关管承受的电流 I_{ak} 和门控信号 g 三个量构成。这里门控信号不区分电流驱动还是电压驱动，是“1”代表有驱动信号，是“0”代表无驱动信号。

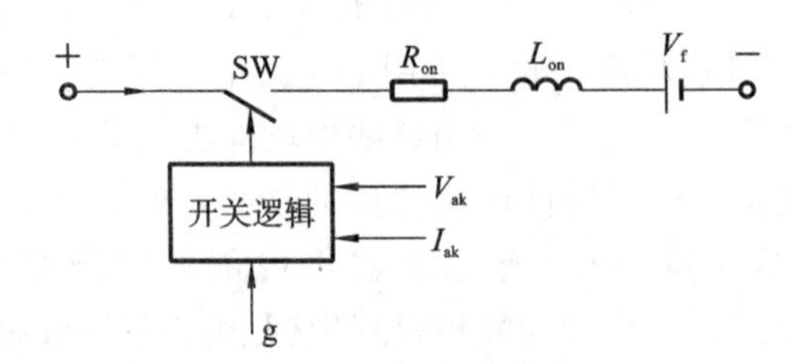

图 2-40 电力电子器件模块内部仿真结构

电力电子器件在使用时一般都并联有缓冲电路。缓冲电路在器件模块中没有画出，但可以在模块的参数表中设置。如果需要更复杂的缓冲电路，则可以另外建立。

电力电子器件模块一般都带有一个测量输出端 m。通过测量输出端 m 可以观测器件的电压和电流，不仅测量方便，而且可以为选择器件的耐压值和电流提供依据。测量输出端 m 根据使用需要可以显示在模块上，也可以隐藏，具体可以通过参数设置对话框中来设置。接下来，分别介绍几种典型的电力电子器件模块。

2.7.1　电力二极管模块

电力二极管模块的图标如图 2-41(a)所示。电力二极管模块有两个电气端口，a 代表二极管的阳极，k 代表二极管的阴极；m 是测量输出端，属于信号端口。电力二极管内部仿真结构如图 2-41(b)所示。电力二极管模块由一个内电阻、一个内电感、一个直流电压源以及一个受控开关 SW 串联在一起。电力二极管模块的单向导电性由开关逻辑单元控制；当电力二极管承受正向电压($V_{ak}>0$ A)时，电力二极管导通；当电力二极管电流下降到零($I_{ak}=0$ A)或承受反向电压($V_{ak}\leqslant 0$ V)时，电力二极管关断。电力二极管模块的伏安特性如图 2-41(c)所示。

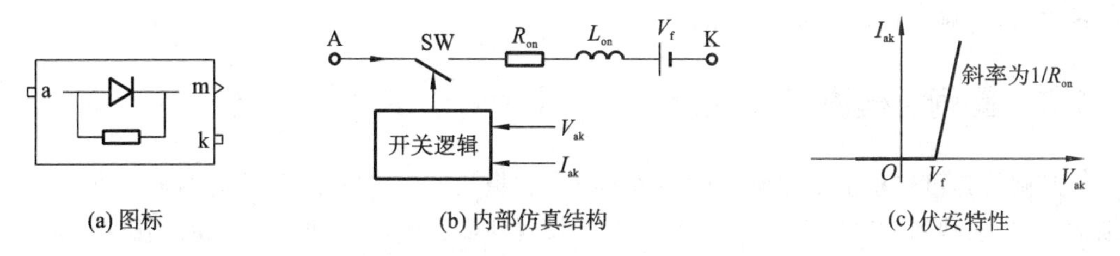

图 2-41　电力二极管模块的图标、内部仿真结构和伏安特性

双击电力二极管模块图标，则会出现电力二极管模块参数设置对话框，如图 2-42 所示。电力二极管模块一共有六个参数可以设置，具体参数含义见表 2-4。

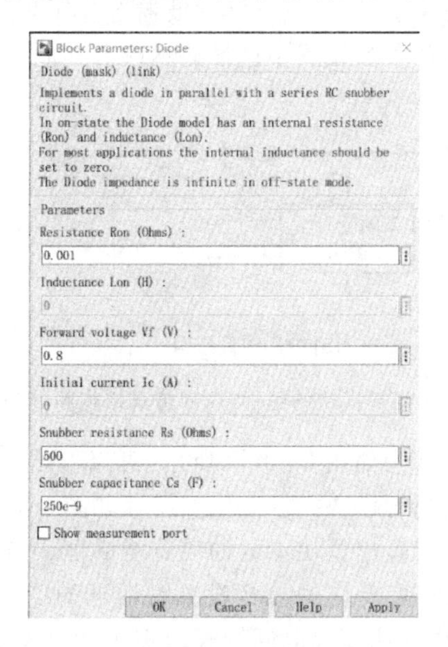

图 2-42　电力二极管模块参数设置对话框

表 2-4 电力二极管模块参数中英文对照表

英文参数名(单位)	对应中文参数名(单位)	英文参数名(单位)	对应中文参数名(单位)
Resistance Ron(Ohms)	导通内阻 R_{on}(欧姆)	Initial current Ic (A)	初始电流 I_c(安培)
Inductance Lon (H)	内电感 L_{on}(亨利)	Snubber resistance Rs(Ohms)	缓冲电组 R_s(欧姆)
Forward voltage Vf(V)	正向电压 V_f(伏特)	Snubber capacitance Cs(F)	缓冲电容 C_s(法拉)

对于参数设置,由于在后续各章节的仿真中,目的是观察各种电路的功能,因此器件的参数一般默认初始设置而不进行修改。比如导通电阻初始值为 0.001 Ω,内电感初始值为 0 H,正向电压也就是二极管的导通门槛电压初始值为 0.8 V,初始电流为 0 A,缓冲电阻和缓冲电容的初始值分别是 500 Ω 和 250 pF。如果要进行修改,则需注意,导通电阻和内电感不能同时为零。初始电流设为非零时,电力二极管的内电感大于 0 H,且仿真电路的其他储能元件也设置了初始值。如果想设置缓冲电路为纯电阻,则缓冲电阻设置不为零,缓冲电容设置为"inf"。如果想取消缓冲电路,则缓冲电阻设置为"inf"或缓冲电容设置为"0"。参数设置对话框的最下面还有一个选择框"Show measurement port",不勾选则图标就不会显示 m 端口,勾选则图标就会显示 m 端口。

2.7.2 晶闸管模块

晶闸管是可控整流电路常用的整流器件。在模块库中,晶闸管模块有两种:一种是较详细的模块,模块名为"Detailed Thyristor",可设置参数较多;另一种是简化的模块,模块名为"Thyristor",参数设置较简单。这两种模块的图标一样。晶闸管模块图标如图 2-43(a)所示。晶闸管模块有一个电气输入端口 a,代表晶闸管的阳极;有一个电气输出端口 k,代表晶闸管的阴极 K;有一个信号输入端口 g,代表晶闸管的门极;有一个信号输出端口 m,用于测量晶闸管上输出电压电流的大小,后面可以接示波器等显示模块,用以观察晶闸管的电压、电流波形。m 端口同样可以在参数设置中选择显示或者不显示。

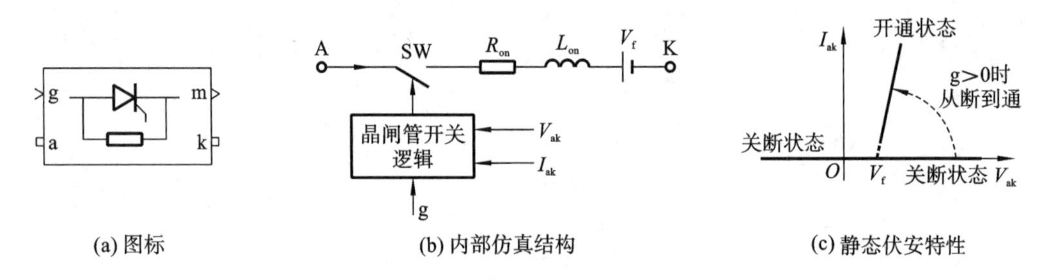

图 2-43 晶闸管模块的图标、内部仿真结构和静态伏安特性

晶闸管模块的内部仿真结构如图 2-43(b)所示,可以看出与二极管内部仿真结构相比,只有控制逻辑单元不同。晶闸管模块的静态伏安特性如图 2-43(c)所示。

双击晶闸管模块图标就会弹出模块参数的设置对话框。简单晶闸管模块的参数设置对话框如图 2-44 所示,详细晶闸管模块的参数设置对话框如图 2-45 所示。对比两个参数设置对话框可知,详细晶闸管模块比简单晶闸管模块多了两个参数,一个是擎住电流,另一个是关断时间。在参数设置对话框可以设置晶闸管模块参数。晶闸管模块参数的含义见表 2-5。

Block Parameters: Thyristor

Thyristor (mask) (link)

Thyristor in parallel with a series RC snubber circuit.
In on-state the Thyristor model has an internal resistance (Ron) and inductance (Lon).
For most applications the internal inductance should be set to zero.
In off-state the Thyristor as an infinite impedance.

Parameters

Resistance Ron (Ohms) :
0.001

Inductance Lon (H) :
0

Forward voltage Vf (V) :
0.8

Initial current Ic (A) :
0

Snubber resistance Rs (Ohms) :
500

Snubber capacitance Cs (F) :
250e-9

☑ Show measurement port

OK　Cancel　Help　Apply

图 2-44　简单晶闸管模块参数设置对话框

Block Parameters: Detailed Thyristor

Latching current and turn-off time are not modeled when Lon is set to zero.

Parameters

Resistance Ron (Ohms) :
0.001

Inductance Lon (H) :
1e-3

Forward voltage Vf (V) :
0.8

Latching current Il (A) :
0.1

Turn-off time Tq (s) :
100e-6

Initial current Ic (A) :
0

Snubber resistance Rs (Ohms) :
500

Snubber capacitance Cs (F) :
250e-9

☑ Show measurement port

OK　Cancel　Help　Apply

图 2-45　详细晶闸管模块参数设置对话框

表 2-5 晶闸管模块参数英文对照表

英文参数名(单位)	对应中文参数名(单位)	英文参数名(单位)	对应中文参数名(单位)
Resistance Ron(Ohms)	导通电阻 R_{on}(欧姆)	Turn-off time Tq(S)	关断时间 T_q(秒)
Inductance Lon(H)	内电感 L_{on}(亨利)	Initial current Ic(A)	初始电流 I_c(安培)
Forward voltageVf(V)	正向电压 V_f(伏特)	Snubber resistance Rs(Ohms)	缓冲电阻 R_s(欧姆)
Latching current Il(A)	擎住电流 I_l(安培)	Snubber capacitance Cs	缓冲电容 C_s(法拉)

晶闸管模块参数中,导通电阻、内电感、正向电压、初始电流、缓冲电阻和缓冲电容的设置原则跟二极管模块参数设置原则一致。擎住电流初始设置为 0.1 A,它是决定晶闸管导通的条件之一。关断时间初始设置为 100 μs,它是决定晶闸管关断的条件之一。

对于晶闸管的简单模块,当阳极和阴极之间的电压大于 V_f 且门极有正的触发脉冲信号($g>0$) 时,晶闸管导通。当晶闸管的阳极电流下降到 0 A 时,晶闸管就关断。对于晶闸管的详细模块,当阳极和阴极之间的电压大于 V_f 且门极有正的触发脉冲信号($g>0$) 时,还要求该触发脉冲持续一定时间,保证晶闸管的阳极电流大于擎住电流,晶闸管才能正常导通;对于导通的晶闸管,在阳极电流下降到零后,晶闸管承受的反向电压时间应大于设置的关断时间,晶闸管才能可靠关断。

晶闸管的简单模块没有擎住电流和关断时间这两项参数,因此在仿真中使用较为方便。

2.7.3 门极可关断晶闸管模块

门极可关断晶闸管 (GTO)模块的图标如图 2-46(a)所示。它有两个电气端口,a 端代表门极可关断晶闸管的阳极,k 端代表门极可关断晶闸管的阴极;有一个信号输入端 g,代表门极控制信号;m 端用于测量输出。门极可关断晶闸管模块的内部仿真结构如图 2-46(b)所示,与其他电力电子器件模块的内部仿真结构比也是仅有控制逻辑单元不同。门极可关断晶闸管的静态伏安特性如图 2-46(c)所示。

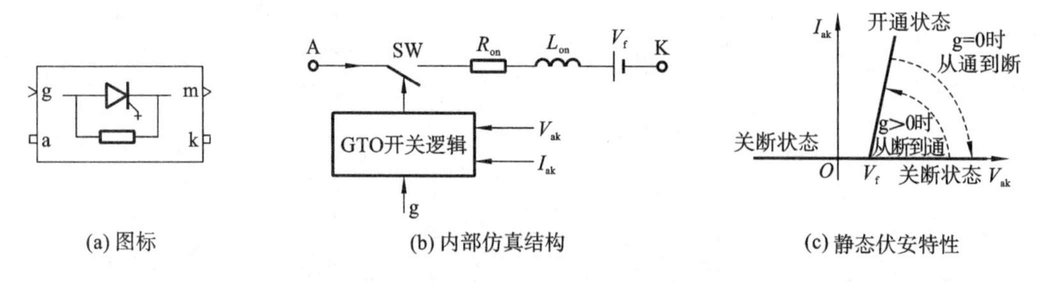

(a) 图标　　(b) 内部仿真结构　　(c) 静态伏安特性

图 2-46 门极可关断晶闸管模块的图标、内部仿真结构和静态伏安特性

当门极有正的触发脉冲($g>0$)且阳极与阴极的电压 $V_{ak}>V_f$ 时,门极可关断晶闸管开通。当门极信号 g 为 0 或负时,门极可关断晶闸管关断。当双击门极可关断晶闸管模块图标时,同样会出现参数设置对话框,可以设置的参数如表 2-6 所示。门极可关断晶闸管模块也已经并联了 RC 缓冲电路,缓冲电路的设置与二极管模块相同。

表 2-6　门极可关断晶闸管模块参数中英文对照表

英文参数名(单位)	中文参数名(单位)	英文参数名(单位)	中文参数名(单位)
Resistance Ron(Ohms)	导通电阻 R_{on}(欧姆)	Initial current Ic(A)	初始电流 I_c(安培)
Inductance Lon(H)	内电感 L_{on}(亨利)	Snubber resistance Rs(Ohms)	缓冲电阻 R_s(欧姆)
Forward voltage Vf(V)	正向电压 V_f(伏特)	Snubber capacitance Cs	缓冲电容 C_s(法拉)

2.7.4　电力场效应晶体管模块

MATLAB 中的场效应晶体管模块其实并不区分 P 沟道场效应晶体管和 N 沟道场效应晶体管，它仅仅反映了场效应晶体管的开关特性，是场效应晶体管通用的宏模块。应用场效应晶体管的电路经常需要在场效应晶体管上反并联一个二极管，MATLAB 提供的场效应晶体管模块本身就反并联了一个二极管。电力场效应晶体管模块图标如图 2-47(a)所示。电力场效应晶体管模块的内部仿真结构如图 2-47(b)所示，静态伏安特性如图 2-47(c) 所示。电力场效应晶体管模块在门极信号为正(g>0) 且漏极电流大于 0 A 时导通，在门极信号为零时关断。电力场效应晶体管模块上反并联了一个二极管，因此在静态伏安特性上，处于正向导通状态的电力场效应晶体管的导通电阻为 R_{on}；而静态伏安特性中的反向导通是二极管导通，导通电阻是二极管的电阻 R_d。

电力场效应晶体管模块参数中英文对照表如表 2-7 所示。

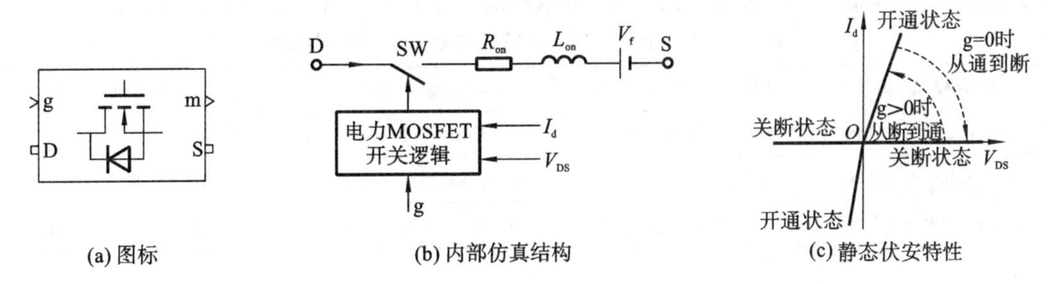

(a) 图标　　(b) 内部仿真结构　　(c) 静态伏安特性

图 2-47　电力场效应晶体管模块的图标、内部仿真结构和静态伏安特性

表 2-7　电力场效应管模块参数中英文对照表

英文参数名(单位)	中文参数名(单位)
FET resistance Ron(Ohms)	场效应晶体管导通电阻 R_{on}(欧姆)
Internal diode resistance Rd(Ohms)	二极管导通电阻 R_d(欧姆)
Internal diode inductance Lon(H)	二极管导通电感 L_{on}(亨利)
Internal diode forward voltage V_f(V)	正向电压 V_f(伏特)
Initial current Ic(A)	初始电流 I_c(安培)
Snubber resistance Rs(Ohms)	缓冲电阻 R_s(欧姆)
Snubber capacitance Cs	缓冲电容 C_s(法拉)

该模块参数的设置跟前文电力电子器件模块参数的设置类似，没有特别之处。

2.7.5 绝缘栅双极型晶体管模块

绝缘栅双极型晶体管（IGBT）模块的图标如图 2-48(a)所示。C 为集电极，E 为发射极，二者都是电气端口，用于接入主电路；g 为控制端口，用于接收控制信号；m 为测量端口。绝缘栅双极型晶体管模块的内部仿真结构如图 2-48(b)所示，与其他电力电子器件模块的仿真结构同样也是内部逻辑控制不同。绝缘栅双极型晶体管模块的静态伏安特性如图 2-48(c)所示。绝缘栅双极型晶体管模块的可设置参数如表 2-8 所示。

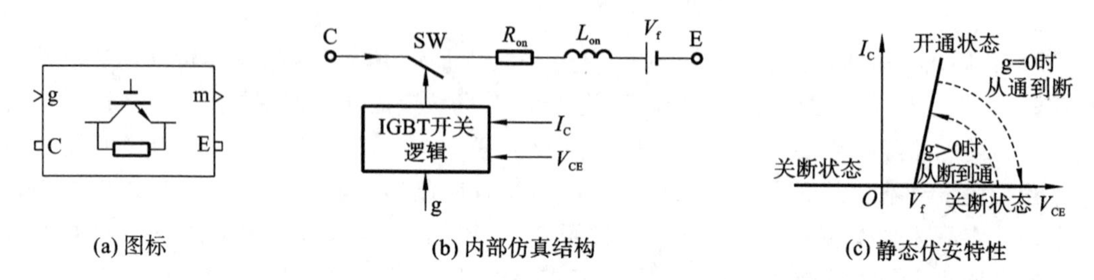

图 2-48 绝缘栅双极型晶体管模块的图标、内部仿真结构和静态伏安特性

结合静态伏安特性和参数设置，绝缘栅双极型晶体管模块在集射极间电压为正且大于正向导通电压 V_f，有门极信号（g> 0）时导通；如果绝缘栅双极型晶体管模块集射极间电压为负或者控制信号 g=0，则绝缘栅双极型晶体管模块处于关断状态。绝缘栅双极型晶体管模块也已经连接了 *RC* 缓冲电路，缓冲电阻和缓冲电容的设置与其他器件相同。

表 2-8 绝缘栅双极型晶体管模块参数中英文对照表

英文参数名(单位)	对应中文含义(单位)	英文参数名(单位)	对应中文含义(单位)
Resistance Ron(Ohms)	导通电阻 R_{on}(欧姆)	Initial current Ic(A)	初始电流 I_c(安培)
Inductance Lon(H)	内电感 L_{on}(亨利)	Snubber resistance Rs(Ohms)	缓冲电阻 R_s(欧姆)
Forward voltage Vf(V)	正向电压 V_f(伏特)	Snubber capacitance Cs(F)	缓冲电容 C_s(法拉)

2.7.6 理想开关模块

理想开关是 MATLAB 特设的一种电子开关。理想开关模块的图标如图 2-49(a) 所示。理想开关的特点是开关受门极控制，开关导通时电流可以双向通过。理想开关模块的内部仿真结构比较简单，如图 2-49(b)所示。它仅由开关 SW 和电阻 R_{on}组成，SW 由开关逻辑单元控制。当门极信号 g=0 时，无论开关承受正向电压还是承受反向电压，开关都关断；当门极信号 g>0 时，无论开关承受正向电压还是承受反向电压，开关都导通。在门极触发时，开关动作是瞬时完成的。理想开关模块的静态伏安特性如图 2-49(c)所示。理想开关模块参数的设置见表 2-9。对于初始状态一栏，如果启动仿真时开关应处于接通状态，则设为“0”；如果启动仿真时开关应是断开的，则设为“1”。缓冲电阻和缓冲电容的设置与前文相同。

理想开关在仿真中可以作为断路器使用，设计适当的门极驱动，也可以作为简单的半导体开关用于电流斩波控制。

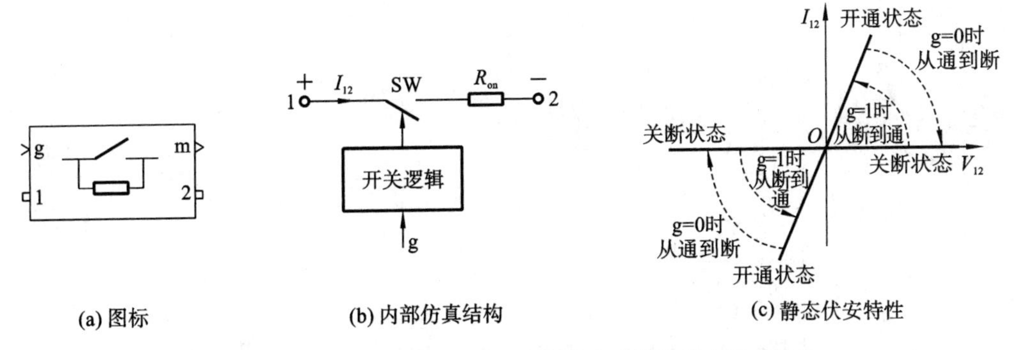

(a) 图标　　(b) 内部仿真结构　　(c) 静态伏安特性

图 2-49　理想开关模块的图标、内部仿真结构和静态伏安特性

表 2-9　理想开关模块参数中英文对照表

英文参数名(单位)	对应中文含义(单位)	备注
Internal resistance Ron (Ohms)	导通电阻 R_{on}(欧姆)	
Initial state	初始状态	0:启动时是导通状态。 1:启动时是断开状态
Snubber resistance Rs(Ohms)	缓冲电阻(欧姆)	
Snubber capacitance Cs (F)	缓冲电容(法拉)	

习　　题

1. 电力电子器件按照信号类型可分为哪几类？每类的代表器件分别是什么？

2. 晶闸管的导通条件是什么？怎样才能关断已经导通的晶闸管？

3. 与信息电子电路中的 MOSFET 相比较，电力 MOSFET 具有怎么的结构特点，所以具有耐受高电压和大电流的能力？

4. 试分析 IGBT 与电力 MOSFET 在内部结构、开关特性以及应用场合方面的相似与不同之处。

5. 电力电子器件过电压产生的原因有哪些？

6. 电力电子器件过电压和过电流保护各有哪些主要的方法？

7. 电力电子器件缓冲电路是怎样分类的？试分析 RCD 缓冲电路中各元件的作用。

8. 列举一下生活中可见的电力控制系统，试说明这些电力控制系统采用何种开关器件。

第3章 逆变电路

把直流电转变成交流电的电路称为逆变电路。当交流侧与电网连接，即交流侧接有电源时，称为有源逆变电路；当交流侧直接和负载连接时，称为无源逆变电路。有源逆变电路将在第5章“整流电路”中讲述。在不加说明时，逆变电路一般指无源逆变电路。无源逆变电路按照电源接入的类型分为电压型逆变电路和电流型逆变电路，按照输出的相数分为单相逆变电路和三相逆变电路。

3.1 单相电压型逆变电路

3.1.1 单相电压型半桥逆变电路

单相电压型半桥逆变电路如图3-1所示。直流侧电源为U_d，并且在直流侧有两个分压电容C_{01}、C_{02}。这两个分压电容足够大，并且$C_{01}=C_{02}$，这样两个电容将电源电压$_d$均分，即$U_{AN}=U_{C_{01}}=\frac{U_d}{2}$，$U_{NB}=U_{C_{02}}=\frac{U_d}{2}$，N点就是直流电源的中点。此电路有两个桥臂，每个桥臂由一个开关管和一个反并联的二极管组成。负载连接在直流电源中点和两个桥臂连接点之间。

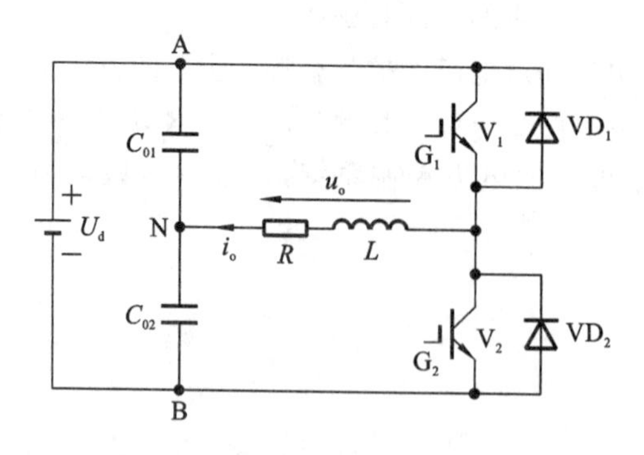

图3-1 单相电压型半桥逆变电路

开关管V_1和开关管V_2的驱动信号分别如图3-2中的u_{G_1}和u_{G_2}所示。两个驱动信号在一个周期内半周正偏、半周反偏，且二者互补。具体原理分四个阶段来分析：

①$t_1\sim t_2$时间段：V_1栅极驱动信号u_{G_1}高电平，V_2栅极驱动信号u_{G_2}低电平。V_1为通态，

V_2为断态，电流回路为 A→V_1→L→R→N，此时负载电压 $u_o = U_d/2$，负载电流 i_o 为正并且数值逐渐增大。

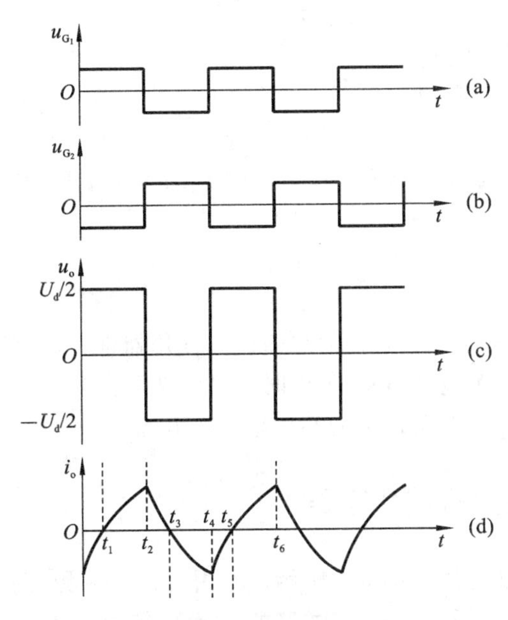

图 3-2　单相电压型半桥逆变电路工作波形

②$t_2 \sim t_3$ 时间段：在 t_2 时刻，V_1驱动信号 u_{G_1} 由高电平变成低电平，V_2驱动信号 u_{G_2} 由低电平变成高电平，所以 V_1关断，但感性负载中的电流 i_o 不能立即改变方向，于是即使 V_2的驱动信号是高电平，V_2也不能导通，电流从与 V_2同桥臂的 VD_2 导通续流（VD_2 称为续流二极管），导通回路为 B→VD_2→L→R→N，此时负载电压 $u_o = -U_d/2$，负载电流 i_o 还是为正，数值逐渐减小，直到 t_3 时刻，负载电流 i_o 降为零。

③$t_3 \sim t_4$ 时间段：在 t_3 时刻，i_o 降为零，VD_2 截止。此时 V_2的驱动信号 u_{G_2} 仍然是高电平，所以 V_2开始导通，导通回路为 N→R→L→V_2→B，负载电压为 $u_o = -U_d/2$，负载电流 i_o 为负，绝对值逐渐增大。

④$t_4 \sim t_5$ 时间段：在 t_4 时刻，V_2的驱动信号 u_{G_2} 由高电平变为低电平，同时 V_1的驱动信号 u_{G_1} 由低电平变为高电平。由于 u_{G_2} 变为低电平，因此 V_2立刻截止。u_{G_1} 变成高电平，但由于电流不能突然改变方向，因此 V_1没有导通，电流从 VD_1 流过，导通回路为 N→R→L→VD_1→A，此时负载电压 $u_o = U_d/2$，负载电流 i_o 为负，绝对值逐渐减小。到 t_5 时刻，负载电流 i_o 绝对值降为 0 A，VD_1关断。

从 t_5 时刻开始又重复上面 4 个过程。从波形可以看出，输入是恒定的直流电压，输出电压和输出电流都是交流电，实现了直流到交流的变换。输出电压波形是方波，基本不受负载性质的影响，并且波形的形状与 u_{G_1} 的形状完全相同。电流的波形会随着负载性质的不同而不同。如果是纯电阻负载，电流波形将会是方波；如果是纯电感负载，电流波形将会是三角波。当 V_1或 V_2为通态时，负载电流与负载电压同方向，直流侧向负载提供能量。当 VD_1或 VD_2为通态时，负载电流与负载电压反向，负载电感中储存的能量向直流侧反馈，即负载电感将所吸收的无功能量反馈回直流侧，反馈回的能量暂时储存在直流侧电容中，直流侧电容起着缓冲这种无功能量的作用。

根据输出电压 u_o 的波形，输出电压的有效值为：

$$U_o = \sqrt{\frac{2}{T}\int_0^{T/2} \frac{U_d^2}{4} dt} = \frac{U_d}{2} \tag{3-1}$$

将输出电压进行傅里叶分解，则

$$u_o = \sum_{n=1,3,5}^{\infty} \frac{2U_d}{n\pi} \sin(n\omega t) \tag{3-2}$$

式中，$\omega = 2\pi f$，为输出电压基波角频率，$f = 1/T$。当 $n = 1$ 时，输出电压基波分量的有效值为：

$$U_1 = \frac{2U_d}{\sqrt{2}\pi} = 0.45U_d \tag{3-3}$$

单相电压型半桥逆变电路的优点是结构简单，使用器件少；缺点是输出交流电压幅值仅为 $U_d/2$，且直流侧需要两个电容串联，工作时还要控制两个电容电压的均衡。因此，单相电压型半桥逆变电路常用于几千瓦以下的小功率逆变电源。

3.1.2 单相电压型全桥逆变电路

单相电压型全桥逆变电路如图 3-3 所示。它由直流电压源、四个桥臂和负载组成。每个桥臂包括一个全控型开关管和一个反并联的二极管，负载是阻感负载。

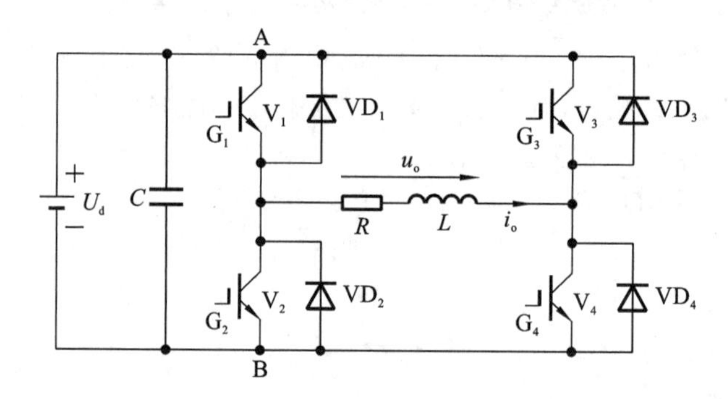

图 3-3 单相电压型全桥逆变电路

开关管的驱动信号如图 3-4 中(a)、(b)所示。把 V_1 和 V_4 看成一对，V_2 和 V_3 看成一对，成对的两个开关管同时给予相同的驱动信号，半周正偏，半周反偏，两对开关管的驱动信号互补。具体原理分四个阶段来分析：

①$t_1 \sim t_2$ 时间段：V_1、V_4 栅极驱动信号高电平，V_2、V_3 栅极驱动信号低电平。V_1、V_4 为通态，V_2、V_3 为断态，电流回路为 $A \rightarrow V_1 \rightarrow R \rightarrow L \rightarrow V_4 \rightarrow B$，此时负载电压 $u_o = U_d$，负载电流为正并且数值逐渐增大。

②$t_2 \sim t_3$ 时间段：在 t_2 时刻，V_1 和 V_4 的驱动信号由高电平变成低电平，V_2 和 V_3 的驱动信号由低电平变成高电平，所以 V_1 和 V_4 立刻关断，但感性负载中的电流 i_o 不能立即改变方向，于是即使 V_2 和 V_3 的驱动信号是高电平，V_2 和 V_3 也不能导通，电流从与 V_2 和 V_3 同桥臂的 VD_2 和 VD_3 导通续流（VD_2、VD_3 称为续流二极管），导通回路为 $B \rightarrow VD_2 \rightarrow R \rightarrow L \rightarrow VD_3 \rightarrow A$，此时负载电压 $u_o = -U_d$，负载电流 i_o 还是为正，数值逐渐减小，直到 t_3 时刻，负载电流 i_o 降为零。

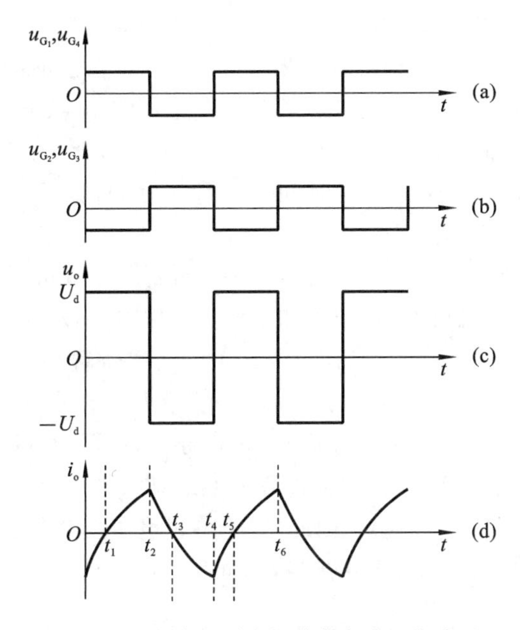

图 3-4　单相电压型全桥逆变电路工作波形

③$t_3 \sim t_4$ 时间段：在 t_3 时刻，i_o 降为零，VD_2 和 VD_3 截止。此时 V_2 和 V_3 的驱动信号仍然是高电平，所以 V_2 和 V_3 开始导通，导通回路为 $A \to V_3 \to L \to R \to V_2 \to B$，负载电压为 $u_o = -U_d$，负载电流 i_o 为负，绝对值逐渐增大。

④$t_4 \sim t_5$ 时间段：在 t_4 时刻，V_2 和 V_3 的驱动信号由高电平变为低电平，同时 V_1 和 V_4 的驱动信号由低电平变为高电平。V_2 和 V_3 立刻截止，但由于电流不能突然改变方向，因此 V_1 和 V_4 没有导通，电流从 VD_1 和 VD_4 流过，导通回路为 $B \to VD_4 \to L \to R \to VD_1 \to A$，负载电压 $u_o = U_d$，负载电流 i_o 为负，绝对值逐渐减小。到 t_5 时刻，负载电流 i_o 绝对值降为 0 A，VD_1 和 VD_4 截止。

从 t_5 时刻开始又重复上面 4 个过程。带阻感负载的单相电压型全桥逆变电路输出电压和输出电流波形分别如图 3-4(c)、(d)所示。单相电压型全桥逆变电路和单相电压型半桥逆变电路输出电压的波形形状相同，也是矩形，但幅值高出一倍；输出电流的波形形状也相同，仅幅值增加一倍。如果是纯电阻负载，电流波形将会是方波；如果是纯电感负载，电流波形将会是三角波。

输出电压的有效值为：

$$U_o = \sqrt{\frac{2}{T}\int_0^{T/2} U_d^2 \mathrm{d}t} = U_d \tag{3-4}$$

将输出电压进行傅里叶分解，则

$$u_o = \sum_{n=1,3,5}^{\infty} \frac{4U_d}{n\pi}\sin(n\omega t) \tag{3-5}$$

式中，$\omega = 2\pi f$，为输出电压基波角频率，$f = 1/T$。当 $n=1$ 时，输出电压基波分量的有效值为：

$$U_1 = \frac{2\sqrt{2}U_d}{\pi} = 0.9U_d \tag{3-6}$$

改变开关管门极信号的频率，输出交流电压的频率随之改变。为保证电路正常工作，V_1和V_2两个开关管不应同时处于通态，V_4和V_3两个开关管也不能同时处于通态，否则将出现直流侧短路。实际应用中，为了避免上、下管直通，每个开关管的开通信号应略滞后于另一开关管的关断信号，即先断后通。同一桥的上下桥臂两管V_1、V_2或V_3、V_4的关断信号与开通信号之间的间隔时间称为死区时间。在死区时间内，V_1、V_2或V_3、V_4均无驱动信号。

我们把开关管和它所并联的二极管看成是一个桥臂。在分析了单相电压型半桥逆变电路和单相电压型全桥逆变电路的工作原理和工作波形后，我们发现，输出电压波形的改变时刻与开关管的导通时刻没有直接关系，而是与开关管所在桥臂导通或关断的时刻相同。以单相电压型全桥逆变电路为例，当V_1和V_4的驱动信号为高电平时，桥臂1和桥臂4就是导通的，输出电压信号也是高电平（此时可能V_1和V_4导通，也可能VD_1和VD_4导通）；当V_1和V_4的驱动信号为低电平时，桥臂3和桥臂2是导通的，输出电压信号是低电平（此时可能V_2和V_3导通，也可能VD_2和VD_3导通）。因此，对于单相电压型全桥逆变电路而言，驱动信号变化和输出电压变化可以由图3-5形象地给出，而负载电流信号与负载的性质有关。

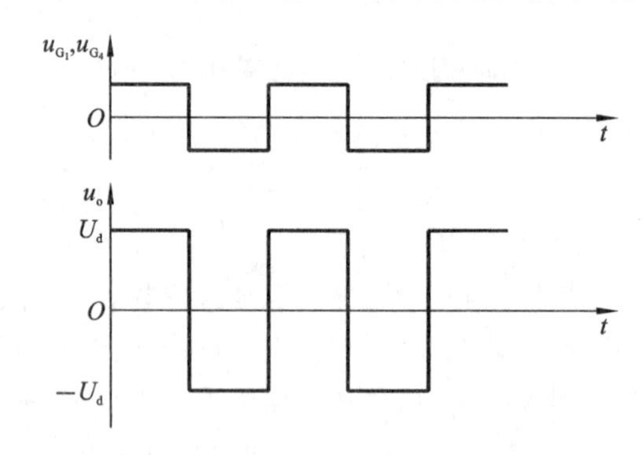

图3-5 触发电平与负载输出电压的关系

前面分析的是V_1和V_4同时导通、V_2和V_3同时导通并且是180°导通的方式。在这种情况下，要改变输出电压的有效值只能通过改变直流电压U_d来实现。在接阻感负载时还可以采用移相的方式来调节逆变电路的输出电压，这种方式称为移相调压。移相调压实际上就是调节输出电压的宽度。在图3-3所示的单相电压型全桥逆变电路中，各IGBT的驱动信号如图3-6(a)、(b)、(c)、(d)所示，仍为180°正偏、180°反偏，并且V_1和V_2的驱动信号互补，V_3和V_4的驱动信号互补，但V_3相比V_1不是落后180°而是落后θ($0° < \theta < 180°$)。负载的输出电压如图3-6(e)所示。可见，移相调压电路的输出电压u_o的正负脉冲宽度各为θ，改变θ，就可以调节输出电压u_o的有效值。

通过分析单相电压型半桥逆变电路和单相电压型全桥逆变电路可总结出单相电压型逆变电路具有下列特点：

(1) 直流侧为电压源或并有大电容；直流侧电压基本无脉动，直流回路呈现低阻抗。

(2) 由于直流电压源的钳位作用，交流侧输出电压波形为矩形波，并且与负载阻抗角无关，而交流侧输出电流波形和相位因负载阻抗情况的不同而不同。

(3) 当交流侧为阻感负载时，需要提供无功功率，直流侧电容起缓冲无功能量的作用。为了给交流侧向直流侧反馈无功能量提供通道，逆变桥各桥臂都并联了二极管。

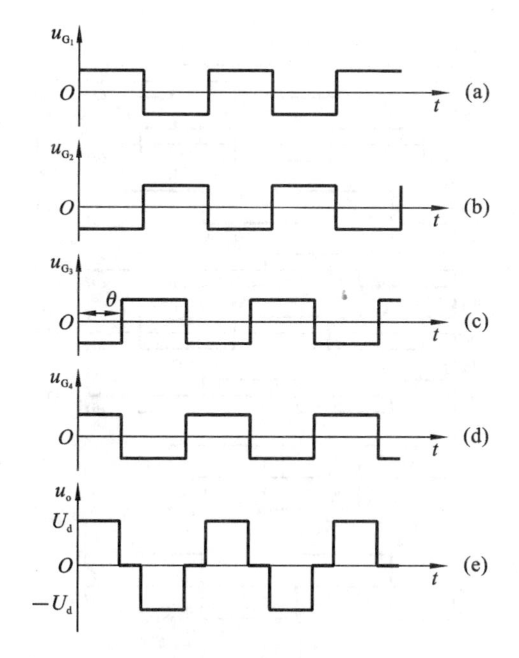

图 3-6　单相电压型全桥移相调压电路工作波形图

3.2　三相电压型逆变电路

3.2.1　三相电压型逆变电路的原理

对于中、大功率的三相负载都需要采用三相逆变器，比如三相桥式逆变器。采用 IGBT 作为开关管的三相电压型逆变电路如图 3-7 所示，它可以看成是 3 个单相电压型半桥逆变电路的合成，工作波形如图 3-8 所示。

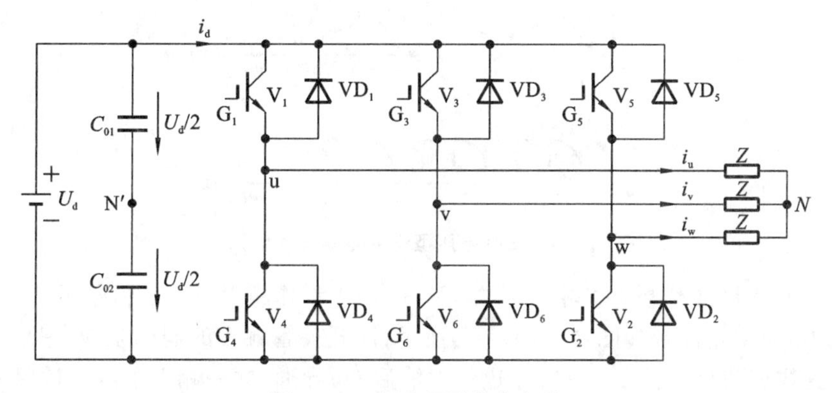

图 3-7　三相电压型逆变电路

三相电压型逆变电路的直流侧实际上只需并联一个大电容，但为了分析时得到假想的中点 N′，这里画成两个电容值相等的电容相串联。三相桥由六组桥臂组成，将 V_1 和 VD_1 看

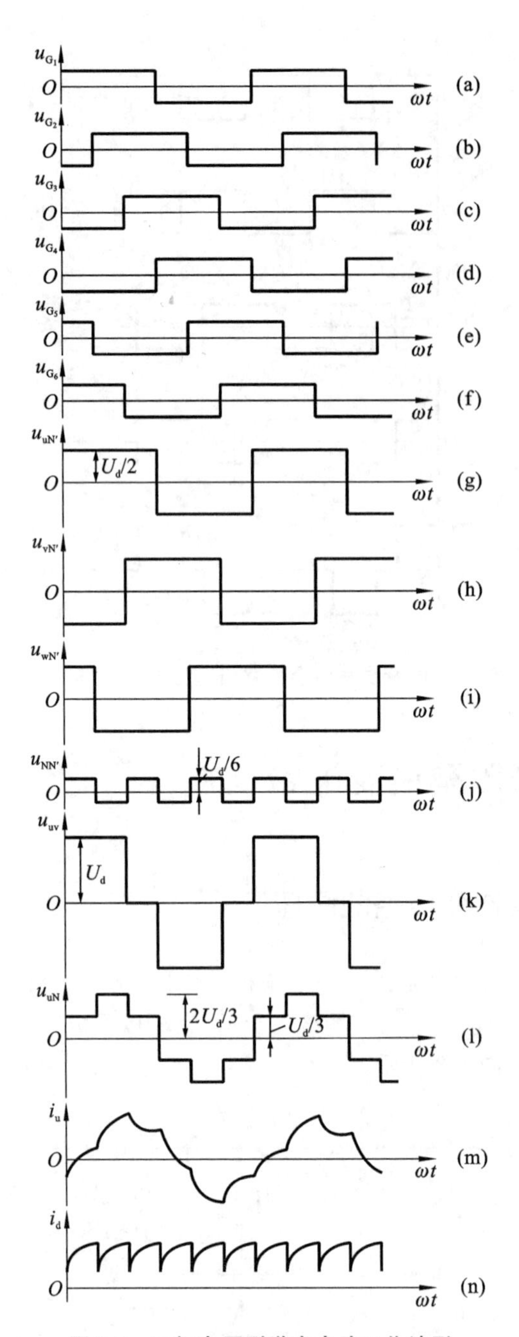

图 3-8 三相电压型逆变电路工作波形

作桥臂 1，V_2 和 VD_2 看作桥臂 2，依此类推，V_6 和 VD_6 看作桥臂 6。三相电压型逆变电路六个开关管的触发电平波形如图 3-8(a)～(f)所示，即开关管触发的规则是 V_1～V_6 依次滞后 60°触发。这样就使得桥臂 1～桥臂 6 也依次滞后 60°导通，同一相上下两个桥臂交替导电，各导电 180°。这样，在任一瞬间，将有三个桥臂同时导通，可能是上面一个桥臂下面两个桥臂同时导通，也可能是上面两个桥臂下面一个桥臂同时导通。每一次换流都是在同一相上下两个桥臂之间进行，即纵向换流。各桥臂导通情况如表 3-1 所示。

表 3-1　三相电压型逆变电路各桥臂在一个周期内的导通情况

各阶段	0°～60°	60°～120°	120°～180°	180°～240°	240°～300°	300°～360°
桥臂导通情况	桥臂 1	桥臂 1	桥臂 1	桥臂 4	桥臂 4	桥臂 4
	桥臂 6	桥臂 6	桥臂 3	桥臂 3	桥臂 3	桥臂 6
	桥臂 5	桥臂 2	桥臂 2	桥臂 2	桥臂 5	桥臂 5

根据 6 个开关管触发电平的规则以及各桥臂导通的状况来分析输出相电压、线电压以及相电流和直流侧电流的波形。对于 u 相来说，当桥臂 1 导通时 $u_{uN'}=U_d/2$，当桥臂 4 导通时 $u_{uN'}=-U_d/2$，因此 $u_{uN'}$ 是幅值为 $U_d/2$ 的矩形波，v、w 两相的情况与 u 相类似，$u_{uN'}$、$u_{vN'}$、$u_{wN'}$ 的波形如图 3-8(g)～(i)所示，三个波形是相位依次相差 120°的矩形波。根据负载线电压公式：

$$\begin{cases} u_{uv} = u_{uN'} - u_{vN'} \\ u_{vw} = u_{vN'} - u_{wN'} \\ u_{wu} = u_{wN'} - u_{uN'} \end{cases} \tag{3-7}$$

可以画出线电压 u_{uv}、u_{vw}、u_{wu} 的波形。其中，u_{uv} 的波形如图 3-8(k)所示。负载线电压的波形是幅值为 U_d 的矩形波，但矩形波的正宽度为 120°，负宽度为 120°，其余角度为零电平。

根据回路电压方程，负载相电压公式为：

$$\begin{cases} u_{uN} = u_{uN'} - u_{NN'} \\ u_{vN} = u_{vN'} - u_{NN'} \\ u_{wN} = u_{wN'} - u_{NN'} \end{cases} \tag{3-8}$$

在式(3-8)中，$u_{NN'}$ 为负载中点 N 与直流电源中点 N ′之间的电压。将式(3-8)中的三个等式相加得：

$$u_{uN} + u_{vN} + u_{wN} = u_{uN'} + u_{vN'} + u_{wN'} - 3u_{NN'} \tag{3-9}$$

则有：

$$u_{NN'} = \frac{1}{3}(u_{uN'} + u_{vN'} + u_{wN'}) - \frac{1}{3}(u_{uN} + u_{vN} + u_{wN}) \tag{3-10}$$

考虑负载侧为三相对称负载，即 $u_{uN}+u_{vN}+u_{wN}=0\text{ V}$，有 $u_{NN'}=\frac{1}{3}(u_{uN'}+u_{vN'}+u_{wN'})$，根据已画出的 $u_{uN'}$、$u_{vN'}$、$u_{wN'}$(见图 3-8(g)～(i))，很容易画出 $u_{NN'}$ 的波形，如图 3-8(j)所示。该波形是矩形波，频率为 $u_{uN'}$ 的 3 倍，幅值为 $u_{uN'}$ 的 1/3，即 $U_d/6$。再根据式(3-8)就能画出相电压 u_{uN}、u_{vN}、u_{wN} 的波形。相电压的波形为阶梯波，幅值为 $2U_d/3$，三相互差120°。

除了以假想中点 N′为参考点可以得到输出电压波形以外，还可以用另一种方法分析得到输出电压波形，即根据一个周期内各桥臂的导通情况，画出等效电路，求解相应的输出线电压和相电压的值，然后得到输出相电压和线电压波形。根据开关管的触发规则，将一个周期分成六个阶段，每个阶段的电流通路不同，得到不同的电路。具体工作过程如表 3-2 所示。表 3-2 中给出了一个周期中每个阶段的线电压和相电压的值，所以很容易绘出负载线电压和相电压的波形。从图 3-8 中的线电压 u_{uv} 和相电压 u_{uN} 波形可以看出，线电压是宽度为 120°的交变矩形波，相电压是由$\pm\frac{1}{3}U_d$、$\pm\frac{2}{3}U_d$ 四种电平组成的六阶梯波。线电压 u_{vw}、

u_{wu}的波形形状与u_{uv}相同，相位依次相差120°。相电压u_{uN}、u_{vN}的波形形状也与u_{uN}相同，相位也分别依次相差120°。

当负载参数已知时，可以由相电压的波形求出相电流的波形。下面以u相电流i_u为例说明负载电流波形。负载的阻抗角(φ)不同，i_u的波形形状和相位都有所不同，图3-8(m)给出的是阻感负载下$\varphi<\frac{\pi}{3}$时i_u的波形。i_u的波形即桥臂1和桥臂4导通时的波形。在$u_{uN}>0$ V期间，桥臂1导电，其中$i_u<0$ A时VD_1导通，$i_u>0$ A时V_1导通；在$u_{uN}<0$ V期间，桥臂4导电，其中$i_u>0$ A时VD_4导通，$i_u<0$ A时V_4导通。

表3-2 三相电压型逆变电路的分阶段工作情况

	阶段Ⅰ	阶段Ⅱ	阶段Ⅲ	阶段Ⅳ	阶段Ⅴ	阶段Ⅵ
导通桥臂	桥臂1、5、6	桥臂1、2、6	桥臂1、2、3	桥臂2、3、4	桥臂3、4、5	桥臂4、5、6
等效电路	+ u Z w Z U_d N v Z −	+ u Z v Z U_d N w Z −	+ u Z v Z U_d N w Z −	+ v Z u Z U_d N w Z −	+ v Z w Z U_d N u Z −	+ w Z u Z U_d N v Z −
线电压的值	$u_{uv}=U_d$ $u_{vw}=-U_d$ $u_{wu}=0$ V	$u_{uv}=U_d$ $u_{vw}=0$ V $u_{wu}=-U_d$	$u_{uv}=0$ V $u_{vw}=U_d$ $u_{wu}=-U_d$	$u_{uv}=-U_d$ $u_{vw}=U_d$ $u_{wu}=0$ V	$u_{uv}=-U_d$ $u_{vw}=0$ V $u_{wu}=U_d$	$u_{uv}=0$ V $u_{vw}=U_d$ $u_{wu}=-U_d$
相电压的值	$u_{uN}=\frac{1}{3}U_d$ $u_{vN}=-\frac{2}{3}U_d$ $u_{wN}=\frac{1}{3}U_d$	$u_{uN}=\frac{2}{3}U_d$ $u_{vN}=-\frac{1}{3}U_d$ $u_{wN}=-\frac{1}{3}U_d$	$u_{uN}=\frac{1}{3}U_d$ $u_{vN}=\frac{1}{3}U_d$ $u_{wN}=-\frac{2}{3}U_d$	$u_{uN}=-\frac{1}{3}U_d$ $u_{vN}=\frac{2}{3}U_d$ $u_{wN}=-\frac{1}{3}U_d$	$u_{uN}=-\frac{2}{3}U_d$ $u_{vN}=\frac{1}{3}U_d$ $u_{wN}=\frac{1}{3}U_d$	$u_{uN}=-\frac{1}{3}U_d$ $u_{vN}=-\frac{1}{3}U_d$ $u_{wN}=\frac{2}{3}U_d$

桥臂1和桥臂4之间的换流过程和半桥逆变相似。桥臂1中的V_1由通态转换为断态时，因负载电感中的电流不能突变，桥臂4中的VD_4先导通续流，待负载电流下降到零，桥臂4中的V_4才能导通，电流反向。负载阻抗角越大，VD_4导通时间越长。

i_v、i_w波形和i_u波形形状相同，相位依次相差120°。把桥臂1、3、5的电流加起来，就可以得到直流侧电流i_d的波形，如图3-8(n)所示。可以看出，i_d每隔60°脉动一次，而直流侧电压则是基本无脉动的。

从以上分析可知，三相电压型逆变电路与单相电压型逆变电路相比，相电压和相电流的波形更接近于正弦波，谐波成分更少。

3.2.2 输出电压的谐波分析

以输出的线电压u_{uv}为例，把它展开成傅里叶级数形式，得：

$$u_{uv} = \frac{2\sqrt{3}U_d}{\pi}\left[\sin(\omega t) - \frac{1}{5}\sin(5\omega t) - \frac{1}{7}\sin(7\omega t) + \frac{1}{11}\sin(11\omega t) + \frac{1}{13}\sin(13\omega t) - \cdots\right]$$
$$= \frac{2\sqrt{3}U_d}{\pi}\left[\sin(\omega t) + \sum_{n=6k\pm1}\frac{(-1)^k}{n}\sin(n\omega t)\right] \tag{3-11}$$

式中,k 为自然数。

输出线电压的有效值 U_{uv} 为

$$U_{uv} = \sqrt{\frac{1}{2\pi}\int_0^{2\pi} u_{uv}^2 d(\omega t)} \approx 0.816U_d \tag{3-12}$$

基波幅值 U_{uv1M} 和基波有效值 U_{uv1} 分别为

$$U_{uv1M} = \frac{2\sqrt{3}U_d}{\pi} \approx 1.1U_d \tag{3-13}$$

$$U_{uv1} = \frac{U_{uv1M}}{\sqrt{2}} = \frac{\sqrt{6}U_d}{\pi} \approx 0.78U_d \tag{3-14}$$

以输出的相电压 u_{uN} 为例,把它展开成傅里叶级数形式,得:

$$u_{uN} = \frac{2U_d}{\pi}\left[\sin(\omega t) + \frac{1}{5}\sin(5\omega t) + \frac{1}{7}\sin(7\omega t) + \frac{1}{11}\sin(11\omega t) + \frac{1}{13}\sin(13\omega t) + \cdots\right]$$
$$= \frac{2U_d}{\pi}\left[\sin(\omega t) + \sum_{n=6k\pm1}\frac{1}{n}\sin(n\omega t)\right] \tag{3-15}$$

式中,k 为自然数。

输出相电压的有效值 U_{uN} 为

$$U_{uN} = \sqrt{\frac{1}{2\pi}\int_0^{2\pi} u_{uN}^2 d(\omega t)} \approx 0.471U_d \tag{3-16}$$

基波幅值 U_{uN1M} 和基波有效值 U_{uN1} 分别为

$$U_{uN1M} = \frac{2U_d}{\pi} \approx 0.637U_d \tag{3-17}$$

$$U_{uN1} = \frac{U_{uN1M}}{\sqrt{2}} = \frac{\sqrt{2}U_d}{\pi} \approx 0.45U_d \tag{3-18}$$

经傅里叶展开分析可知,线电压和相电压除了基波分量之外,主要包含除了3倍频以外的奇次谐波,而且随着谐波次数的增加,谐波分量的幅值减小。

3.3 电流型逆变电路

直流侧电源为电流源的逆变器称为电流型逆变器。逆变器直流侧串联一个大的电感,大电感中的电流脉动很小,电流源可以近似看成是直流电流源。电流型逆变器广泛应用于感应电路加热的中频电源和大型交流电动机调速等领域。在电流型逆变电路中可以采用半控型器件,也可以采用全控型器件。

3.3.1 单相电流型逆变电路

单相电流型桥式逆变电路的开关器件可以采用半控型器件，也可以采用全控型器件。采用半控型器件晶闸管的单相电流型桥式逆变电路如图 3-9 所示，负载电压和电流波形如图 3-10 所示。它由电源、逆变桥和负载组成。电源上串联一个大电感 L_d，因此直流回路 i_d 基本保持不变，用 I_d 表示，可认为是电流源。逆变桥由半控型器件晶闸管 VT_1～VT_4 组成，VT_1 和 VT_4 作为第一组开关，当第一组开关导通时负载上有值为 I_d 的正向电流自 A 流向 B；VT_2 和 VT_3 作为第二组开关，当第二组开关导通时负载上有值为 I_d 的反向电流自 B 流向 A，因此负载电流 i_o 是方波。半控型器件晶闸管不能在控制端控制关断，需要外电路使其电流降为零并加一段时间的反向电压后才能关断。为满足这一条件，负载的电流必须超前电压才行。逆变器所带负载一般是 RL 负载，电流滞后电压，不能满足关断要求，因此，在负载两端并联一个补偿电容，变成 $RL//C$ 负载，且处于过补偿状态，使负载回路电流超前负载电压。

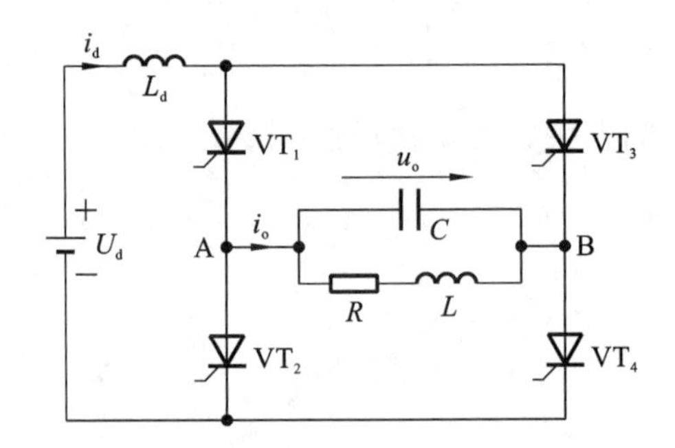

图 3-9 采用晶闸管作为开关器件的单相电流型桥式逆变电路

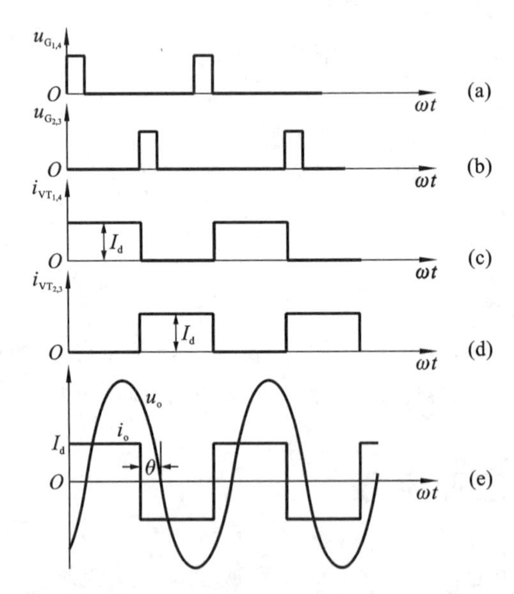

图 3-10 采用晶闸管作为开关器件的单相电流型桥式逆变电路工作波形

对于 $RL//C$ 负载，当开关频率为谐振频率时，阻抗最大且为纯电阻；当开关频率大于谐振频率时，阻抗表现为容性。所以，实际中根据所需要的负载工作频率(决定了开关的工作

频率)来选择电容值,使两组开关管的开关频率比负载的谐振频率大一点,满足电压滞后电流 θ 角,且这个 θ 角能满足晶闸管的关断时间要求。

在上述讨论中,认为负载参数不变,逆变电路的工作频率也是固定的。实际上在感应中频电路加热的过程中,感应线圈的参数(电感和电容)是随时间而变化的,固定的工作频率无法保证晶闸管可靠关断。因此,实际使用中,先给电容预充电,在逆变器启动时,电容 C 与 RL 首先产生振荡,而晶闸管触发器利用振荡产生的电压作为同步信号,使两组晶闸管的导通和关断与振荡电压同步。

采用全控型器件 IGBT 的单相电流型桥式逆变电路如图 3-11 示,负载电压和电流波形如图 3-12 所示。开关管的触发规则是:开关管 V_1 和 V_4 作为一组同时触发,V_2 和 V_3 作为一组同时触发,两组触发滞后 180°,每个开关管采用 180°导通方式。开关管的触发信号波形如图 3-12(a)和(b)所示。虽然 IGBT 关断时不需要在 C、E 两端加反向电压,但电路负载也要并联电容器,以便在换流时为感性负载电流提供通路、吸收负载电感的储能,这一电容器是电流型逆变器不可缺少的组成部分。开关管一般工作在负载谐振频率附近,但并不要求过补偿。由于负载发生谐振,它对 i_o 中频率为谐振频率的分量(即 i_o 的基波频率)表现出高阻抗,而对其他频率分量呈现低阻抗,所以负载电压波形基本上是正弦波。

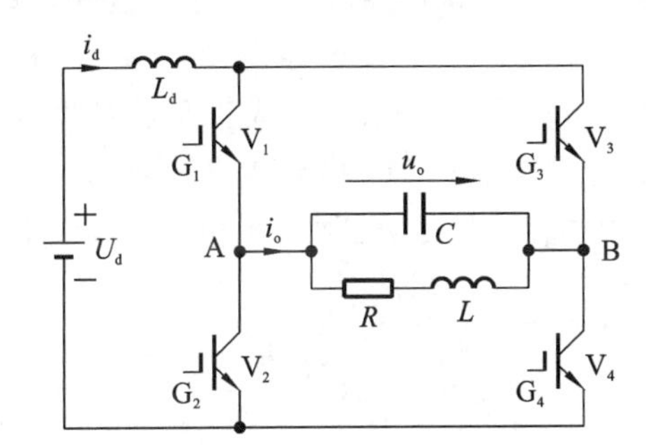

图 3-11　采用 IGBT 作为开关器件的单相电流型桥式逆变电路

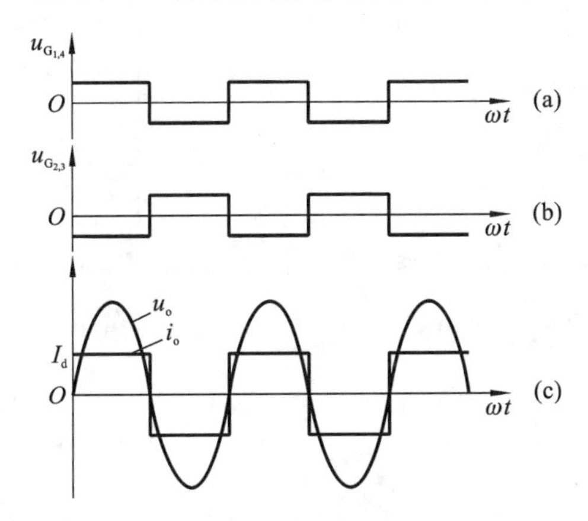

图 3-12　采用 IGBT 作为开关器件的单相电流型桥式逆变电路工作波形

负载上通过的电流 i_o 是方波,展成傅里叶级数形式,可得:

$$i_o=\frac{4I_d}{\pi}\left[\sin(\omega t)+\frac{1}{3}\sin(3\omega t)+\frac{1}{5}\sin(5\omega t)+\cdots\right]=\frac{4I_d}{\pi}\sum_{i=1,3,5}^{\infty}\frac{1}{n}\sin(n\omega t)\quad(3\text{-}19)$$

由傅里叶级数展开式可知，负载电流 i_o 含有奇次谐波，谐波的幅值与其次数成反比。其中，基波的幅值和有效值分别为：

$$I_{01M}=\frac{4I_d}{\pi}\approx 1.27I_d \tag{3-20}$$

$$I_{01}=\frac{2\sqrt{2}I_d}{\pi}\approx 0.9I_d \tag{3-21}$$

同样，当用于感应加热时，开关管的控制频率必须跟随负载的谐振频率变化，使电路始终保持并联谐振的状态。

3.3.2 三相电流型逆变电路

采用 IGBT 作为开关器件的三相电流型桥式逆变电路如图 3-13 所示。它主要由电源、三相逆变桥和负载组成。电源侧串联大电感，电源输出电流基本保持不变，属于电流源。负载为三相星形负载，在每一相上都并联一个电容，给电感释放能量提供通路，避免换流时产生尖峰电压损坏开关管。6 个开关管的触发规则是从 V_1 至 V_6 每间隔 60°依次触发，每个管子的触发脉宽为 120°，触发波形如图 3-14(a)～(f)所示。这样，每个时刻上桥臂和下桥臂都各有一个桥臂导通，且不在同一相。每个管子导通120°，负载输出的相电流波形如图 3-14(g)～(i)所示。可见，每相负载输出的电流波形为正负脉冲宽度为120°、幅值为 I_d 的矩形波。电流在同侧桥臂之间换流，比如由 VT_1 换到 VT_3。换流时，为给负载电感中的电流提供流通路径、吸收负载电感中储存的能量，必须在每相的负载端都并联一个电容。

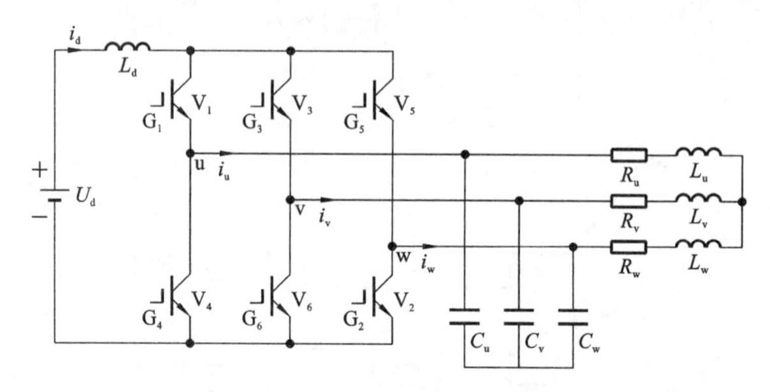

图 3-13　采用 IGBT 作为开关器件的三相电流型桥式逆变电路

将线电流 i_u 进行傅里叶分解，得：

$$\begin{aligned} i_u &= \frac{2\sqrt{3}I_d}{\pi}\left[\sin(\omega t)-\frac{1}{5}\sin(5\omega t)-\frac{1}{7}\sin(7\omega t)+\frac{1}{11}\sin(11\omega t)+\frac{1}{13}\sin(13\omega t)-\cdots\right] \\ &= \frac{2\sqrt{3}I_d}{\pi}\left[\sin(\omega t)+\sum_{n=6k\pm1}\frac{(-1)^k}{n}\sin(n\omega t)\right] \end{aligned} \tag{3-22}$$

式中，基波幅值为：

$$I_{u1M}=\frac{2\sqrt{3}I_d}{\pi}\approx 1.1I_d \tag{3-23}$$

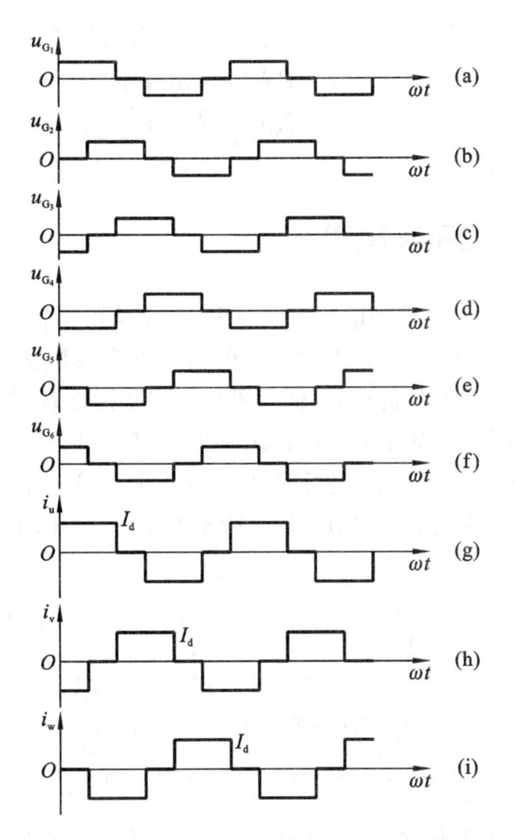

图 3-14　采用 IGBT 作为开关器件的三相电流型桥式逆变电路工作波形

基波有效值为：

$$I_{u1}=\frac{I_{u1M}}{\sqrt{2}}=\frac{\sqrt{6}I_d}{\pi}\approx 0.78I_d \tag{3-24}$$

总电流有效值为：

$$I_u=\sqrt{\frac{1}{2\pi}\int_0^{2\pi}i_u^2\mathrm{d}(\omega t)}=\sqrt{\frac{1}{\pi}\int_0^{\frac{2}{3}\pi}I_d^2\mathrm{d}(\omega t)}\approx 0.816I_d \tag{3-25}$$

3.4　逆变电路 PWM 控制

PWM(pulse width modulation)控制就是脉冲宽度控制技术，是对脉冲的宽度进行调制的技术，即通过对一系列脉冲的宽度进行调制，来等效地获得所需要的波形，包含波形的形状和幅值。

由全控型器件构成的逆变器可以采用正弦脉宽调制(SPWM)技术，通过控制开关管的通断顺序和时间分配规律，在逆变器输出端获得幅值相等、宽度按正弦规律变化的脉冲序列。它是目前直流-交流变换中最重要的变换技术。使用该技术，可以使装置的体积小、频率高、控制灵活、调节性能好、成本低。

PWM 控制的思想源于通信技术，全控型器件的发展使得实现 PWM 控制变得十分容易。PWM 控制技术的应用十分广泛，它使电力电子装置的性能大大提高，因此它在电力电子技术的发展史中占有十分重要的地位。PWM 控制技术正是有赖于在逆变电路中的成功应用，才确定了在电力电子技术中的重要地位。现在使用的各种逆变电路都采用了 PWM 控制技术。

3.4.1 SPWM 控制的基本原理

SPWM 控制的重要理论基础是面积等效原理，即冲量相等而形状不同的窄脉冲加在具有惯性的环节上时，效果基本相同，即惯性环节的输出响应波形基本相同。换句话说，如果对各输出波形进行傅里叶变换分析，则其低频段特性非常接近，仅在高频段略有差异。这是一个非常重要的结论，它表明惯性系统的输出响应主要取决于系统的冲量，即窄脉冲的面积，而与窄脉冲的形状无关。图 3-15 是几种典型的形状不同而冲量相同的窄脉冲，当它们分别作用在同一个惯性系统上时，比如图 3-16 所示的系统，输出响应波形基本相同。

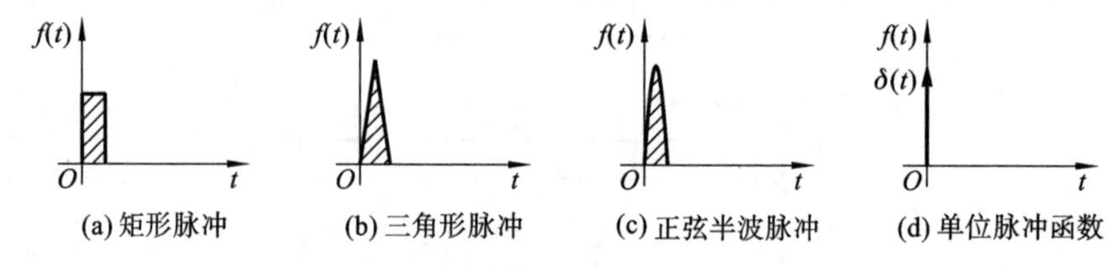

图 3-15　冲量相等的四种脉冲

图 3-16 中 $e(t)$ 为电压窄脉冲，是系统的输入，形状分别如图 3-15 中(a)、(b)、(c)、(d)所示，形状不同但面积相同。该输入加在可以看成惯性环节的 RL 电路上，设电流 $i(t)$ 为电路的输出。图 3-17 给出了不同窄脉冲下 $i(t)$ 的响应波形。从波形可以看出，在 $i(t)$ 的上升段，脉冲形状不同时 $i(t)$ 的形状也略有不同；但在 $i(t)$ 的下降段，$i(t)$ 的形状几乎完全相同。如果进行傅里叶分解，这四个输出仅高频成分有所不同，低频成分一样。

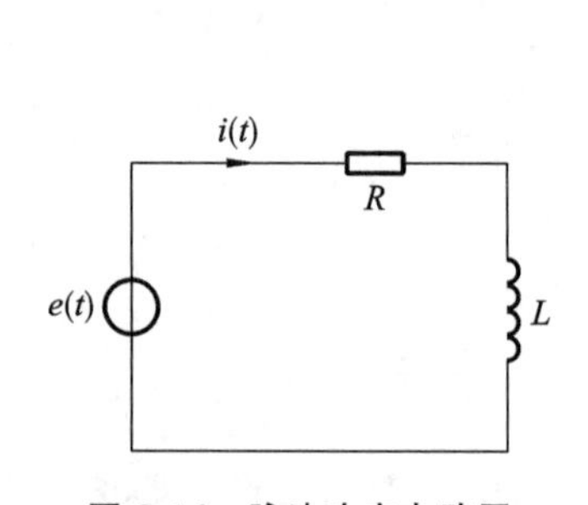

图 3-16　脉冲响应电路图

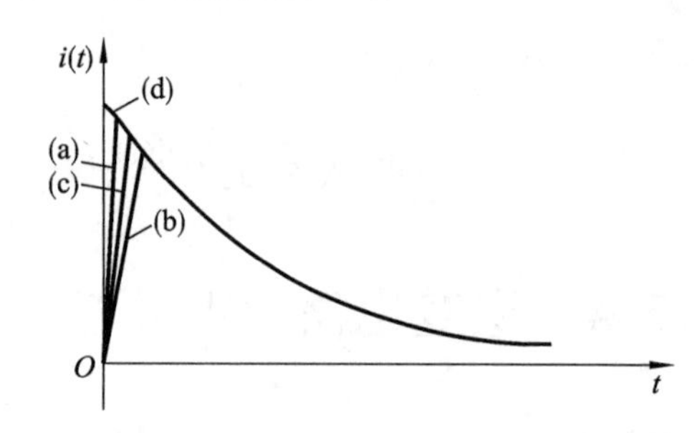

图 3-17　冲量相同的各种窄脉冲的响应波形

下面分析如何利用一系列等幅不等宽的脉冲序列来代替一个正弦半波。把图 3-18 所示的正弦半波分成 N 等分，就可以把正弦半波看成是由 N 个彼此相连的脉冲序列组成的波形。该序列脉冲等宽度而不等幅值，即脉冲宽度均为 π/N，但脉冲幅值不等，按正弦规律变化。将上述脉冲序列采用脉冲面积等效原理进行等效：采用 N 个等幅值而不等宽度的矩形脉冲代替，保证矩形脉冲的中点与相应正弦半波脉冲的中点重合，且使矩形脉冲和相应正弦半波脉冲的面积(冲量)相等，这样能够保证矩形脉冲与正弦半波脉冲的作用相同。根据

面积等效原理，SPWM 波和正弦半波是等效的。对于正弦波的负半周，也可以用同样的方法得到 SPWM 波。

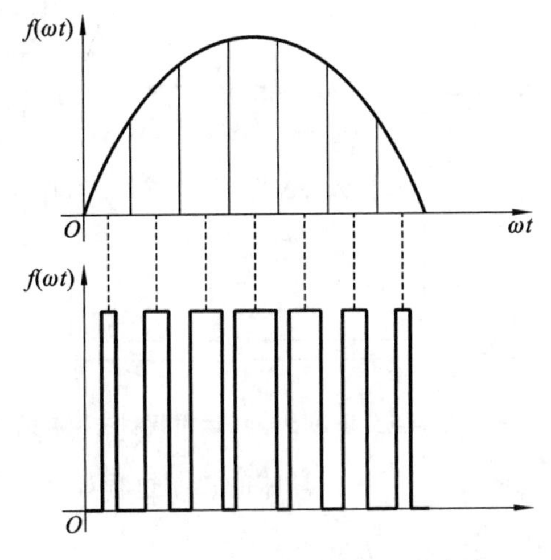

图 3-18　用 SPWM 波代替正弦半波

根据 SPWM 控制的基本原理，如果给出了逆变电路的正弦波输出频率、幅值和半个周期的脉冲数，SPWM 波中各脉冲的宽度和间隔就可以准确计算出来。按照计算结果控制逆变电路中各开关器件的通断，就可以得到所需要的 SPWM 波。这种方法称为计算法。可以看出，计算法是很烦琐的，当需要改变输出正弦波的频率、幅值或相位时，各开关器件的通断时刻也会发生变化。

3.4.2　基于调制法生成 SPWM 波

与计算法相对应的是调制法。在实际应用中，人们常采用正弦波与三角波相交的方法来确定各矩形脉冲的宽度。正弦波作为调制信号，是希望逆变电路输出的波形。三角波作为载波，与正弦波的交点时刻就是控制开关管开关的时刻。常见载波为等腰三角波或锯齿波。由正弦波调制载波三角波来获得 SPWM 波的方法称为正弦脉宽调制法。按照输出脉冲在半个周期内极性变化的不同，正弦脉宽调制法可分为单极性调制和双极性调制两种。下面以单相电压型全桥逆变电路为例来讲述单极性调制和双极性调制的原理。

图 3-19 是单相电压型全桥逆变电路运用调制法控制的结构图。主电路是单相电压型全桥逆变电路，四个开关管的控制信号由调制电路产生，调制电路有信号波（也叫调制波）和载波两个输入信号。在 SPWM 控制中，调制波一般是弱电信号，它的波形形状与负载上输出电压 SPWM 波所等效的波形（正弦波）形状一致，即频率和相位一致，但幅值会低很多，比如调制信号幅值是 1 伏，负载等效输出的信号幅值可能是几百伏。载波信号是高频的弱电信号，理论上载波频率越高，主电路负载上产生的 SPWM 波越接近正弦波。

1. 单极性调制

单极性调制的特点是：在调制波的正半个周期内，三角形载波在正极性范围内变化；在调制波的负半个周期内，三角形载波在负极性范围内变化；负载上对应的输出电压在调制波的正半个周期内只有高电平和零电平，在调制波的负半个周期内只有负电平和零电平。调

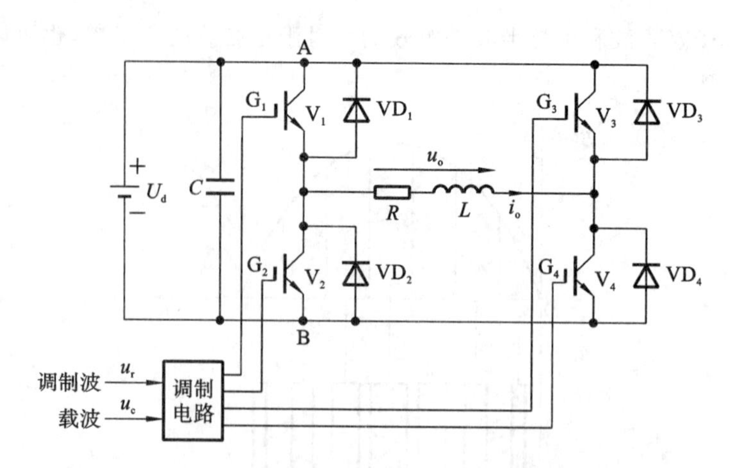

图 3-19　单相电压型全桥逆变电路运用调制法控制的结构图

制信号和载波信号的波形如图 3-20 所示。具体的控制过程如下：

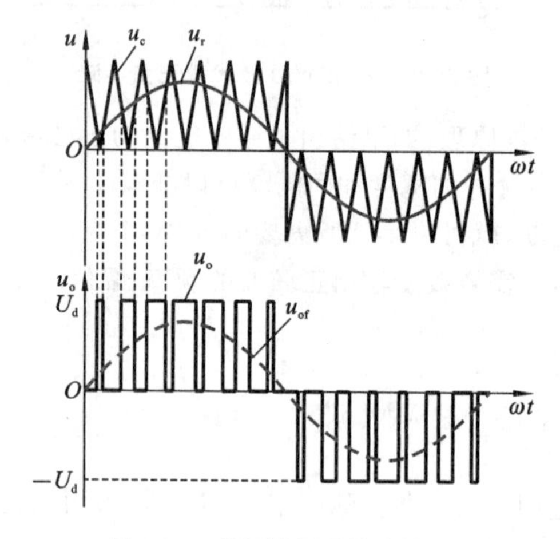

图 3-20　单极性调制输出波形

调制波 u_r 为正弦波；载波 u_c 在 u_r 的正半周为正极性的三角波，在 u_r 的负半周为负极性的三角波。在 u_r 和 u_c 的交点时刻控制 IGBT 的通断。在 u_r 的正半周，V_1 始终保持通态，V_2 始终保持断态。当 $u_r>u_c$ 时，V_4 导通，V_3 关断，$u_o=U_d$；当 $u_r<u_c$ 时，V_3 导通，V_4 关断，$u_o=0$ V。在 u_r 的负半周，V_1 始终保持断态，V_2 始终保持通态。当 $u_r<u_c$ 时，V_3 导通，V_4 关断，$u_o=-U_d$；当 $u_r>u_c$ 时，V_3 关断，V_4 导通，$u_o=0$ V。这样得到的 u_o 就为单极性 SPWM 波。

2. 双极性调制

双极性调制的特点是在调制信号的整个周期内，载波信号都相同，即三角形载波可以在正极性或负极性两种极性范围内变化，负载上输出的 SPWM 波只有正电平和负电平两种极性。调制信号和载波信号如图 3-21 所示。具体的控制过程如下：

调制波 u_r 为正弦波，载波 u_c 是在 u_r 的正半周和负半周均有正、负两种极性的三角波。在 u_r 和 u_c 的交点时刻控制 IGBT 的通断。在 u_r 的正、负半周，控制规律相同：当 $u_r>u_c$ 时，给 V_1 和 V_4 导通信号（此时，V_1 和 V_4 不一定处于通态，考虑有功和无功问题，也可能同桥臂的续流二极管处于通态），V_2 和 V_3 关断，$u_0=U_d$；当 $u_r<u_c$ 时，给 V_2 和 V_3 导通信号，V_1 和 V_4 关断，$u_o=-U_d$。这样得到的 u_o 就是双极性 SPWM 波。

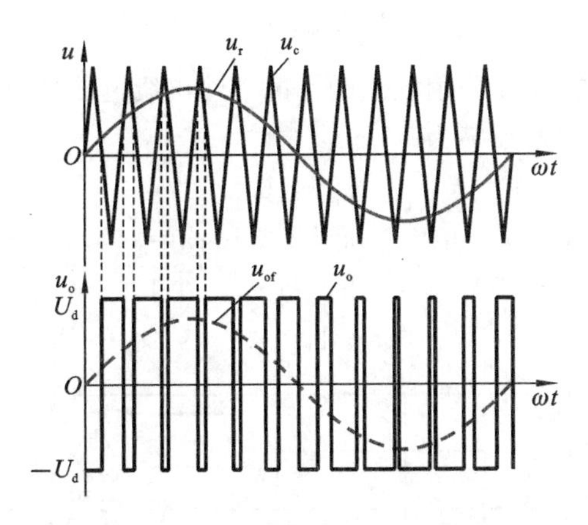

图 3-21　双极性调制输出波形

采用三相 SPWM 控制方式的电压型桥式逆变电路，一般采用双极性调制，三相调制信号依次相差 120°，三相公共一个三角形载波。控制方法与单相电压型全桥逆变电路类似，这里不详细叙述。

3.4.3　谐波分析

PWM 逆变电路的输出电压、电流波形可等效为正弦波，但还会包含一些谐波成分。以双极性调制为例，设载波信号频率不变，那么以载波周期为基础，再利用贝塞尔函数可以推导出 PWM 波的傅里叶级数表达式，这种分析过程相当复杂，但结论却很简单且直观。

基于 SPWM 控制的单相桥式逆变电路输出电压频谱如图 3-22 所示。图中给出了不同调制度 a 下单相桥式逆变电路在双极性调制方式下输出电压的频谱。调制度是指调制波幅值与载波幅值的比值。从频谱图中可以看出，所包含的谐波角频率主要有：

$$n\omega_c \pm k\omega_r \tag{3-26}$$

式中：$n=1,3,5,\cdots$ 时，$k=0,2,4,\ \cdots$；$n=2,4,6,\cdots$ 时，$k=1,3,5,\ \cdots$。

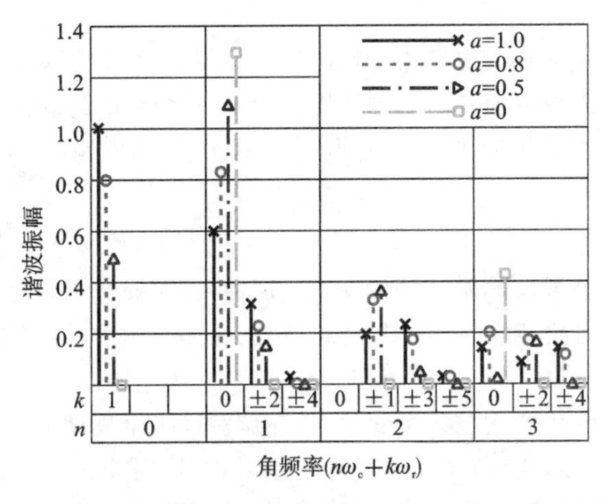

图 3-22　基于 SPWM 控制的单相桥式逆变电路输出电压频谱图

SPWM 波中不含低次谐波，只含 ω_c、$2\omega_c$、$3\omega_c$ 及其附近的谐波，幅值最高、影响最大的是

角频率为 ω_c 的谐波分量。

对于三相桥式逆变电路，在公用载波的情况下输出线电压的频谱如图 3-23 所示。在输出线电压中，所包含的谐波角频率为

$$n\omega_c \pm k\omega_r \tag{3-27}$$

式中：$n=1,3,5,\cdots$时，$k=3(2m-1)\pm1, m=1,2,\cdots$；$n=2,4,6,\cdots$时，

$$k=\begin{cases}6m+1, & m=0,1,\cdots \\ 6m-1, & m=1,2,\cdots\end{cases}$$

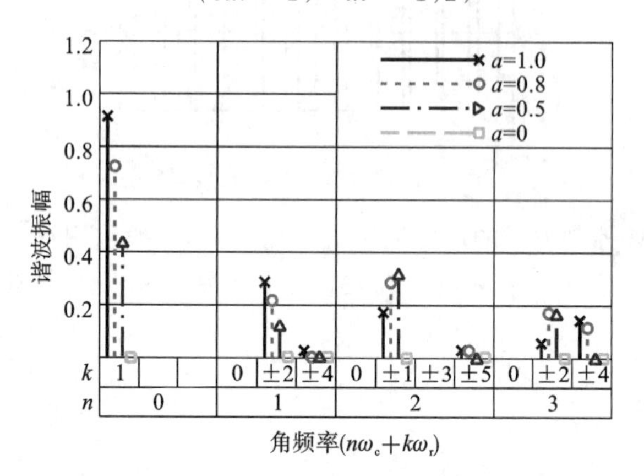

图 3-23　基于 SPWM 控制的三相桥式逆变电路输出线电压频谱图

将三相桥式逆变电路和单相桥式逆变电路进行比较，共同点是都不含低次谐波；一个较显著的区别是在三相桥式逆变电路中，整数倍载波角频率 ω_c 的谐波没有了，谐波中幅值较高的分量是 $\omega_c\pm2\omega_r$ 和 $2\omega_c\pm\omega_r$。

一般情况下，$\omega_c\gg\omega_r$，所以 SPWM 波中所含的主要谐波的频率要比基波频率高得多，是很容易滤除的。载波频率越高，SPWM 波中谐波的频率就越高，所需滤波器的体积就越小。

3.4.4　异步调制、同步调制和分段同步调制

在基于 SPWM 控制的逆变电路中，载波比 N 定义为载波频率 f_c 与调制波频率 f_r 之比，即 $N=f_c/f_r$，也可以理解为一个调制波周期内有 N 个周期的载波。根据在调制过程中载波比 N 是否变化，SPWM 逆变电路的调制方式分为异步调制、同步调制和分段同步调制。

1. 异步调制

在调制过程中，保持载波频率 f_c 固定不变，这样，当需要在负载上产生变化频率的正弦波时，调制波频率 f_r 也要相应变化，因此载波比 N 是变化的。这种调制方式称为异步调制。

异步调制的特点是：当调制波频率变化时，在调制波半个周期内，载波个数不固定，因此输出的脉冲个数也不固定，正、负半周期的脉冲不对称，同时半个周期前后 1/4 周期内的脉冲也不对称。当调制波频率较低时，载波比 N 较大，一周期内的脉冲数较多，正、负半周期脉冲不对称和半周期内前后 1/4 周期脉冲不对称产生的不利影响都比较小，SPWM 波接近正弦波。当调制波频率增高时，载波比 N 减小，在调制波一周期内的脉冲数减少，SPWM

波脉冲不对称的影响就变大，有时调制波的微小变化还会产生 SPWM 波脉冲的跳动。这就使得输出 SPWM 波和正弦波的差异变大。对于三相 SPWM 逆变电路来说，三相输出的对称性也变差。因此，在采用异步调制方式时，希望采用较高的载波频率，以便在调制波频率较高时仍能保持较大的载波比，从而改善输出波形的质量。由于在整个控制的过程载波的频率不变，因此异步调制的控制电路实现起来比较简单。

2. 同步调制

保持载波比 N 等于常数的调制方式称为同步调制。在逆变电路中，当需要负载上的输出电压变频时，需要相应地改变调制波的频率。为了保持载波比 N 等于常数，载波的频率也需要改变。这样，调制波半个周期内输出的脉冲数是固定的，脉冲相位也是固定的。在三相 SPWM 逆变器中，通常共用一个三角波载波信号，且取载波比 N 为 3 的整数倍，以使三相输出严格对称。同时，为了使同一相的波形正、负半周镜像对称，N 应取为奇数。

如果希望主电路输出的信号的频率范围很宽，那么自始至终都保持载波比 N 不变也会有一定的缺点。当调制波频率 f_r 很低时，由于 N 不变，由 SPWM 控制产生的载波 f_c 附近的谐波频率也相应降低，这种频率较低的谐波通常不易滤除，如果负载为电动机，就会产生较大的转矩脉动和噪声，给电动机的正常工作带来不利的影响。若为了改善低频时的特性而增加载波频率 f_c，当调制波频率 f_r 很高时，同步调制时的载波频率 f_c 会过高，使开关难以承受。

3. 分段同步调制

为了克服异步调制和同步调制的缺点，通常采用分段同步调制，也就是把逆变电路的输出频率范围划分成若干个频段，每个频段内保持载波比 N 恒定(同步调制)，而不同频段内的载波比不同(异步调制)。在主电路需要输出信号的高频段采用较低的载波比，使开关频率不至于过高；在需要输出信号的低频段采用较高的载波比，使谐波频率不至于过低以致难以滤除从而对负载产生影响。各频段的载波比应该取 3 的整数倍且为奇数。

3.5　调制法 SPWM 控制的具体实现方法

根据 SPWM 控制的基本原理，如果给出了逆变电路的正弦波输出频率、幅值和半个周期内的脉冲数，SPWM 波中各脉冲的宽度和间隔可以准确地计算出来。按照计算结果控制逆变电路中各开关器件的通断，就可以得到所需要的 SPWM 波。这种方法称为计算法。但计算法中需要计算正弦波脉冲的面积，计算量是很大的，而且，当需要输出的正弦波的频率、幅值或相位变化时，结果都要变化。所以，计算法不适合应用于实际控制中。

目前大多数逆变电路控制方法是在调制法(基于调制波和三角形载波控制开关管通断时刻)的基础上进一步发展而来的。根据调制法生成控制开关管通断的 SPWM 波在电路中具体实现起来有三种方法：模拟电路(包括模拟/数字混合电路)实现方法、专用集成电路实现方法、微型计算机(包括单片机、数字信号处理器等)实现方法。

模拟电路实现方法：用模拟或数字电路构成三角波发生器和正弦波发生器，再通过比较器确定两者的交点，在交点时刻对功率开关管的通断进行控制，这样就生成了决定开关管通断时刻的 SPWM 波。这种模拟电路的实时性好，但电路结构复杂，调试量大，难以实现精确控制，在微处理器不发达时多使用这种方法。

专用集成电路实现方法：专用于产生 SPWM 波信号的集成电路较多，单相、三相均有。专用集成电路有很好的性能价格比，可简化控制电路和软件设计。

微型计算机实现方法：在微电子技术迅速发展的今天，控制开关管通断时刻的 SPWM 波可以由微型计算机来生成。在用微型计算机软件生成 SPWM 波时，通常采用查表法和实时计算法。查表法是指根据不同的调制度 a 和正弦调制波的角频率 ω_r，先离线计算出各开关管的通断时刻，把计算结果存于内存中，运行时查表读出需要的数据，从而进行实时控制。这种方法适用于计算量较大、在线计算困难的场合，但所需要的内存容量往往较大。实时计算法是指在运行时进行在线计算开关时刻的方法，适用于计算量不大的场合。实际所用的方法往往是上述两种方法的结合，即先离线进行必要的计算，将数据存入内存，运行时再进行较为简单的在线计算，这样既可以保证快速性，又不会占大量内存。下面介绍几种用基于调制原理用微型计算机产生 SPWM 波的算法。

3.5.1 自然采样法

自然采样法就是计算三角形载波和正弦调制波的交点时刻。如图 3-24 所示，正弦调制波的相位角为 0°时，三角形载波下降段的过零点与正弦调制波的零时刻重合。设三角形载波的峰值为 1，正弦调制波为 $u_r = a\sin(\omega_r t)$，式中 a 为调制度且 $0 \leqslant a < 1$，ω_r 为正弦调制波的角频率。在第 n 个周期，三角形载波可表示为：

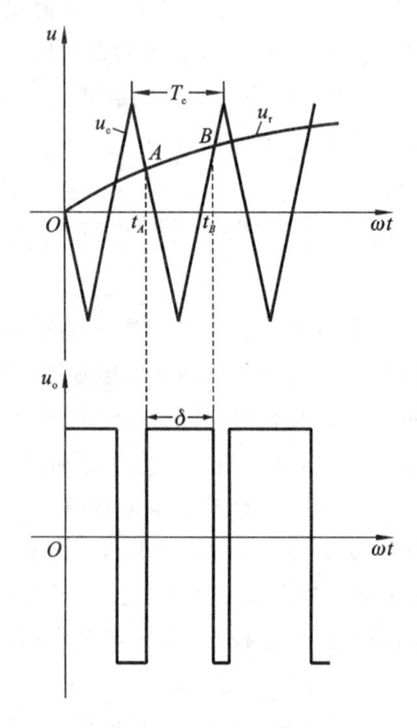

图 3-24 自然采样法

$$u_c = \begin{cases} -\frac{4}{T_c}[t-(n-1)T_c], & [-\frac{1}{4}+(n-1)]T_c \leqslant t < [\frac{1}{4}+(n-1)]T_c \\ \frac{4}{T_c}[t-(n-1)T_c]-2, & [\frac{1}{4}+(n-1)]T_c \leqslant t < [\frac{3}{4}+(n-1)]T_c \end{cases} \tag{3-28}$$

这样，正弦调制波在第 n 个周期与三角形载波的交点时刻 t_A 和 t_B 分别满足下列方程：

$$-\frac{4}{T_c}[t-(n-1)T_c] = a\sin(\omega_r t_A) \tag{3-29}$$

$$\frac{4}{T_c}[t-(n-1)T_c]-2 = a\sin(\omega_r t_B) \tag{3-30}$$

在给定 T_c 和 a 后，就可以求出 t_A 和 t_B。

脉冲宽度 δ 为：

$$\delta = t_B - t_A \tag{3-31}$$

这种方法计算量过大，因而工程上实际使用并不多。

3.5.2　规则采样法

规则采样法是一种应用较广的工程应用方法，它的效果接近自然采样法，但计算量却比自然采样法小得多。

规则采样法如图 3-25 所示。在三角形载波的负峰值时刻 t_D 对正弦调制波采样而得到 D 点，过 D 点作一水平直线和三角形载波分别交于 A 点和 B 点，在 t_A 和 t_B 时刻控制功率开关管的通断。从图 3-25 可得：

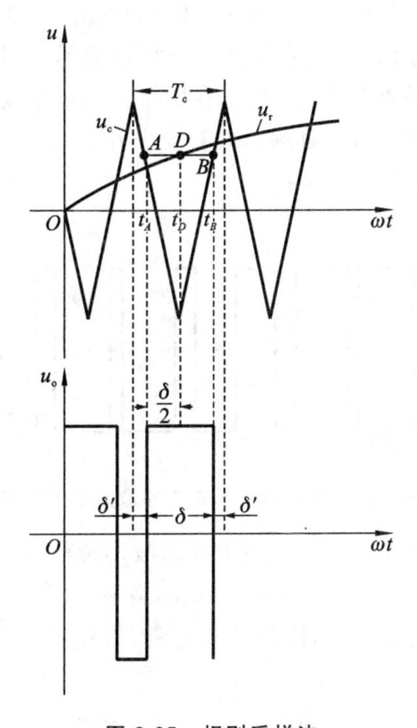

图 3-25　规则采样法

$$\frac{1+a\sin(\omega_r t_D)}{2}=\frac{\delta/2}{T_c/2} \tag{3-32}$$

因此可得

$$\delta=\frac{T_c}{2}[1+a\sin(\omega_r t_D)] \tag{3-33}$$

在三角形载波的一个周期内,脉冲两边的间隙宽度 δ' 为:

$$\delta'=\frac{1}{2}(T_c-\delta)=\frac{T_c}{4}[1-a\sin(\omega_r t_D)] \tag{3-34}$$

对于三相桥式逆变电路来说,应该形成三相 SPWM 波,通常三相的三角形载波是公用的,三相正弦调制波依次相差 120°。设在同一三角形载波周期内三相的脉冲宽度分别为 δ_u、δ_v 和 δ_w,间隙宽度分别为 δ'_u、δ'_v 和 δ'_w,则有:

$$\delta_u+\delta_v+\delta_w=\frac{3}{2}T_c \tag{3-35}$$

$$\delta'_u+\delta'_v+\delta'_w=\frac{3}{4}T_c \tag{3-36}$$

利用式(3-33)和式(3-34)可以简化生成三相 SPWM 波的计算公式。

3.5.3 低次谐波消去法

以消去 SPWM 波中某些主要的低次谐波为目的,通过计算确定各脉冲的开关时刻,这种方法称为低次谐波消去法。这种方法已经不再比较载波和正弦调制波,但输出的波形仍然是等幅不等宽的脉冲序列,因此也算是生成 SPWM 波的一种方法。

图 3-26 所示是三相桥式 SPWM 逆变器中一相输出端子相对于直流侧中点的电压波形,相当于 $u_{uN'}$ 的波形,此处载波比为 $N=7$。在图 3-26 中,在输出电压的半个周期内,开关管导通和关断各 3 次(不包括 0 和 π 时刻),共有 6 个开关时刻可以控制。实际上,为了减少谐波并简化控制,需尽量使波形具有对称性。

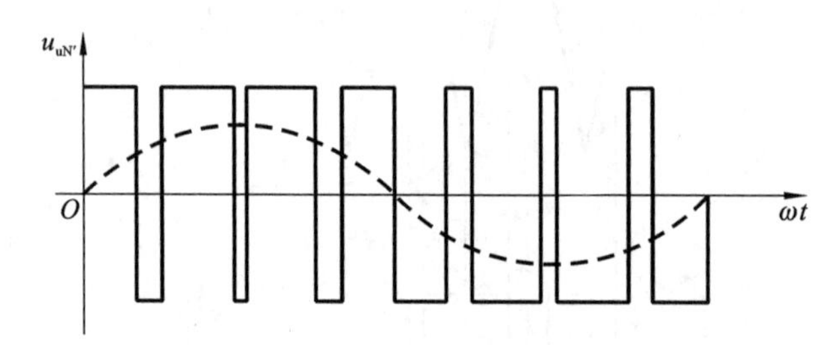

图 3-26 低次谐波消去法的输出电压波形

首先,为了消除偶次谐波,应使正、负两半周期波形镜像对称,即:

$$u_{uN'}(\omega t)=-u_{uN'}(\omega t+\pi) \tag{3-37}$$

其次,为了消除谐波中的余弦项,简化计算过程,应使正或(负)半周期内前后 1/4 周期以 $\pi/2$ 为轴线对称,即:

$$u_{uN'}(\omega t)=-u_{uN'}(\pi-\omega t) \tag{3-38}$$

同时满足式(3-37)和式(3-38)的波形称为 1/4 周期对称波形,可用傅里叶级数表示为:

$$u_{uN'}(\omega t)=\sum_{n=1,3,5,\cdots}^{\infty}a_n\sin(n\omega t) \tag{3-39}$$

式中，

$$a_n=\frac{4}{\pi}\int_0^{\pi/2}u_{uN'}(\omega t)\sin(\omega t)\mathrm{d}(\omega t) \tag{3-40}$$

因为图 3-26 所示是 1/4 周期对称波形，所以在半个周期内的 6 个开关时刻（不包括 0 和 π 时刻），能够独立控制的只有 β_1、β_2、β_3 这 3 个时刻。该波形的 a_n 为

$$\begin{aligned}a_n&=\frac{4}{\pi}\left[\int_0^{\beta_1}\frac{U_d}{2}\sin(n\omega t)-\int_{\beta_1}^{\beta_2}\frac{U_d}{2}\sin(n\omega t)+\int_{\beta_2}^{\beta_3}\frac{U_d}{2}\sin(n\omega t)\mathrm{d}(\omega t)-\int_{\beta_3}^{\pi/2}\frac{U_d}{2}\sin(n\omega t)\mathrm{d}(\omega t)\right]\\&=\frac{2U_d}{n\pi}\{[-\cos(n\omega t)]|_0^{\beta_1}-[-\cos(n\omega t)]|_{\beta_1}^{\beta_2}+[-\cos(n\omega t)]|_{\beta_2}^{\beta_3}-[-\cos(n\omega t)]|_{\beta_3}^{\pi/2}\}\\&=\frac{2U_d}{n\pi}[1-2\cos(n\beta_1)+2\cos(n\beta_2)-2\cos(n\beta_3)]\end{aligned} \tag{3-41}$$

式中，$n=1,3,5,\cdots$。

式(3-41)中含有 β_1、β_2、β_3 3 个可以控制的变量，根据需要确定基波分量 a_1 的值，再令 $a_5=0$，$a_7=0$，就可以建立 3 个方程，联立求解可得 β_1、β_2、β_3。这样，就可以消去两种特别频率的谐波。通常在三相对称电路的线电压中，相电压所含的 3 次谐波相互抵消，因此我们考虑消去 5 次谐波和 7 次谐波。这样可以得到如下联立方程。

$$\begin{cases}a_1=\dfrac{2U_d}{\pi}(1-2\cos\beta_1+2\cos\beta_2-2\cos\beta_3)\\a_5=\dfrac{2U_d}{5\pi}[1-2\cos(5\beta_1)+2\cos(5\beta_2)-2\cos(5\beta_3)]=0\\a_7=\dfrac{2U_d}{7\pi}[1-2\cos(7\beta_1)+2\cos(7\beta_2)-2\cos(7\beta_3)]=0\end{cases} \tag{3-42}$$

对于给定的基波幅值 a_1，求解上述方程可得到一组控制角度 β_1、β_2、β_3。基波幅值 a_1 改变时，β_1、β_2、β_3 也相应改变。

上面是在输出电压的半个周期内开关管导通和关断各 3 次时的情况。一般来说，如果在输出电压半个周期内开关管导通和关断各 k 次，则共有 k 个自由度可以控制。除去用一个自由度来控制基波幅值外，可以消除 $k-1$ 种谐波。

应当指出，低次谐波消去法可以很好地消除指定的低次谐波，但是剩余未消去的较低次谐波的幅值可能会相当大。不过，未消去的较低次谐波由于次数比所消去的谐波次数高，因而较容易滤除。

3.5.4　跟踪控制法

跟踪控制法不是用正弦调制波对载波进行调制，而是把希望输出的电流或电压作为给定信号，与实际电流或电压信号进行比较，由此来决定逆变器功率开关管的通断，使实际输出跟踪给定信号。常用的跟踪控制法有滞环比较方法、三角波比较方法和定时比较方法 3 种。跟踪型 PWM 逆变电路中，电流跟踪控制应用最多。图 3-27 给出了采用滞环比较方法的 PWM 电流跟踪控制单相半桥逆变电路原理图。

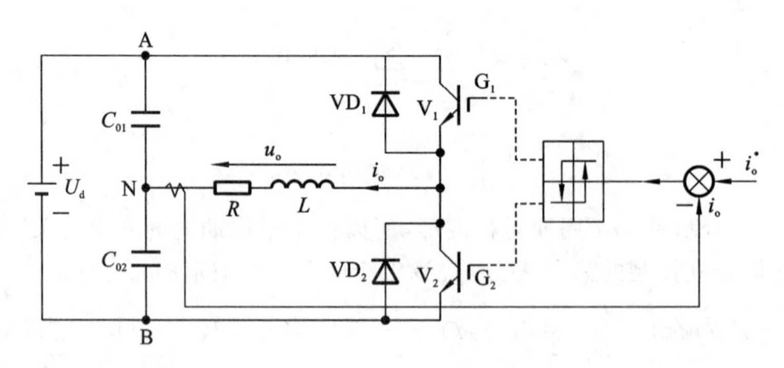

图 3-27　采用滞环比较方法的 PWM 电流跟踪控制单相半桥逆变电路原理图

用滞环比较器比较给定电流 i_o^* 与输出电流 i_o，得到二者的偏差 $\Delta i=i_o^*-i_o$。用 Δi 控制开关管 V_1 和 V_2 的通断。当 V_1（或 VD_1）导通时，i_o 增大；当 V_2（或 VD_2）导通时，i_o 减小。如果在给定电流 i_o^* 正半周的上升过程的 t_1 时刻，输出电流降到 $i_o^*-\Delta i$，则触发 V_1，关断 V_2，电流回路为 A→V_1→L→R→N，电流 i_o 上升，到 t_2 时刻，电流上升到 $i_o^*+\Delta i$，关断 V_1，触发 V_2，但由于电流方向不能改变，实际是 VD_2 导通，导通回路为 B→VD_2→L→R→N，电流 i_o 下降。到 t_3 时刻，电流下降到 $i_o^*-\Delta i$，重复上述过程。输出的电压波形 u_o 是幅值为 $\pm\frac{U_d}{2}$ 的 PWM 波，如图 3-28 所示。

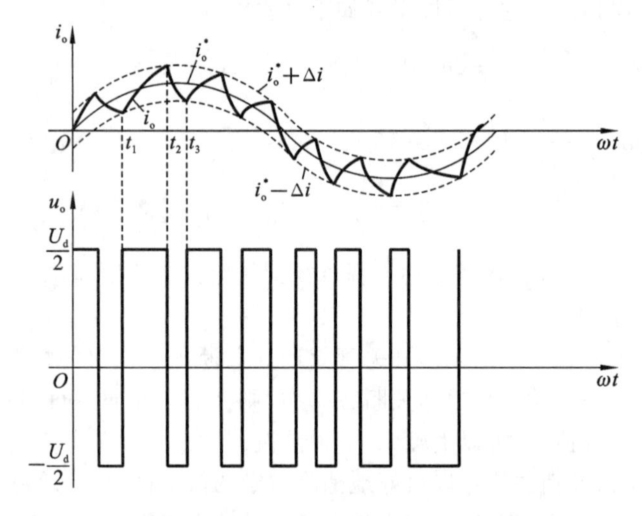

图 3-28　滞环电流跟踪控制方式下的波形

3.6　逆变电路的 MATLAB 仿真

3.6.1　单相电压型全桥逆变电路的建模与仿真

1. 模型文件的建立

单相电压型全桥逆变电路的仿真模型如图 3-29 所示。单相电压型全桥逆变电路仿真

模型所用模块的提取路径如表 3-3 所示。

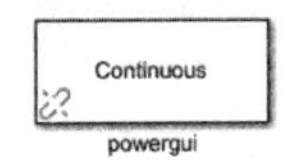

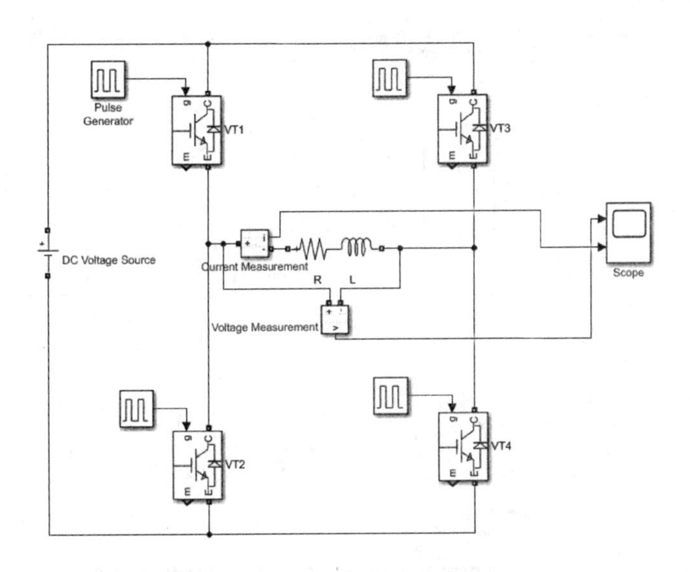

图 3-29　单相电压型全桥逆变电路的仿真模型

表 3-3　单相电压型全桥逆变电路仿真模型所用模块的提取路径

模块名	提取路径
直流电压源 E	Simscape→Electrical→Specialized Power Systems→Fundamental Blocks→Electrical Sources→DC Voltage Source
IGBT 模块	Simscape→Electrical→Specialized Power Systems→Fundamental Blocks→Power Electronics→IGBT/Diode
电感 L,电阻 R(Series RLC Branch)	Simscape→Electrical→Specialized Power Systems→Fundamental Blocks→Elements→Series RLC Branch
脉冲发生器(Pulse Generator)	Simulink→Sources→Pulse Generator
电流检测模块(Current Measurement)	Simscape→Electrical→Specialized Power Systems→Fundamental Blocks→Measurements→Current Measurement
电压检测模块(Voltage Measurement)	Simscape→Electrical→Specialized Power Systems→Fundamental Blocks→Measurements→Voltage Measurement
示波器(Scope)	Simulink→Sinks→Scope

参数设置如下:电源 E 电压设为 200 V,电阻 R 和电感 L 分别设为 2 Ω 和 5 mH。对于脉冲发生器模块,幅值设为 1,周期设为 0.02 s,即频率为 50 Hz,占空比设为 50%。其中两个脉冲发生器模块滞后设为 0 s,输出加在 VT_1 和 VT_4 的门极;另外两个脉冲发生器模块滞后设为 0.01 s,输出加在 VT_2 和 VT_3 的门极,也就是两组管子在相位上相差 180°。电流

检测元件与负载 RL 串联，电压检测元件与负载并联，两个检测元件的输出连接到示波器，在示波器上可以显示出负载电压和负载电流的波形。在仿真模型中的 powergui 模块，可以对波形进行傅立叶变换分析和测量总谐波失真率。

2. 仿真分析

仿真时间设为 0.1 s，仿真算法设置为 ode45。运行后的结果如图 3-30 所示。

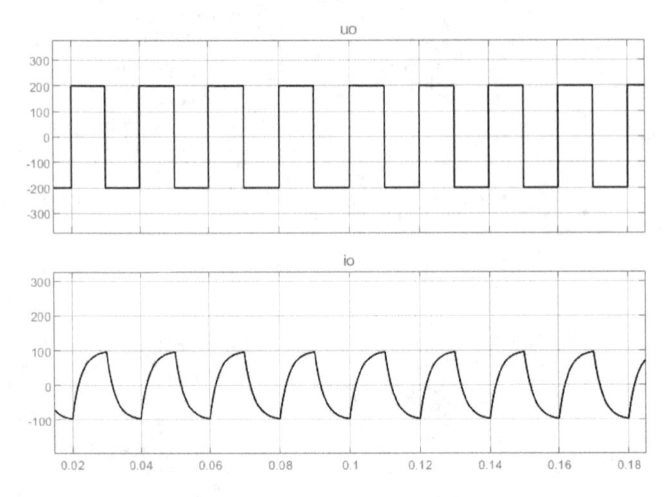

图 3-30　单相电压型全桥逆变电路负载输出电压和电流波形

由图 3-30 可以看出，负载上的电压是 50 Hz 的方波，频率与触发 IGBT 开关管的脉冲信号一致；负载上的电流也是 50 Hz 的周期信号，但形状由阻感负载的特性决定。

在仿真运行前，双击示波器模块并单击参数设置菜单，勾选“log data to workspace”，即可将数据记录到工作区；运行结束后，双击 powergui 模块，然后单击 FFT 分析栏，得到图 3-31。在该窗口右上方选择将要分析的信号，设定起始时间、分析的周期数及基波频率。该窗口左上方的窗口用于显示待分析的波形。在该窗口右下方可选择 FFT 分析的结果显示模式，还可设定横坐标轴的类型及最大频率。该窗口左下方的窗口根据所选的显示模式显示被分析信号的频谱图或各次谐波含量列表。通过 powergui 模块对电压波形进行傅里叶变换分析可知，基波电压幅值为 254.5 V，谐波畸变率为 48.32%，可见该单相电压型全桥逆变电路输出的交流基波幅值大于直流电压，电压利用率较高，但同时谐波含量较大，特别是低次谐波含量较大。

3.6.2　三相电压型全桥逆变电路的建模与仿真

1. 模型文件的建立

三相电压型全桥逆变电路中的三相桥可以由独立的 IGBT 模块搭建，也可以由通用桥模块搭建。本仿真采用 6 个独立的 IGBT 模块来搭建。

在图 3-32 中，电源 E 电压为 200 V，三相对称负载电阻 R 为 2 Ω、L 为 5 mH。对于脉冲发生器模块，幅值设为 1，周期设为 0.02 s，即频率为 50 Hz，占空比设为 50%，由于六个开关管 $VT_1 \sim VT_6$ 的触发脉冲依次滞后 60°，因此脉冲发生器延迟时间(phase delay(secs))设置为 0 s，因此有 0.02 s×(n−1)/6(式中 n 表示开关管的下标，n=1,2,3,4,5,6)。三相电压型全桥逆变电路仿真模型所用模块的提取路径如表 3-4 所示。

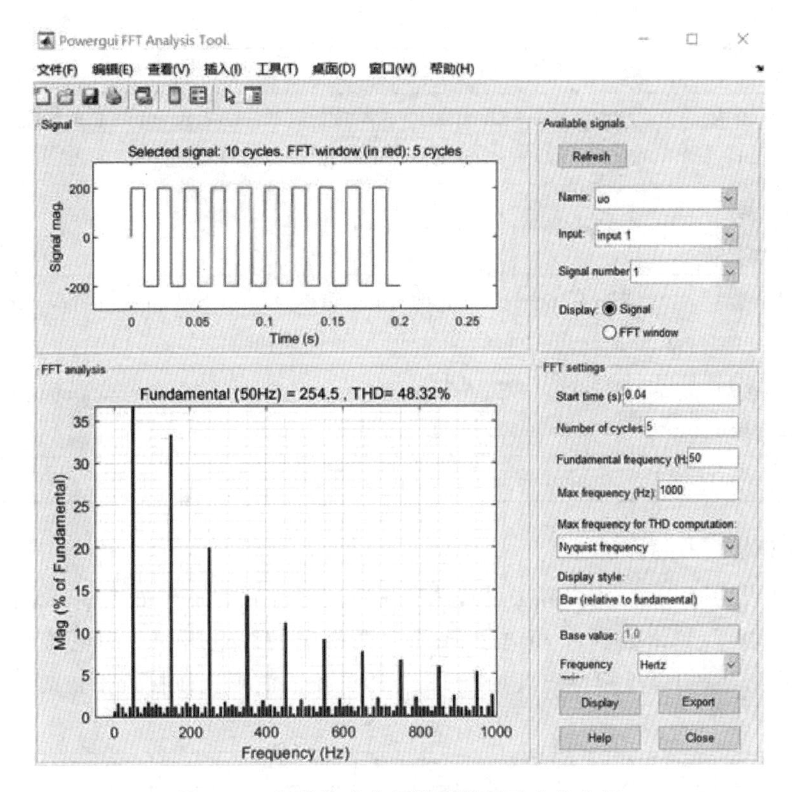

图 3-31　负载输出电压波形傅里叶变换分析

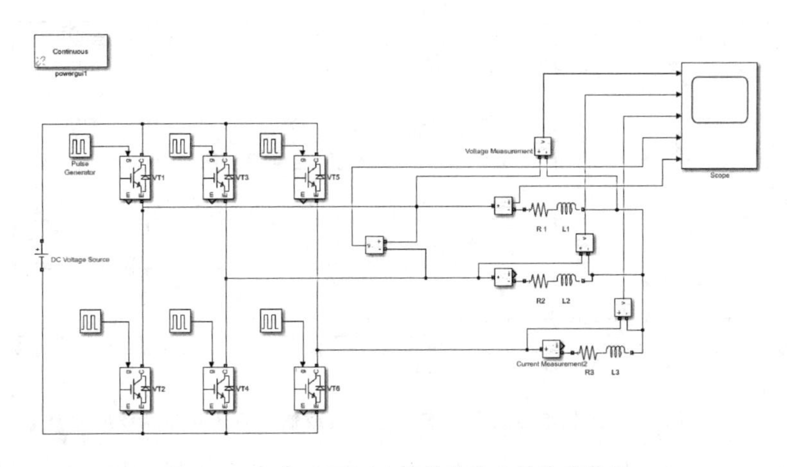

图 3-32　三相电压型全桥逆变电路的仿真模型

表 3-4　三相电压型全桥逆变电路仿真模型所用模块的提取路径

模块名	提取路径
直流电压源 E	Simscape→Electrical→Specialized Power Systems→Fundamental Blocks→Electrical Sources→DC Voltage Source
IGBT 模块	Simscape→Electrical→Specialized Power Systems→Fundamental Blocks→Power Electronics→IGBT/Diode

续表

模块名	提取路径
电感 L,电阻 R (Series RLC Branch)	Simscape→Electrical→Specialized Power Systems→Fundamental Blocks→Elements→Series RLC Branch
脉冲发生器 (Pulse Generator)	Simulink→Sources→Pulse Generator
电流检测模块 (Current Measurement)	Simscape→Electrical→Specialized Power Systems→Fundamental Blocks→Measurements→Current Measurement
电压检测模块 (Voltage Measurement)	Simscape→Electrical→Specialized Power Systems→Fundamental Blocks→Measurements→Voltage Measurement
示波器(Scope)	Simulink→Sinks→Scope

2. 仿真分析

仿真时间设为 0.12 s,仿真算法设置为 ode45。运行后的结果如图 3-33 所示。从上到下依次为 a 相电压、b 相电压、c 相电压、a 和 b 两相间的线电压和 a 相电流的波形。从图 3-33中可以看出,三相电压相位依次相差 120°,相电流的波形比较接近正弦波。

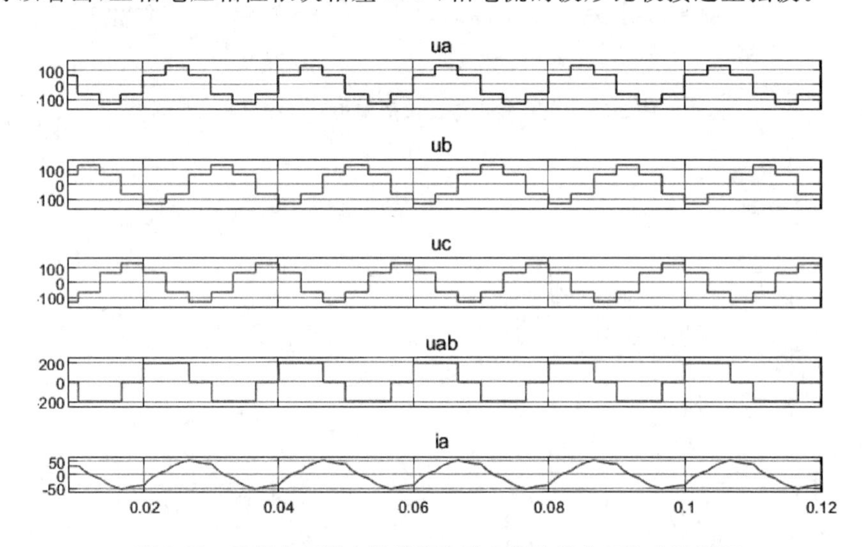

图 3-33 三相电压型全桥逆变电路负载输出电压和电流波形

程序运行结束后,双击 powergui 模块,然后单击 FFT 分析栏,得到相电压的信号图和频谱图如图 3-34 所示。从傅里叶变换分析的结果可以看出,相电压中基波的幅值为 127.6 V,直流电压利用率为$\frac{127.6}{200}=0.638$,谐波畸变率为 30.94%。

负载上的电流的信号图和频谱图如图 3-35 所示。可以看出,它主要包含基波、5 次谐波、7 次谐波;谐波畸变率比为 7.32%,比相电压的谐波畸变率小很多。

线电压的信号图和频谱图如图 3-36 所示。可以看出,它主要包含基波、5 次谐波、7 次谐波;基波幅值为 219.9 V,比电源电压略高;谐波畸变率为 31.22%。

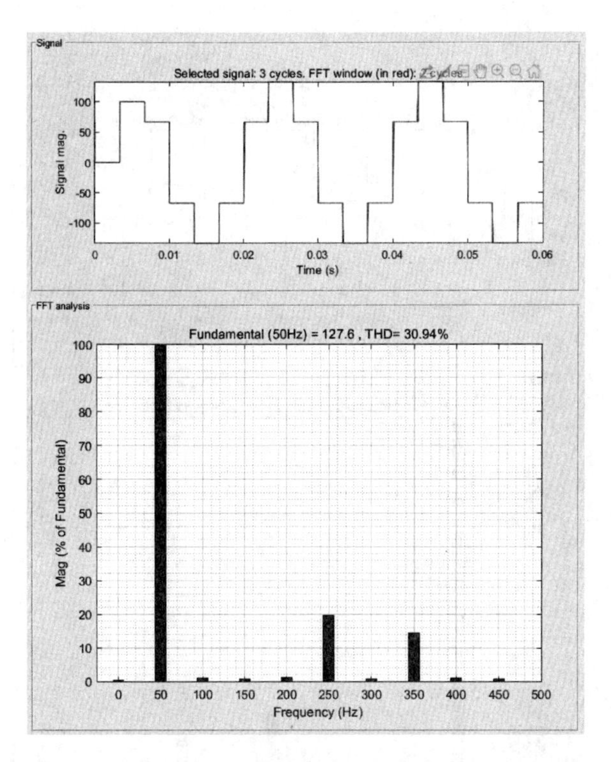

图 3-34　三相电压型全桥逆变电路相电压的信号图和频谱图

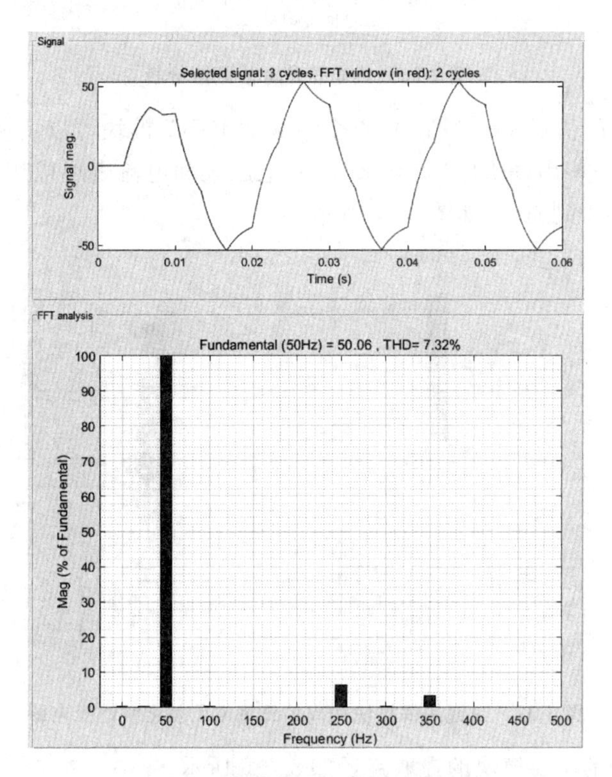

图 3-35　负载电流信号的频谱分析

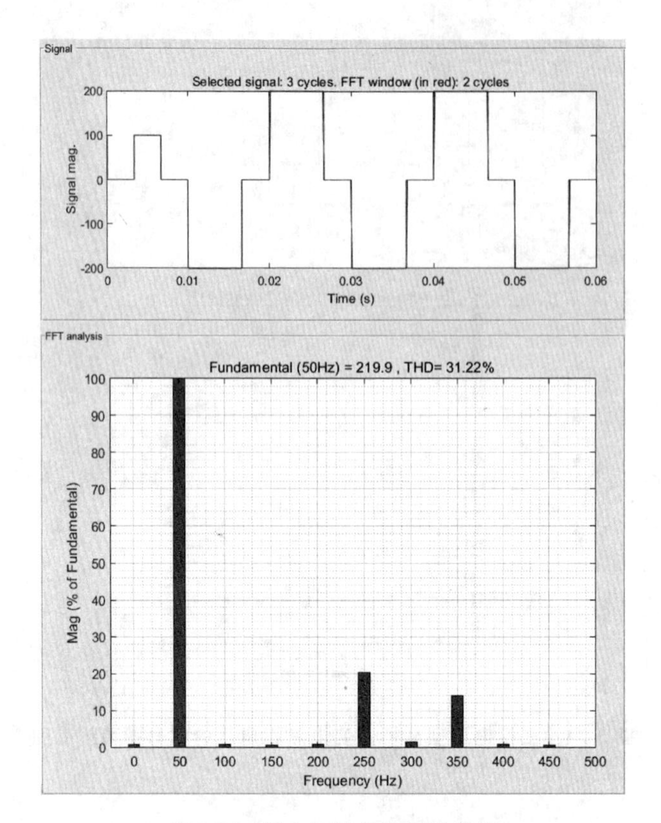

图 3-36　线电压信号的频谱分析

在图 3-32 所示的仿真模型文件中，六个独立的 IGBT 模块可以由通用桥模块来代替，三个独立的负载由三相串联 *RLC* 负载来代替，电压表和电流表可以用多路测量模块来代替，这样电路模型会得到简化，如图 3-37 所示。

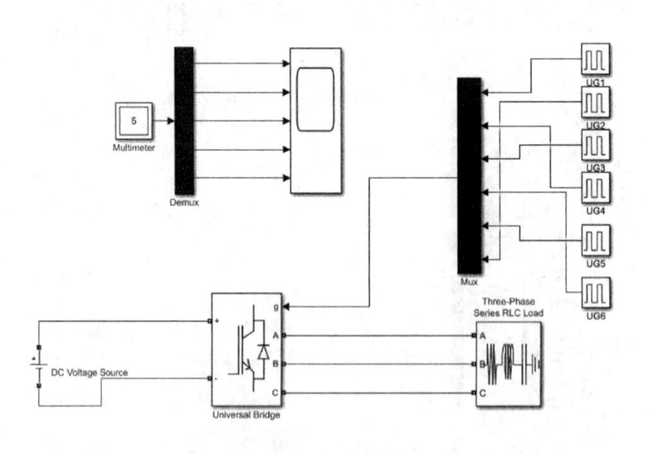

图 3-37　由通用桥模块构成的三相电压型全桥逆变电路

图 3-37 中用到的主要模块的提取路径如表 3-5 所示。

表 3-5　由通用桥模块构成的三相电压型全桥逆变电路仿真模型主要模块的提取路径

模块名	提取路径
通用桥模块	Simscape→Electrical→Specialized Power Systems→Fundamental Blocks→Power Electronics→Universal Bridge
三相串联 *RLC* 负载模块	Simscape→Electrical→Specialized Power Systems→Fundamental Blocks→Elements→Three-Phase Series RLC Load
多路测量模块	Simscape→Electrical→Specialized Power Systems→Fundamental Blocks→Measurements→Multimeter
信号综合模块(Mux)	Simulink→Signal Routing→Mux
信号分解模块(Demux)	Simulink→Signal Routing→Demux

对于通用桥模块，桥臂数设为 3，开关器件选择带反并联二极管的 IGBT；对于三相串联 *RLC* 负载模块，连接方式设为星形连接，额定电压设为 500 V，额定频率设为 50 Hz，额定功率设为 10 kW，感性无功功率设为 800 V · A，容性无功功率设为 0 V · A。

六个脉冲发生器模块的设置与前面相同。由信号综合模块将六路信号集合起来接到通用桥模块的触发端。通用桥模块的内部结构如图 3-38 所示。在图 3-38 中，开关管的编号与图 3-32 中开关管的编号顺序不同，与之对应的触发顺序应该是 Q_1、Q_6、Q_3、Q_2、Q_5、Q_2，依次滞后 60°。在三相串联 *RLC* 负载模块和通用桥模块的属性设置对话框中最下面一行(Measurements)把需要测量的量勾选出来，这样在多路测量模块的属性设置对话框左侧 Available Measurements 就可以显示出能够测量的量。该对话框右侧是选择被测量的量。本次仿真选择测量 a 相负载电压、b 相负载电压、c 相负载电压、a 相负载电流和 a 与 b 两相线电压。多路测量模块的属性设置对话框如图 3-39 所示。

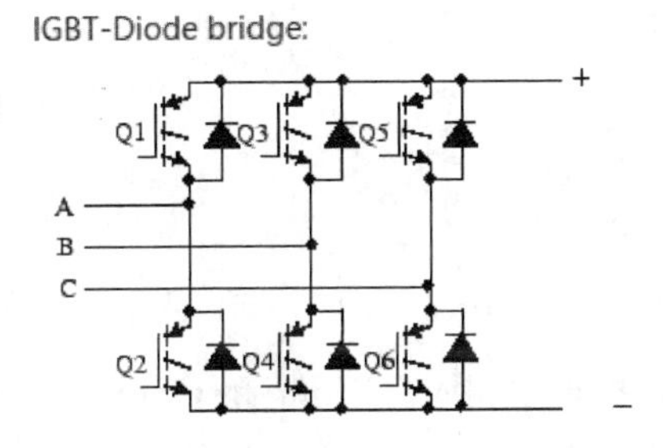

图 3-38　通用桥模块的内部结构

仿真以及波形分析方法同前，此处不再赘述。

3.6.3　单相电压型 SPWM 逆变电路的建模与仿真

1. 模型文件的建立

单相电压型 SPWM 逆变电路整体上也由主电路、控制电路和测量电路三个部分组成。主电路由四个开关管组成单相逆变桥。本次仿真选用四个 MOSFET 管。控制电路选用一个三角波发生器和一个正弦波发生器，对两路信号进行比较，当三角波的值小于或等于正弦波的值时，输出信号为正，触发 V_1 和 V_4；当三角波的值大于正弦波的值时，输出信号经过一个反相器触发 V_2 和 V_3。为了使模型文件清晰，在控制信号输出端和开关管触发端之间没有用信号线连接，而是用起到相同作用的 Goto 模块和 From 模块。From 模块从对应的 Goto 模块接收信号，然后将其作为输出传递出去。输出的数据类型与来自 Goto 模块的输

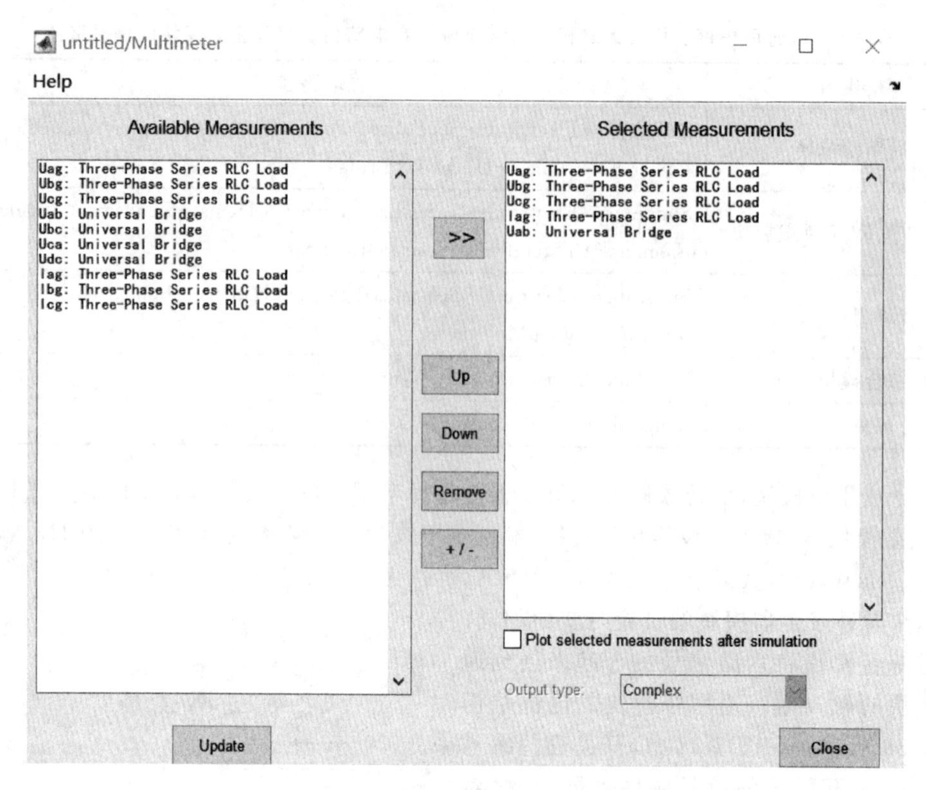

图 3-39　多路测量模块的属性设置对话框

入的数据类型相同。From 和 Goto 模块允许将信号从一个模块传递到另一个模块，而无须实际连接它们。要将 Goto 模块与 From 模块关联，需要在 Goto Tag 参数中输入 Goto 模块的标记。关于测量，依然是将电流表串接在负载回路中，将电压表并联在负载两端，并将电流表和电压表的信号输出到示波器。示波器(Scope2)有三个输入信号：负载电压，负载电流，调制用的正弦波。示波器(Scope1)有两个输入信号：V_1 管子的触发信号和负载端的电压信号。具体仿真模型如图 3-40 所示。主要模块的提取路径如表 3-6 所示。

表 3-6　单相电压型 SPWM 逆变电路(双极性调制)仿真模型主要模块的提取路径

模块名	提取路径
直流电压源 E	Simscape→Electrical→Specialized Power Systems→Fundamental Blocks→Electrical Sources→DC Voltage Source
MOSFET 模块	Simscape→Electrical→Specialized Power Systems→Fundamental Blocks→Power Electronics→Mosfet
电感 L，电阻 R (Series RLC Branch)	Simscape→Electrical→Specialized Power Systems→Fundamental Blocks→Elements→Series RLC Branch
三角波发生器 (Triangle Generator)	Simscape→Electrical→Specialized Power Systems→Fundamental Blocks→Power Electronics→Pulse & Signal Generators→Triangle Generator
正弦波发生器(Sine Wave)	Simulink→Sources→Sine Wave
信号接收模块(From)	Simulink→Signal Routing→From

续表

模块名	提取路径
信号输出模块(Goto)	Simulink→Signal Routing→Goto

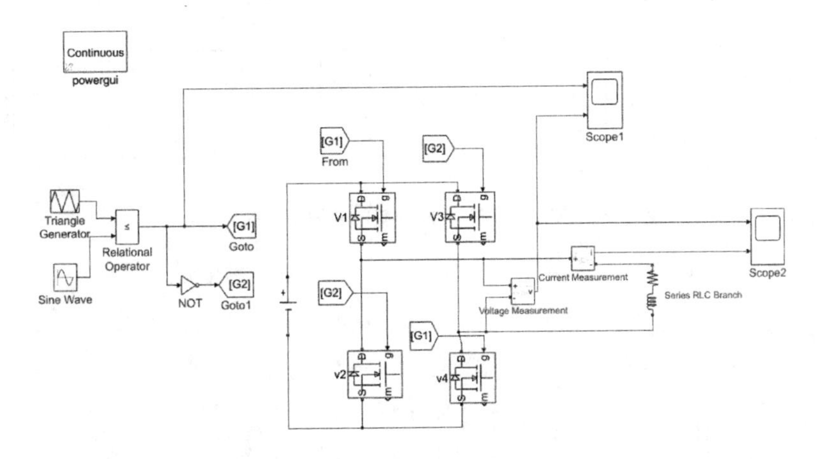

图 3-40　单相电压型 SPWM 逆变电路(双极性调制)的仿真模型

2. 仿真分析

参数设置如下:正弦波幅值设为 0.95,初相角设为 0°,频率设为 2×π×50 rad/s(在对话框中实际输入时,以 pi 代替 π);三角形载波的频率设为 1 kHz,幅值设为±1,角度设为 90°;电源电压设为 50 V,负载电阻设为 10 Ω,负载电感设为 10 mH。负载上的电压和电流波形如图 3-41 所示,V_1 触发脉冲和负载输出电压波形的对比如图 3-42 所示。

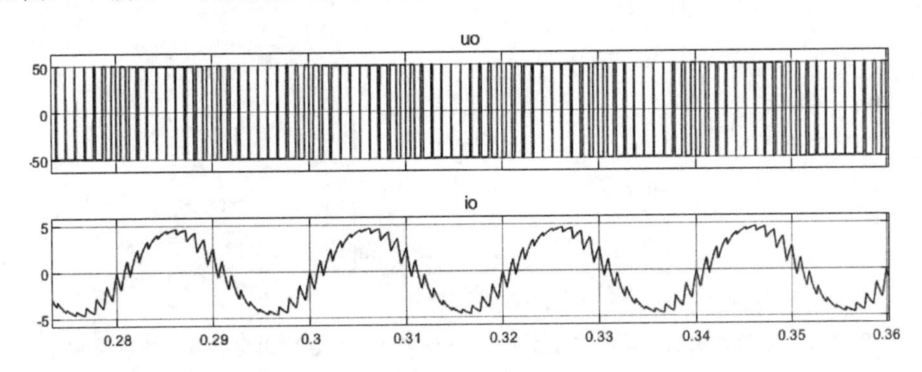

图 3-41　单相电压型 SPWM 逆变电路(双极性调制)工作波形

从图 3-42 中可以看出,输出电压与 V_1 的触发脉冲完全同步,只是幅值不同。触发信号是弱电信号,而负载输出电压的幅值由电源电压决定,电源电压是 50 V,负载输出电压的幅值就是 50 V。从图 3-41 可以看出,负载上的电压是 SPWM 波,电流波近似正弦波,但由于载波频率不是太高,所以电流波上有锯齿。为了提高电流波的质量,可以增加载波的频率,比如将载波频率从 1 kHz 提高到 5 kHz,这样输出的电流波会平滑得多。

图 3-43 所示是负载输出电压(SPWM 波)的波形和对应的傅里叶变换分析,可以看出 SPWM 波几乎不含低次谐波,只含有载波频率及其附近频率的谐波,以及载波倍频及其附

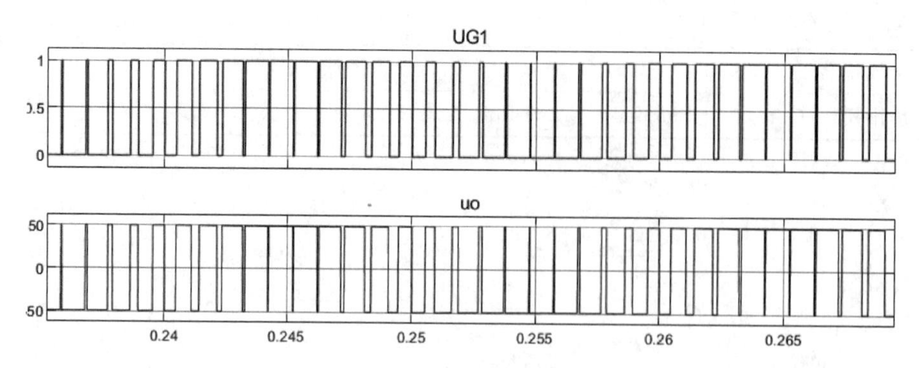

图 3-42　V_1 触发脉冲和负载输出电压波形的对比

近频率的谐波。这些谐波由于频率比基波频率高很多，很容易滤除。

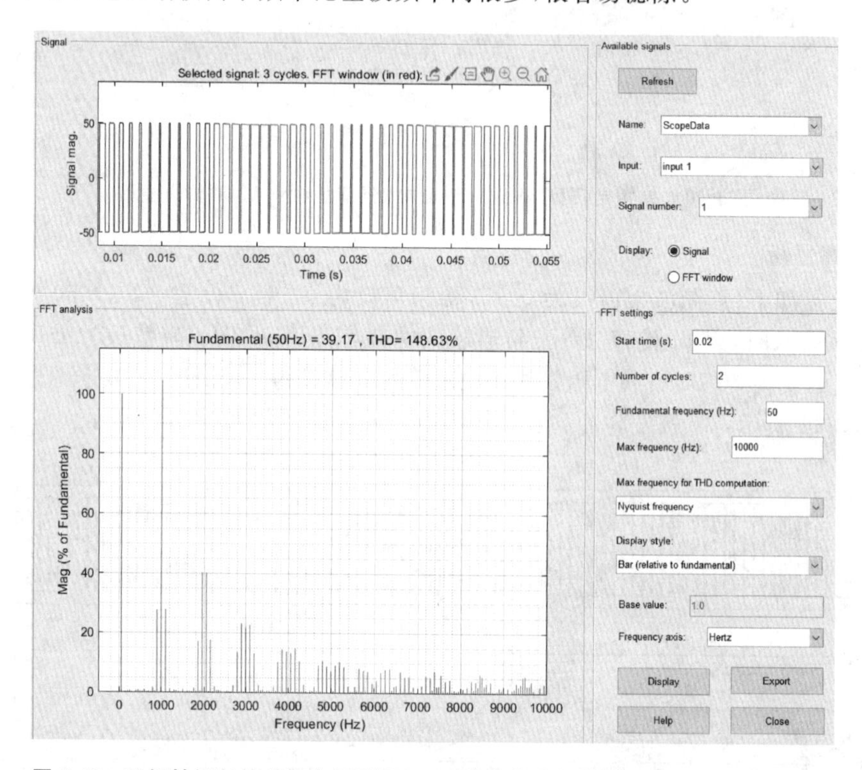

图 3-43　双极性调制的单相电压型 SPWM 逆变电路负载输出电压波形的频谱图

3.6.4　三相电压型 SPWM 逆变电路的建模与仿真

1. 仿真文件的建立

三相电压型 SPWM 逆变电路的仿真模型如图 3-44 所示。主电路电源采用两个直流电源串联，并在串联中点接地，逆变桥采用通用桥，经过一个三相串联 *RLC* 支路，接一个三相三角形连接的负载。控制回路采用两电平 PWM 发生器。PWM 发生器的原理是通过将三角形载波和调制波进行比较来产生 PWM 波。三角形载波在 PWM 发生器中设置；调制波可以在 PWM 发生器中设置，也可以从外部引入，本次仿真选择从外部引入调制波。三相调

制波是依次滞后 120°的正弦波，由正弦波发生器产生。测量选用电压表、电流表、有效值测量模块以及示波器和显示器(Display)。三相电压型 SPWM 逆变电路仿真模型中模块的提取路径如表 3-7 所示。

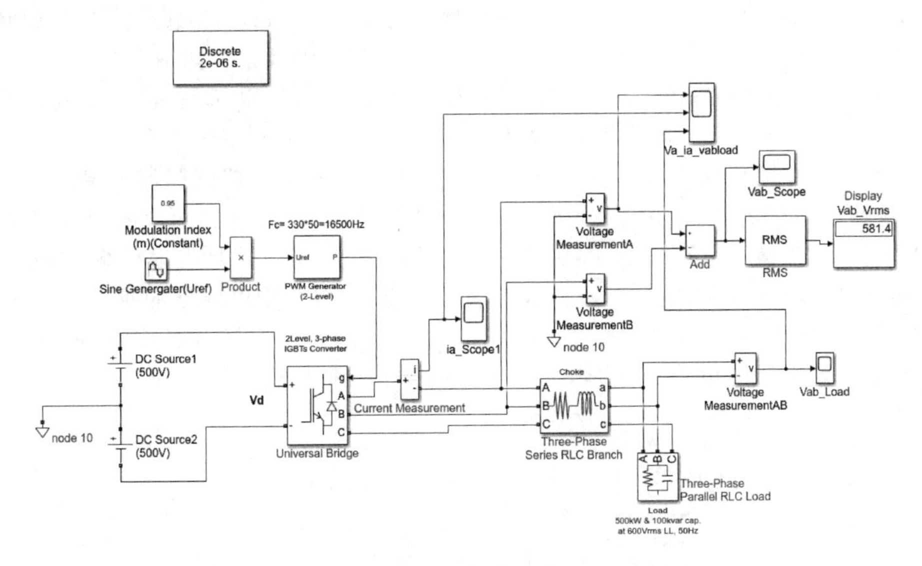

图 3-44　三相电压型 SPWM 逆变电路的仿真模型

表 3-7　三相电压型 SPWM 逆变电路仿真模型中模块的提取路径

模块名	提取路径
直流电压源 E	Simscape→Electrical→Specialized Power Systems→Fundamental Blocks→Electrical Sources→DC Voltage Source
通用桥模块	Simscape→Electrical→Specialized Power Systems→Fundamental Blocks→Power Electronics→Universal Bridge
电感 L,电阻 R (Series RLC Branch)	Simscape→Electrical→Specialized Power Systems→Fundamental Blocks→Elements→Three-Phase Series RLC Branch
三相串联 RLC 负载模块	Simscape→Electrical→Specialized Power Systems→Fundamental Blocks→Elements→Three-Phase Parallel RLC Load
PWM 发生器	Simscape→Electrical→Specialized Power Systems→Fundamental Blocks→Power Electronics→Pulse & Signal Generators→PWM Generator (2-Level)
正弦波发生器	Simulink→Sources→Sine Wave
常数模块	Simulink→Sources→Constant
乘法器	Simulink→Math Operations→Product
加法器	Simulink→Math Operations→Add
有效值测量模块	Simscape→Electrical→Specialized Power Systems→Fundamental Blocks→Measurements→Additional Measurements→RMS
显示模块	Simulink→Sinks

2. 仿真分析

三相电压型 SPWM 逆变电路仿真模型搭建好后，对模块参数进行设置。通用桥模块桥臂数设为 3，开关器件选择 IGBT/Diodes，PWM 发生器的具体参数设置如图 3-45 所示。所产生的 PWM 波的类型为三相桥六脉冲，载波频率为 33×50 Hz，初始相位是 90°，调制信号选择为正弦波发生器产生的三相正弦波。正弦波发生器的参数设置如图 3-46 所示，正弦波幅值设为 1，频率设为 2×π×50 rad/s（在对话框中实际输入时，以 pi 代替 π），相位设为向量[0－2×π/3，2×π/3]，这样就可以输出幅值为 1、频率为 50 Hz、相位依次滞后 120°的三相正弦波。这个三相的正弦波与常量 0.95 相乘，作为 PWM 发生器调制波的输入。仿真之后，逆变桥输出的相电压、相电流和负载上的线电压如图 3-47 所示。可以看出，a 相电压波是 SPWM 波；电流波接近正弦波，叠加了一些高频成分；由于负载是阻容负载，滤掉了大部分高频信号，因此负载的线电压是正弦波。逆变输出相电压 SPWM 波的频谱如图 3-48 所示，可以看出相电压 SPWM 波中除了与调制波同频的基波之外，还有载波倍频及其附近的谐波。负载上线电压的频谱如图 3-49 所示，谐波已经非常少了。

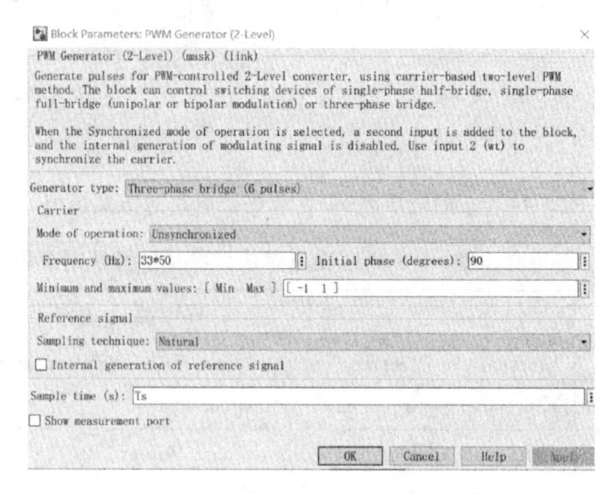

图 3-45　PWM 发生器的参数设置

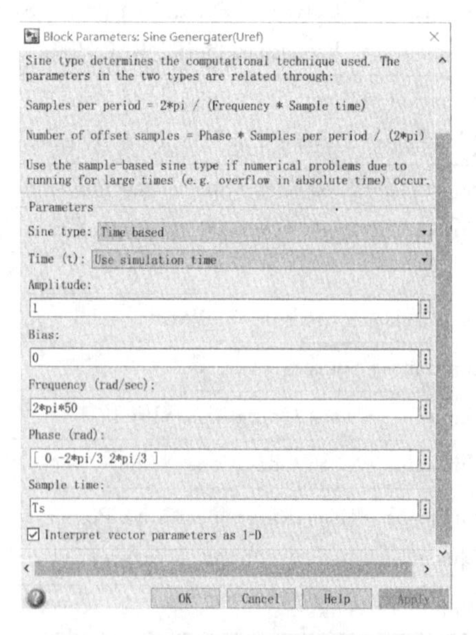

图 3-46　正弦波发生器的参数设置

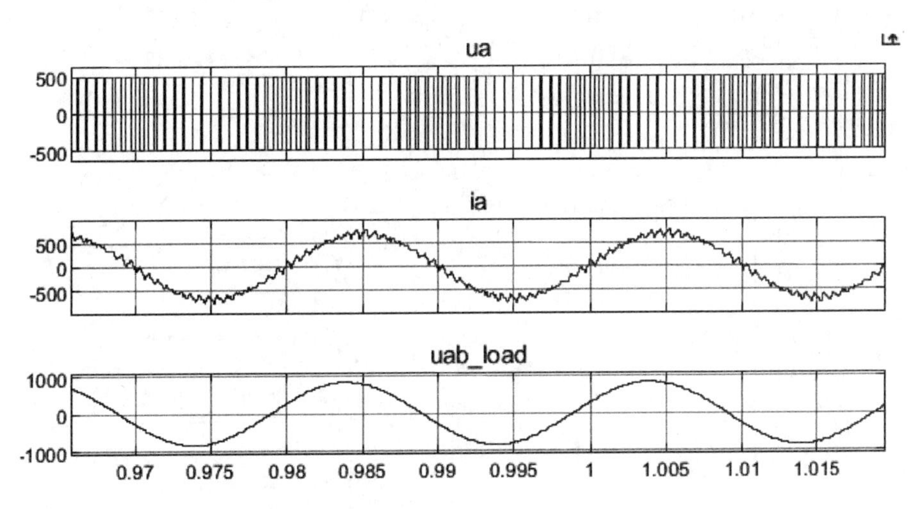

图 3-47　三相电压型 SPWM 逆变电路工作波形

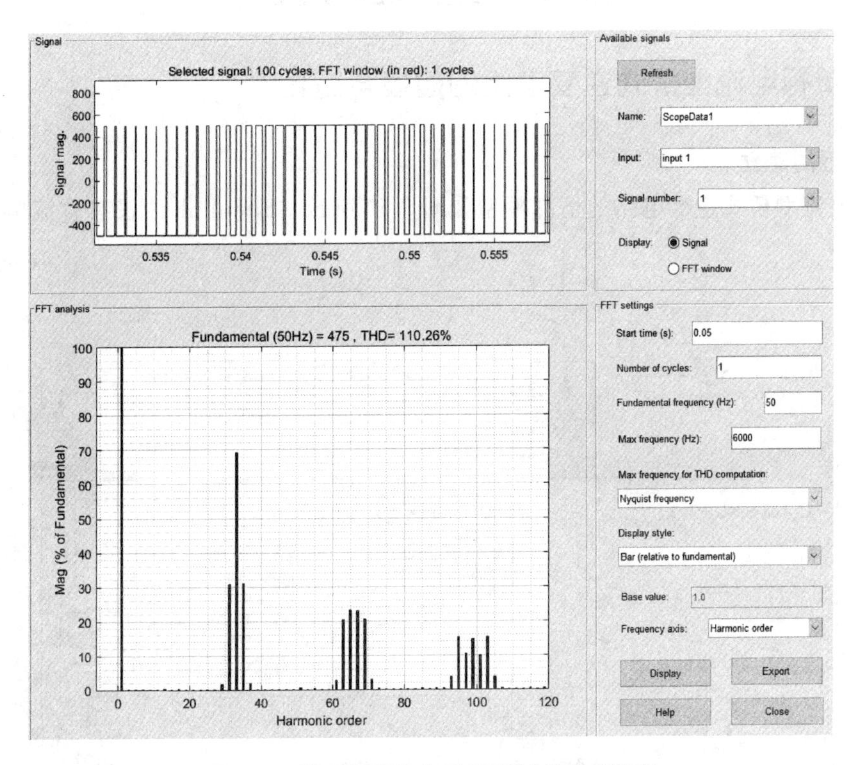

图 3-48　逆变输出相电压 SPWM 波的频谱图

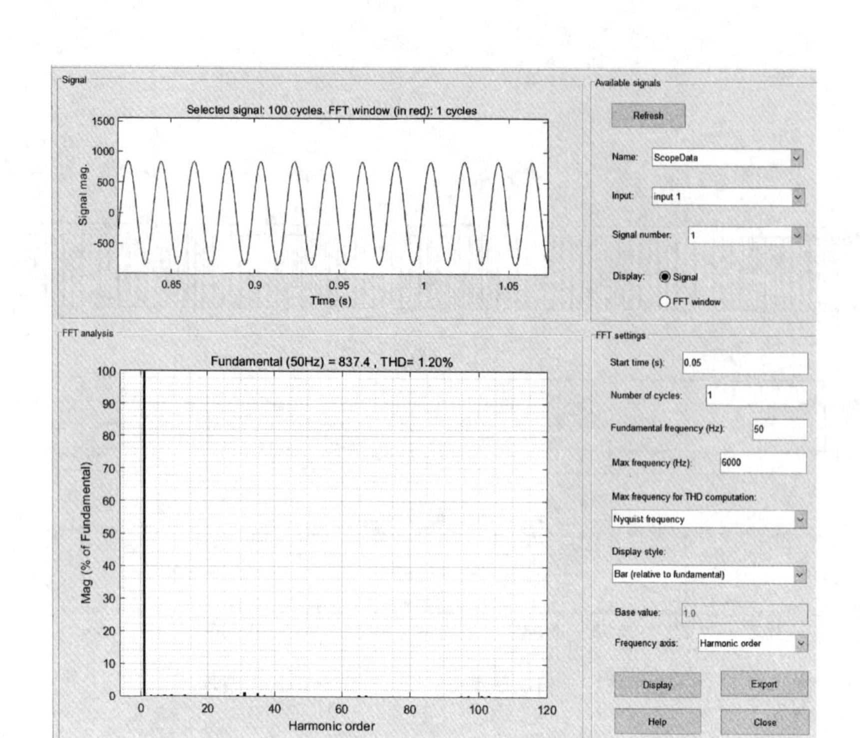

图 3-49　负载上线电压的频谱图

3.6.5　单相电流型桥式逆变电路的建模与仿真

1. 模型的建立

单相电流型桥式逆变电路的仿真模型如图 3-50 所示。Simulink 中没有直流电流源，选

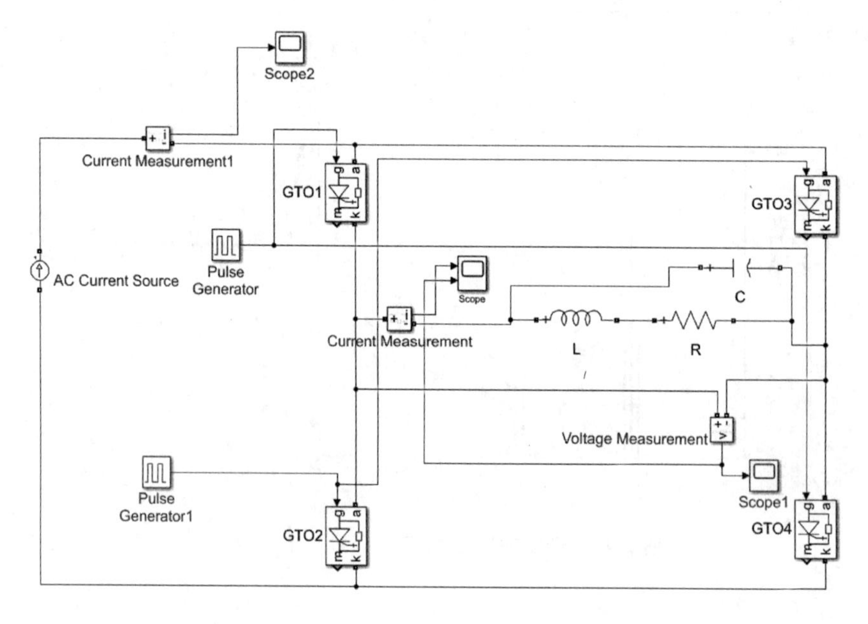

图 3-50　单相电流型桥式逆变电路的仿真模型

用交流电流源，然后将相位设置成90°，将频率设置成0 Hz，交流电流源就变成了直流电流源。负载选用电感、电阻串联后再和电容并联。开关管选择门极可关断晶闸管，开关管的控制选择脉冲发生器。主要模块的提取路径如表3-8所示。

表3-8　单相电流型桥式逆变电路仿真模型中主要模块的提取路径

模块名	提取路径
直流电流源	Simscape→Electrical→Specialized Power Systems→Fundamental Blocks→Electrical Sources→AC Current Source
GTO模块	Simscape→Electrical→Specialized Power Systems→Fundamental Blocks→Power Electronics→GTO
电感 L、电阻 R 或电容 C (Series RLC Branch)	Simscape→Electrical→Specialized Power Systems→Fundamental Blocks→Elements→Series RLC Branch
脉冲发生器 (Pulse Generator)	Simulink→Sources→Pulse Generator
电流检测模块 (Current Measurement)	Simscape→Electrical→Specialized Power Systems→Fundamental Blocks→Measurements→Current Measurement
电压检测模块 (Voltage Measurement)	Simscape→Electrical→Specialized Power Systems→Fundamental Blocks→Measurements→Voltage Measurement
示波器(Scope)	Simulink→Sinks→Scope

2. 仿真分析

直流电流源设为10 A，电阻设为1 Ω；负载电感设为1 mH，电容设为5 uF，电阻设为10 Ω。负载的并联谐振频率设为225 Hz；脉冲发生器配置周期设为0.004 s，即触发频率设为250 Hz，在谐振频率附近。电路仿真后，得到负载输出电流、电压波形如图3-51所示，从图中可以看出负载上的电流是方波，电压是正弦波。

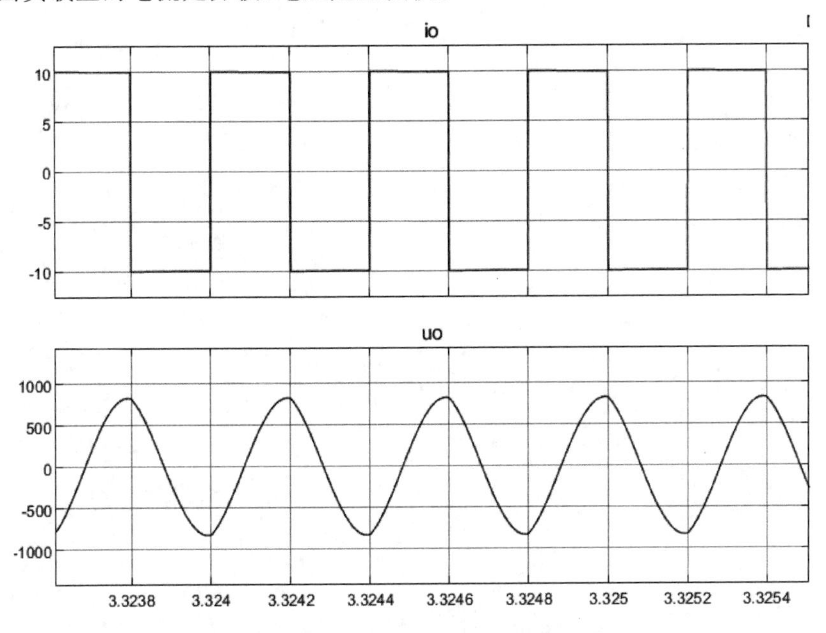

图3-51　单相电流型桥式逆变电路负载输出电流、电压波形

习　题

1．电压型逆变和电流型逆变各有何特点？

2．电压型逆变电路中每个开关管都反并联一个二极管，这个二极管的作用是什么？为什么电流型逆变电路中开关管不需要并联二极管？

3．三相电压型逆变电路主要采用120°导电方式，还是180°导电方式？为什么？

4．某三相电压型逆变电路采用180°导电方式，$U_d=200$ V，试求输出相电压的基波幅值U_{uN1M}和有效值U_{uN1}，以及输出线电压的基波幅值U_{uv1M}和基波有效值U_{uv1}。

5．对于采用晶闸管作为开关器件构成的单相电流型逆变器，为了保证顺利换相，负载应该满足什么条件？如果把开关器件换成全控型器件，又该注意什么？

6．PWM控制的理论基础是什么？简述PWM控制的基本原理。

7．单极性调制和双极性调制的基本调制规则是什么？

8．什么是同步调制？什么是异步调制？二者有何特点？

9．基于SPWM双极性调制的单相和三相逆变电路，负载电压包含哪些主要的谐波成分？

10．什么是电流跟踪型PWM逆变电路？采用滞环比较方法的电流跟踪型PWM逆变电路有何特点？

第4章 直流-直流变换电路

直流-直流变换电路是通过电力电子器件的通断控制，将固定的直流电变换为另一固定的直流电压或可调的直流电压。直流-直流变换电路也称斩波电路。直流-直流变换电路可分为两类。一类是直接直流变换电路，也称为斩波电路，它的功能是将直流电变为另一固定或可调电压的直流电，这种情况下输入和输出之间不隔离。它主要包括六种基本的斩波电路（降压斩波电路、升压斩波电路、升降压斩波电路、Cuk 斩波电路、Sepic 斩波电路和 Zeta 斩波电路）以及由相同结构斩波电路构成的多重多相斩波电路和由不同基本斩波电路组合而成的复合斩波电路。另一类是间接直流变换电路。间接直流变换电路是在直接直流变换电路中增加了交流环节而形成的，在交流环节中通常采用变压器实现输入和输出间的隔离，也称为带隔离的直流-直流变换电路或直-交-直电路。

在直流-直流变换电路中，开关管选用全控型器件，若要选用晶闸管，则需设置使晶闸管关断的辅助电路，即强迫换流电路。在分析时，将电力电子器件视为理想开关，认为它具有理想的开关特性，即导通后导通电压为 0 V，关断后电流为 0 A；忽略电路中电感和电容的损耗。变换器的直流电源输入被认为是理想电压源；负载通常认为是电阻性的，如果接直流电机，等效认为是直流电压源和电阻电感的串联。变换器的电源在实际应用中，通常由不可控整流器（将在第 5 章中讲解）和滤波电容组成，内阻小，输出电压纹波低，分析时可用理想电压源来代替。

4.1 降压斩波电路

4.1.1 降压斩波电路的结构

降压斩波电路如图 4-1 所示。全控型器件 VT 和续流二极管 VD 构成了一个最基本的开关型直流-直流降压变换电路，与由 L、C 组成的滤波电路一起被称为降压斩波电路，也称 Buck 变换器。降压斩波电路的输出电压 u_o 的平均值 U_o 将会低于电源电压 E。

降压斩波电路是通过控制开关管 VT 的通断来控制输出电压的。设开关管的开关周期为 T，在一个导通周期中导通时间为 t_{on}、关断时间为 t_{off}，则导通占空比为 $D=\frac{t_{on}}{T}$，通过改变占空比的大小，就可以控制输出电压的大小。开关管控制方式主要有以下三种：

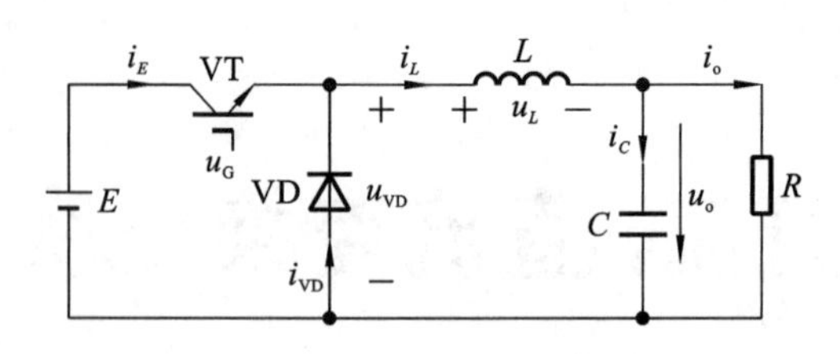

图 4-1　降压斩波电路

(1) 脉冲宽度调制方式:保持开关周期 T 不变,调节导通时间 t_{on},从而调节占空比 D,也就能调节输出电压。这种方式也叫脉冲调宽型。

(2) 脉冲频率调制方式:保持导通时间 t_{on} 不变,改变开关周期 T,从而达到调节占空比 D 的目的。这种方式也称脉冲调频型。

(3) 混合型调制方式:导通时间 t_{on} 和开关周期 T 都可调,使占空比 D 改变。

实际应用中,脉冲宽度调制方式应用最多,因为脉冲宽度调制实现起来容易,并且输出电压频率固定,这样滤波器的设计也容易。

降压斩波电路中电容的值一般比较大,从而保证了在电路工作于稳态时,输出电压波动很小。根据电感的大小,图 4-1 所示的降压斩波电路有两种可能的工作状态:电感电流连续工作模式(continuous current mode,CCM)和电感电流断续工作模式(discontinuous current mode,DCM)。当电感的值选取得比较大时,电感电流在整个开关周期内都不为零,称为电感电流连续工作模式;当电感的值选取得比较小时,电感电流在开关管关断期间会降为零并且保持一段时间。

4.1.2　电感电流连续工作模式

当电感的值选取得比较大时,电感电流连续,降压斩波电路的工作波形如图 4-2 所示。假设输出电容比较大,在电路达到稳定状态时,电容两端的电压基本保持不变,值为 U_o。电路的工作过程为:在开关管 VT 导通时,即在 t_{on} 时间段,二极管电压 u_{VD} 等于直流输入电压 E,二极管反偏不导通,输入电源经电感与电容和负载形成回路,提供能量给电感和负载,同时给电容充电,电感电流增大,这时电感两端的电压 $u_L=E-U_o$。在开关管 VT 关断时,电感的自感电势使二极管导通,电感中储存的能量经二极管续流给负载,电感电流减小,二极管两端的电压 $u_{VD}=0$ V,电感两端的电压 $u_L=-U_o$。在稳态情况下,因为电容电流平均值为 0 A,所以电感电流平均值 I_L 等于输出电流平均值 I_o。

1. 二极管两端电压波形分析

从图 4-2 中可以看出,在一个开关周期 T 中,电压 u_{VD} 可以看成是脉宽为 θ 角、幅值为 E 的矩形脉波。脉波周期为 T,角频率为 $\omega=2\pi f=\frac{2\pi}{T}$,脉宽角度 $\theta=\omega t_{on}=\frac{2\pi}{T}t_{on}=2\pi D$。因此,$u_{VD}(\omega t)$ 的傅里叶表达式为:

$$u_{VD}(\omega t)=U_{VD}+\sum_{n=1}^{\infty}a_n\cos(n\omega t) \tag{4-1}$$

式中,输出电压的平均值 U_{VD} 为:

$$U_{VD}=\frac{1}{2\pi}\int_0^{2\pi}u_{VD}\mathrm{d}(\omega t)=\frac{1}{2\pi}E\theta=DE \tag{4-2}$$

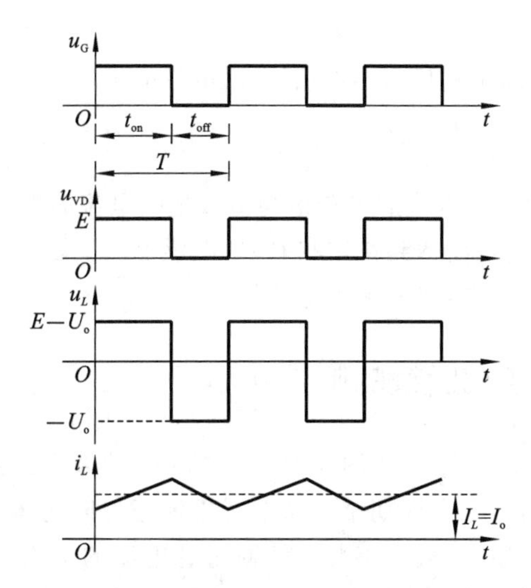

图 4-2　电感电流连续时降压斩波电路的工作波形

n 次谐波幅值 a_n 为：

$$a_n = \frac{2E}{n\pi}\sin(n\frac{\theta}{2}) = \frac{2E}{n\pi}\sin(nD\pi) \tag{4-3}$$

由此可见，二极管两端的电压不仅包括直流分量，还含有各次谐波。直流分量 U_{VD} 也就是二极管上电压的平均值，它与电源电压的比值 $\frac{U_{VD}}{E}=D$。在负载 R 之前增加 LC 滤波环节，可减小负载上的谐波电压。由于开关频率通常都选取得比较大，滤波电感 L 对交流高频电压、电流呈高阻抗，而直流电压、电流畅通无阻，因此交流电压分量绝大部分都落在电感上，直流电压分量则通过 L 加在负载电阻上。另外，电容 C 对直流电流的阻抗为无穷大，对交流电流阻抗很小，故流经 L 的直流电流全部送至负载电阻 R，而流经 L 的数值不大的交流电流几乎全部流入电容 C。这就保证了负载端电压、电流为平稳的直流电压、电流。

2. 负载输出电压的计算

电路达到稳态时，电感在一个周期的平均电压为零，即

$$\int_0^T u_L \mathrm{d}t = \int_0^{t_{on}} (E-U_o)\mathrm{d}t + \int_{t_{on}}^T -U_o \mathrm{d}t = 0$$

$$(E-U_o)t_{on} = U_o(T-t_{on}) \tag{4-4}$$

$$\frac{U_o}{E} = \frac{t_{on}}{T} = D \tag{4-5}$$

由式(4-5)得 $U_o=DE$。因为占空比 $D<1$，所以输出电压 U_o 小于电源电压 E，降压斩波电路因此而得名。在电感电流连续工作模式下，当输入电压不变时，输出电压平均值 U_o 随占空比 D 线性变化，与其他电路参数无关。因此，降压斩波电路相当于一个直流变压器通过控制开关的占空比，可以得到所要求的直流电压。

忽略电路中开关管 VT 和二极管 VD 的损耗，且电感、电容为理想元器件，不损耗能量，则电源输出的功率 P_i 等于负载消耗的功率 P_o，即

$$\frac{1}{T}\int_0^T Ei_E \mathrm{d}t = \frac{1}{T}\int_0^T U_o i_o \mathrm{d}t$$

$$EI_E = U_o I_o$$

式中，I_E 为电源输出电流的平均值，I_o为负载电阻电流的平均值。

$$\frac{I_o}{I_E} = \frac{E}{U_o} = \frac{1}{D} \tag{4-6}$$

由式(4-6)可见，电源输出电流的平均值与负载电阻电流的平均值也呈线性关系。

在降压斩波电路中，当电路达到稳定状态时，电感上的平均电流一定等于负载电阻上的平均电流，因为达到稳态时电容上的平均电流为 0 A。

4.1.3 电感电流连续和断续的临界状态

图 4-3 给出了电感电流临界连续的情况下 u_L 和 i_L 的波形。可以看出，自一个周期开始，电感电流从零开始增长，一个周期结束时电感电流正好降为零，也就是在开关管导通时电感电流的初始值为零。用 I_{LC}表示临界连续时电感电流的平均值，用 I_{oC} 表示电感电流临界连续时负载电阻电流的平均值，则 $I_{LC}=I_{oC}$。另外，电感电流的最大值用 $I_{L\max}$表示。

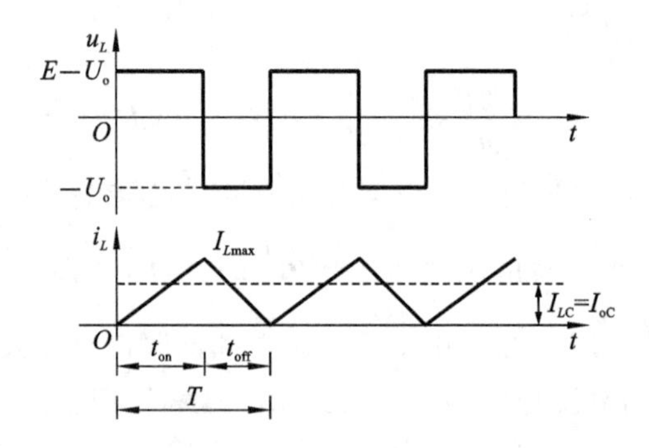

图 4-3 电感电流临界连续的情况下电感电压 u_L 和电流 i_L 的波形

在开关管导通期间，根据回路电压方程有：

$$E - U_o = u_L = L\frac{\mathrm{d}i_L}{\mathrm{d}t} = L\frac{I_{L\max}}{t_{on}} \tag{4-7}$$

则电感电流最大值为：

$$I_{L\max} = \frac{t_{on}}{L}(E - U_o) \tag{4-8}$$

临界连续时电感电流的平均值为：

$$I_{LC} = \frac{1}{2}I_{L\max} = \frac{t_{on}}{2L}(E - U_o) = \frac{DT}{2L}(E - U_o) \tag{4-9}$$

因为电感电流的平均值等于负载电阻电流的平均值，所以临界连续时负载电阻电流的平均值为：

$$I_{oC} = I_{LC} = \frac{DT}{2L}(E - U_o) = \frac{TE}{2L}D(1 - D) \tag{4-10}$$

当负载电阻电流的平均值 $I_o < I_{oC}$时，电感电流就会从临界连续状态进入断续状态。在实际电路中，假设当前降压斩波电路电感电流处于临界连续状态，有以下几种情况，降压斩波电路电感电流可以从临界连续状态进入断续的状态：电路元器件参数都不变，占空比减小；电源电压、电感值以及占空比不变，负载阻抗增大；电感、负载阻抗不变，电源电压减小；

上述几种情况混合出现。下面就对电感电流断续工作模式进行讨论。

4.1.4　电感电流断续工作模式

电感电流断续工作模式可以分三种情况来讨论。

1. 电源电压、电感、电容以及负载电阻都不发生变化，只改变占空比的大小

设当占空比为 D_1 时，降压斩波电路处于电感电流临界连续工作模式下，根据电感电流临界连续工作模式下电感电流和负载电阻电流满足的关系式

$$I_{oC}=I_{LC}=\frac{D_1T}{2L}(E-U_o)=\frac{TE}{2L}D_1(1-D_1) \tag{4-11}$$

即：

$$\frac{U_{oC}}{R}=\frac{D_1T}{2L}(E-U_{oC})$$

$$\frac{D_1E}{R}=\frac{TE}{2L}D_1(1-D_1) \tag{4-12}$$

可以得出临界连续时的占空比为：

$$D_1=1-\frac{2L}{RT} \tag{4-13}$$

当电感、电源电压和开关周期 T 以及负载电阻都不变时，D_1 是一个确定的值，并且在只改变占空比 D 的情况下，当 $D>D_1$ 时，降压斩波电路工作在电感电流连续工作模式下；当 $D<D_1$ 时，降压斩波电路工作在电感电流断续工作模式下。也就是说，当占空比从大到小变化时，电路会从电感电流连续工作模式到电感电流临界连续工作模式再到电感电流断续工作模式单向变化。设电容值比较大，输出电压在占空比为固定值 D 时仍保持恒定，用 U_o 表示。图 4-4 给出了在占空比为固定值 D 时，电感电流断续时电感上电压和电流的波形以及电源电压的波形。

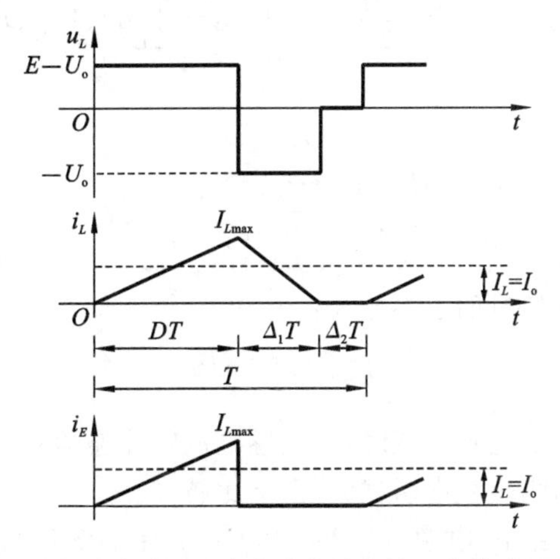

图 4-4　降压斩波电路工作在电感电流断续工作模式下电感电压与电感电流以及电源电流的波形

在 Δ_2T 时间段，电感上电流为零，电感上电压也为零；在 DT 时间段，电感上电压为 E

$-U_o$；在 $\Delta_1 T$ 期间，电感上的电压为 $-U_o$。电感上的电压在一个周期内的积分等于零，从而有：

$$(E-U_o)DT+(-U_o)\Delta_1 T=0$$

$$U_o=\frac{D}{D+\Delta_1}E \tag{4-14}$$

根据能量守恒定律可知，电源 E 供给的能量等于电阻消耗的能量。电源 E 只有在开关管导通期间供给能量，且供给的能量为 $W_1=\int_0^{t_{on}} Ei_E \mathrm{d}t=\int_0^{t_{on}} E\frac{E-U_o}{L}t\,\mathrm{d}t=\frac{E(E-U_o)}{2L}t_{on}^2$，负载上消耗的能量为 $W_R=\int_0^T U_o\frac{U_o}{R}\mathrm{d}t=\frac{U_o^2}{R}T$。

根据 $W_1=W_R$，有：

$$\frac{U_o^2}{RT}=\frac{E(E-U_o)}{2L}D^2 \tag{4-15}$$

由式(4-14)和式(4-15)联立方程组，可以得到：

$$\Delta_1=-\frac{D}{2}+\frac{1}{2}\sqrt{D^2+\frac{8L}{RT}} \tag{4-16}$$

$$U_o=\left(\frac{1}{2}+\frac{1}{\sqrt{\frac{1}{4}+\frac{2L}{D^2RT}}}\right)E \tag{4-17}$$

由式(4-16)和式(4-17)知，当电感电流断续时，在只改变占空比的情况下，输出电压会随着占空比的减小而减小，但二者之间不是线性的关系。

2. 电源电压、电感都不发生变化，负载电阻变化

电源电压和电感不变，假设当占空比为 D 和负载电阻为 R_1 时，降压斩波电路运行在电感电流临界连续的情况下，根据电感电流临界连续的条件

$$I_{oC}=I_{LC}=\frac{DT}{2L}(E-U_o)=\frac{TE}{2L}D(1-D) \tag{4-18}$$

即：

$$\frac{U_{oC}}{R_1}=\frac{DT}{2L}(E-U_{oC})$$

$$\frac{DE}{R_1}=\frac{TE}{2L}D(1-D) \tag{4-19}$$

可以得出电感电流临界连续时的占空比为：

$$D=1-\frac{2L}{R_1 T} \tag{4-20}$$

由此可见，当电源电压、电感不变时，在电感电流临界连续的情况下，负载电阻和占空比是一一对应的，并且成正比，负载电阻越大，占空比越高。

假设在图4-1所示电路中，电源电压 $E=100$ V，$L=0.07$ H，电容值很大，开关周期 $T=0.01$ s，则当占空比 $D=0.3$ 时，电感电流临界连续的情况下负载电阻电流的平均值为：

$$I_{oC}=I_{LC}=\frac{TE}{2L}D(1-D)=\frac{0.01\times100}{2\times0.07}\times0.3\times0.7\text{ A}$$
$$=1.5\text{ A}$$

输出电压 $U_o=DE=0.3\times100\ \text{V}=30\ \text{V}$，所以当电阻 $R=\frac{U_o}{I_o}=\frac{30}{1.5}\ \Omega=20\ \Omega$ 时，此电路处在电感电流临界连续状态。根据这样的求解思路，当占空比改变时，可以求出对应的负载临界连续电流平均值（或电感临界连续电流平均值）以及对应的负载电阻，如表4-1所示。

表 4-1　不同占空比下临界连续电流平均值和对应的负载电阻

占空比 D	$D=0.1$	$D=0.3$	$D=0.5$	$D=0.7$	$D=0.9$
I_{oC} 或 I_{LC}/ A	0.64	1.5	1.79	1.5	0.64
U_o/ V	10	30	50	70	90
R/Ω	15.6	20	27.9	46.7	140.6

从表4-1中可以看出，如果想让电路处于电感电流临界连续的工作状态，则不同的占空比对应不同的负载电阻，也就是说电路处于电感电流临界连续的工作状态时，占空比和负载电阻是一一对应的。

从式(4-18)中可以看出，当负载电阻电流的平均值比电感电流临界连续时的平均值 I_{oC} 小时，电路就会工作在电感电流断续的情况下。比如，当前时刻电路正好处于电感电流临界连续的情况下，如果负载电阻增大，电路中其他参数都不变，则负载电阻电流肯定下降，输出电流变小，小于电感电流临界连续时负载电阻电流的平均值，所以电路转入电感电流断续的状态。

根据公式 $I_{oC}=I_{LC}=\frac{TE}{2L}D(1-D)$，可以画出临界连续电流平均值随占空比变化时的关系曲线，如图4-5所示（注意，在这个关系图中并没有反映出负载电阻的变化）。当 $D=0.5$ 时，为保证电路工作在电感电流连续工作模式下所需要的电感电流最大，即：

$$I_{LCM}=\frac{TE}{8L} \tag{4-21}$$

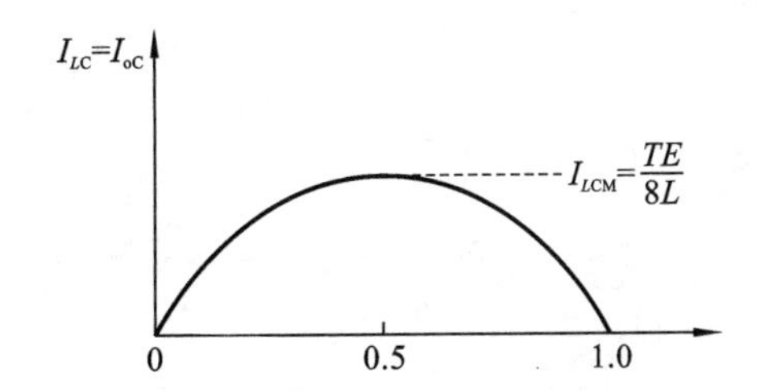

图 4-5　电源电压 E 不变，负载电阻变化时，临界连续电流平均值 I_{LC} 和 D 的关系

在电路参数 E、L 和 T 确定的情况下，I_{LCM} 就是一个常数，在后续讨论电感电流断续工作模式下负载输出电流平均值时，常常把它当成一个参考值。

当占空比不变，负载电阻 R 增大使得 $R>R_1$ 时，电路由电感电流临界连续变为电感电流断续。电感电流断续时电感电压和电流波形仍然如图4-4所示。根据电感电压在一个周期内的积分等于零，仍然有：

$$(E-U_o)DT+(-U_o)\Delta_1 T=0 \tag{4-22}$$

解得：

$$U_o=\frac{D}{D+\Delta_1}E \tag{4-23}$$

$D+\Delta_1<1$，当占空比 D 不变时，断续时的输出电压 U_o 比连续时的输出电压 $U_o=DE$ 大，物理上这是由于在电感断流后，续流二极管 D 不导电，使得 u_{VD} 不再等于零而变为 U_o，从而抬高了输出直流电压 U_o。这个过程也可以描述为：当占空比不变，负载电阻由小到大变化，电路将由电感电流连续工作模式经过电感电流临界连续工作模式，进入电感电流断续工作模式。

当开关管处于断态且电感上有电流时，等效电路的电压平衡方程式为：

$$U_o = U_L = L\frac{I_{L\max}}{\Delta_1 T} \tag{4-24}$$

解得：

$$I_{L\max} = \frac{U_o}{L}\Delta_1 T \tag{4-25}$$

输出电流的平均值即为输出电流波形所包围的面积与开关周期 T 的比值，即：

$$I_o = I_L = \frac{(DT+\Delta_1 T)I_{L\max}}{2T} = I_{L\max}\frac{D+\Delta_1}{2} \tag{4-26}$$

前面讲过当 $D=0.5$ 时，临界连续时平均电流的最大值为：

$$I_{LCM} = \frac{TE}{8L} \tag{4-27}$$

将式(4-23)、式(4-27)、式(4-25)、式(4-26)联立方程组，为：

$$\begin{cases} U_o = \dfrac{D}{D+\Delta_1}E \\ I_{LCM} = \dfrac{TE}{8L} \\ I_{L\max} = \dfrac{U_o}{L}\Delta_1 T \\ I_o = I_{L\max}\dfrac{D+\Delta_1}{2} \end{cases} \tag{4-28}$$

得出：

$$I_o = \frac{DET\Delta_1}{2L} = 4I_{LCM}D\Delta_1 \tag{4-29}$$

由式(4-29)得 $\Delta_1=\dfrac{I_o}{4I_{LCM}D}$。将此式代入 $U_o=\dfrac{D}{D+\Delta_1}E$，得出 $\dfrac{U_o}{E}$ 和 $\dfrac{I_o}{I_{LCM}}$ 的函数关系，即

$$\frac{U_o}{E} = \frac{D^2}{D^2+\dfrac{1}{4}(I_o/I_{LCM})} \tag{4-30}$$

图 4-6 给出了当输入电压 E 不变，负载电阻变化即 $\dfrac{I_o}{I_{LCM}}$ 变化时，在不同占空比的情况下，电感电流连续和断续工作模式下降压斩波电路的特性，即在不同占空比下电压变换率 $\dfrac{U_o}{E}$ 与电流变换率 $\dfrac{I_o}{I_{LCM}}$ 之间的函数关系。图 4-6 中的虚线由关系式 $I_{LC}=4I_{LCM}D(1-D)$ 即 $\dfrac{I_{LC}}{I_{LCM}}=4D(1-D)$ 绘制。

3. 输入电压 E 变化，输出电压 U_o 不变

在直流电源的应用中，电感参数不变，而负载电阻和电源电压 E 变化时，通常通过控制

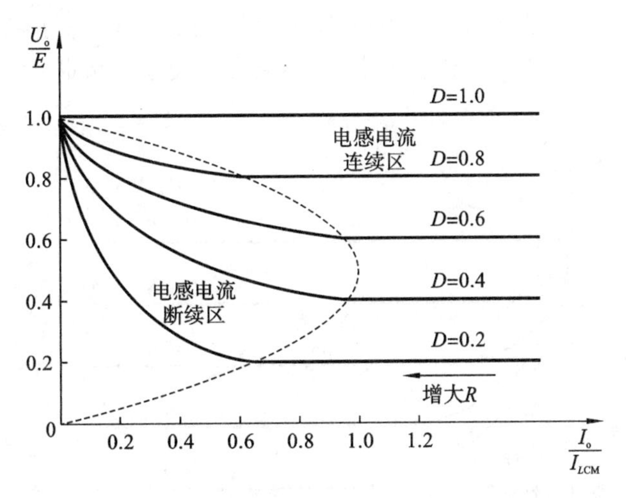

图 4-6　保持 E 不变，当负载电阻变化时降压斩波电路的输出特性

占空比 D，使得输出电压 U_o 不变。这样在电感电流临界连续的情况下，$E=\frac{U_o}{D}$，电感电流的平均值为：

$$I_{LC}=\frac{DT}{2L}(E-U_o)=\frac{TU_o}{2L}(1-D) \tag{4-31}$$

可见，电感上临界电流平均值随着占空比的增加而减小。从公式上看，当占空比为 0 时，电感上的临界电流平均值为最大，即：

$$I_{LCM}=\frac{TU_o}{2L} \tag{4-32}$$

但当 $D=0$ 时，开关管将一直不开通，不可能输出某一大于零的恒定电压，这种情况作为特殊点剔除。

$$I_{LC}=(1-D)I_{LCM} \tag{4-33}$$

当电感电流断续时，由式(4-29)得出：

$$I_o=\frac{ET}{2L}D\Delta_1 \tag{4-34}$$

用式(4-34)除以式(4-32)得：

$$\frac{I_o}{I_{LCM}}=\frac{E}{U_o}D\Delta_1 \tag{4-35}$$

进一步得出：

$$\Delta_1=\frac{I_o}{I_{LCM}}\frac{U_o}{DE} \tag{4-36}$$

将式(4-36)代入式(4-23)，得：

$$\frac{U_o}{E}=\frac{2D}{D+\sqrt{D^2+4\frac{I_o}{I_{LCM}}}} \tag{4-37}$$

图 4-7 给出了保持输出电压不变时，不同占空比 D 下电压变换率 $\frac{U_o}{E}$ 与电流变换率 $\frac{I_o}{I_{LCM}}$ 之间的函数关系曲线。图中的虚线是由公式 $I_{LC}=(1-D)I_{LCM}$ 绘出的电感电流连续和断续

工作模式的界限。可以看出，当电源电压 E 降低时，如果保持电路的输出电压和负载电阻不变，则输出电流不变，不论是在电感电流连续区还是在电感电流断续区，都需要控制占空比 D。

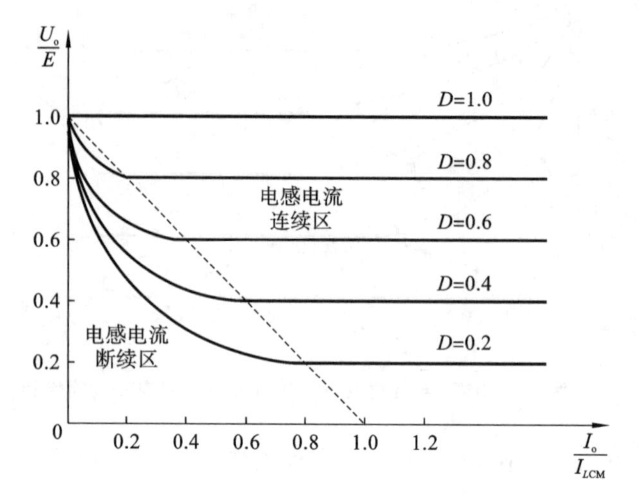

图 4-7　保持 U_o 不变时降压斩波电路的输出特性曲线

4.1.5　输出电压纹波

在前面的分析中，假设电容足够大，从而使 $u_o = U_o$，是恒定值。然而，实际上电容值是有限的，因此输出电压是有纹波的。但通过选择合适的电容可以使纹波很小，所以负载电阻上的电流纹波相对于电感电流和电容电流的波动可以忽略不计。这样就可以近似认为电感电流 i_L 的所有纹波分量都流过电容，所有直流分量流过负载电阻。在考虑输出电压纹波的情况下，降压斩波电路的输出电压波形如图 4-8 所示。

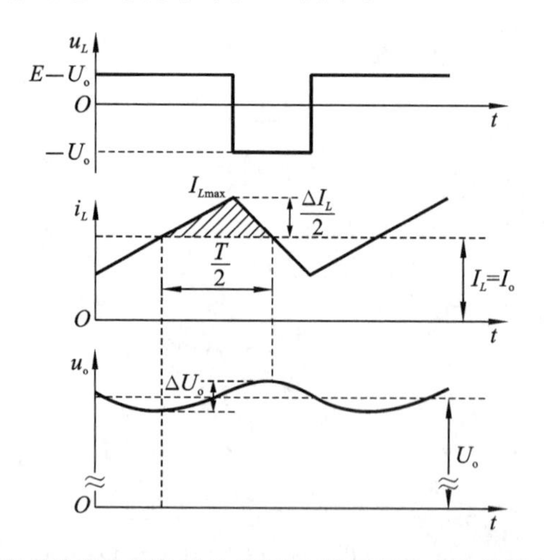

图 4-8　在考虑输出电压纹波的情况下，降压斩波电路的输出电压波形

下面以电感电流连续工作模式来分析，当电感电流 i_L 大于负载电流 i_o 时，$i_C = i_L - i_o > 0$ A，电容充电，输出电压上升；当电感电流 i_L 小于负载电流 i_o 时，$i_C = i_L - i_o < 0$ A，电容放

电，输出电压下降，用 ΔQ 表示电容上电荷的增量，因此电压纹波的峰-峰值为：

$$\Delta U_{\mathrm{o}}=\frac{\Delta Q}{C}=\frac{1}{C}\frac{1}{2}\frac{\Delta I_L}{2}\frac{T}{2}=\frac{T\Delta I_L}{8C} \tag{4-38}$$

在开关管关断期间，电压平衡方程式为：

$$U_{\mathrm{o}}=U_L=L\frac{\Delta I_L}{t_{\mathrm{off}}}=L\frac{\Delta I_L}{(1-D)T} \tag{4-39}$$

因此有：

$$\Delta I_L=\frac{U_{\mathrm{o}}}{L}(1-D)T \tag{4-40}$$

$$\Delta U_{\mathrm{o}}=\frac{U_{\mathrm{o}}}{8CL}(1-D)T^2 \tag{4-41}$$

电压的波动 ΔU_{o} 与输出电压 U_{o} 之比为：

$$\frac{\Delta U_{\mathrm{o}}}{U_{\mathrm{o}}}=\frac{1}{8}\frac{(1-D)T^2}{LC}=\frac{\pi^2}{2}(1-D)\left(\frac{f_{\mathrm{c}}}{f}\right)^2 \tag{4-42}$$

式中：$f=\frac{1}{T}$，是开关管的开关频率；$f_{\mathrm{c}}=\frac{1}{2\pi\sqrt{LC}}$是 LC 滤波器的截止频率。由式(4-42)可以看出，合理选择电容的值，使得 $f_{\mathrm{c}}\ll f$，就可以抑制输出电压的纹波。

在开关电源装置中，输出电压纹波通常小于1%，因此，前面定的 $u_{\mathrm{o}}=U_{\mathrm{o}}$ 是不会影响分析结果的。

4.2 升压斩波电路

4.2.1 升压斩波电路的结构

升压斩波电路也称为Boost变换器，典型应用有单相功率因数校正电路、光伏发电中最大功率点跟踪电路等。升压斩波电路的输出电压总是高于输入电压。升压斩波电路如图4-9所示。它包含直流电源 E、电感 L、开关管VT、二极管VD、电容 C 和电阻 R。其中，二极管VD提供续流通路，电容 C 起滤波作用。为了获得高于电源电压 E 的输出直流电压 U_{o}，一个有效的办法是在开关管VT的前端接入一个电感 L。这样，开关管开通时，电感上就会储存能量；开关管断开后，电源 E 和电感 L 一起向负载供电，负载可以获得比电源电压高的输出电压 U_{o}。

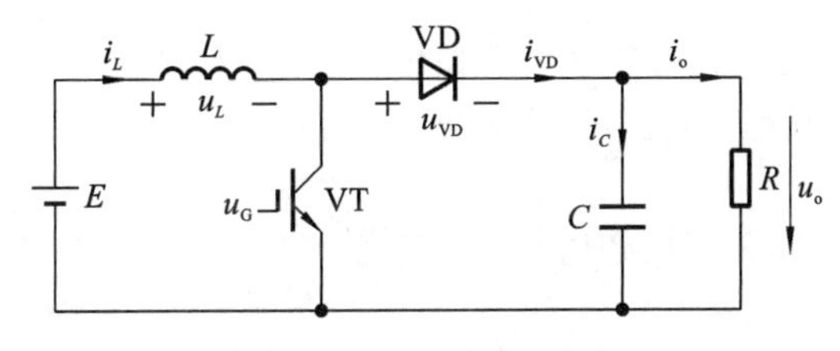

图4-9 升压斩波电路

开关管的控制方式仍采用PWM控制方式。升压斩波电路中电容的值一般比较大，这样可以保证电路工作于稳态时，输出电压波动很小。图 4-9 所示的升压斩波电路有三种可能的工作状态：电感电流连续工作模式和电感电流断续工作模式以及电感电流临界连续工作模式。

4.2.2 电感电流连续工作模式

图 4-10 给出了开关管 VT 的控制电压 u_G 及电感上电压 u_L 和电流 i_L 的波形。在开关管导通期间，电源 E 向电感 L 充电，电感电流线性上升；在开关管关断期间时，电源 E 和电感 L 一起给电容和电阻供电。

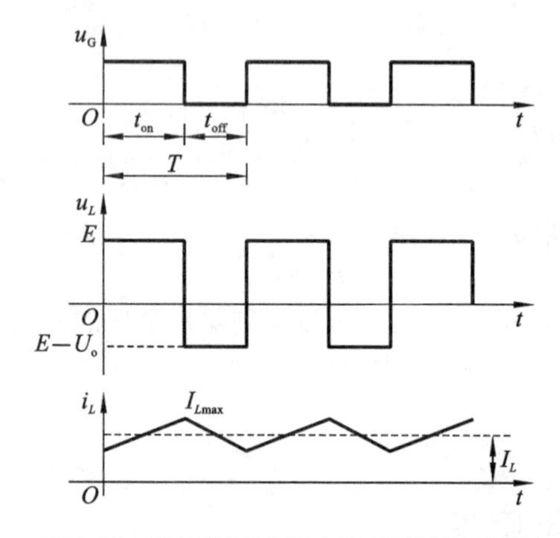

图 4-10 升压斩波电路中电压和电流波形

当电路达到稳态时，电感电压在一个周期内的积分为零，即：

$$Et_{on} + (E - U_o)t_{off} = 0 \tag{4-43}$$

$$ET = U_o t_{off} \tag{4-44}$$

整理得：

$$\frac{U_o}{E} = \frac{T}{t_{off}} = \frac{1}{1-D} \tag{4-45}$$

输出电流平均值为：

$$I_o = \frac{U_o}{R} \tag{4-46}$$

可见，输出电压 U_o 大于电源电压 E，是升压电路。升压斩波电路能够保证输出电压高于电源电压的原因是：

(1) 电感 L 放电时，它储存的能量具有使电压泵升的作用。

(2) 电感 L 充电时，电容 C 可将输出电压保持住。

4.2.3 电感电流连续和断续的临界状态

图 4-11 给出了电感电流临界连续工作模式下电感电压 u_L 和电感电流 i_L 的波形。可以看出，自一个周期开始，电感电流从零开始增长；一个周期结束时，电感电流正好降为零。

与降压斩波电路一样，电感电流临界连续时，用 I_{LC} 表示电感电流的平均值，I_{oC} 表示负

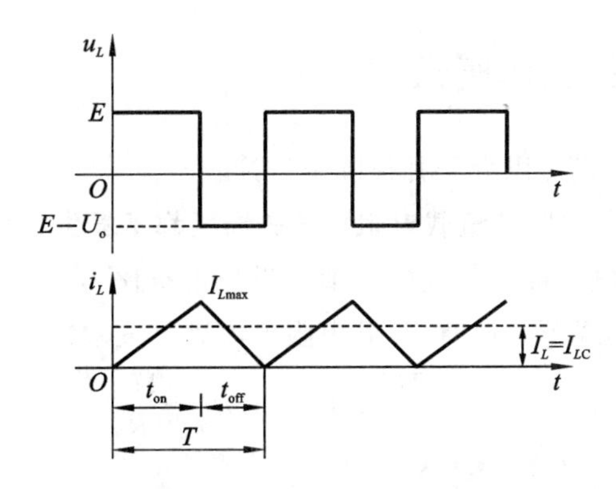

图 4-11　电感电流临界连续工作模式下电感电压和电流波形

载电阻电流的平均值，电感电流的最大值用 $I_{L\max}$ 表示。在开关管导通期间，电感电流直线上升，电感上的电压为：

$$u_L = E = L\frac{\mathrm{d}i_L}{\mathrm{d}t} = L\frac{I_{L\max}}{t_{\mathrm{on}}} \tag{4-47}$$

电感电流临界连续状态下电感电流的平均值，也就是电流波形所包围的面积除以开关周期 T。

$$I_{LC} = \frac{1}{2}I_{L\max} = \frac{1}{2}\frac{E}{L}t_{\mathrm{on}} = \frac{TU_o}{2L}D(1-D) \tag{4-48}$$

假设电路没有损耗，电源 E 输出的功率与负载电阻消耗的功率相等，即：

$$EI_L = U_oI_o \tag{4-49}$$

$$\frac{I_o}{I_L} = 1-D \tag{4-50}$$

所以有：

$$I_{oC} = \frac{TU_o}{2L}D(1-D)^2 \tag{4-51}$$

当电感电流平均值低于 I_{LC}（同时负载电阻电流也会低于 I_{oC}）时，升压斩波电路工作在电感电流断续工作模式下。假设电路电源电压、开关周期和电感的值是确定的，那么负载电阻根据占空比进行调整。当 $D=0.5$ 时，电感电流临界连续所要求的电感电流最大为：

$$I_{LCM} = \frac{TU_o}{8L} = \frac{TE}{8L(1-D)} = \frac{TE}{4L} \tag{4-52}$$

当 $D=\frac{1}{3}$ 时，

$$I_{oCM} = \frac{2}{27}\frac{TU_o}{L} = \frac{2}{27}\frac{TE}{L(1-D)} = 0.074\frac{TU_o}{L} = 0.111\frac{TE}{L} \tag{4-53}$$

在升压斩波电路电感、开关周期确定，且电源 E 或输出电压一定时，电感电流临界连续的最大值和负载电阻电流临界连续的最大值也是确定的。那么，对于不同占空比下的临界电流就可以用最大值的关系式来表示，即：

$$I_{LC} = 4D(1-D)I_{LCM} \tag{4-54}$$

$$I_{oC} = \frac{27}{4}D(1-D)^2I_{oCM} \tag{4-55}$$

4.2.4 电感电流断续工作模式

电感电流断续工作模式可以分三种情况来讨论。

1. 电源电压、电感、电容以及负载电阻和开关周期都不发生变化，只改变占空比的大小

设电容值很大，输出电压能维持住恒定值。设当占空比为 D_1 时，升压斩波电路处于电感电流临界连续的工作模式下。此时，负载电阻电流满足关系式

$$I_{oC}=\frac{TU_o}{2L}D(1-D)^2=\frac{U_o}{R} \tag{4-56}$$

即：

$$D(1-D)^2=\frac{2L}{RT} \tag{4-57}$$

降压斩波电路在只改变占空比的情况下，有一个唯一的 D_1 值，使降压斩波电路处于电感电流临界连续状态，并且占空比小于 D_1 时降压斩波电路电感电流断续，占空比大于 D_1 时降压斩波电路电感电流连续。但升压斩波电路不同，当 $D=\frac{1}{3}$时，等式左端最大，左端的最大值为$\frac{1}{3}(1-\frac{1}{3})^2=\frac{4}{27}\approx0.148$。所以，当$\frac{2L}{RT}>0.148$ 时，无论占空比怎么变，电感电流都处于连续的状态。只有当$\frac{2L}{RT}<0.148$ 时，升压斩波电路才可能处于电感电流临界连续以及断续的状态。$D(1-D)^2$ 随 D 变化的曲线如图 4-12 所示。

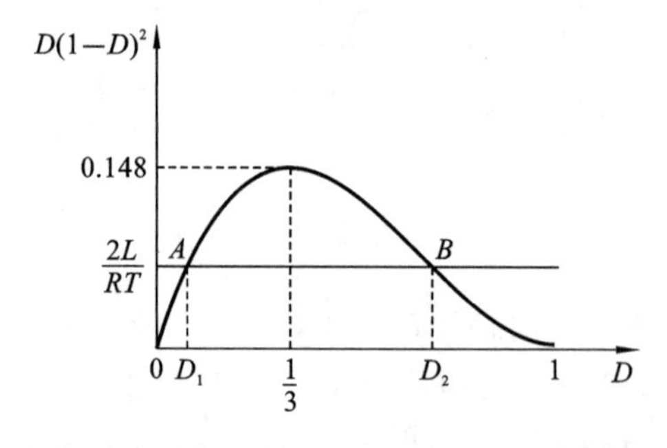

图 4-12 $D(1-D)^2$ 随 D 变化的曲线

从图 4-12 中可以看出，当$\frac{2L}{RT}<0.148$ 时，$\frac{2L}{RT}$与 $D(1-D)^2$ 有两个交点，分别为对应 D_1 的 A 点和对应 D_2 的 B 点。

当 $D<D_1$ 或 $D>D_2$ 时，升压斩波电路电感电流连续；当 $D_1<D<D_2$ 时，升压斩波电路电感电流断续。电感电流断续时电感上电压和电流的波形如图 4-13 所示。

根据电感电压在一个周期内的积分为零，有：

$$EDT+(E-U_o)\Delta_1 T=0 \tag{4-58}$$

比较$\frac{U_o}{E}=\frac{\Delta_1+D}{\Delta_1}$与连续时输出电压$\frac{U_o}{E}=\frac{1}{1-D}$发现，电感电流断续时输出电压 U_o 的值更大了。另外，在开关管断开、电感电流下降的过程中，电感上的电压 $E-U_o$ 变负的量更多。

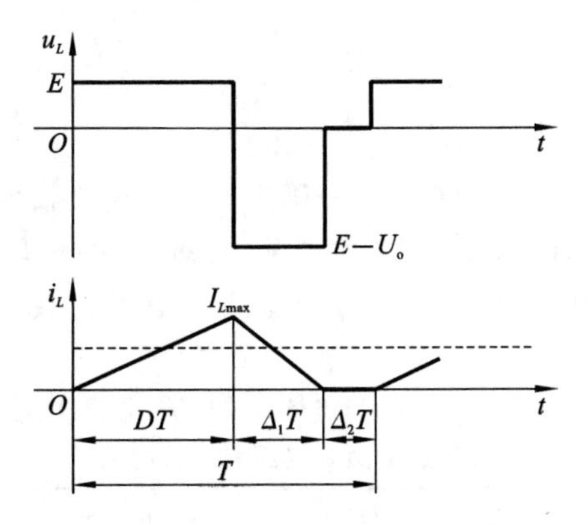

图 4-13　升压斩波电路电感电流断续时电感上电压和电流的波形

$$\frac{I_o}{I_E}=\frac{\Delta_1}{\Delta_1+D} \tag{4-59}$$

输入电流的平均值(也等于电感电流的平均值)为：

$$I_E=I_L=\frac{1}{2}\frac{DT+\Delta_1 T}{T}I_{L\max}=\frac{1}{2}(D+\Delta_1)I_{L\max}=\frac{E}{2L}DT(D+\Delta_1) \tag{4-60}$$

$$I_o=\frac{TE}{2L}D\Delta_1 \tag{4-61}$$

那么,确定的负载 R、Δ_1 有多大呢？不考虑开关管、电感、电容的期间损耗,电源输出的能量等于电阻消耗的能量,有公式

$$EI_E=I_o^2R \tag{4-62}$$

把式(4-60)和式(4-61)代入式(4-62)中得：

$$\frac{E^2}{2L}DT(D+\Delta_1)=\left(\frac{TE}{2L}D\Delta_1\right)^2R \tag{4-63}$$

进一步有：

$$\Delta_1^2-\frac{2L}{TRD}\Delta_1-\frac{2L}{TR}=0 \tag{4-64}$$

解式(4-64)这个一元二次方程得：

$$\Delta_1=\frac{\frac{2L}{TRD}\pm\sqrt{\left(\frac{2L}{TRD}\right)^2+4\times\frac{2L}{TR}}}{2} \tag{4-65}$$

根据 $\Delta_1>0$,取

$$\Delta_1=\frac{\frac{2L}{TRD}+\sqrt{\left(\frac{2L}{TRD}\right)^2+4\times\frac{2L}{TR}}}{2} \tag{4-66}$$

例如,$E=100$ V,$R=200$ Ω,$T=0.01$ s,$D=0.5$,$L=0.01$ H,此时正好满足电感电流断续工作条件,则 $\Delta_1\approx0.11$。

2. 电源电压、电感、电容以及开关周期不变,负载电阻与占空比改变

根据电感电流临界连续时负载电阻电流的公式

$$\begin{cases} I_{oC}=\dfrac{TU_o}{2L}D(1-D)^2 \\ I_{oC}=\dfrac{U_o}{R}=\dfrac{1}{1-D}\dfrac{E}{R} \end{cases} \tag{4-67}$$

可以得出 R 与 D 的关系式为：

$$R=\frac{2L}{TD(1-D)^2} \tag{4-68}$$

可见，对于某个确定的占空比 D，有唯一确定的电感电流临界连续时的电阻值。举例说明如下：一个升压斩波电路，电源电压 $E=100$ V，电感为 10 mH，电容为 1000 μF，开关周期为 0.01 s，不同占空比对应的临界连续电感电流、临界连续负载电流及对应的负载电压和负载电阻如表 4-2 所示。

表 4-2　不同占空比下临界连续电感电流、临界连续负载电流及对应的负载电压和负载电阻

占空比 D	$D=0.2$	$D=0.4$	$D=0.5$	$D=0.6$	$D=0.8$
$I_{LC}=\frac{1}{2}\frac{E}{L}DT$/A	10	20	25	30	40
$I_{oC}=\frac{TE}{2L}D(1-D)$/A	8	12	12.5	12	8
$U_o=\frac{1}{1-D}E$/V	125	166.7	200	250	500
$R=\frac{2L}{TD(1-D)^2}$/Ω	15.63	13.89	16	20.83	62.5

从表 4-2 中可以看出，当电源电压、开关周期、电感和电容不变时，一方面，随着占空比的增加，临界连续电感电流逐渐增大，临界连续负载电流逐渐增大，输出电压逐渐增大，但临界连续负载电流并不是单调增加的，而是在 $D=0.5$ 时最大；另一方面，比如当占空比为 0.2 时，负载电阻 15.63 Ω 是临界连续的电阻值，当负载电阻小于 15.63 Ω 时该电路电感电流是连续的，当电阻大于 15.63 Ω 时该电路电感电流是断续的。

3. 电源电压 E 有波动，输出电压 U_o 恒定

当需要保持输出 U_o 不变时，在电源 E 出现波动，而电感 L 和电阻 R 都不变的情况下，需要改变占空比 D 才能保持输出电压 U_o 不变。比如，如果 E 变小，要保持输出电压不变，肯定是要增大占空比，但占空比增大后，电感电流处于连续还是断续的状态，需要视情况而定。下面就推导占空比 D 与负载电流在不同 $\frac{U_o}{E}$ 下与 $\frac{I_o}{I_{oCM}}$ 的函数关系。

$$\frac{I_o}{I_{oCM}}=\frac{27}{4}\frac{E}{U_o}D\Delta_1 \tag{4-69}$$

$$\Delta_1=\frac{4}{27}\frac{I_o}{I_{oCM}}\frac{U_o}{DE} \tag{4-70}$$

$$D=\left[\frac{4}{27}\frac{U_o}{E}\left(\frac{U_o}{E}-1\right)\frac{I_o}{I_{oCM}}\right]^{\frac{1}{2}} \tag{4-71}$$

图 4-14 给出了 $\frac{U_o}{E}$ 不同时，占空比 D 与负载电流 $\frac{I_o}{I_{oCM}}$ 的函数关系曲线，虚线为电感电流连续工作模式和电感电流断续工作模式的界限。

根据图 4-14 可知，如果输出电压 U_o 不变，负载电阻 R 不变，则输出电流 I_o 也不变，从而 $\frac{I_o}{I_{oCM}}$ 不变。当 $\frac{I_o}{I_{oCM}}>1.0$ 时，如果电源电压 E 降低，则 $\frac{U_o}{E}$ 增大，需要增大占空比 D；如果电

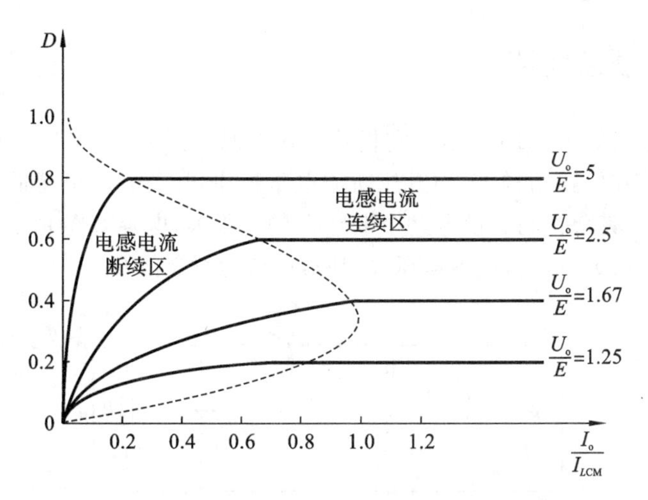

图 4-14　保持 U_o 不变时升压斩波电路的特性曲线

源电压 E 升高，则$\frac{U_o}{E}$减小，需要减小占空比 D。但无论如何调整占空比，电感电流一直处于连续区内。当$\frac{I_o}{I_{oCM}}<1.0$时，如果电源电压 E 降低，则$\frac{U_o}{E}$增大，需要增大占空比 D；如果电源电压 E 升高，则$\frac{U_o}{E}$减小，需要减小占空比 D。但在调整占空比的过程中，电感电流会穿越电感电流的断续区和连续区。

4.2.5　输出电压纹波

在前面的分析中，假设电容足够大，从而使输出电压为恒定值 U_o，但实际上电容值是有限的，因此输出电压是有纹波的。在电感电流连续工作模式下，假设二极管电流 i_{VD} 的所有脉动分量都流过电容，而 i_{VD} 的所有直流分量都流过负载电阻，用 ΔQ 表示电容上电荷的增量，那么，输出电压纹波的峰-峰值为：

$$\Delta U_o = \frac{\Delta Q}{C} = \frac{I_o t_{on}}{C} = \frac{U_o t_{on}}{R_L C} \tag{4-72}$$

$$\frac{\Delta U_o}{U_o} = \frac{t_{on}}{R_L C} \tag{4-73}$$

可见，在电感电流连续工作模式下，输出电压的脉动与开关管通态时间成正比，与负载电阻和滤波电容的乘积成反比。

4.3　其他四种斩波电路

降压斩波电路和升压斩波电路是最基本的两种斩波电路，除此之外，还有四种基本斩波电路，即升降压斩波电路、Cuk 斩波电路、Sepic 斩波电路和 Zeta 斩波电路。对于这四种斩波电路，主要讲述在电感电流连续时电路的工作原理。

4.3.1 升降压斩波电路

升降压斩波电路如图4-15所示。它仍然包含电源 E、开关管VT、二极管VD、电感 L、电容 C 和电阻 R。在电路结构上，与升压斩波电路相比，开关管和电感的位置换了一下，二极管的方向有变化，其余相同。设电路中电感 L 的值很大，电容 C 的值也很大，则电感电流 i_L 基本保持为恒定值 I_L 不变，电容电压 u_o 基本保持为恒定值 U_o 不变。

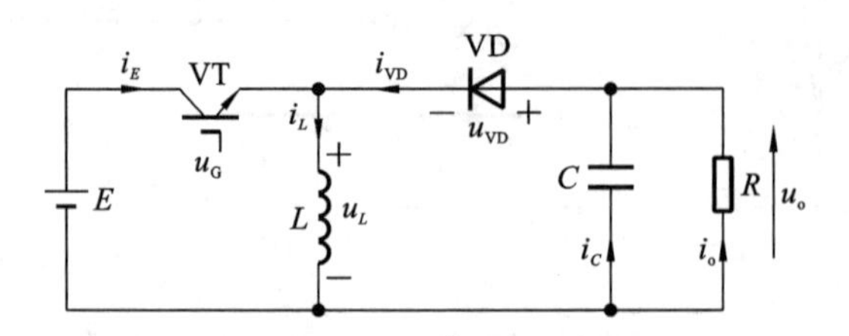

图4-15　升降压斩波电路

升降压斩波电路的基本工作原理为：电路达到稳定状态后，当开关管VT导通时，电源 E 经开关管VT向电感 L 供电使其储能，此时电感电流 i_L 与电源电流 i_E 相等，同时电容 C 维持输出电压恒定为 U_o 并向负载 R 供电。此时二极管不导通，电路是两个独立的回路，一个回路是 E→VT→L→E，另一个回路是 C→R→C。当开关管VT关断时，电感 L 储存的能量向负载 R 释放，工作回路为 L→$R//C$→VD→L，此时电感电流 i_L 与二极管电流 i_{VD} 相等。可见，输出电压的极性与电源电压的极性相反，因此升降压斩波电路也被称为反极性斩波电路。

稳态时，电感在一个周期内的平均电压为零，或者说电感在一个周期内电压的积分为零。在VT导通期间($0 \sim t_{on}$)，电感上的电压 $u_L = E$；在VT关断期间($t_{on} \sim T$，也就是 t_{off} 时间段)，电感上的电压 $u_L = -U_o$，因此有：

$$Et_{on} = U_o t_{off} \tag{4-74}$$

所以输出电压与输入电压的关系式为：

$$U_o = \frac{t_{on}}{t_{off}}E = \frac{t_{on}}{T - t_{on}}E = \frac{D}{1-D}E \tag{4-75}$$

改变占空比 D，可以改变输出电压，使输出电压 U_o 既可以比输入电压 E 高，又可以比输入电压 E 低，当 $0 < D < \frac{1}{2}$ 时为降压，当 $\frac{1}{2} < D < 1$ 为升压，因此该电路被称为升降压斩波电路。根据工作原理可以画出升降压斩波电路工作波形如图4-16所示。

稳态时，电容上平均电流为零，根据图4-15可知，二极管上的平均电流与负载电阻上的平均电流相等。二极管上电流 i_{VD} 的平均值为 $\frac{t_{off}}{T}I_L$，因此负载电阻上的平均电流也为 $\frac{t_{off}}{T}I_L$。

因此，输出电流平均值与输入电流平均值的比值为：

$$\frac{I_o}{I_E} = \frac{t_{off}}{t_{on}} \tag{4-76}$$

即输出电流平均值为：

$$I_o = \frac{t_{off}}{t_{on}}I_E = \frac{1-D}{D}I_E \tag{4-77}$$

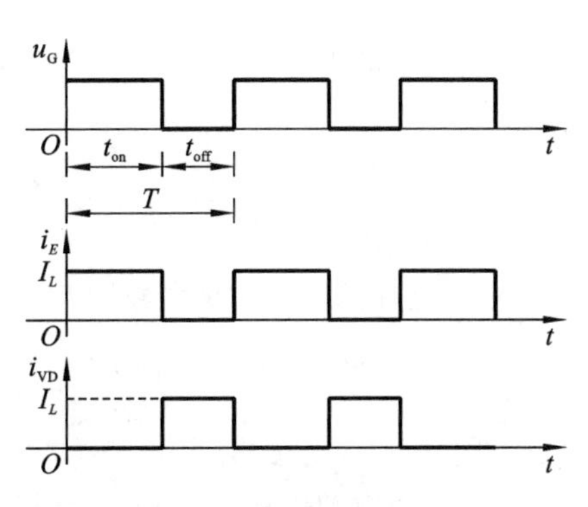

图 4-16　升降压斩波电路工作波形

也可以得出 $EI_E=U_oI_o$，升降压斩波电路输出功率和输入功率相等，可看作直流变压器。

4.3.2　Cuk 斩波电路

Cuk 斩波电路如图 4-17 所示。电路包括电源 E、开关管 VT、电感 L_1 和 L_2、电容 C、二极管 VD 和负载电阻 R。分析电路时，设电路中电感 L_1 和 L_2 的值很大，电容 C 的值也很大。这样在电路处于稳态时，可以认为电感上的电流 i_{L_1} 和 i_{L_2} 是恒定值，分别为 I_{L_1} 和 I_{L_2}，电容两端的电压 u_C 为恒定值 U_C。当开关管导通时，工作回路为 $E\to L_1\to$VT$\to E$ 和 $L_2\to C\to$VT$\to R\to L_2$。当开关管断开时，工作回路为 $E\to L_1\to C\to$VD$\to E$ 和 $L_2\to$VD$\to R\to L_2$。输出电压的极性与电源电压的极性相反。

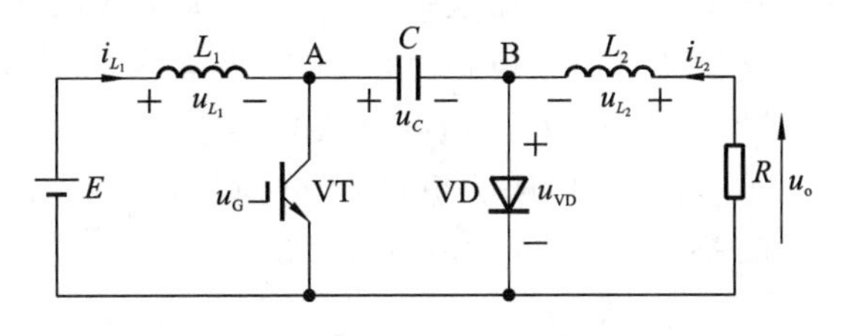

图 4-17　Cuk 斩波电路

因为电感 L_2 上的电流基本上是恒定的，所以负载电阻上的电压也基本是恒定的，用 U_o 表示。要计算负载电压 U_o 和 E 之间的关系，可利用电容 C 两端电压基本保持不变，分别找出 U_o 和 U_C 之间的关系以及 E 和 U_C 之间的关系，然后导出 U_o 和 E 之间的关系。

当开关管 VT 导通时(t_{on}时间段)，开关管 VT 两端的电压为 $u_{VT}=0$ V；当开关管 VT 关断时(t_{off}时间段)，二极管 VD 导通，开关管两端的电压为 $u_{VT}=U_C$。在一个开关周期 T 中，观察回路 $E\to L_1\to$VT$\to E$，电感上平均电压为零，所以开关管 VT 上的平均电压就等于 E，即

$$\frac{t_{off}}{T}U_C = E \tag{4-78}$$

当开关管 VT 导通时(t_{on}时间段)，$u_{VD}=-U_C$；当开关管 VT 关断时，二极管 VD 导通，$u_{VD}=0$ V。观察回路 $R\to L_2\to$VD$\to R$，电感在一个周期内的平均电压为零，所以二极管 VD 上的平均电压 U_{VD}就等于$-U_o$，即：

$$-\frac{t_{on}}{T}U_C = -U_o \tag{4-79}$$

由式(4-78)和式(4-79)可得：

$$U_o = \frac{t_{on}}{t_{off}}E = \frac{D}{1-D}E \tag{4-80}$$

与升降压斩波电路一样，改变占空比 D，可以改变输出电压，使输出电压 U_o 既可以比输入电压 E 高，又可以比输入电压 E 低，当 $0<D<\frac{1}{2}$ 时为降压，当 $\frac{1}{2}<D<1$ 为升压。

因为电感 L_1 和电感 L_2 的值很大，所以电感 L_1 和电感 L_2 上的电流基本为恒定值，分别记作 I_{L_1} 和 I_{L_2}。根据稳态时电容在一个周期内的平均电流为零，也就是电容电流对时间的积分为零，$\int_0^T i_C \mathrm{d}t = 0$，有：

$$\int_0^{t_{on}} I_{L_2}\mathrm{d}t = \int_{t_{on}}^T I_{L_1}\mathrm{d}t \tag{4-81}$$

$$I_{L_2}t_{on} = I_{L_1}t_{off} \tag{4-82}$$

$$\frac{I_{L_2}}{I_{L_1}} = \frac{t_{off}}{t_{on}} = \frac{1-D}{D} \tag{4-83}$$

与升降压斩波电路相比，Cuk 斩波电路有一个明显的优点，即输入电源电流和输出负载电流都是连续的。

4.3.3 Sepic 斩波电路

Sepic 斩波电路如图 4-18 所示。电路包括电源 E、开关管 VT、电感 L_1 和 L_2、电容 C_1 和 C_2、二极管 VD 和负载电阻 R。分析电路时，设电路中电感 L_1 和 L_2 的值很大，电容 C_1 和 C_2 的值也很大。这样在电路处于稳态时，可以认为电感上的电流 i_{L_1} 和 i_{L_2} 是恒定值，分别为 I_{L_1} 和 I_{L_2}；电容两端的电压 u_{C_1} 和 u_{C_2} 为恒定值，分别为 U_{C_1} 和 U_{C_2}。当开关管 VT 导通时，工作回路为 $E\to L_1\to$ VT$\to E$ 和 $L_2\to C_1\to$ VT$\to L_2$ 以及 $C_2\to R\to C_2$，L_1 和 L_2 同时储能。当开关管 VT 断开时，工作回路为 $E\to L_1\to C_1\to$ VD$\to R//C_2\to E$ 和 $L_2\to$ VD$\to R//C_2\to L_2$，此阶段 E 和 L_1 既向负载电阻 R 供电，也向电容 C_1 充电（C_1 储存的能量在 VT 处于通态时向 L_2 转移），输出电压的极性与电源电压的极性相同。

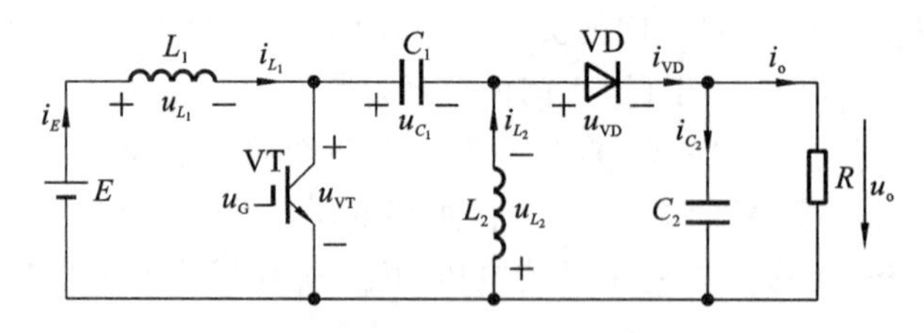

图 4-18　Sepic 斩波电路

当开关管 VT 导通时（t_{on} 时间段），观察回路 $E\to L_1\to$ VT$\to E$，电感 L_1 上的电压 $u_{L_1}=E$；观察回路 $L_2\to C_1\to$ VT$\to L_2$，电感 L_2 上的电压 $u_{L_2}=U_{C_1}$。当开关管 VT 关断时（t_{off} 时间段），观察回路 $E\to L_1\to C_1\to$ VD$\to R//C_2\to E$，电感 L_1 上的电压 $u_{L_1}=E-U_o-U_{C_1}$；观察回路 $L_2\to$ VD$\to R//C_2\to L_2$，电感 L_2 上的电压 $u_{L_2}=-U_o$。

根据电感 L_1 在一个周期内平均电压为零和电感 L_2 在一个周期内平均电压为零的原则，有：

$$Et_{on}+(E-U_o-U_{C_1})t_{off}=0 \tag{4-84}$$

$$U_{C_1}t_{on}+(-U_o)t_{off}=0 \tag{4-85}$$

因此，输入电压与输出电压的关系为：

$$U_o=\frac{t_{on}}{t_{off}}E=\frac{t_{on}}{T-t_{on}}E=\frac{D}{1-D}E \tag{4-86}$$

4.3.4　Zeta 斩波电路

Zeta 斩波电路如图 4-19 所示。电路包括电源 E、开关管 VT、电感 L_1 和 L_2、电容 C_1 和 C_2、二极管 VD 和负载电阻 R。分析电路时，设电路中电感 L_1 和 L_2 的值很大，电容 C_1 和 C_2 的值也很大。这样，在电路处于稳态时，可以认为电感上的电流 i_{L_1} 和 i_{L_2} 是恒定值，分别为 I_{L_1} 和 I_{L_2}，电容两端的电压 u_{C_1} 和 u_{C_2} 为恒定值，分别为 U_{C_1} 和 U_{C_2}。当开关管 VT 导通时，工作的回路为 $E\rightarrow$VT$\rightarrow L_1\rightarrow E$ 和 $E\rightarrow$VT$\rightarrow C_1\rightarrow L_2\rightarrow R//C_2\rightarrow E$，此阶段电源 E 经 VT 向 L_1 储能，同时 E 和 C_1 共同经 L_2 向负载电阻供电。当开关管 VT 断开时，工作回路为 $L_1\rightarrow$VD$\rightarrow C_1\rightarrow L_1$ 和 $L_2\rightarrow R//C_2\rightarrow$VD$\rightarrow L_2$，此阶段电感 L_1 经二极管 VD 向电容 C_1 充电，所储存的能量转移至电容 C_1，同时电感 L_2 给负载供电，并经二极管 VD 续流。输出电压的极性与电源电压的极性相同。

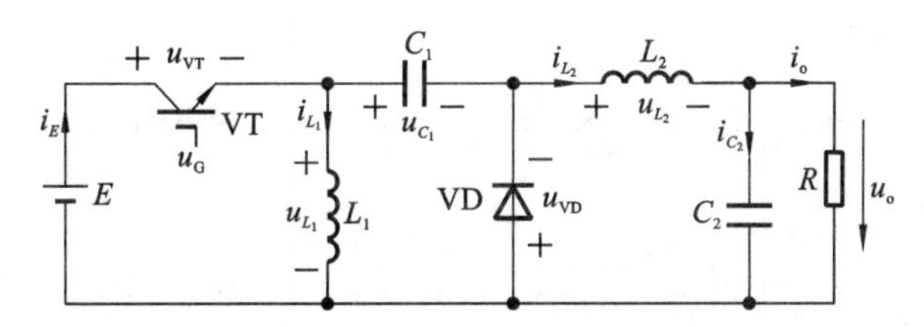

图 4-19　Zeta 斩波电路

当开关管 VT 导通时(t_{on}时间段)，观察回路 $E\rightarrow$VT$\rightarrow L_1\rightarrow E$，电感 L_1 上的电压 $u_{L_1}=E$；观察回路 $E\rightarrow$VT$\rightarrow C_1\rightarrow L_2\rightarrow R//C_2\rightarrow E$，电感 L_2 上的电压 $u_{L_2}=E-U_{C_1}-U_o$。当开关管 VT 关断时(t_{off}时间段)，观察回路 $L_1\rightarrow$ VD$\rightarrow C_1\rightarrow L_1$，电感 L_1上的电压 $u_{L_1}=U_{C_1}$；观察回路 $L_2\rightarrow R//C_2\rightarrow$VD$\rightarrow L_2$，电感 L_2 上的电压 $u_{L_2}=-U_o$。

根据电感 L_1 在一个周期内平均电压为零和电感 L_2 在一个周期内平均电压为零的原则，有：

$$Et_{on}+U_{C_1}t_{off}=0 \tag{4-87}$$

$$(E-U_{C_1}-U_o)t_{on}+(-U_o)t_{off}=0 \tag{4-88}$$

因此，输入电压与输出电压的关系为：

$$U_o=\frac{t_{on}}{t_{off}}E=\frac{t_{on}}{T-t_{on}}E=\frac{D}{1-D}E \tag{4-89}$$

Sepic 斩波电路和 Zeta 斩波电路具有相同的输入与输出电压关系。Sepic 斩波电路中，电源电流连续，但负载电流是脉冲波形；而 Zeta 斩波电路中，电源电流是脉冲波形，负载电流连续。

4.4 多相多重斩波电路和复合斩波电路

对具有相同结构的基本斩波电路进行组合，可构成多相多重斩波电路，使斩波电路的整体性能得到提高。将降压斩波电路和升压斩波电路进行组合，即可构成复合斩波电路。

4.4.1 多相多重斩波电路

斩波电路的相数和一般意义上的相数不同。比如：三相电源是指有三个交流电源；而多相斩波电路只接一个直流电源，它的相数是指在一个控制周期内，电源侧的电流脉动的次数。负载电流的脉动次数称为斩波电路的重数。多相多重斩波电路是在电源和负载之间接入多个具有结构相同的基本斩波电路而构成的。

三相三重斩波电路如图 4-20 所示。该电路由三个降压斩波电路并联组成。其中，VT_1、L_1 和 VD_1 构成降压斩波电路 1，VT_2、L_2 和 VD_2 构成降压斩波电路 2，VT_3、L_3 和 VD_3 构成降压斩波电路 3。三个降压斩波电路的开关管 VT_1、VT_2 和 VT_3 的触发信号依次相差 120°，即 1/3 周期，每个开关管的触发信号的占空比相同。该电路的工作波形如图 4-21 所示。

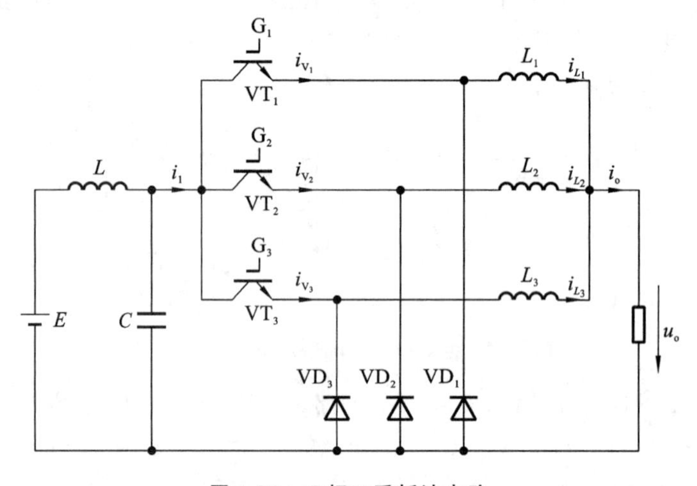

图 4-20 三相三重斩波电路

该电路的输出电流 i_o 是三个降压斩波电路单元输出电流之和，即 $i_o = i_{L_1} + i_{L_2} + i_{L_3}$，它的脉动频率是单个降压斩波电路单元输出电流的三倍，平均值也是单元输出电流的三倍，脉动的幅值将会变得很小，即输出直流的纹波变小，因此负载端可以选用很小的平波电抗器。

该电路的输入电流 i_1 与输出电流 i_o 相等，脉动频率也是单个降压斩波电路单元的三倍，因此称为三相。纹波也比单个降压斩波电路单元小，因此输入端接简单的 LC 滤波器就可以起到良好的滤波效果。

4.4.2 桥式可逆斩波电路

桥式可逆斩波电路属于复合斩波电路，是降压斩波电路和升压斩波电路的组合，结构如图 4-22 所示。

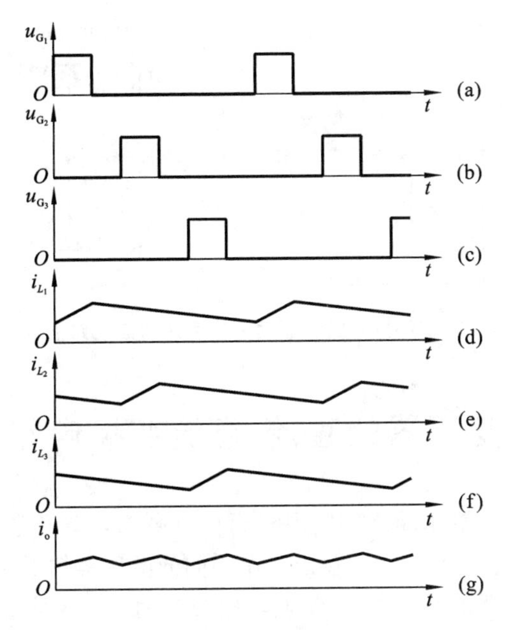

图 4-21　三相三重斩波电路工作波形

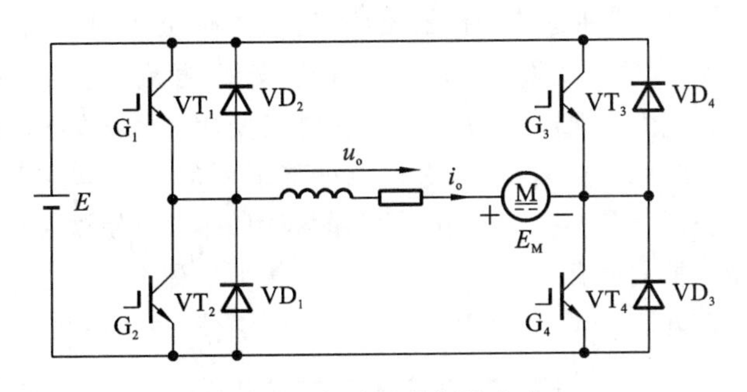

图 4-22　桥式可逆斩波电路

当 VT_4 保持常通状态时，该斩波电路的等效电路如图 4-23 所示。VT_1、VD_1 构成降压斩波电路，可以使电动机工作于第 1 象限，即正转电动状态；VT_2、VD_2 构成升压斩波电路，可以使电动机工作于第 2 象限，即正转再生制动的状态。当 VT_2 保持常通状态时，该斩波电路的等效电路如图 4-24 所示。VT_3、VD_3 构成降压斩波电路，可以使电动机工作于第 3 象限，即反转电动状态；VT_4、VD_2 构成升压斩波电路，可以使电动机工作于第 4 象限，即反转再生制动的状态。

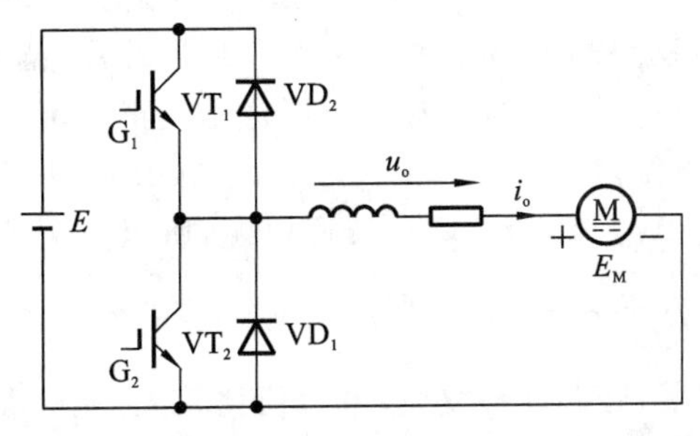

图 4-23　VT_4 保持常通状态时桥式可逆斩波电路的等效电路

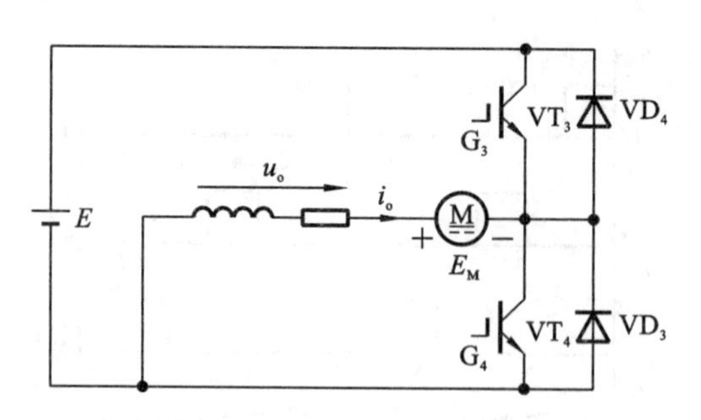

图 4-24　VT_2 保持常通状态时桥式可逆斩波电路的等效电路

4.5　带隔离变压器的直流-直流变换电路

在实际中,在输入端和输出端之间需要进行电气隔离,输出电压与输入电压相差很大时避免占空比设置得接近零或1,需要输出几个不同的电压等情况下,都可以引入隔离变压器。实际上,带隔离变压器的直流-直流变换电路分为两类。一类是单端变换器,如正激和反激电路。正激和反激电路分别是在降压斩波电路和升压斩波电路中加入了隔离变压器而构成的,只有一个开关管。这种单端变换器隔离变压器的磁通只在单方向上变化,常用于小功率电源变换。另一类是双端变换器,也称为直流-交流-直流变换器,它的原理框图如图4-25所示。直流电经过半桥逆变电路或全桥逆变电路变成高频的矩形波,高频的矩形波经过变压器升压或降压,然后经过整流和滤波电路变成需要的直流电。双端变换器中的隔离变压器的磁通可以在正反两个方向上变化,铁芯的利用率高,可使铁芯体积减小为等效单端变压器的一半。双端变换器常用于大功率领域。随着半导体器件和磁性材料的技术进步,电路的工作频率可达到几百千赫兹,可以进一步缩小变换器的体积和重量。

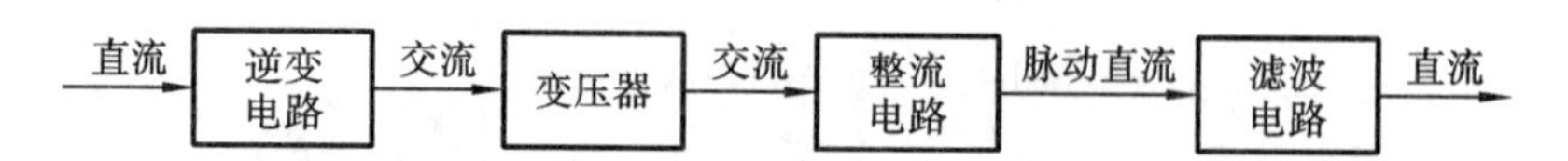

图 4-25　直流-交流-直流变换器原理框图

4.5.1　正激电路

典型的正激电路的拓扑结构如图 4-26 所示。隔离变压器铁芯上有三个绕组:一次绕组 W_1,匝数为 N_1;二次绕组 W_2,匝数为 N_2;退磁绕组 W_3,匝数为 N_3。绕组附近的黑色实心圆点表示三个绕组感应电动势的同名端。开关管 VT 开通后,隔离变压器绕组 W_1 两端的电压为上正下负,与其耦合的 W_2 绕组两端的电压也是上正下负,因此 VD_2 处于通态,VD_1 处于断态,电感 L 的电流逐渐增加。当 VT 关断后,电感 L 通过 VD_1 续流,VD_2 关断,同时隔离变压器的励磁电流经 W_3 绕组和 VD_3 流回电源,所以开关管关断期间承受的电压为 $u_{VT}=(1+\frac{N_1}{N_3})E$,这是开关管选择额定电压的依据。

设在下一个周期开始前,磁芯能够复位,电容值比较大,能够保持电压基本稳定为常数 U_o,同时负载电感 L 的电流连续。在这种情况下,根据负载电感在一个周期内的平均电压

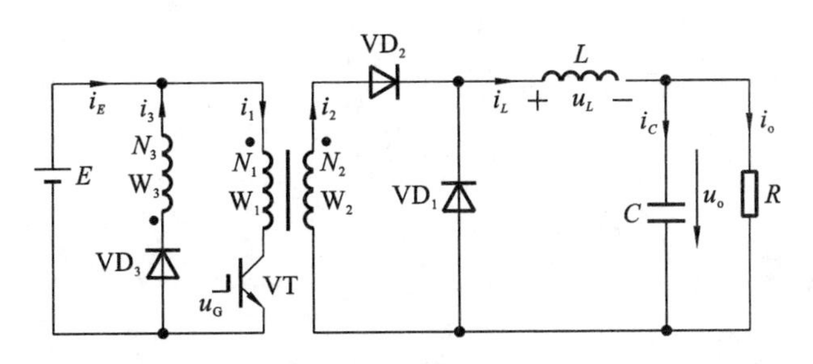

图 4-26 典型的正激电路的拓扑结构

为零，可以推导出输出电压 U_o 和输入电压 E 之间的关系。

当开关管 VT 导通时，观察回路 $W_2 \to VD_2 \to L \to R//C \to W_2$，有：

$$U_o t_{on} + L\frac{di_L}{dt}t_{on} = \frac{N_2}{N_1}Et_{on} \tag{4-90}$$

当开关管 VT 断开时，有：

$$U_o t_{off} + L\frac{di_L}{dt}t_{off} = 0 \tag{4-91}$$

式(4-90)与式(4-91)相加，得：

$$U_o T = \frac{N_2}{N_1}Et_{on} \tag{4-92}$$

所以有：

$$\frac{U_o}{E} = \frac{N_2}{N_1}\frac{t_{on}}{T} \tag{4-93}$$

在正激电路中，必须考虑磁芯复位的问题。开关管 VT 导通后，隔离变压器的激磁电流由零开始随时间线性增长，直到 VT 关断。在 VT 关断后到下一次再开通的一段时间内，必须设法使激磁电流降回零，否则在下一个开关周期中，激磁电流将在本周期结束时的剩余值的基础上继续增加，并在以后的开关周期中依次积累起来，变得越来越大，从而导致隔离变压器的激磁电感饱和。因此，必须设法使激磁电流在 VT 关断后到下一次再开通的时间内降回零，这一过程称为隔离变压器的磁芯复位。

为了使磁芯复位，隔离变压器在一个周期内磁通的增加量必须等于磁通的减少量，从而可以计算出磁芯复位时间 t_{rst}。开关周期 T 必须满足 $T > t_{on} + t_{rst}$。磁芯复位时间 t_{rst} 的计算过程如下：

根据公式

$$N_1 \frac{d\Phi}{dt} = E \tag{4-94}$$

计算出在一个周期内磁通的增加量为：

$$\Delta\Phi_{(+)} = \frac{E}{N_1}t_{on} \tag{4-95}$$

在一个周期内磁通的减小量为：

$$\Delta\Phi_{(-)} = \frac{E}{N_3}t_{rst} \tag{4-96}$$

根据磁通平衡的公式

$$\Delta\Phi_{(+)} = \Delta\Phi_{(-)} \tag{4-97}$$

得出磁芯复位的时间为：

$$t_{rst} = \frac{N_3}{N_1}t_{on} \tag{4-98}$$

4.5.2 反激电路

反激电路的拓扑结构如图 4-27 所示。它包括电源 E、二极管 VD 和由电阻 R 与电容 C 并联所组成的负载以及同名端反向的隔离变压器。隔离变压器一次绕组为 W_1，匝数为 N_1；二次绕组为 W_2，匝数为 N_2。反激电路中不需要退磁绕组，并且隔离变压器起着储能元件的作用，可以看成是一对相互耦合的电感。开关管导通时间为 t_{on}，关断时间为 t_{off}，开关周期为 $T=t_{on}+t_{off}$。开关管 VT 导通后，绕组 W_1 的电流线性增长，电感储能增加，VD 处于断态，不会给负载提供能量。开关管 VT 关断后，绕组 W_1 的电流被切断，隔离变压器中的磁场能量通过 W_2 绕组和 VD 向负载端释放。在关断期间开关管 VT 上的电压为：$u_{VT}=E+\frac{N_1}{N_2}U_o$。

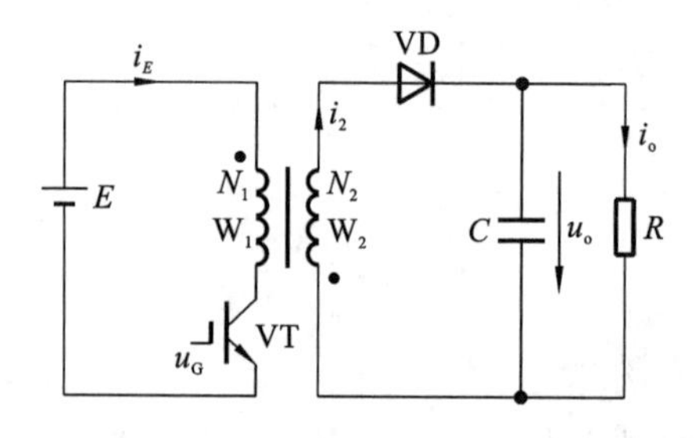

图 4-27　反激电路的拓扑结构

反激电路有两种工作模式：一种是当开关管 VT 开通时，绕组 W_2 中的电流尚未降到零，称为电流连续工作模式；另一种是开关管 VT 开通时，绕组 W_2 的电流降为零，称为电流断续工作模式。当电路工作于连续工作模式时，根据一个周期内隔离变压器磁通的增加量等于磁通的减少量，可以计算出输出电压与输入电压的关系。具体计算过程如下：

$$N_1\frac{d\Phi}{dt} = E \tag{4-99}$$

$$\Delta\Phi_{(+)} = \frac{E}{N_1}t_{on} \tag{4-100}$$

$$N_2\frac{d\Phi}{dt} = U_o \tag{4-101}$$

$$\Delta\Phi_{(-)} = \frac{U_o}{N_2}t_{off} \tag{4-102}$$

所以有：

$$\frac{E}{N_1}t_{on} = \frac{U_o}{N_2}t_{off} \tag{4-103}$$

$$\frac{U_o}{E} = \frac{N_2}{N_1}\frac{t_{on}}{t_{off}} \tag{4-104}$$

当电路工作于电流断续工作模式下时，输出电压将高于式(4-104)计算值，并随着负载的减小而增加。在负载为零的极限情况下，输出电压 $U_o \to \infty$。因此，应避免反激电路工作于负载开路状态。

4.6　斩波电路的 MATLAB 仿真

4.6.1　降压斩波电路的建模与仿真

1. 模型文件的建立

降压斩波电路的仿真模型如图 4-28 所示。仿真模型中各模块的提取路径如表 4-3 所示。

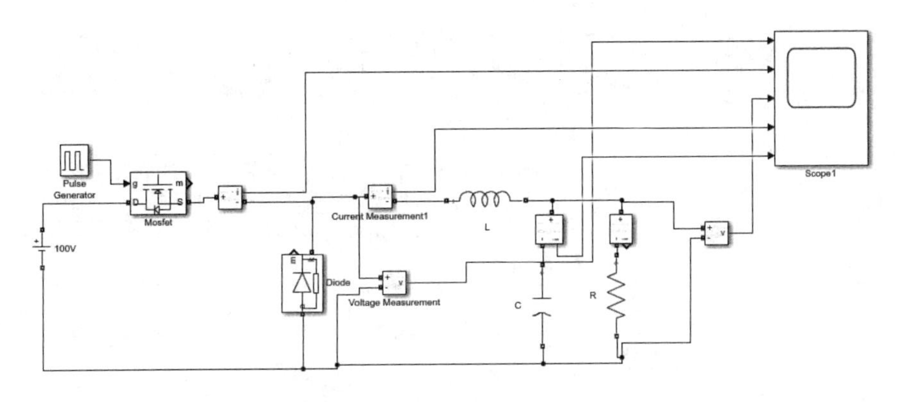

图 4-28　降压斩波电路的仿真模型

表 4-3　降压斩波电路仿真模型中模块的提取路径

模块名	提取路径
直流电压源 E	Simscape→Electrical→Specialized Power Systems→Fundamental Blocks→Electrical Sources→DC Voltage Source
MOSFET 模块	Simscape→Electrical→Specialized Power Systems→Fundamental Blocks→Power Electronics→Mosfet
电感 L、电阻 R、电容 C (Series RLC Branch)	Simscape→Electrical→Specialized Power Systems→Fundamental Blocks→Elements→Series RLC Branch
脉冲发生器 (Pulse Generator)	Simulink→Sources→Pulse Generator
电流检测模块 (Current Measurement)	Simscape→Electrical→Specialized Power Systems→Fundamental Blocks→Measurements →Current Measurement
电压检测模块 (Voltage Measurement)	Simscape→Electrical→Specialized Power Systems→Fundamental Blocks→Measurements → Voltage　Measurement
示波器(Scope)	Simulink→Sinks→Scope

参数设置如下：电源 E 电压设为 100 V，开关管选择默认的属性；电感 L 设为 0.01 H，电容 C 设为 100 μF，电阻 R 设为 2 Ω；对于脉冲发生器模块，幅值设为 1，周期设为 0.0002 s，即频率为 5 kHz，占空比设为 50%。四个电流检测模块（Current Measurement）分别串接电源输出支路、电感支路、电容支路和电阻支路，两个电压检测模块分别并联在电阻两端和二极管两端，这些检测模块的输出连接到示波器。

2. 仿真运行和波形输出

仿真时间设为 0.02 s，选择 ode45 的仿真算法。在示波器上依次显示出二极管两端电压 u_{VD}、电源输出电流 i_1、电阻两端输出电压 u_o、电感 L 上的电流 i_L 以及电容 C 上的电流 i_C。仿真波形如图 4-29 所示。从仿真波形可以看出，在当前的电路参数下，电感电流 i_L 连续，电路稳定后，输出电压基本不变，理论输出值 $u_o=DE=\frac{1}{2}\times 100\ \text{V}=50\ \text{V}$，仿真结果与理论一致。

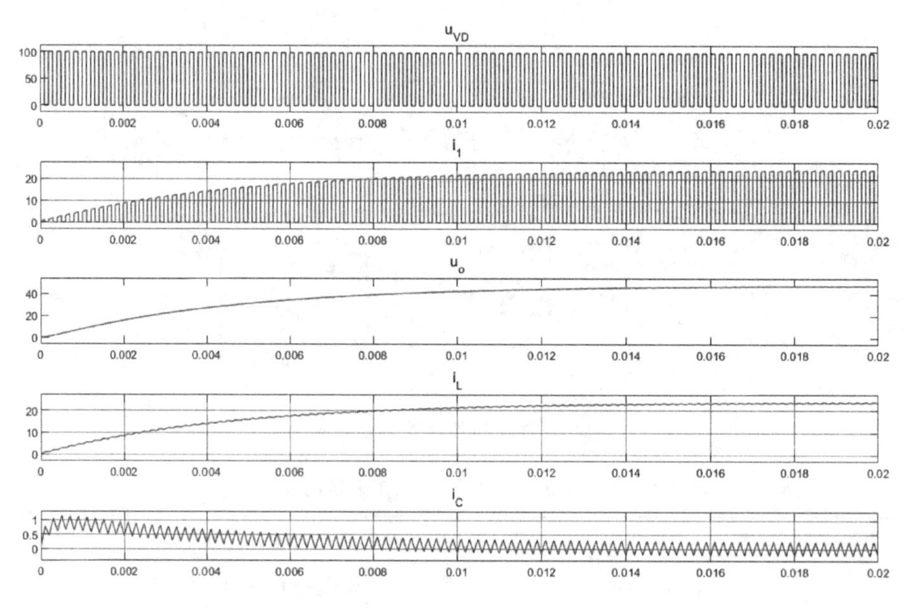

图 4-29　降压斩波电路仿真波形

4.6.2　升压斩波电路的建模与仿真

1. 模型文件的建立

升压斩波电路的仿真模型如图 4-30 所示。该模型中的模块与降压斩波电路仿真模型中的模块一样，模块提取路径参考表 4-3。

参数设置如下：电源 E 电压为 100 V，开关管选择默认的属性；电感 L 设为 0.05 H，电容 C 设为 200 μF，电阻 R 设为 50 Ω；对于脉冲发生器模块，幅值设为 1，周期设为 0.002 s，即频率为 500 Hz，占空比设为 50%。三个电流检测模块（Current Measurement）分别串接电感支路、二极管支路和电容支路，一个电压检测模块并联在电阻两端。这些检测模块的输出连接到示波器。

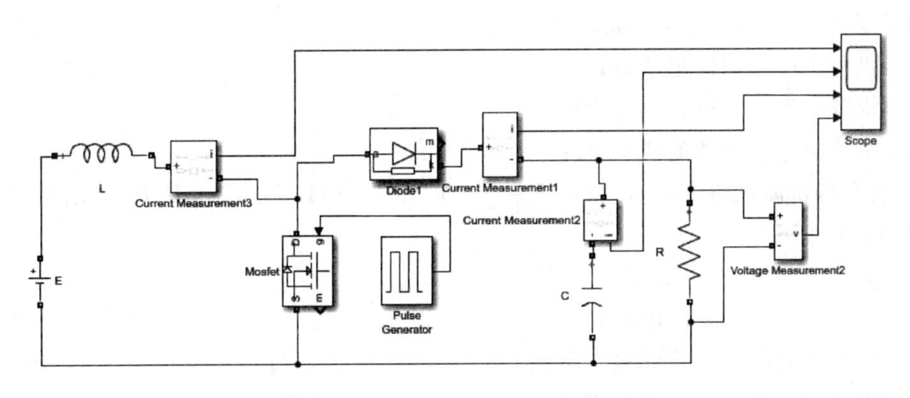

图 4-30　升压斩波电路的仿真模型

2. 仿真运行和波形输出

仿真时间设为 0.1 s，选择 ode45 的仿真算法。在示波器上依次显示出电源输出电流也即电感上的电流 i_L、二极管上的电流 i_{VD}、电容 C 上的电流 i_C 和电阻两端输出电压 u_o。仿真波形如图 4-31 所示。从仿真波形可以看出，在当前的电路参数下，电感电流 i_L 连续，电路稳定后，输出电压基本不变，理论输出值 $u_o=\frac{1}{1-D}E=2\times100\ \mathrm{V}=200\ \mathrm{V}$，仿真结果与理论一致。

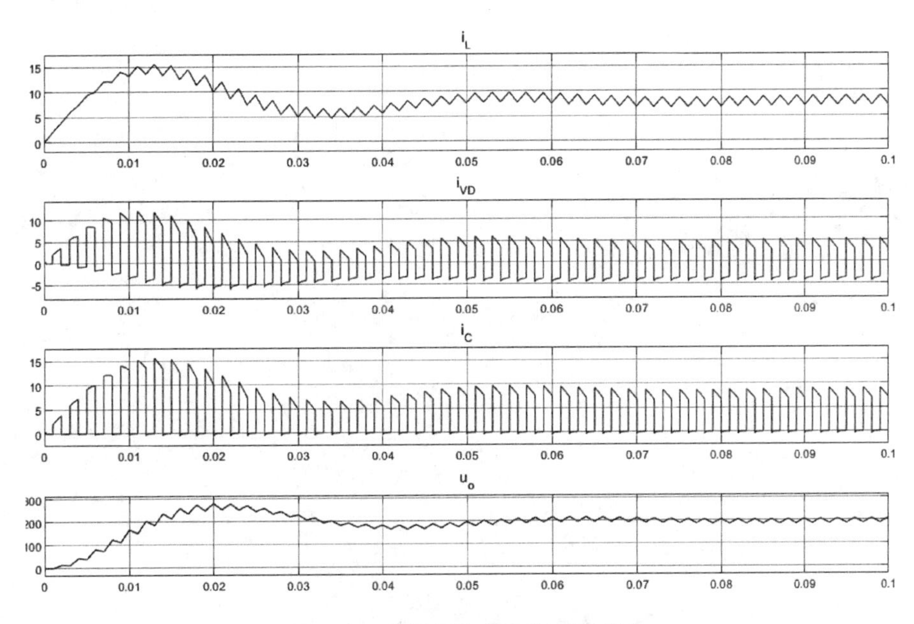

图 4-31　升压斩波电路仿真波形图

习　题

1. 斩波电路中，通过控制开关管的导通占空比来调节负载输出电压的大小，简述调节占空比的方式有哪几种。

2. 在降压斩波电路中，直流电压 $E=100\ \mathrm{V}$，$L=1\ \mathrm{mH}$，$C=330\ \mu\mathrm{F}$，$R=5\ \Omega$，开关频率为 20 kHz，占空比 $D=0.6$。

(1) 画出 u_o、u_L、i_o、i_L、i_C、i_{VD}、i_G 的波形；

(2) 求输出电压和输出电流；

(3) 求开关管和二极管的最大电流；

(4) 求输出电压纹波的峰-峰值；

3. 在升压斩波电路中，直流电压 $E=100$ V，$L=5$ mH，$C=470$ μF，$R_L=5$ Ω，开关频率为 20 kHz，输出电压为 120 V。

(1) 画出 u_o、u_L、i_o、i_L、i_C、i_{VD}、i_G 的波形；

(2) 求输出电压和输出电流；

(3) 求开关管和二极管的最大电流；

(4) 求输出电压纹波的峰-峰值；

4. 简述升降压斩波电路的原理，并推导输入电压与输出电压的关系式。

5. 简述 Zeta 斩波电路的原理。

6. 简述多重多相斩波电路的特点。

7. 分析正激电路和反激电路中的开关管和整流二极管在工作时承受的最大电压、最大电流和平均电流。

第5章　整流电路

整流电路的作用是将交流电变为直流电供给直流设备，比如直流电动机、电解电镀电源等。整流电路根据输入电源的相数分为单相整流电路和三相整流电路；根据所用器件类型分为不可控整流电路、半控整流电路、全控整流电路，其中全部使用二极管的整流电路称为不可控整流电路，全部使用晶闸管的整流电路称为全控整流电路，二极管和晶闸管混合使用的整流电路称为半控整流电路。整流电路根据电路的结构还分为桥式电路和零式电路。本章主要介绍常用的单相、三相不可控整流电路、相控整流电路，根据整流电路的基本工作原理分析连接不同性质负载时整流电路的输出电压和电流的波形。

5.1　阻容负载不可控整流电路

不可控整流电路的开关器件采用电力二极管，结构简单。不可控整流电路广泛应用于在交-直-交变频器、不间断电源、开关电源等场合中。最常用的不可控整流电路是单相桥式不可控整流电路和三相桥式不可控整流电路，负载通常是容性负载，也称为电容滤波的不可控整流电路。

5.1.1　带阻容负载的单相桥式不可控整流电路

带阻容负载的单相桥式不可控整流电路常用于小功率单相交流输入的场合，如目前大量普及的微机和电视机等家电产品中。

1. 带阻容负载的单相桥式不可控整流电路结构和原理

带阻容负载的单相桥式不可控整流电路如图 5-1 所示。它由变压器、四个二极管所组成的整流桥、电容和电阻并联所组成的负载组成。假设该电路已经工作在稳定状态，则波形如图 5-2 所示。在 u_2 正半周的过零点时刻至 $\omega t=0°$，因为 $u_2<u_d$，二极管不导通。直到 $\omega t=0°$后，u_2 将超过 u_d，使得 VD_1 和 VD_4 导通。设从 u_2 正向过零点到 VD_1 和 VD_4 导通时的电角度为 δ，则电源电压的表达式为：$u_2=\sqrt{2}U_2\sin(\omega t+\delta)$。在电路工作在稳定状态的情况下，从 VD_1 和 VD_4 导通开始，可以把电路的工作过程分为四个阶段。

(1) 阶段Ⅰ($\omega t=0°\sim\theta$)。

在 $\omega t=0°$之后，u_2 将超过 u_d，使得 VD_1 和 VD_4 导通，然后 $u_2=u_d$，电源 u_2 向电容充电，同时向负载 R 供电。在此期间，满足方程：

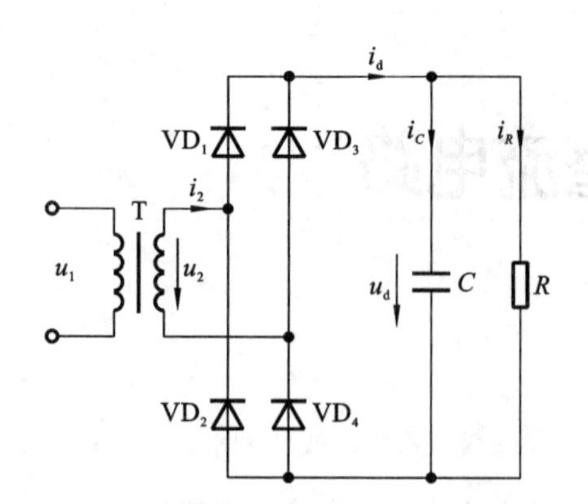

图 5-1　带阻容负载的单相桥式不可控整流电路

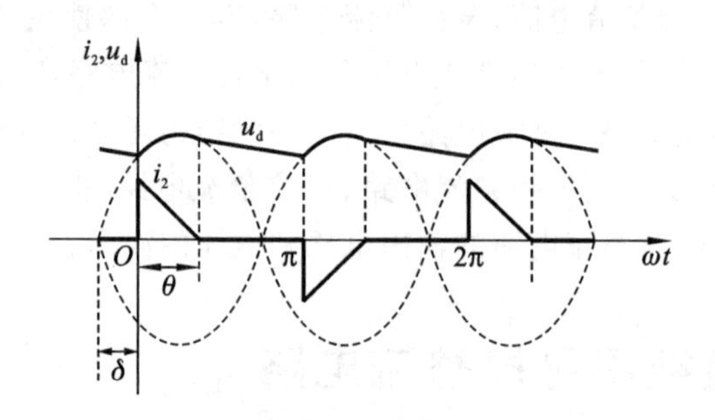

图 5-2　带阻容负载的单相桥式不可控整流电路工作波形图

$$\begin{cases} u_d(0°) = \sqrt{2}U_2\sin\delta, & \omega t = 0° \\ u_d(0°) + \dfrac{1}{C}\displaystyle\int_0^t i_C \mathrm{d}t = \sqrt{2}U_2\sin(\omega t + \delta), & \omega t \in (0°, \theta) \end{cases} \tag{5-1}$$

可解得电容流过的电流为：

$$i_C = \sqrt{2}\omega C U_2 \cos(\omega t + \delta) \tag{5-2}$$

而负载电阻电流为：

$$i_R = \frac{u_2}{R} = \frac{\sqrt{2}U_2}{R}\sin(\omega t + \delta) \tag{5-3}$$

于是：

$$i_d = i_R + i_C = \sqrt{2}\omega C U_2 \cos(\omega t + \delta) + \frac{\sqrt{2}U_2}{R}\sin(\omega t + \delta) \tag{5-4}$$

当 $\omega t = \theta$ 时，VD_1 和 VD_4 关断，因此这时 $i_d(\theta) = 0$ A，有：

$$\sqrt{2}\omega C U_2 \cos(\theta + \delta) + \frac{\sqrt{2}U_2}{R}\sin(\theta + \delta) = 0 \tag{5-5}$$

解式(5-5)得：

$$\tan(\theta + \delta) = -\omega RC \tag{5-6}$$

从式(5-6)可以看出，δ 和 θ 的大小取决于 ωRC 的乘积。

（2）阶段Ⅱ（$\omega t=\theta\sim\pi$）。

当$\omega t=\theta$时，$u_d=u_2=\sqrt{2}U_2\sin(\theta+\delta)$，此时$VD_1$和$VD_4$关断，电容开始以时间常数$RC$按指数函数放电，并给负载电阻$R$供电。当$\omega t=\pi$时，$u_d$降到充电时的初始值$\sqrt{2}U_2\sin\delta$，因此有：

$$\sqrt{2}U_2\sin(\theta+\delta)e^{-\frac{\pi-\theta}{\omega RC}}=\sqrt{2}U_2\sin\delta \tag{5-7}$$

由式(5-6)和式(5-7)可以解出δ和θ的值。

（3）阶段Ⅲ（$\omega t=\pi\sim\pi+\delta$）。

在此阶段，VD_2和VD_3导通。此阶段输出电压$u_d=-u_2$，过程与阶段Ⅰ类似，输出电流的波形与阶段Ⅰ相同。

（4）阶段Ⅳ（$\omega t=\pi+\delta\sim2\pi$）。

在此阶段，VD_2和VD_3关断，电容通过电阻放电。此阶段与阶段Ⅱ类似，输出电压的波形和阶段Ⅱ相同。

2. 带阻容负载的单相桥式不可控整流电路主要的数量关系

（1）输出电压的平均值。

当空载即$R=\infty$时，输出电压最大，$U_d=\sqrt{2}U_2$。当重载即R很小时，电容放电很快，输出电压的波形接近于正弦半波，$U_d\approx0.9U_2$。设计时，设电源的周期为T，可以根据负载的情况选择电容C的值，使$RC\geqslant(3\sim5)\dfrac{T}{2}$。此时，输出电压为：

$$U_d\approx1.2U_2 \tag{5-8}$$

（2）输出电流的平均值。

电阻R上电流的平均值为：

$$I_R=\frac{U_d}{R} \tag{5-9}$$

在稳态时，电容C在一个周期内吸收的能量等于释放的能量，两端的电压的平均值保持不变，因此电容C上的平均电流为零。由$i_d=i_C+i_R$得出流过负载电阻的电流平均值计算公式为：

$$I_d=I_R \tag{5-10}$$

（3）二极管上电流的平均值和二极管承受的电压。

在一个周期中，负载电流i_d有两个波头，其中只有一个波头流过某个二极管，因此某个二极管上的电流平均值为：

$$I_{d_{VD}}=\frac{I_d}{2} \tag{5-11}$$

二极管承受的反向电压的最大值为$\sqrt{2}U_2$。

在实际应用中，为了抑制刚开始工作时的冲击电流，常在直流侧串联较小的电感，构成感容滤波电路，如图5-3所示。这样，输出电压和输出电流的波形如图5-4所示。输出电压u_d的波形变得更平直，电流波形的上升段也变得平缓许多，有效地抑制了电流的冲击。

5.1.2　带阻容负载的三相桥式不可控整流电路

当负载的功率比较大时，就需要用到三相桥式不可控整流电路。

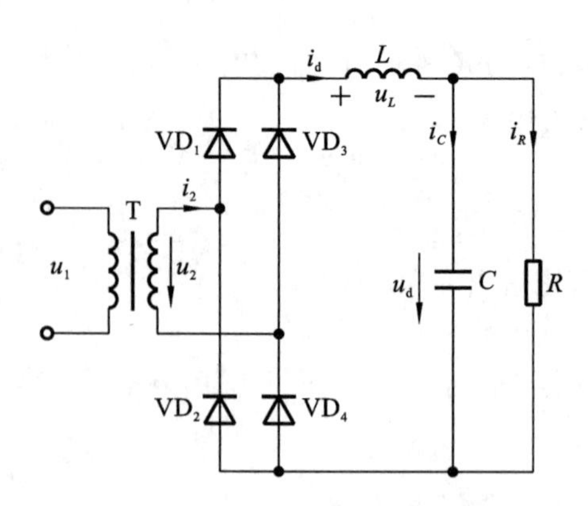

图 5-3　感容滤波的单相桥式不可控整流电路

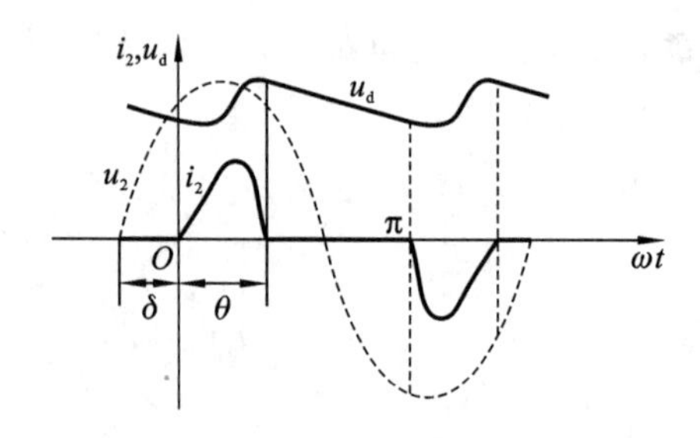

图 5-4　感容滤波的单相桥式不可控整流电路工作波形图

1. 带阻容负载的三相桥式不可控整流电路的结构及原理

带阻容负载的三相桥式不可控整流电路如图 5-5 所示。它由三相变压器、6 个二极管所组成的三相整流桥、电容和电阻并联所组成的负载组成。当负载电流断续时，电路工作有 12 个状态，分别为：过程Ⅰ，VD_6 和 VD_1 导通；过程Ⅱ，6 个二极管都关断；过程Ⅲ，VD_1 和 VD_2 导通；过程Ⅳ，6 个二极管都关断；过程Ⅴ，VD_2 和 VD_3 导通；过程Ⅵ，6 个二极管都关断，依次类推。工作波形如图 5-6 所示。当负载电流 i_d 连续时，电路工作有 6 个状态，即断续时 6 个二极管都关断的阶段不存在。下面来说明负载电流 i_d 连续和断续的条件。

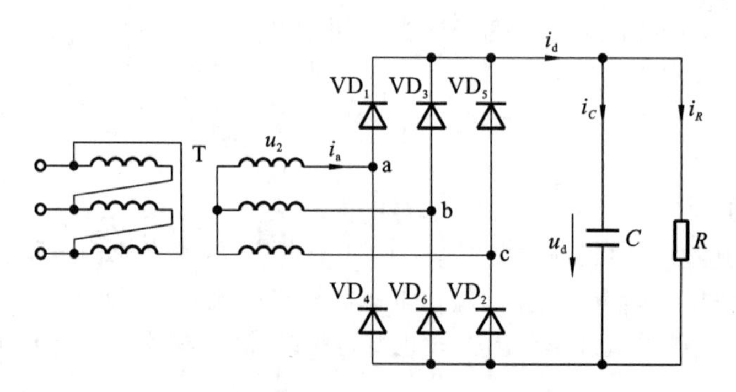

图 5-5　带阻容负载的三相桥式不可控整流电路

从图 5-6 中可知，线电压为：

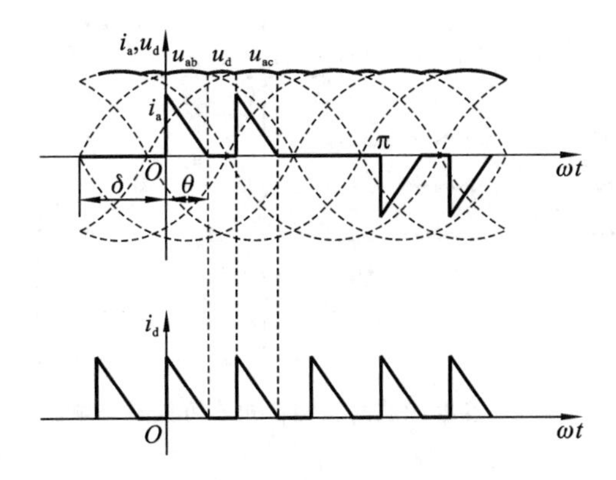

图 5-6　带阻容负载的三相桥式不可控整流电路工作波形图

$$u_{ab}=\sqrt{6}U_2\sin(\omega t+\delta) \tag{5-12}$$

相电压为：

$$u_a=\sqrt{2}U_2\sin(\omega t+\delta-\frac{\pi}{6}) \tag{5-13}$$

负载电流 i_d 临界连续也就是指在 u_{ab} 和 u_{ac} 正半周的交点处，电路由 VD_6 和 VD_1 导通转换为 VD_1 和 VD_2 导通。当 $\omega t+\delta=\frac{2\pi}{3}$ 时，VD_6 和 VD_1 刚好关断的条件是线电压 u_{ab} 下降的速度与电容电压下降的速度相等，即：

$$\left|\frac{\mathrm{d}\left[\sqrt{6}U_2\sin(\omega t+\delta)\right]}{\mathrm{d}(\omega t)}\right|_{\omega t+\delta=\frac{2\pi}{3}}=\left|\frac{\mathrm{d}\left\{\sqrt{6}U_2\sin\frac{2\pi}{3}\mathrm{e}^{-\frac{1}{\omega RC}\left[\omega t-\left(\frac{2\pi}{3}-\delta\right)\right]}\right\}}{\mathrm{d}(\omega t)}\right|_{\omega t+\delta=\frac{2\pi}{3}} \tag{5-14}$$

可以得出：当 $\omega RC=\sqrt{3}$ 时，负载电流 i_d 处于断续与连续的临界状态。当 $\omega RC>\sqrt{3}$ 时，负载电流 i_d 是断续的；当 $\omega RC<\sqrt{3}$ 时，负载电流 i_d 是连续的。

2. 带阻容负载的三相桥式不可控整流电路主要的数量关系

(1) 输出电压的平均值。

当空载即 $R=\infty$ 时，输出电压最大，$U_d=\sqrt{6}U_2=2.45U_2$。随着负载加重，输出电压的平均值减小，当 $\omega RC\leqslant\sqrt{3}$ 时，进入负载电流 i_d 连续的状态，输出电压波形为线电压的包络线，因此输出电压的平均值 $U_d=2.34U_2$。可见，U_d 在 $2.34U_2\sim2.45U_2$ 之间变化。

(2) 输出电流的平均值。

电阻上电流的平均值为 $I_R=\frac{U_d}{R}$，电容上的平均电流为零，因此，$I_d=I_R$。

(3) 二极管上电流的平均值和二极管承受的电压。

二极管上电流的平均值为 $I_{d_{VD}}=\frac{I_d}{3}$。

二极管承受的反向电压的最大值为 $\sqrt{6}U_2$。

在实际应用中，为了抑制电流的冲击，常常在直流侧串入较小的电感，构成感容滤波电路，如图 5-7 所示。该电路输入侧电流的波形如图 5-8 所示。

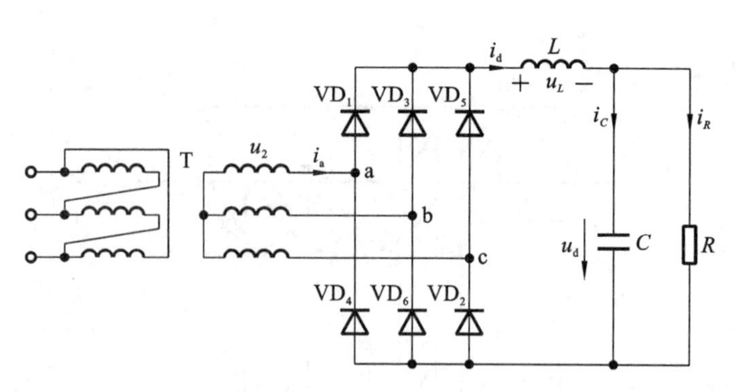

图 5-7　感容滤波的三相桥式不可控整流电路

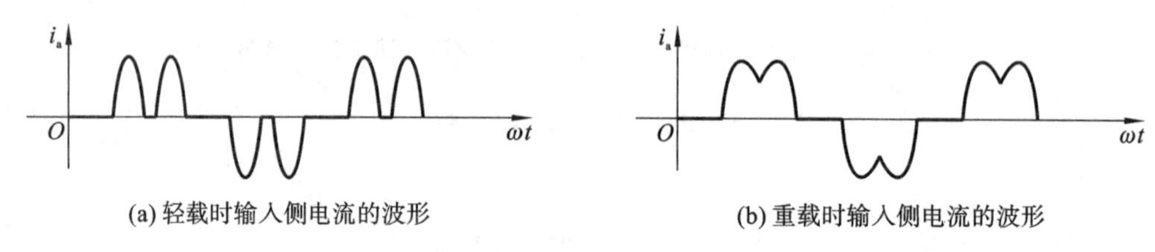

(a) 轻载时输入侧电流的波形　　(b) 重载时输入侧电流的波形

图 5-8　感容滤波的三相桥式不可控整流电路输入侧电流的波形

5.2　单相可控整流电路

单相可控整流电路包括单相半波可控整流电路、单相桥式全控整流电路、单相全波可控整流电路和单相桥式半控整流电路。其中，单相半波可控整流电路是相控整流电路的基础，单相桥式整流电路是重点。本节对于每种电路都将从接不同性质负载时（电阻负载和阻感负载）电路的结构和原理、波形（负载电压和电流波形、晶闸管电压和电流波形、变压器二次侧电压和电流波形以及电源电压和电流波形）以及定量计算几个方面进行讲述。

5.2.1　单相半波可控整流电路

单相半波可控整流电路结构简单，但却是相控整流电路的基础，下面分纯电阻负载和阻感负载两种情况来分析它的原理、波形和定量计算。

1. 带纯电阻负载的工作情况

（1）电路结构和原理。

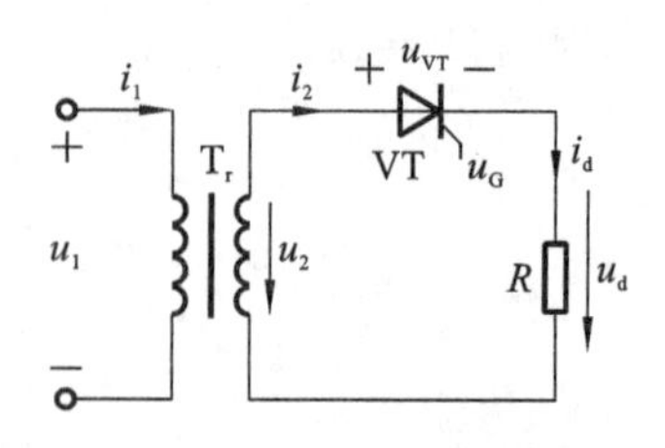

图 5-9　带纯电阻负载的单相半波可控整流电路

带纯电阻负载的单相半波可控整流电路如图 5-9 所示。它包括交流输入电压 u_1、变压器 T_r、晶闸管 VT、电阻负载 R。变压器一次侧电压 u_1 和二次侧电压 u_2 都为正弦波，分析时设开关管 VT 是理想的，即导通时通态压降为零，关断时电阻为无穷大；设变压器是理想的，即变压器的漏抗为零，绕组的电阻为零，励磁电流为零，并且设变压器二次侧电压为 $u_2=\sqrt{2}U_2\sin(\omega t)$，即为幅值

为$\sqrt{2}U_2$、有效值为U_2、相位角为0°的正弦波。

在分析电路的工作过程和原理之前，先明确几个概念。

①触发延迟角：从晶闸管开始承受正向电压起到施加触发脉冲止的电角度，用α表示，也称触发角或控制角。

②导通角：晶闸管在一个电源周期中处于通态的电角度，用θ表示。

③移相与移相范围：移相是指改变触发脉冲u_G出现的时刻，即改变触发角α的大小；移相范围是指触发脉冲u_G的移动范围，也就是触发角α可变化的范围，它决定了输出电压的变化范围。

下面分析带纯电阻负载的单相半波可控整流电路的工作过程。根据图5-10中u_G的波形，一个周期内的工作过程可以分成三个阶段。

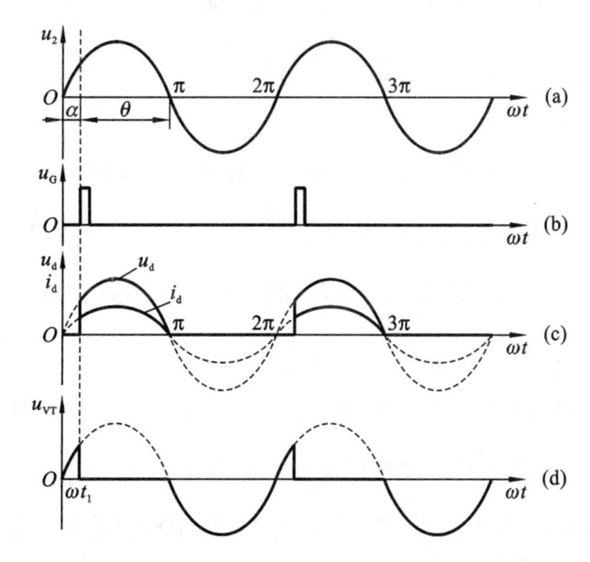

图 5-10　带纯电阻负载的单相半波可控整流电路工作波形图

阶段Ⅰ($\omega t_1 \sim \pi$)：在$\alpha=\omega t_1$时刻触发晶闸管，这时满足晶闸管导通的条件（晶闸管承受正向电压，同时有触发脉冲），晶闸管导通。观察回路$u_2 \rightarrow VT \rightarrow R \rightarrow u_2$，输出电压$u_d=u_2$。当$\omega t=\pi$时，电源电压$u_2$自然过零，由于是纯电阻负载，流过晶闸管的电流也为零，晶闸管电流小于维持电流，晶闸管关断。

阶段Ⅱ($\pi \sim 2\pi$)：变压器二次侧电压u_2进入负半周，晶闸管承受反向电压，晶闸管处于关断的状态，输出电压$u_d=0$ V，晶闸管承受的电压为$u_{VT}=u_2$。

阶段Ⅲ($2\pi \sim 2\pi+\omega t_1$或写成$0 \sim \omega t_1$)：变压器二次侧交流电压$u_2$进入正半周，晶闸管开始承受正向电压，但门极尚未触发，所以晶闸管仍然处于关断状态，负载输出电压$u_d=0$ V，负载输出电流$i_d=0$ A，晶闸管上的电压$u_{VT}=u_2$。

从$2\pi+\alpha$开始重复下一个周期，工作状态与上一个周期相同。因此，可以将电路的工作过程归纳成表5-1。

表 5-1　带纯电阻负载的单相半波可控整流电路的工作过程

ωt	$\alpha \sim \pi$	$\pi \sim 2\pi$	$2\pi \sim 2\pi+\alpha$(或 $0^\circ \sim \alpha$)
u_d	u_2	0 V	0 V
u_{VT}	0 V	u_2	u_2
$i_d = i_{VT} = i_2$	u_2/R	0 A	0 A

根据以上分析的过程，以变压器二次侧电压 u_2 为参考量，可以画出负载电压 u_d、负载电流 i_d、晶闸管承受的电压 u_{VT} 的波形，如图 5-10 所示。另外，变压器二次侧电流 i_2 和晶闸管电流 i_{VT} 与负载电流 i_d 波形相同，所以没有画出。

该电路的电源输入为单相，因此该电路称为“单相”电路。改变触发时刻，u_d 和 i_d 的波形会随之改变，但直流输出电压 u_d 为极性不变但瞬时值变化的脉动直流，它的波形只在 u_2 正半周的时间段出现，因此该电路称为“半波”整流电路。综合起来，该电路称为单相半波可控整流电路。

(2) 基本数量关系的计算。

①输出电压和输出电流的平均值。

根据图 5-10(c)中 u_d 的波形，可以列出输出电压 u_d 的平均电压 U_d 的计算公式为：

$$U_d = \frac{1}{2\pi}\int_\alpha^\pi \sqrt{2}U_2\sin(\omega t)\mathrm{d}(\omega t) = \frac{\sqrt{2}U_2}{2\pi}(1+\cos\alpha) = 0.45U_2\frac{1+\cos\alpha}{2} \tag{5-15}$$

根据图 5-10(c)中 i_d 的波形，可以列出负载上的平均电流 I_d 的计算公式为：

$$I_d = \frac{1}{2\pi}\int_\alpha^\pi \frac{u_d}{R}\mathrm{d}(\omega t) = \frac{1}{R}\frac{1}{2\pi}\int_\alpha^\pi \sqrt{2}U_2\sin(\omega t)\mathrm{d}(\omega t) = \frac{U_d}{R} \tag{5-16}$$

从上面两个式子可以看出，当 $\alpha=0^\circ$ 时，整流输出电压的平均值最大且最大值为 $U_d=0.45U_2$，同时负载电阻上也获得最大的整流平均电流 $I_d=0.45\frac{U_2}{R}$。当 $\alpha=180^\circ$ 时，整流输出电压的平均值为 0 V，负载上的平均电流为 0 A。调节触发角 α 的大小，可以调节整流输出的电压和负载电流，实现可控整流。

②输出电压的有效值 U 和输出电流的有效值 I。

同样，根据图 5-10(c)中 u_d 的波形，可以列出输出电压 u_d 的有效电压 U 的计算公式为：

$$U = \sqrt{\frac{1}{2\pi}\int_\alpha^\pi u_d^2\mathrm{d}(\omega t)} = \sqrt{\frac{1}{2\pi}\int_\alpha^\pi\left[\sqrt{2}U_2\sin(\omega t)\right]^2\mathrm{d}(\omega t)} = U_2\sqrt{\frac{1}{4\pi}\sin(2\alpha)+\frac{\pi-\alpha}{2\pi}} \tag{5-17}$$

输出电流的有效值 I 的计算公式为：

$$I = \sqrt{\frac{1}{2\pi}\int_\alpha^\pi i_d^2\mathrm{d}(\omega t)} = \sqrt{\frac{1}{2\pi}\int_\alpha^\pi\left(\frac{u_d}{R}\right)^2\mathrm{d}(\omega t)} = \frac{U}{R} = \frac{U_2}{R}\sqrt{\frac{1}{4\pi}\sin(2\alpha)+\frac{\pi-\alpha}{2\pi}} \tag{5-18}$$

③晶闸管承受的正反向电压。

由图 5-10(d)所示晶闸管承受的电压 u_{VT} 的波形可知，不论触发角是多少，晶闸管承受的最大反向电压均为 $u_{VTM}=\sqrt{2}U_2$；当触发角 $\alpha \geqslant 90^\circ$ 时，晶闸管可能承受的正向电压最大值为 $u_{VTM}=\sqrt{2}U_2$；当触发角 $\alpha < 90^\circ$ 时，晶闸管承受的最大正向电压为 $u_{VTM}=\sqrt{2}U_2\sin\alpha$。综合起来晶闸管可能承受的最大正反向电压为 $u_{VTM}=\sqrt{2}U_2$，这是选择晶闸管额定电压的依据，

即晶闸管的额定电压至少是最大正反向电压的 2 倍。

④晶闸管流过电流的有效值和变压器二次侧电流的有效值。

因为晶闸管上的电流以及变压器二次侧电流的波形都与负载 R 上的电流的波形相同，所以晶闸管上电流的有效值和变压器二次侧电流的有效值都与负载上电流的有效值 I 相同，即：

$$I_{VT}=I_2=\frac{U_2}{R}\sqrt{\frac{1}{4\pi}\sin(2\alpha)+\frac{\pi-\alpha}{2\pi}} \tag{5-19}$$

⑤触发角 α 和导通角 θ 的范围。

通过电路原理分析可知，触发角 α 的范围是 $0°\sim180°$，导通角 θ 为 $180°-\alpha$。

2. 带阻感负载的工作情况

(1) 电路结构和原理。

带阻感负载的单相半波可控整流电路如图 5-11 所示。电路结构与带纯电阻负载的单相半波可控整流电路基本相同，只是负载换成了电阻与电感串联。

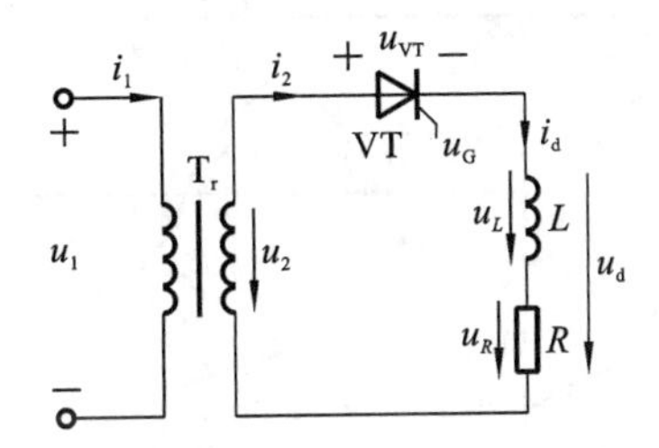

图 5-11　带阻感负载的单相半波可控整流电路

由于电感对电流变化有抗拒作用，当电感电流增加时，电感产生的电压($u_L=L\frac{\mathrm{d}i_L}{\mathrm{d}t}$)将阻止电流的上升；当电感电流下降时，电感电压将阻止电流的下降。这使得流过电感的电流不发生突变，这是阻感负载的特性。

下面分析带阻感负载的单相半波可控整流电路的工作过程。整个过程分成四个阶段来分析。

阶段Ⅰ($\omega t_1\sim\pi$)：在 ωt_1 时刻，即触发角为 α 时，给晶闸管门极施加触发脉冲，此时晶闸管承受正向电压，晶闸管导通，负载的输出电压 $u_d=u_2$，由于电感对电流的抗拒作用，负载电流 i_d 从 0 A 开始上升。在负载电流 i_d 上升的过程中，电感储能，直到负载电流 i_d 上升到最大值，然后负载电流 i_d 开始减小。在负载电流 i_d 减小时，电感释放储能，和电源 u_2 一起给电阻供给能量。到 $\omega t=\pi$ 时，$u_2=0$ V，但电感还有储能，负载电流 i_d 不为零，所以晶闸管此时不能关断。

阶段Ⅱ($\pi\sim\omega t_2$)：在此阶段，变压器二次侧电压 u_2 进入负半周，但是晶闸管不会因为 u_2 变负而关断，这是因为电感的储能还没有释放完，并且电感上因电流减小产生的电压克服了 u_2 负半周的电压，即 $\left|L\frac{\mathrm{d}i_d}{\mathrm{d}t}\right|-|u_2|>0$，所以实际上晶闸管并没有承受反向电压，同时晶闸管流过的电流也没有降为零(即在维持电流以下)。因此，晶闸管继续导通，负载上的输出电压 $u_d=u_2$，负载上的电流在 ωt_2 时刻降为零。在阶段Ⅰ和阶段Ⅱ晶闸管导通期间，晶闸管上的电压 $u_{VT}=0$ V。

阶段Ⅲ($\omega t_2 \sim 2\pi$):在这个阶段,晶闸管流过的电流降为零,并且承受反向电压,因此晶闸管处于关断状态。负载输出电压 $u_d=0$ V,负载输出电流 $i_d=0$ A,晶闸管上的电压 $u_{VT}=u_2$。

阶段Ⅳ ($2\pi \sim 2\pi+\omega t_1$ 或写成 $0° \sim \omega t_1$):变压器二次侧交流电压 u_2 进入正半周,晶闸管开始承受正向电压,但门极尚未触发,所以晶闸管仍然处于关断状态,负载输出电压 $u_d=0$ V,负载输出电流 $i_d=0$ A,晶闸管上的电压 $u_{VT}=u_2$。

根据上述四个阶段的分析,可以画出带阻感负载的单相半波可控整流电路的工作波形,如图 5-12 所示。也可以将上述四个过程归纳成表 5-2。

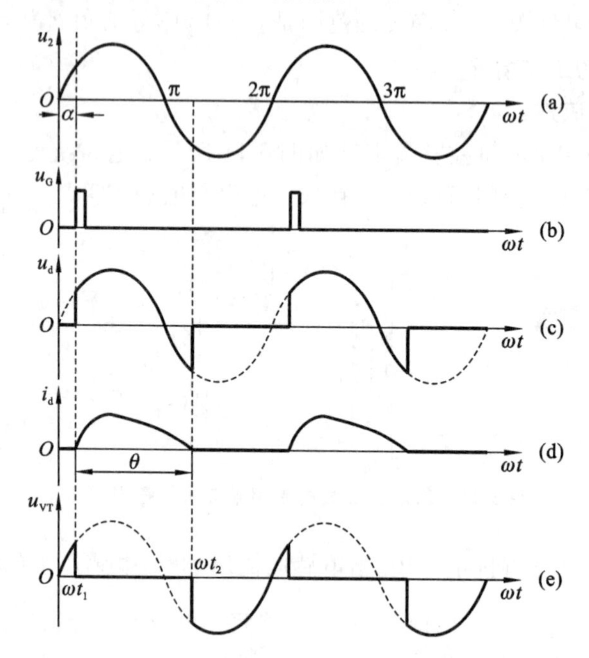

图 5-12　带阻感负载的单相半波可控整流电路工作波形图

表 5-2　带阻感负载的单相半波可控整流电路的工作过程

	阶段Ⅰ $\omega t_1 \sim \pi$	阶段Ⅱ $(\pi \sim \omega t_2)$	阶段Ⅲ $(\omega t_2 \sim 2\pi)$	阶段Ⅳ $(2\pi \sim 2\pi+\omega t_1$ 或 $0° \sim \omega t_1)$
u_d	u_2	u_2	0 V	0 V
u_{VT}	0 V	0 V	u_2	u_2
$i_d=i_{VT}=i_2$	根据微分方程 $L\frac{di_d}{dt}+Ri_d=\sqrt{2}U_2\sin(\omega t)$ 求解	根据微分方程 $L\frac{di_d}{dt}+Ri_d=\sqrt{2}U_2\sin(\omega t)$ 求解	0 A	0 A

(2) 基本数量关系的计算。

①晶闸管导通角 θ 的计算。

当晶闸管处于通态时，晶闸管相当于短路，观察回路 $u_2 \to VT \to L \to R \to u_2$，可列出回路电压方程：

$$L\frac{di_d}{dt} + Ri_d = \sqrt{2}U_2\sin(\omega t) \tag{5-20}$$

初始条件：当 $\omega t = \alpha$ 时，$i_d = 0$ A。求解式(5-20)并将初始条件代入可得：

$$i_d = -\frac{\sqrt{2}U_2}{Z}\sin(\alpha-\varphi)e^{-\frac{R}{\omega L}(\omega t-\alpha)} + \frac{\sqrt{2}U_2}{Z}\sin(\omega t-\varphi) \tag{5-21}$$

式中，$Z=\sqrt{R^2+(\omega L)^2}$，$\varphi=\arctan\frac{\omega L}{R}$。

当 $\omega t=\theta+\alpha$ 时，$i_d=0$ A，代入式(5-21)并整理得：

$$\sin(\alpha-\varphi)e^{-\frac{\theta}{\tan\varphi}} = \sin(\theta+\alpha-\varphi) \tag{5-22}$$

当 α 和 φ 都已知时，可根据上式求出 θ。上式为超越方程，可采用迭代法借助计算机进行求解。

②负载输出平均电压计算。

在求解出导通角 θ 后，就能计算平均电压，根据图 5-12(c)，可以列出输出平均电压的计算公式为：

$$U_d = \frac{1}{2\pi}\int_{\alpha}^{\alpha+\theta}\sqrt{2}U_2\sin(\omega t)d(\omega t) = \frac{U_2}{\sqrt{2}\pi}[\cos\alpha-\cos(\alpha+\theta)] \tag{5-23}$$

通过以上的过程分析和计算，可知带阻感负载的单相半波可控整流电路的特点是整流电压 u_d 出现负的部分，在 u_d 和 i_d 方向相同时，电源 u_2 输出电能，电能一部分在电阻上消耗，一部分由电感转化为磁场能储存起来；在 u_d 和 i_d 方向相反时，电感输出电能，电能一部分在电阻上消耗，一部分回馈给电源 u_2，并经过变压器送回电网。负载阻抗角 φ 越趋近于 $\frac{\pi}{2}$，电感储能越多，u_d 正、负半周的面积就越接近相等，平均电压 U_d 就越接近于 0 V。特别是在接大电感的情况下，无论触发角 α 多大，输出的平均电压 U_d 都接近于 0 V。

3. 带阻感＋续流二极管负载的工作情况

(1) 电路结构及原理。

为了解决接大电感负载时输出电压不好控制的问题，一般在整流电路的负载两端并联一个二极管（称为续流二极管）。在阻感负载端并联续流二极管的单相半波可控整流电路如图 5-13 所示。

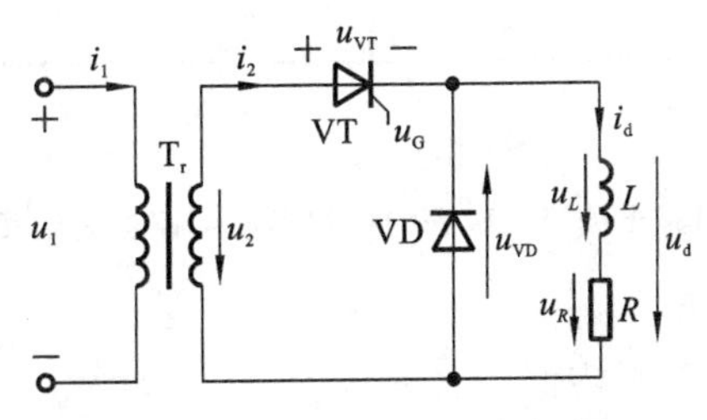

图 5-13 带阻感＋续流二极管负载的单相半波可控整流电路

假设电感非常大,电感上的电流在整个工作过程中是连续的。

阶段Ⅰ($\omega t_1 \sim \pi$):在 ωt_1 时刻,即触发角为 α 时,给晶闸管 VT 门极施加触发脉冲,此时晶闸管 VT 承受正向电压,晶闸管 VT 导通,二极管 VD 不导通,电流通路为 $u_2 \to \mathrm{VT} \to L \to R \to u_2$,负载的输出电压 $u_d = u_2$,电感储能。

阶段Ⅱ($\pi \sim 2\pi$):在此阶段,变压器二次侧电压 u_2 进入负半周,晶闸管 VT 关断,二极管 VD 导通(当 VT 导通时,可以把 VT 看成二极管,此时和二极管 VD 是共阴极接法,哪个管子的阳极电位高,哪个管子导通,在 u_2 进入负半周后,二极管 VD 的阳极电位比晶闸管 VT 的阳极电位高,因此二极管 VD 导通)。二极管 VD 导通后,晶闸管 VT 上承受的电压为 $u_{VT} = u_2$,即晶闸管 VT 承受反向电压,从而关断。电流导通回路为 $L \to R \to \mathrm{VD} \to L$,电感释放能量。此时输出负载上的电压 $u_d = 0$ V,负载电流减小。

阶段Ⅲ($2\pi \sim 2\pi + \omega t_1$):变压器二次侧交流电压 u_2 进入正半周,晶闸管 VT 开始承受正向电压,但门极尚未触发,所以晶闸管 VT 仍然处于关断状态,输出负载电压仍为 0 V。因为电感很大,此阶段依然通过二极管 VD 续流。

从此之后重复前面三个阶段的过程。根据过程分析,可以画出带阻感+续流二极管负载的单相半波可控整流电路工作波形,如图 5-14 所示。

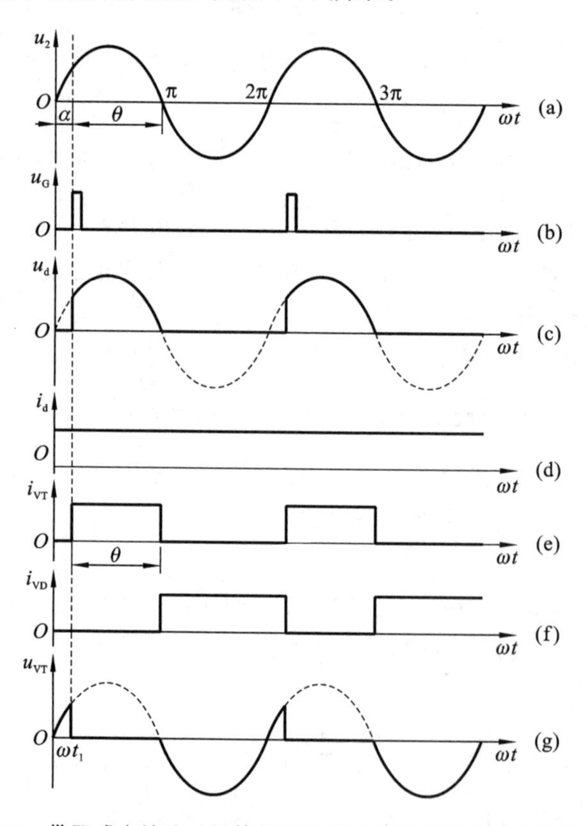

图 5-14 带阻感+续流二极管的单相半波可控整流电路工作波形图

(2) 基本数量关系的计算。

①输出电压和输出电流的平均值。

根据图 5-14(c)中 u_d 的波形,可以列出输出电压 u_d 的平均电压 U_d 的计算公式为:

$$U_d = \frac{1}{2\pi}\int_{\alpha}^{\pi}\sqrt{2}U_2\sin(\omega t)\mathrm{d}(\omega t) = \frac{\sqrt{2}U_2}{2\pi}(1+\cos\alpha) = 0.45U_2\,\frac{1+\cos\alpha}{2} \tag{5-24}$$

根据电路达到稳定状态时电感上的平均电压为 0 V，可以得出负载的平均电流为：

$$I_d = \frac{U_d}{R}$$

②流过晶闸管的电流平均值 $I_{d_{VT}}$ 和有效值 I_{VT}。

当电感 L 足够大，即 $\omega L \gg R$ 时，在 VT 关断期间，VD 可以持续导通，使得 i_d 连续，且 i_d 的波形接近一条水平直线。在一个周期内，在 $\omega t = \alpha \sim \pi$ 期间，晶闸管 VT 导通；在 $\omega t = \pi \sim 2\pi + \alpha$ 期间，续流二极管 VD 导通。

$$I_{d_{VT}} = \frac{\pi - \alpha}{2\pi}I_d \tag{5-25}$$

$$I_{VT} = \sqrt{\frac{1}{2\pi}\int_{\alpha}^{\pi}I_d^2\mathrm{d}(\omega t)} = \sqrt{\frac{\pi-\alpha}{2\pi}}I_d \tag{5-26}$$

③续流二极管的电流平均值 $I_{d_{VD}}$ 和有效值 I_{VD}。

$$I_{d_{VD}} = \frac{\pi + \alpha}{2\pi}I_d \tag{5-27}$$

$$I_{VD} = \sqrt{\frac{1}{2\pi}\int_{\pi}^{2\pi+\alpha}I_d^2\mathrm{d}(\omega t)} = \sqrt{\frac{\pi+\alpha}{2\pi}}I_d \tag{5-28}$$

④晶闸管承受的正反向电压。

晶闸管可能承受的正反向电压仍然是变压器二次侧电压 u_2 的峰值 $\sqrt{2}U_2$。

⑤触发角的移相范围和导通角。

触发角 α 的移相范围是 0°～180°，晶闸管的导通角 $\theta = \pi - \alpha$。

实用的单相半波可控整流电路是带纯电阻负载和阻感负载与续流二极管并联这两种。单相半波可控整流电路的特点是电路结构简单，但输出电压脉动大，变压器二次侧电流中含有直流分量，容易造成变压器铁芯直流磁化，所以实际上很少应用此种电路。分析该电路的主要目的在于利用其简单易学的特点，建立起整流电路的概念。

5.2.2　单相桥式全控整流电路

单相桥式全控整流电路是应用较多的单相整流电路。本节分纯电阻负载、阻感负载和反电动势负载来讲述。

1. 带纯电阻负载的工作情况

(1) 电路结构及原理。

单相桥式全控整流电路主要包含变压器、由四个晶闸管组成的整流桥以及负载，如图 5-15 所示。四个晶闸管的触发规则是：VT_1 和 VT_4 组成一对桥臂，同时触发；VT_2 和 VT_3 组成一对桥臂，同时触发；一对桥臂的触发角相对于另一对桥臂滞后 180°。单相桥式全控整流电路的工作过程也可以分为四个阶段，每个周期从晶闸管触发开始分析。

①阶段Ⅰ($\omega t = \alpha \sim \pi$)。

当 $\omega t = \alpha$ 时，同时给 VT_1 和 VT_4 施加触发脉冲。此时 a 点电位高于 b 点电位，VT_1 和

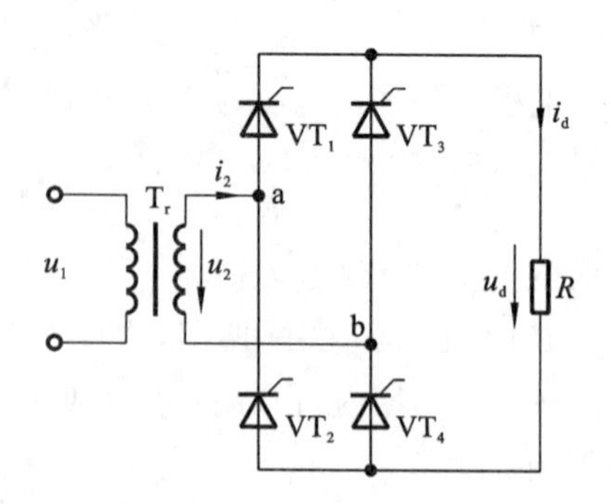

图 5-15　带纯电阻负载的单相桥式全控整流电路

VT_4 承受正向电压，因此能可靠导通。电流回路为 a→VT_1→R→VT_4→b，$u_d=u_2$，$i_2=i_{VT_1}=i_{VT_4}=i_d=\frac{u_d}{R}$，波形与电压 u_d 相同，只是幅值不同。

②阶段Ⅱ（$\omega t=\pi\sim\pi+\alpha$）。

当 $\omega t=\pi$ 时，电源 u_2 由正到负过零点，晶闸管 VT_1 和 VT_4 承受反向电压，又因为负载是纯电阻，流过晶闸管的电流也变为零，因此晶闸管关断，之后直到 $\omega t=\pi+\alpha$ 这期间，晶闸管 VT_1 和 VT_4 都处于关断状态，同时，对 VT_2 和 VT_3 还未施加触发脉冲，所以此阶段四个晶闸管都不导通。观察回路 a→VT_1→R→VT_4→b，晶闸管 VT_1 和 VT_4 关断时只有很小的漏电流，并且这两个晶闸管关断时的电阻远大于负载电阻 R，假设这两个晶闸管参数一致即正向关断电阻相同，根据回路电压方程，相当于电源电压在这两个晶闸管上均分，即 $u_{VT_1}=u_{VT_4}=\frac{1}{2}u_2$。在此阶段，$u_d=0$ V，$i_2=i_{VT_1}=i_d=0$ A。

③阶段Ⅲ（$\omega t=\pi+\alpha\sim2\pi$）。

当 $\omega t=\pi+\alpha$ 时，给 VT_2 和 VT_3 施加触发脉冲。此时 b 点电位高于 a 点电位，VT_2 和 VT_3 承受正向电压，因此可靠导通。电流回路为 b→VT_3→R→VT_2→a，$u_d=u_2$，$i_d=\frac{u_d}{R}$，$i_2=-i_d$。VT_3 导通，VT_1 阴极的电位等于 b 点电位，因此 $u_{VT_1}=u_2$。

④阶段Ⅳ（$\omega t=2\pi\sim2\pi+\alpha$）。

当 $\omega t=2\pi$ 时，电源 u_2 由负到正过零点，晶闸管 VT_2 和 VT_3 承受反向电压，又因为负载是纯电阻，流过晶闸管 VT_2 和 VT_3 的电流也变为零，因此晶闸管 VT_2 和 VT_3 关断，之后直到 $\omega t=2\pi+\alpha$ 这期间，晶闸管 VT_2 和 VT_3 都处于关断状态，同时，对 VT_1 和 VT_4 还未施加触发脉冲，所以此阶段四个晶闸管都不导通。因此，在该阶段，$u_{VT_1}=u_{VT_4}=\frac{1}{2}u_2$，$u_d=0$ V，$i_2=i_{VT_1}=i_d=0$ A。

以上分析的是一个周期（$\alpha\sim2\pi+\alpha$）的情况，其他周期重复这个过程。根据以上分析，可以对各个工作阶段的负载电压和电流、晶闸管电压和电流以及变压器二次侧的电流进行总结，如表 5-3 所示。同时根据分析，可以画出带纯电阻负载的单相桥式全控整流电路的工作波形，如图 5-16 所示。

表 5-3　带纯电阻负载的单相桥式全控整流电路的工作过程

	阶段Ⅰ $\alpha \sim \pi$	阶段Ⅱ $\pi \sim \pi+\alpha$	阶段Ⅲ $\pi+\alpha \sim 2\pi$	阶段Ⅳ $2\pi \sim 2\pi+\alpha$
u_d	u_2	0 V	u_2	0 V
u_{VT_1}	0 V	$\frac{1}{2}u_2$	u_2	$\frac{1}{2}u_2$
$i_d=i_{VT_1}=i_2$	$\frac{u_d}{R}$	0 A	$\frac{u_d}{R}$	0 A

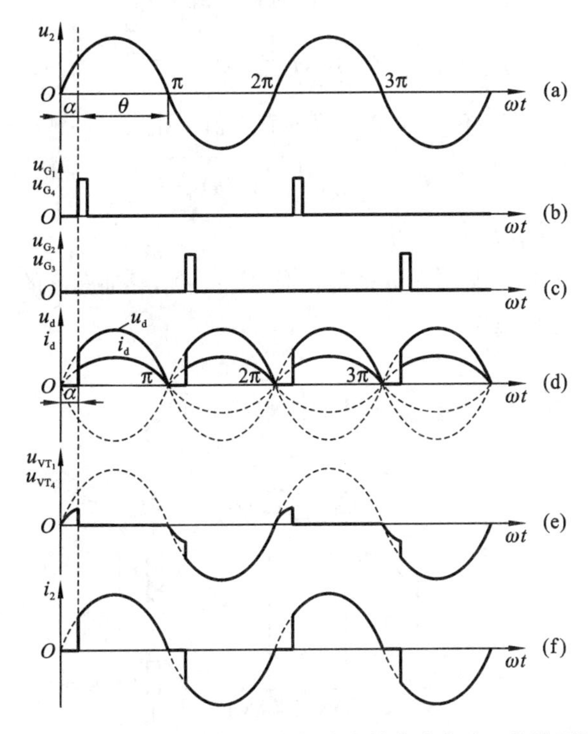

图 5-16　带纯电阻负载的单相桥式全控整流电路工作波形图

(2) 基本数量关系的计算。

①输出电压的平均值 U_d 和输出电流的平均值 I_d。

根据图 5-16(d)，可以求出负载直流输出电压的平均值 U_d：

$$U_d=\frac{1}{\pi}\int_{\alpha}^{\pi}\sqrt{2}U_2\sin(\omega t)\mathrm{d}(\omega t)=\frac{2\sqrt{2}U_2}{\pi}\frac{1+\cos\alpha}{2}=0.9U_2\frac{1+\cos\alpha}{2} \tag{5-29}$$

当 $\alpha=0°$ 时，输出电压 $U_d=0.9U_2$；当 $\alpha=180°$ 时，输出电压为 0 V。

负载电流平均值 I_d 为：

$$I_d=\frac{U_d}{R}=\frac{0.9U_2}{R}\frac{1+\cos\alpha}{2} \tag{5-30}$$

②输出电压的有效值 U 和输出电流的有效值 I。

输出电压的有效值 U 为：

$$U=\sqrt{\frac{1}{\pi}\int_{\alpha}^{\pi}u_d^2\mathrm{d}(\omega t)}=\sqrt{\frac{1}{\pi}\int_{\alpha}^{\pi}\left[\sqrt{2}U_2\sin(\omega t)\right]^2\mathrm{d}(\omega t)}=U_2\sqrt{\frac{1}{2\pi}\sin(2\alpha)+\frac{\pi-\alpha}{\pi}} \tag{5-31}$$

输出电流的有效值为：

$$I=\sqrt{\frac{1}{\pi}\int_{\alpha}^{\pi}\left(\frac{u_{d}}{R}\right)^{2}d(\omega t)}=\frac{U}{R}=\frac{U_{2}}{R}\sqrt{\frac{1}{2\pi}\sin(2\alpha)+\frac{\pi-\alpha}{\pi}} \tag{5-32}$$

③晶闸管承受的正反向电压。

晶闸管承受的最大正向电压为$\frac{\sqrt{2}}{2}U_2$，晶闸管承受的最大反向电压为$\sqrt{2}U_2$。

④晶闸管 VT_1 流过电流的有效值 I_{VT_1} 和变压器二次侧电流的有效值 I_2。

负载上的电流在一个周期内有两个波头，而晶闸管上流过的电流只有一个波头，也就是说晶闸管电流是输出电流的二分之一，因此它的有效值 I_{VT_1} 为：

$$I_{VT_1}=\frac{1}{\sqrt{2}}I=\frac{U_2}{R}\sqrt{\frac{1}{4\pi}\sin(2\alpha)+\frac{\pi-\alpha}{2\pi}} \tag{5-33}$$

变压器二次侧电流的有效值与负载电流的有效值 I 相同，即：

$$I_2=I=\frac{U_2}{R}\sqrt{\frac{1}{2\pi}\sin(2\alpha)+\frac{\pi-\alpha}{\pi}} \tag{5-34}$$

⑤触发角 α 和导通角 θ 的范围。

通过电路原理分析可知，触发角 α 的范围是 0°～180°，导通角 θ 的范围为 $180°-\alpha$。

2. 带阻感负载的工作情况

(1) 电路结构和原理。

带阻感负载的单相桥式全控整流电路如图 5-17 所示。

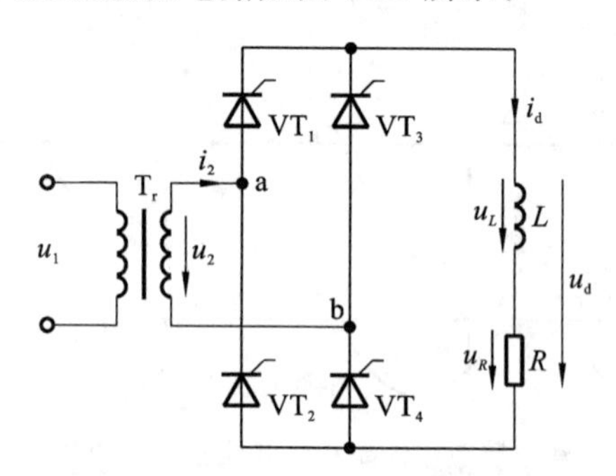

图 5-17 带阻感负载的单相桥式全控整流电路

但凡电路中有电感，分析时都假设电路已经达到稳定状态。如果电路中电感的值特别大，可认为电感上的电流波动很小，近似为恒定值。下面分四个阶段分析电路的工作过程。

①阶段Ⅰ($\omega t=\alpha\sim\pi$)。

当 $\omega t=\alpha$ 时，同时给 VT_1 和 VT_4 施加触发脉冲，此时 a 点电位高于 b 点电位，VT_1 和 VT_4 承受正向电压，因此可靠导通。电流回路为 a→VT_1→L→R→VT_4→b，$u_d=u_2$，由于是大电感，电感上的电流基本保持不变，可以认为是恒定值 I_d。$i_2=i_{VT_1}=i_{VT_4}=I_d$。$VT_2$ 和 VT_3 为断态。

②阶段Ⅱ($\omega t=\pi\sim\pi+\alpha$)。

当 $\omega t=\pi$ 时，电源 u_2 由正到负过零点，但由于有大电感的存在，负载电流仍然为正，流过晶闸管 VT_1 和 VT_4 的电流也仍然为正，所以晶闸管 VT_1 和 VT_4 不会关断。电流回路仍然为 a→VT_1→L→R→VT_4→b，$u_d=u_2$，$i_2=i_{VT_1}=i_{VT_4}=I_d$。

③阶段Ⅲ（$\omega t=\pi+\alpha\sim 2\pi$）。

当 $\omega t=\pi+\alpha$ 时，给 VT_2 和 VT_3 施加触发脉冲。此时需要判断电流能不能从 VT_1 换流到 VT_3。此时可以把正在导通的 VT_1 和刚触发的 VT_3 看成是二极管，采用共阴极接法，哪个的阳极电位高哪个导通，此时 b 点电位高于 a 点电位，VT_3 的阳极电位高于 VT_1 的阳极电位，电流从 VT_2 换流到 VT_3。同理，此时电流可以顺利从 VT_4 换流到 VT_2。完成换流后，晶闸管 VT_1 和 VT_4 承受的电压为 u_2，也就是承受反向电压，从而可靠关断。本阶段电流的通路为 b→VT_3→L→R→VT_2→a，$u_d=-u_2$，电感上的电流基本保持不变，仍然可以认为是恒定值 I_d。$i_2=-I_d$，$i_{VT_1}=i_{VT_4}=0$ A。

④阶段Ⅳ（$\omega t=2\pi\sim 2\pi+\alpha$）。

当 $\omega t=2\pi$ 时，电源 u_2 由负到正过零点，但由于有大电感的存在，负载电流仍然为正，流过晶闸管 VT_2 和 VT_3 的电流仍然为正，所以晶闸管 VT_2 和 VT_3 不会关断。此时晶闸管 VT_1 和 VT_4 还没有触发脉冲，所以不会发生桥臂换流。电流回路仍然为 b→VT_3→L→R→VT_2→a，$u_d=-u_2$。$i_2=-I_d$，$i_{VT_1}=i_{VT_4}=0$ A，$i_{VT_2}=i_{VT_3}=I_d$。

以上按四个阶段来分析，实际上四个阶段可以合并成两个阶段，也就是阶段Ⅰ和阶段Ⅱ合并为一个过程，阶段Ⅲ和阶段Ⅳ合并为一个过程，电路的具体性质可以总结成表 5-4。根据以上的过程分析，可以画出电路的波形，如图 5-18 所示。

表 5-4　带阻感负载的单相桥式全控整流电路的工作过程

	阶段Ⅰ和阶段段Ⅱ合并 $\alpha\sim\pi+\alpha$	阶段Ⅲ和阶段Ⅳ合并 $\pi+\alpha\sim 2\pi+\alpha$
导通的晶闸管	VT_1 和 VT_4	VT_2 和 VT_3
u_d	u_2	$-u_2$
u_{VT_1}	0 V	u_2
i_d	I_d	I_d
i_2	I_d	$-I_d$
i_{VT_1}	I_d	0 A

(2) 基本数量关系的计算。

①输出电压和输出电流的平均值。

$$U_d=\frac{1}{\pi}\int_{\alpha}^{\pi+\alpha}\sqrt{2}U_2\sin(\omega t)\mathrm{d}(\omega t)=\frac{2\sqrt{2}U_2}{\pi}\cos\alpha=0.9U_2\cos\alpha \tag{5-35}$$

根据电路达到稳定状态时电感上的平均电压为零可以得知阻感负载上的平均电压和电阻 R 上的平均电压相等，因此负载上的平均电流为：

$$I_d=\frac{U_d}{R}=0.9\frac{U_2}{R}\cos\alpha \tag{5-36}$$

②输出电压的有效值 U 和输出电流的有效值 I。

输出电压的有效值 U 为：

$$U=\sqrt{\frac{1}{\pi}\int_{\alpha}^{\pi+\alpha}\left[\sqrt{2}U_2\sin(\omega t)\right]^2\mathrm{d}(\omega t)}=U_2 \tag{5-37}$$

输出电流的有效值为：

$$I=\frac{U_2}{R} \tag{5-38}$$

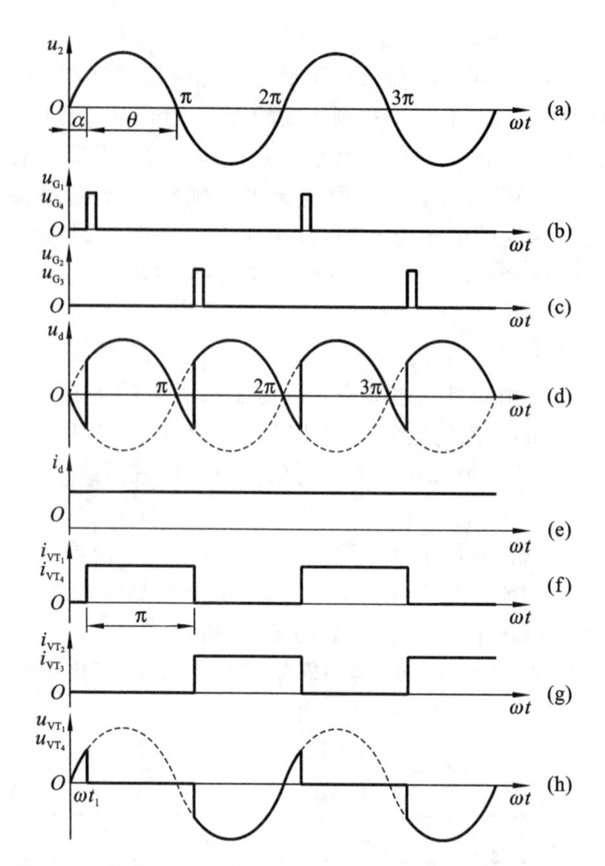

图 5-18　带阻感负载的单相桥式全控整流电路工作波形图

③晶闸管承受的正反向电压。

晶闸管承受的最大正向电压为$\sqrt{2}U_2$，晶闸管承受的最大反向电压为$\sqrt{2}U_2$。

④晶闸管 VT_1 流过电流的有效值 I_{VT_1} 和变压器二次侧电流的有效值 I_2。

负载上的电流在一个周期内有两个波头，而晶闸管上流过的电流只有一个波头，也就是说晶闸管电流是输出电流的二分之一，因此它的有效值 I_{VT_1} 为：

$$I_{VT_1}=\frac{1}{\sqrt{2}}I_d \tag{5-39}$$

变压器二次侧电流的有效值与负载上电流的有效值 I 相同，即：

$$I_2=I_d \tag{5-40}$$

⑤触发角 α 和导通角 θ 的范围。

通过电路原理分析可知，当 $\alpha>90°$时，虽然电路能工作，但由于输出电压的正半周面积等于负半周面积，也因此输出电压的平均值一直为零，也因此触发角的触发范围为 0°～90°，导通角 θ 为 180°。

3. 带反电动势负载的工作情况

当负载是蓄电池或者是直流电动机时，负载本身有一定的直流电动势，相当于反电动势性质的负载。当接蓄电池时，相当于反电动势＋电阻负载。当接直流电动机时，为了改善直流电动机的特性，常常串联一个大电感，这就变成了反电动势＋电阻＋电感负载（简写为反电动势＋阻感负载）。下面分别分析这两种反电动势负载的单相桥式全控整流电路的工作原理。

(1) 带反电动势＋电阻负载的单相桥式全控整流电路。

①电路的工作原理和工作波形。

带反电动势＋电阻负载的单相桥式全控整流电路如图 5-19 所示。在该电路中，在 u_2 的正半周，当 $u_2>E$ 时，VT_1 和 VT_4 才承受正向电压，可能导通；在 u_2 的负半周，当 $|u_2|>E$ 时，VT_2 和 VT_3 才承受正向电压，可能导通。这就要求触发脉冲在 $u_2>E$ 时出现，并且 VT_2 和 VT_3 这组管子的触发脉冲滞后 VT_1 和 VT_4 这组管子的触发脉冲 180°。下面分析在这种触发规则下，该电路的工作过程。

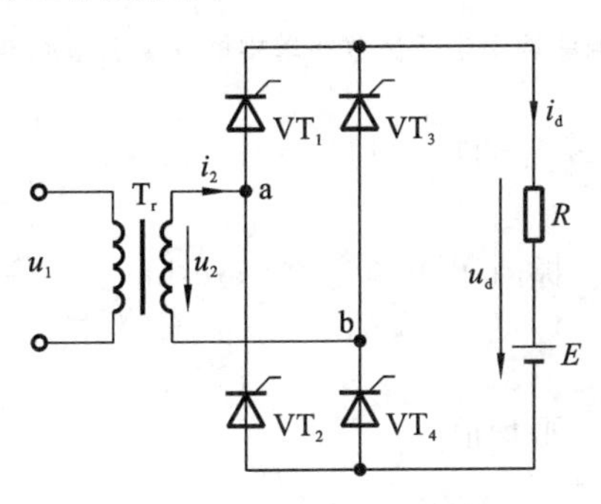

图 5-19　带反电动势＋电阻负载的单相桥式全控整流电路

a. 阶段Ⅰ($\omega t=\alpha\sim\alpha+\theta$)。

当 $\omega t=\alpha$ 时，$u_2=\sqrt{2}U_2\sin\alpha>E$，给 VT_1 和 VT_4 施加触发脉冲。此时 VT_1 和 VT_4 因承受正向电压而导通，电流通路为 a→VT_1→R→E→VT_4→b，输出电压 $u_d=u_2$，$i_d=\dfrac{u_d-E}{R}$。在 u_2 的正半周，当 $\omega t=\alpha+\theta$ 时，u_2 下降到 $u_2=E$，负载电流降为零，并在这之后 VT_1 和 VT_4 将承受反向电压，因此 VT_1 和 VT_4 关断。

b. 阶段Ⅱ($\omega t=\alpha+\theta\sim\pi+\alpha$)。

在此阶段，VT_1 和 VT_4 关断，VT_2 和 VT_3 的触发脉冲还没到来，因此四个晶闸管都不导通，输出电压 $u_d=E$，$i_d=0$ A。

c. 阶段Ⅲ($\omega t=\pi+\alpha\sim\pi+\alpha+\theta$)。

当 $\omega t=\pi+\alpha$ 时，给晶闸管 VT_2 和 VT_3 施加触发脉冲，此时 $|u_2|>E$，VT_2 和 VT_3 可靠导通，负载输出电压 $u_d=-u_2$，$i_d=\dfrac{u_d-E}{R}$。在 u_2 的负半周，当 $\omega t=\pi+\alpha+\theta$ 时，u_2 上升到 $|u_2|=E$，负载电流降为零，并在这之后 VT_2 和 VT_3 将承受反向电压，因此 VT_2 和 VT_3 关断。

d. 阶段Ⅳ($\omega t=\pi+\alpha+\theta\sim2\pi+\alpha$)。

此阶段四个晶闸管都关断，输出电压 $u_d=E$，$i_d=0$ A。

根据上述分析，可以画出负载输出电压和电流的波形如图 5-20 所示。

②基本数量关系的计算。

a. 触发角 α 和导通角 θ 的范围。

根据 $u_2=\sqrt{2}U_2\sin(\omega t)=E$，可以算出 $\omega t_1=\arcsin\dfrac{E}{\sqrt{2}U_2}$ 和 $\omega t_2=\pi-\arcsin\dfrac{E}{\sqrt{2}U_2}$ 两个角度。触发角 α 必须满足 $\arcsin\dfrac{E}{\sqrt{2}U_2}\leqslant\alpha<\pi-\arcsin\dfrac{E}{\sqrt{2}U_2}$，该电路才能工作。以 VT_1 和

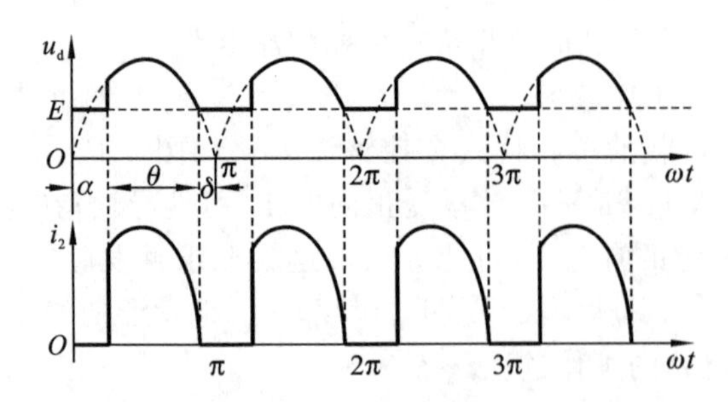

图 5-20　带反电动势+电阻负载的单相桥式全控整流电路工作波形图

VT_4 为例，晶闸管 VT_1 和 VT_4 导通后，当 $\omega t_2=\pi-\arcsin\dfrac{E}{\sqrt{2}U_2}$ 时，晶闸管 VT_1 和 VT_4 关断，与纯电阻负载相比，晶闸管提前了电角度 $\delta=\arcsin\dfrac{E}{\sqrt{2}U_2}$ 停止导通，因此晶闸管的导通角为 $\theta=\pi-\alpha-\delta$。

b. 输出电压和输出电流的平均值。

$$\begin{aligned} U_d &= \frac{1}{\pi}\left[\int_{\alpha}^{\alpha+\theta}\sqrt{2}U_2\sin(\omega t)\mathrm{d}(\omega t)+E(\alpha+\delta)\right] \\ &= \frac{1}{\pi}\left\{\frac{2\sqrt{2}U_2}{\pi}[\cos\alpha-\cos(\alpha+\theta)]+E(\alpha+\delta)\right\} \end{aligned} \tag{5-41}$$

由波形图也可以看出，负载的输出平均电压相比带纯电阻负载时提高了。

负载上的平均电流 I_d 为：

$$I_d=\frac{U_d-E}{R} \tag{5-42}$$

负载上的电流在一个周期内有部分时间为 0 A 的情况，因此负载电流是断续的。如果将负载换成直流电动机，这种断续的电流会使直流电动机的机械特性变软，因此如果接直流电动机，需要在负载上接一个电感，使负载电流连续。

（2）带反电动势+阻感负载的单相桥式全控整流电路。

带反电动势+阻感负载的单相桥式全控整流电路如图 5-21 所示。在直流输出侧串联一个平波电抗器，用来减少电流的脉动和延长晶闸管导通的时间。当电感 L 的值很大时，负载电流连续且基本是恒定值。当 u_2 小于 E，甚至 u_2 变负值时，晶闸管仍可导通。这样每组晶闸管导通 180°，负载电压和电流的波形与阻感负载电流连续时相同。

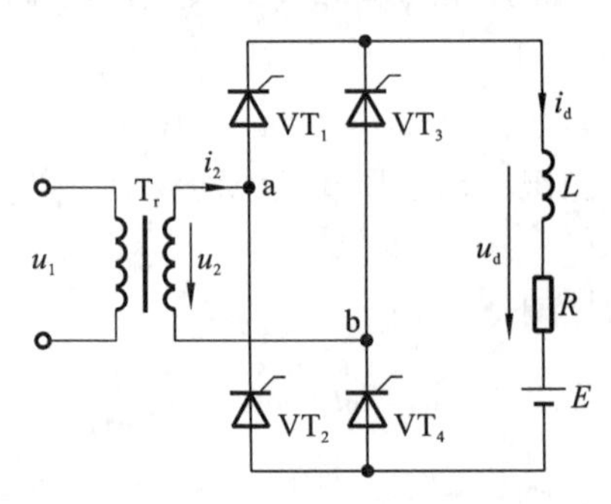

图 5-21　带反电动势+阻感负载的单相桥式全控整流电路

【例 5-1】 单相桥式全控整流电路如图 5-21 所示。变压器二次侧电压的有效值为 $U_2=100\ \text{V}$；负载中 $R=2\ \Omega$，L 值极大，反电动势 $E=50\ \text{V}$。当 $\alpha=30°$时：

(1) 求整流输出平均电压 U_d、电流 I_d，变压器二次侧电流有效值 I_2；

(2) 作出 u_d、i_d 和 i_2 的波形；

(3) 考虑安全裕量，确定晶闸管的额定电压和额定电流。

解：(1) 整流输出平均电压 U_d、电流 I_d，变压器二次侧电流有效值 I_2 分别为：

$$U_d = 0.9U_2\cos\alpha = 0.9 \times 100\ \text{V} \times \cos 30° = 77.94\ \text{V}$$

$$I_d = \frac{U_d - E}{R} = \frac{77.94 - 50}{2}\ \text{A} = 13.97\ \text{A}$$

$$I_2 = I_d = 13.97\ \text{A}$$

(2) u_d、i_d、i_2 的波形如图 5-22 所示。

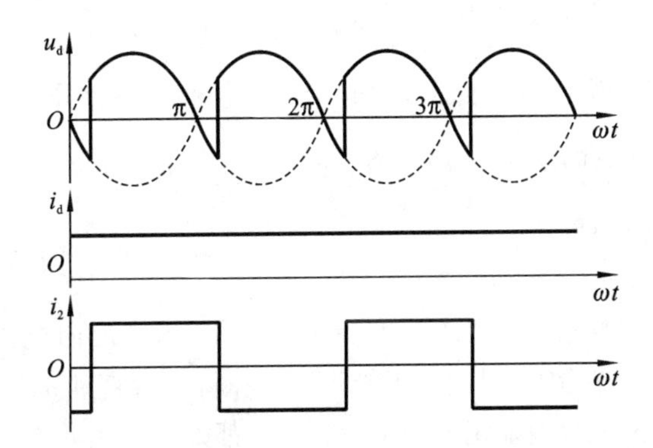

图 5-22　例 5-1 输出电压、电流和变压器二次侧电流的波形

(3) 晶闸管承受的最大反向电压为：

$$U_{VTM} = 100\sqrt{2}\ \text{V} = 141.4\ \text{V}$$

流过每个晶闸管的电流的有效值为：

$$I_{VT} = \frac{I_d}{\sqrt{2}} = \frac{13.97}{\sqrt{2}}\ \text{A} = 9.88\ \text{A}$$

因此晶闸管的额定电压为：

$$U_N = (2 \sim 3)U_{VTM} = (2 \sim 3) \times 141.4\ \text{V} = 283 \sim 424\ \text{V}$$

晶闸管的额定电流为：

$$I_N = (1.5 \sim 2) \times 9.88\ \text{A}/1.57 = 9.44 \sim 12.59\ \text{A}$$

晶闸管额定电压和额定电流的具体数值可按晶闸管产品系列参数选取。

5.2.3　单相全波可控整流电路

单相全波可控整流电路(single phase full wave controlled rectifier)，又称单相双半波可控整流电路。下面分别以带纯电阻负载与带阻感负载来分析其工作原理和输入与输出的关系。

1. 带纯电阻负载

(1) 工作原理和工作波形。

带纯电阻负载的单相全波可控整流电路如图 5-23 所示。它由变压器二次侧带中心抽头的整流变压器和两个晶闸管组成,负载是纯电阻负载。下面分四个阶段来分析该电路的工作过程。

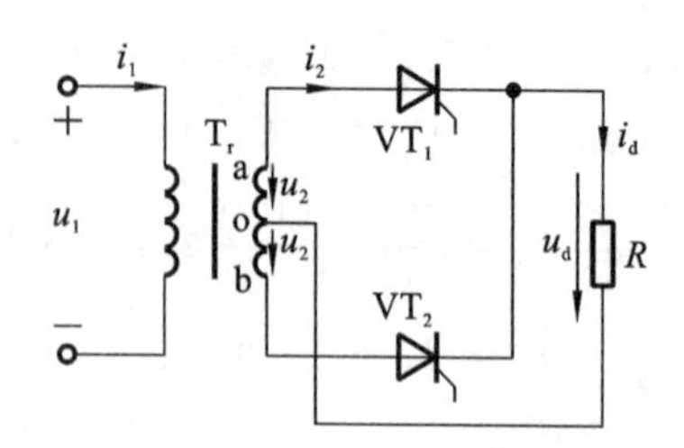

图 5-23　带纯电阻负载的单相全波可控整流电路

①阶段Ⅰ($\omega t=\alpha\sim\pi$)。

当 $\omega t=\alpha$ 时,给 VT_1 施加触发脉冲,此时 a 点电位高于 o 点电位, VT_1 承受正向电压,因此 VT_1 可靠导通。电流回路为从 a→VT_1→R→o→a,$u_d=u_2$,$i_{VT_1}=i_d=\dfrac{u_d}{R}$,电流波形与电压波形相同,只是幅值不同。

②阶段Ⅱ($\omega t=\pi\sim\pi+\alpha$)。

当 $\omega t=\pi$ 时,电源 u_2 由正到负过零点,晶闸管 VT_1 承受反向电压,又因为负载是纯电阻,流过晶闸管的电流也变为零,因此晶闸管 VT_1 关断,之后直到 $\omega t=\pi+\alpha$ 这期间,VT_2 还未施加触发脉冲,因此这个阶段晶闸管 VT_1 和 VT_2 都处于关断状态。观察回路 a→VT_1→R→o→a,晶闸管 VT_1 上只有很小的漏电流,由于晶闸管关断时的电阻远大于负载电阻 R,所以晶闸管上的电压为 $u_{VT_1}=u_2$。在此阶段,$u_d=0$ V,$i_{VT_1}=i_d=0$ A。

③阶段Ⅲ($\omega t=\pi+\alpha\sim2\pi$)。

当 $\omega t=\pi+\alpha$ 时,给 VT_2 施加触发脉冲,此时 b 点电位高于 o 点电位,VT_2 承受正向电压,因此可靠导通,电流回路为 b→VT_2→R→o→b ,$u_d=-u_2$,$i_d=\dfrac{u_d}{R}$,$i_{VT_2}=i_d$。由于 VT_2 导通,VT_1 阴极的电位等于 b 点电位,因此 $u_{VT_1}=2u_2$。

④阶段Ⅳ($\omega t=2\pi\sim2\pi+\alpha$)。

当 $\omega t=2\pi$ 时,电源 u_2 由负到正过零点,晶闸管 VT_2 承受反向电压,又因为负载是纯电阻,流过晶闸管 VT_2 的电流也变为零,因此晶闸管 VT_2 关断,之后直到 $\omega t=2\pi+\alpha$ 这期间,晶闸管 VT_2 都处于关断状态,同时,VT_1 还未施加触发脉冲,所以此阶段两个晶闸管都不导通。因此,在该阶段,$u_{VT_1}=u_2$,$u_d=0$ V,$i_{VT_1}=i_d=0$ A。

根据以上的过程分析,可以画出电路的工作波形,如图 5-24 所示。

(2) 基本数量关系的计算。

①输出电压的平均值 U_d 和输出电流的平均值 I_d。

根据图 5-24,可以求出负载直流输出电压平均值 U_d:

$$U_d=\frac{1}{\pi}\int_{\alpha}^{\pi}\sqrt{2}U_2\sin(\omega t)\mathrm{d}(\omega t)=\frac{2\sqrt{2}U_2}{\pi}\frac{1+\cos\alpha}{2}=0.9U_2\frac{1+\cos\alpha}{2}\tag{5-43}$$

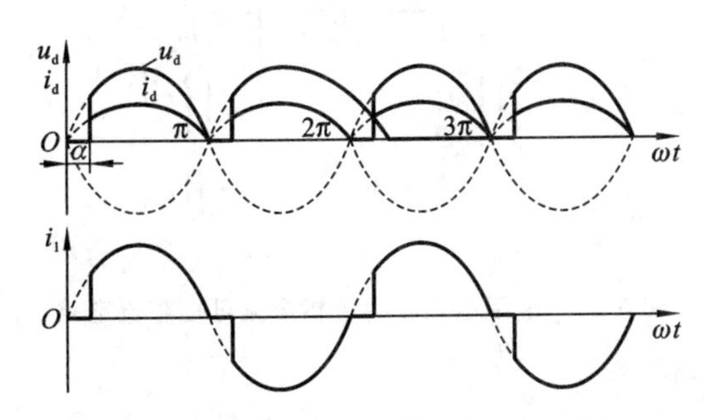

图 5-24　带纯电阻负载的单相全波可控整流电路工作波形图

当 $\alpha=0°$ 时，输出电压 $U_d=0.9U_2$；当 $\alpha=180°$ 时，输出电压为 0 V。与单相半波可控整流电路相比，输出电压的平均值为单相半波可控整流电路的两倍。

负载电流平均值 I_d：

$$I_d=\frac{U_d}{R}=\frac{0.9U_2}{R}\frac{1+\cos\alpha}{2} \tag{5-44}$$

②输出电压的有效值 U 和输出电流的有效值 I。

输出电压的有效值 U 为：

$$U=\sqrt{\frac{1}{\pi}\int_{\alpha}^{\pi}u_d^2\mathrm{d}(\omega t)}=\sqrt{\frac{1}{\pi}\int_{\alpha}^{\pi}\left[\sqrt{2}U_2\sin(\omega t)\right]^2\mathrm{d}(\omega t)}=U_2\sqrt{\frac{1}{\pi}\sin(2\alpha)+\frac{2\pi-2\alpha}{\pi}} \tag{5-45}$$

输出电流的有效值为：

$$I=\frac{U}{R}=\frac{U_2}{R}\sqrt{\frac{1}{\pi}\sin(2\alpha)+\frac{2\pi-2\alpha}{\pi}} \tag{5-46}$$

③晶闸管承受的正反向电压。

晶闸管承受的最大正向电压为 $\sqrt{2}U_2$，晶闸管承受的最大反向电压为 $2\sqrt{2}U_2$。

④晶闸管 VT_1 流过电流的有效值 I_{VT_1} 和变压器二次侧电流的有效值 I_2。

负载上的电流在一个周期内有两个波头，而晶闸管 VT_1 上流过的电流只有一个波头。也就是说晶闸管电流是输出电流的二分之一，因此它的有效值 I_{VT_1} 为：

$$I_{VT_1}=\frac{1}{\sqrt{2}}I=\frac{U_2}{R}\sqrt{\frac{1}{2\pi}\sin(2\alpha)+\frac{\pi-\alpha}{\pi}} \tag{5-47}$$

变压器二次侧电流的有效值与负载上电流的有效值 I 相同，即：

$$I_2=I=\frac{U_2}{R}\sqrt{\frac{1}{\pi}\sin(2\alpha)+\frac{2\pi-2\alpha}{\pi}} \tag{5-48}$$

⑤触发角 α 和导通角 θ 的范围。

通过电路原理分析可知，触发角 α 的范围是 0°～180°，导通角 0 的范围为 $180°-\alpha$。

2. 带阻感负载

(1) 工作原理和工作波形。

带阻感负载的单相全波可控整流电路如图 5-25 所示。在触发角 $\alpha<90°$，且电感值很大，使得负载电流连续并且基本保持不变的情况下，分四个阶段来分析该电路的工作过程。

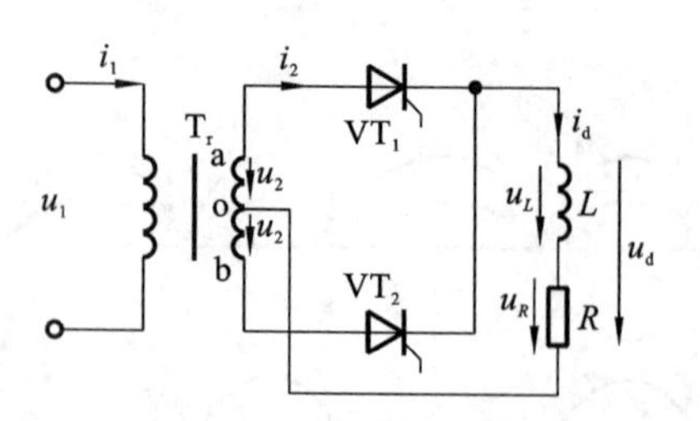

图 5-25　带阻感负载的单相全波可控整流电路

①阶段Ⅰ($\omega t=\alpha\sim\pi$)。

当 $\omega t=\alpha$ 时，给 VT_1 施加触发脉冲，VT_1 承受正向电压，因此可靠导通。电流回路为 a→VT_1→L→R→o→a，负载输出电压 $u_d=u_2$。由于是大电感，电感上的电流基本保持不变，可以认为是恒定值，即 $i_d=I_d$。晶闸管 VT_1 上电流 $i_{VT_1}=I_d$。

②阶段Ⅱ($\omega t=\pi\sim\pi+\alpha$)。

当 $\omega t=\pi$ 时，电源 u_2 由正到负过零点，但由于有大电感的存在，负载电流仍然为正，流过晶闸管 VT_1 的电流也仍然为正，所以晶闸管 VT_1 不会关断。电流回路仍然为 a→VT_1→L→R→o→a，$u_d=u_2$，但此时 u_2 为负值。

③阶段Ⅲ ($\omega t=\pi+\alpha\sim2\pi$)。

当 $\omega t=\pi+\alpha$ 时，给 VT_2 施加触发脉冲，在此之前 VT_1 还处于导通状态，此时需要判断电流能不能从 VT_1 换流到 VT_2。此时可以把正在导通的 VT_1 和刚触发的 VT_2 看成是二极管，采用共阴极接法，哪个的阳极电位高哪个导通，此时 b 点电位高于 a 点电位，VT_2 的阳极电位高于 VT_1 的阳极电位，电流从 VT_1 换流到 VT_2。完成换流后，晶闸管 VT_1 承受的电压为 $u_{VT_1}=2u_2$，也就是承受反向电压，从而可靠关断。本阶段电流的通路为 b→VT_2→L→R→o→b ，$u_d=-u_2$，电感上的电流基本保持不变，仍然可以认为是恒定值，即 $i_d=I_d$，$i_{VT_1}=0$ A。

④阶段Ⅳ($\omega t=2\pi\sim2\pi+\alpha$)。

当 $\omega t=2\pi$ 时，电源 u_2 由负到正过零点，但由于有大电感的存在，负载电流仍然为正，流过晶闸管 VT_2 的电流仍然为正，所以晶闸管 VT_2 不会关断。此时晶闸管 VT_1 还没有触发脉冲到来，所以不会发生换流。电流回路仍然为 b→VT_2→L→R→o→b，$u_d=-u_2$，$i_{VT_1}=0$ A，$i_{VT_2}=I_d$。

根据以上的过程分析，可以画出电路的波形图，如图 5-26 所示。

(2) 基本数量关系的计算。

①输出电压和输出电流的平均值。

$$U_d=\frac{1}{\pi}\int_{\alpha}^{\pi+\alpha}\sqrt{2}U_2\sin(\omega t)\mathrm{d}(\omega t)=\frac{2\sqrt{2}U_2}{\pi}\cos\alpha=0.9U_2\cos\alpha \tag{5-49}$$

根据电路达到稳定状态时电感上的平均电压为零可以得知，阻感负载上的平均电压和电阻 R 上的平均电压相等，因此负载上的平均电流为：

$$I_d=\frac{U_d}{R}=0.9\frac{U_2}{R}\cos\alpha \tag{5-50}$$

②输出电压的有效值 U 和输出电流的有效值 I。

输出电压的有效值 U 为：

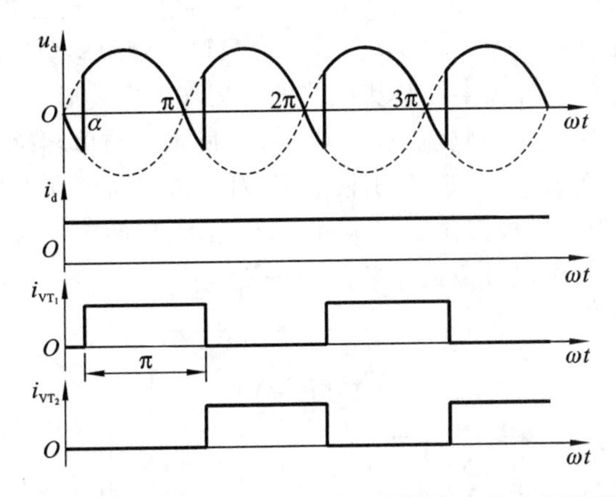

图 5-26　带阻感负载的单相全波可控整流电路工作波形图

$$U=\sqrt{\frac{1}{\pi}\int_{\alpha}^{\pi+\alpha}\left[\sqrt{2}U_2\sin(\omega t)\right]^2\mathrm{d}(\omega t)}=U_2 \tag{5-51}$$

输出电流的有效值为：

$$I=\frac{U_2}{R} \tag{5-52}$$

③晶闸管承受的正反向电压。

晶闸管承受的最大正向电压为$\sqrt{2}U_2$，晶闸管承受的最大反向电压为 $2\sqrt{2}U_2$。

④晶闸管 VT_1 流过电流的有效值 I_{VT_1} 和变压器二次侧电流的有效值 I_2。

负载上的电流在一个周期内有两个波头，而晶闸管上流过的电流只有一个波头，也就是说晶闸管电流是输出电流的二分之一，因此它的有效值 I_{VT_1} 为：

$$I_{VT_1}=\frac{1}{\sqrt{2}}I_d \tag{5-53}$$

变压器二次侧电流的有效值与负载上电流的有效值 I 相同，即：

$$I_2=I_d \tag{5-54}$$

⑤触发角 α 和导通角 θ 的范围。

通过电路原理分析可知，当 $\alpha>90°$时，虽然电路能工作，但由于输出电压的正半周面积等于负半周面积，因此输出电压的平均值一直为零，也因此触发角的触发范围为 0°～90°，导通角 θ 为180°。

单相全波可控整流电路与单相半波可控整流电路相比，变压器不存在直流磁化的问题，但这种电路要求变压器二次侧带中心抽头，变压器结构相对复杂。另外，变压器二次侧的每个次级线圈在一个周期内只工作一半时间，利用率低，所用晶闸管正反向耐压值需要提高一倍，因此，这种电路只适合作输出平均电压要求低且功率较小的可控整流电路。

5.2.4　单相桥式半控整流电路

单相桥式半控整流电路是把单相桥式全控整流电路的其中两个晶闸管换成二极管，最典型的就是把下桥臂的两个晶闸管换成二极管。电路如图 5-27 所示。它根据负载的性质不同也分成纯电阻负载和阻感负载两种。带纯电阻负载时，单相桥式半控整流电路和单相桥式全控整流电路的工作情况基本相同，因此下面只讨论带阻感负载时的情况。

(1) 带阻感负载的单相桥式半控整流电路的结构与工作波形。

带阻感负载的单相桥式半控整流电路如图 5-27 所示。与单相桥式全控整流电路相比，该电路在电路结构上将 VT_2 和 VT_4 分别换成了 VD_2 和 VD_4。这里晶闸管 VT_1 和 VT_3 的阴极连接在一起，可称为共阴极接法。二极管 VD_2 和 VD_4 的阳极接在一起，可称为共阳极接法。该电路的工作过程可以分成四个阶段来分析。

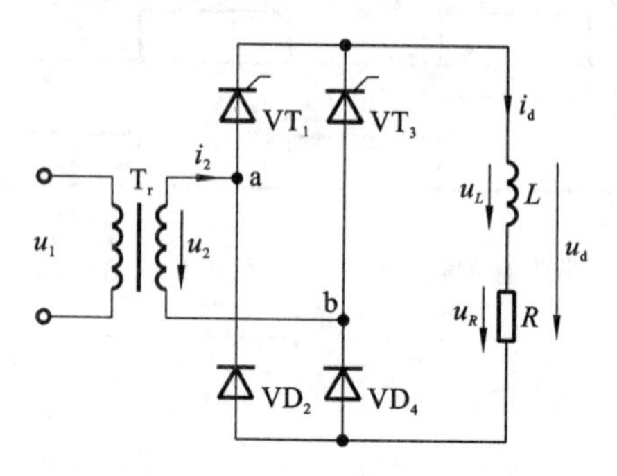

图 5-27 带阻感负载的单相桥式半控整流电路

①阶段Ⅰ($\omega t=\alpha\sim\pi$)。

当 $\omega t=\alpha$ 时，给 VT_1 施加触发脉冲，VT_1 承受正向电压，因此可靠导通，电流回路为 a→VT_1→L→R→VD_4→b。需要说明的是，此阶段电流经过 VD_4 而不是经过 VD_2 是因为这两个二极管采用的是共阳极接法，哪个的阴极电位低哪个导通。在此阶段，VD_4 的阴极电压低于 VD_2 的阴极电压，因此 VD_4 导通。在此阶段，负载输出电压 $u_d=u_2$，由于是大电感，电感上的电流基本保持不变，可以认为是恒定值，即 $i_d=I_d$。晶闸管 VT_1 上的电流 $i_{VT_1}=I_d$，变压器二次侧的电流 $i_2=I_d$。

②阶段Ⅱ($\omega t=\pi\sim\pi+\alpha$)。

当 $\omega t=\pi$ 时，电源 u_2 由正到负过零点，但由于有大电感的存在，负载电流仍然为正，流过晶闸管 VT_1 的电流也仍然为正，所以晶闸管 VT_1 不会关断。在此阶段，VD_2 的阴极电位低于 VD_4 的阴极电位，因此 VD_2 导通，VD_4 关断，下桥臂电流从 VD_4 换流到 VD_2。电流回路为 a→VT_1→L→R→VD_2→a，电流回路避开了变压器二次侧。负载电压相当于 VT_1 和 VD_2 串联且导通的电压降，考虑理想状态，负载输出电压为 $u_d=0$ V，由于电感值极大，负载电流的波动很小，负载流过的电流仍然是 $i_d=I_d$。

③阶段Ⅲ($\omega t=\pi+\alpha\sim2\pi$)。

当 $\omega t=\pi+\alpha$ 时，给 VT_3 施加触发脉冲。在此之前 VT_1 还处于导通状态，此时需要判断电流能不能从 VT_1 换流到 VT_2。此时可以把正在导通的 VT_1 和刚触发的 VT_3 看成是二极管，采用共阴极接法，哪个的阳极电位高哪个导通，此时 b 点电位高于 a 点电位，VT_3 的阳极电位高于 VT_1 的阳极电位，电流从 VT_1 换流到 VT_3。完成换流后，晶闸管 VT_1 承受的电压为 $u_{VT_1}=u_2$，也就是晶闸管 VT_1 承受反向电压，从而可靠关断。本阶段电流的通路为 b→VT_3→L→R→VD_2→a，负载上的输出电压 $u_d=-u_2$，电感上电流基本保持不变，仍然可以认为是恒定值，即 $i_d=I_d$，$i_{VT_1}=0$ A。

④阶段Ⅳ($\omega t=2\pi\sim2\pi+\alpha$)。

当 $\omega t=2\pi$ 时，电源 u_2 由负到正过零点，但由于有大电感的存在，负载电流仍然为正，

流过晶闸管 VT_3 的电流仍然为正，所以晶闸管 VT_3 不会关断。此时晶闸管 VT_1 还没有触发脉冲到来，所以不会发生换流。但此时二极管 VD_4 的阴极电位低于 VD_2 的阴极电位，电流将会从 VD_2 换流到 VD_4，电流回路为 $b \to VT_3 \to L \to R \to VD_4 \to b$，负载输出电压为 $u_d = 0$ V，负载上的电流基本保持不变（即 $i_d = I_d$），流过晶闸管 VT_1 上的电流 $i_{VT_1} = 0$ A，流过晶闸管 VT_3 的电流 $i_{VT_3} = I_d$。

根据以上的过程分析，可以画出电路的波形图，如图 5-28 所示。

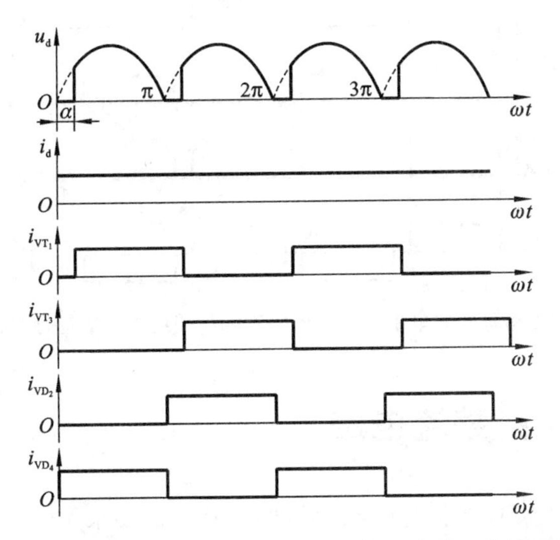

图 5-28 带阻感负载的单相桥式半控整流电路工作波形图

（2）带阻感负载的单相桥式半控整流电路带续流二极管时的结构和工作波形。

带阻感负载的单相桥式半控整流电路工作的特点是：晶闸管在触发时刻换流，二极管在电源过零点时刻换流。当 α 突然增大至 180°或触发脉冲突然丢失时，会发生一个晶闸管持续导通而两个二极管轮流导通的情况，这使得输出电压 u_d 成为正弦半波，即半周期 u_d 为正弦波，另外半周期 u_d 为零，其平均值保持恒定，相当于单相半波不可控整流电路的波形，这种现象称为失控。

为了避免这种失控现象的发生，在负载侧并联一个续流二极管 VD，如图 5-29 所示。这样，在电源电压的自然过零点处，处于导通的晶闸管会自动关断，等待下一次触发脉冲到来才会再导通。带续流二极管时电路的波形如图 5-30 所示。

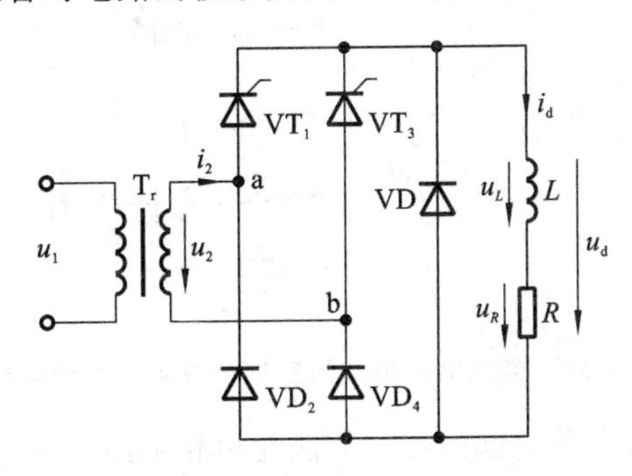

图 5-29 带阻感负载的单相桥式半控整流电路带续流二极管时的结构

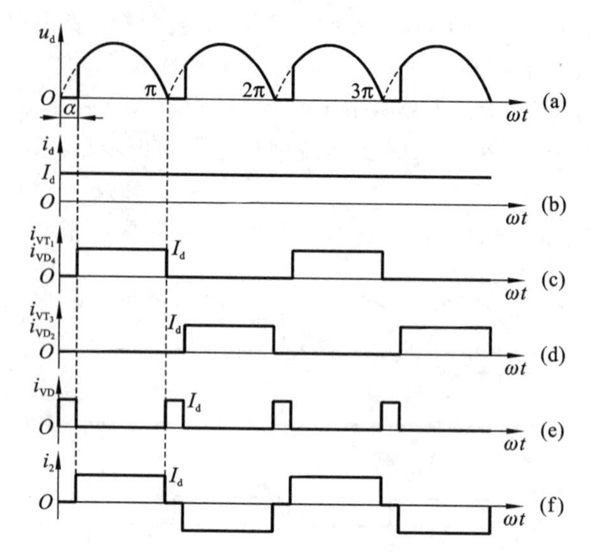

图 5-30　带阻感负载的单相桥式半控整流电路带续流二极管时的工作波形图

5.3　三相可控整流电路

当整流负载容量较大或要求直流电压脉动较小时，需要采用三相可控整流电路。本节主要讲述三相半波可控整流电路和三相桥式全控整流电路。

5.3.1　三相半波可控整流电路

1. 带纯电阻负载的工作情况

(1) 电路工作原理及工作波形。

带纯电阻负载的三相半波可控整流电路如图 5-31 所示。它主要由变压器、三个晶闸管和纯电阻负载组成。变压器一次侧接成三角形，防止三次谐波流入电网；变压器二次侧接成星形，以得到零线。三个晶闸管分别接入 a、b、c 三相电源，所有阴极连接在一起，即采用共阴极接法。

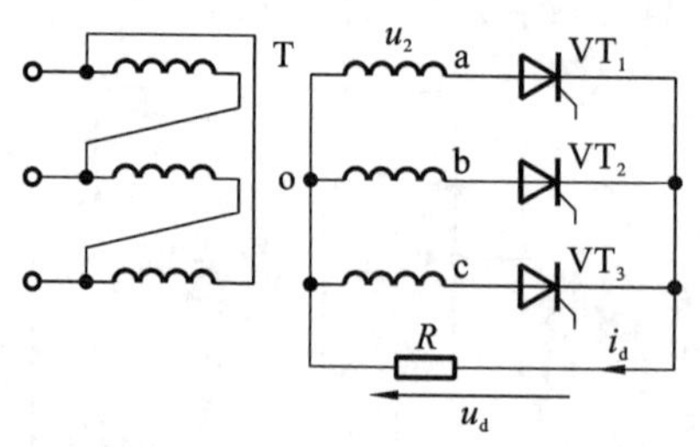

图 5-31　带纯电阻负载的三相半波可控整流电路

在三相电路中，计算触发角的起始点的方法与单相电路不同。在单相电路中，电源只有一相，触发角 0°就是该相电源电压的正向过零点。但在三相电路中，触发角的起始点不再是某相相电压的正向过零点。假设三个晶闸管换成三个二极管，且三个二极管采用共阴极

接法，如图 5-32 所示，则哪个二极管的阳极电位高哪个二极管导通，而另外两相的二极管因承受反向电压而关断。三相电压的表达式为 $u_a=\sqrt{2}U_2\sin(\omega t)$，$u_b=\sqrt{2}U_2\sin(\omega t-120°)$，$u_c=\sqrt{2}U_2\sin(\omega t+120°)$，根据三相电压的表达式画出三个相电压 u_a、u_b、u_c 的波形，然后把工作过程可分为三个阶段来分析。

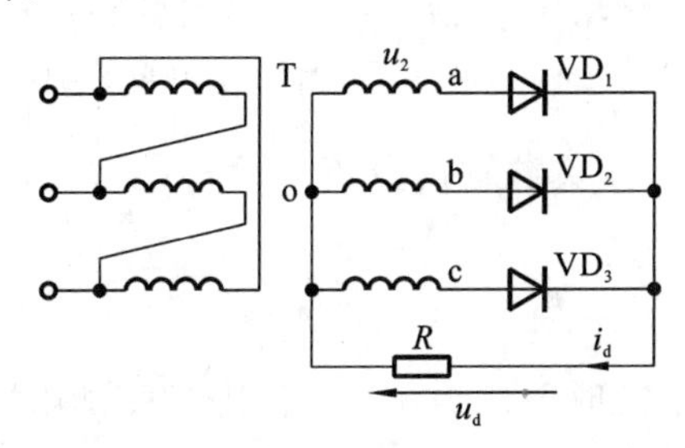

图 5-32　带纯电阻负载的三相半波不可控整流电路

阶段Ⅰ（$\omega t_1\sim\omega t_2$）：a 相电压最高，因此 VD_1 导通，VD_2 和 VD_3 因承受反向电压而关断，负载输出电压 $u_d=u_a$。

阶段Ⅱ（$\omega t_2\sim\omega t_3$）：b 相电压最高，因此 VD_2 导通，VD_3 和 VD_1 因承受反向电压而关断，$u_d=u_b$。

阶段Ⅲ（$\omega t_3\sim\omega t_4$）：c 相电压最高，因此 VD_3 导通，VD_1 和 VD_2 因承受反向电压而关断，$u_d=u_c$。

按照上述三个阶段的过程循环往复，每个二极管导通120°。输出负载电压的波形如图 5-33 所示。可以看到，在相电压的交点 A、B、C（分别对应 ωt_1、ωt_2、ωt_3 时刻）处，出现二极管换相，即电流由一个二极管向另一个二极管转移，这些交点称为自然换相点。具体来说，ωt_1 时刻对应的 A 点是 a 相的自然换相点，ωt_2 时刻对应的 B 点是 b 相的自然换相点，ωt_3 时刻对应的 C 点是 c 相的自然换相点。

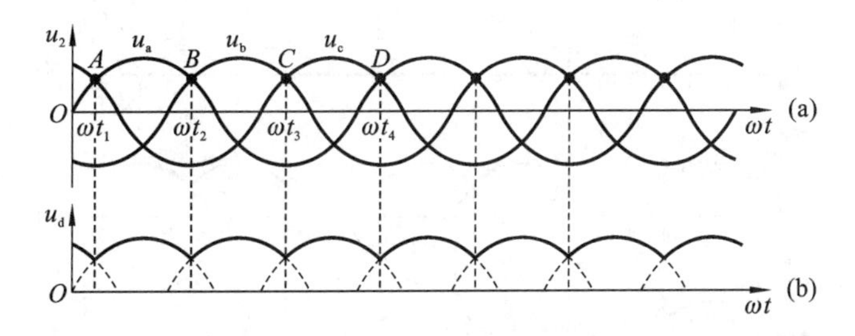

图 5-33　带纯电阻负载的三相半波不可控整流电路工作波形图

对于三相半波可控整流电路而言，自然换相点是各相晶闸管能触发导通的最早时刻（即开始承受正向电压的时刻），因此定义该时刻为各晶闸管触发角 α 的起点，即 $\alpha=0°$的时刻。如果触发脉冲在某相的自然换相点之前来到，并且是窄脉冲，那么在该周期中，此相的晶闸管就不会导通，输出电压将会变成缺相的不对称波形。实际中应该避免这种情况发生，因此触发角都在该相自然换相点之后。下面分别分析触发角为 0°、30°、60°时的工作波形。

①$\alpha=0°$时，电路工作过程仍然分三个阶段。

a. 阶段Ⅰ（$\omega t_1\sim\omega t_2$，即 $\omega t=30°\sim150°$）。

当 $\omega t=30°$即触发角 $\alpha=0°$时，触发 VT_1，同时 VT_1 承受正向电压，因此 VT_1 导通，电流

通路为 a→VT_1→R→o，负载输出电压 $u_d=u_a$，负载输出电流 $i_d=\frac{u_a}{R}$，晶闸管 VT_1 上承受的电压为 $u_{VT_1}=0$ V。

b. 阶段Ⅱ（$\omega t_2\sim\omega t_3$，即 $\omega t=150°\sim270°$）：当 $\omega t=150°$时，触发 VT_2，之前 VT_1 处于导通状态，此时需要判断电流能不能从 VT_1 换流到 VT_2，这就要看两个晶闸管哪个阳极电位高，此时 b 相电压最高，因此 VT_2 导通，之后 VT_1 因承受反向电压而关断，电流通路为 b→VT_2→R→o，负载输出电压 $u_d=u_b$，负载输出电流 $i_d=\frac{u_b}{R}$，晶闸管 VT_1 上承受的电压为 $u_{VT_1}=u_{ab}$。

c. 阶段Ⅲ（$\omega t_3\sim\omega t_4$，即 $\omega t=270°\sim360°+30°$）。

当 $\omega t=270°$时，触发 VT_3，此时 VT_3 的阳极电位比 VT_2 的阳极电位高，又因为采用的是共阴极接法，所以电流从 VT_2 换流到 VT_3，即 VT_3 导通，VT_2 关断，电流通路为 c→VT_3→R→o，负载输出电压 $u_d=u_b$，负载输出电流 $i_d=\frac{u_b}{R}$，晶闸管 VT_1 上承受的电压为 $u_{VT_1}=u_{ac}$。

此后，按照以上三个阶段循环往复。由图 5-34 可以看出，负载电压在每个周期有三个波头，并且都在横轴以上。另外，负载电流的波形和负载电压的波形相同，只是幅值不同，并且负载电流是连续的。

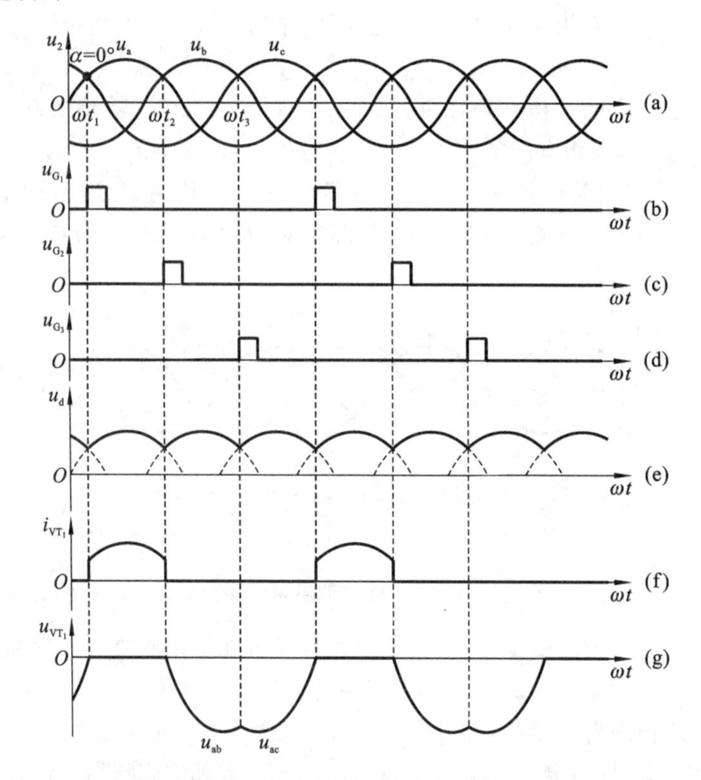

图 5-34　带纯电阻负载的三相半波可控整流电路在 $\alpha=0°$时的工作波形图

②$\alpha=30°$时，电路工作过程仍然分三个阶段，波形如图 5-35 所示。

a. 阶段Ⅰ（$\omega t=60°\sim180°$）。

当 $\omega t=60°$即触发角 $\alpha=30°$时，触发 VT_1，同时 VT_1 承受正向电压，因此 VT_1 导通，电

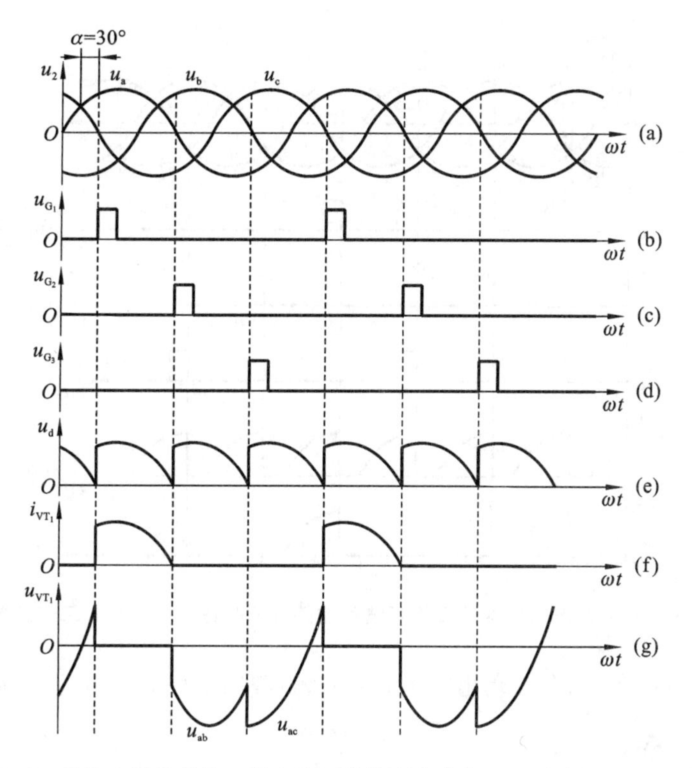

图 5-35 带纯电阻负载的三相半波可控整流电路在 $\alpha=30°$ 时的工作波形图

流通路为 a→VT_1→R→o，负载输出电压 $u_d=u_a$，负载输出电流 $i_d=\frac{u_a}{R}$，晶闸管 VT_1 上承受的电压为 $u_{VT_1}=0$ V。

b. 阶段Ⅱ($\omega t=180°\sim300°$)。

当 $\omega t=180°$时，触发 VT_2，由于此时 VT_2 的阳极电位高于 VT_1 的阳极电位，因此 VT_2 导通，之后 VT_1 因承受反向电压而关断，电流通路为 b→VT_2→R→o；负载输出电压 $u_d=u_b$，负载输出电流 $i_d=\frac{u_b}{R}$，晶闸管 VT_1 上承受的电压为 $u_{VT_1}=u_{ab}$。

c. 阶段Ⅲ($\omega t=300°\sim360°+60°$)。

当 $\omega t=300°$时，触发 VT_3，此时 VT_3 的阳极电位比 VT_2 的阳极电位高，又因为采用的是共阴极接法，所以电流从 VT_2 换流到 VT_3，即 VT_3 导通，VT_2 关断，电流通路为 c→VT_3→R→o，负载输出电压 $u_d=u_c$，负载输出电流 $i_d=\frac{u_b}{R}$，晶闸管 VT_1 上承受的电压为 $u_{VT_1}=u_{ac}$。

此后，按照以上三个阶段循环往复。由图 5-35 可以看出，负载电压在每个周期有三个波头，并且都在横轴以上。另外，负载电流的波形和负载电压的波形相同，只是幅值不同，并且负载电流是连续的。

③$\alpha=60°$时，电路工作过程将分为六个阶段，波形如图 5-36 所示。

a. 阶段Ⅰ($\omega t=90°\sim180°$)。

当 $\omega t=90°$即触发角 $\alpha=60°$时，触发 VT_1，同时 VT_1 承受正向电压，因此 VT_1 导通，电

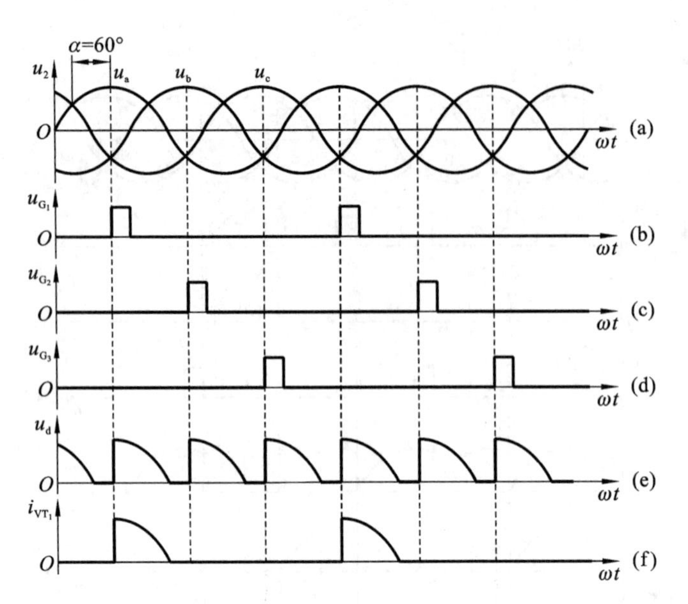

图 5-36　带纯电阻负载的三相半波可控整流电路在 $\alpha=60^\circ$ 时的工作波形图

流通路为 a→VT_1→R→o，负载输出电压 $u_d=u_a$，负载输出电流 $i_d=\dfrac{u_a}{R}$，晶闸管 VT_1 上承受的电压为 $u_{VT_1}=0$ V。

b. 阶段Ⅱ（$\omega t=180^\circ\sim210^\circ$）。

当 $\omega t=180^\circ$ 时，u_a 电压由正到负过零点，负载输出电压为零，负载输出电流也为零。因此，晶闸管 VT_1 关断，此时 VT_2 的触发脉冲还没到来。因此，在此阶段 3 个晶闸管都不导通，负载输出电压 $u_d=0$ V，负载输出电流 $i_d=0$ A，晶闸管 VT_1 上承受的电压为 $u_{VT_1}=u_a$。

c. 阶段Ⅲ（$\omega t=210^\circ\sim300^\circ$）。

当 $\omega t=210^\circ$ 时，触发 VT_2，并且此时 VT_2 承受正向电压，因此 VT_2 导通，电流通路为 b→VT_2→R→o，负载输出电压 $u_d=u_b$，负载输出电流 $i_d=\dfrac{u_b}{R}$，晶闸管 VT_1 上承受的电压为 $u_{VT_1}=u_{ab}$。

d. 阶段Ⅳ（$\omega t=300^\circ\sim330^\circ$）。

当 $\omega t=300^\circ$ 时，VT_2 因 u_b 从正到负过零，即输出负载电压和电流都为零而关断。同样，此时 VT_3 的触发脉冲还没有到来，因此，该阶段 3 个晶闸管都不导通，负载输出电压 $u_d=0$ V，负载输出电流 $i_d=0$ A，晶闸管 VT_1 上承受的电压为 $u_{VT_1}=u_a$。

e. 阶段Ⅴ（$\omega t=330^\circ\sim420^\circ$）。

当 $\omega t=330^\circ$ 时，触发 VT_3，此时 VT_3 承受正向电压，因此 VT_3 导通，电流通路为 c→VT_3→R→o，负载输出电压 $u_d=u_c$，负载输出电流 $i_d=\dfrac{u_c}{R}$，晶闸管 VT_1 上承受的电压为 $u_{VT_1}=u_{ac}$。

f. 阶段Ⅵ（$\omega t=420^\circ\sim450^\circ$）。

当 $\omega t=420^\circ$ 时，VT_3 因 u_c 从正到负过零，即输出负载电压和电流都为零而关断。同样，此时 VT_1 的触发脉冲还没有到来，因此，该阶段 3 个晶闸管都不导通，负载输出电压 $u_d=0$

V，负载输出电流 $i_d=0$ A，晶闸管 VT_1 上承受的电压为 $u_{VT_1}=u_a$。

此后，按照以上六个阶段循环往复。可以得知，负载电压在每个周期有三个波头；每个晶闸管在每个周期只导通90°；负载电流的波形和负载电压的波形相同，只是幅值不同，并且负载电流出现断续。

由以上的关于 $\alpha=0°$、$\alpha=30°$、$\alpha=60°$ 的波形分析可知，当 $\alpha<30°$ 时，负载电流处于连续状态，各相导电120°；当 $\alpha=30°$ 时，负载电流处于连续和断续的临界状态，各相仍导电120°；当 $\alpha>30°$ 时，负载电流处于断续状态，直到 $\alpha=150°$ 时，整流输出电压为零。

（2）数量关系的计算。

①负载输出电压的平均值和输出电流的平均值。

当 $\alpha\leqslant30°$ 时，负载电流连续，负载输出电压的平均值为：

$$U_d=\frac{1}{\frac{2\pi}{3}}\int_{\frac{\pi}{6}+\alpha}^{\frac{5}{6}\pi+\alpha}\sqrt{2}U_2\sin(\omega t)\mathrm{d}(\omega t)=\frac{3\sqrt{6}}{2\pi}U_2\cos\alpha=1.17U_2\cos\alpha \tag{5-55}$$

当 $\alpha=0°$ 时，负载输出的平均电压 U_d 最大，为 $U_d=1.17U_2$。

当 $\alpha>30°$ 时，负载电流发生断续，晶闸管到本相电压由正变负的过零点时会关断，因此负载输出电压的平均值为：

$$U_d=\frac{1}{\frac{2\pi}{3}}\int_{\frac{\pi}{6}+\alpha}^{\pi}\sqrt{2}U_2\sin(\omega t)\mathrm{d}(\omega t)=0.675\left[1+\cos\left(\frac{\pi}{6}+\alpha\right)\right] \tag{5-56}$$

当 $\alpha=150°$ 时，输出电压平均值最小，为 $U_d=0$ V。

负载电流的平均值为：

$$I_d=\frac{U_d}{R} \tag{5-57}$$

②晶闸管承受的最大正反向电压。

晶闸管承受的最大正向电压为相电压的峰值，即 $U_{VTM}=\sqrt{2}U_2$；晶闸管承受的最大反向电压为变压器二次侧线电压的峰值，即 $U_{VTM}=\sqrt{3}\times\sqrt{2}U_2=\sqrt{6}U_2=2.45U_2$。

③触发角 α 和导通角 θ 的范围。

通过电路原理分析可知，触发角 α 的范围是 0°～150°。当触发角 $\alpha\leqslant30°$ 时，导通角 θ 为120°；当触发角 $\alpha>30°$ 时，导通角 θ 为 $\pi-\frac{\pi}{6}-\alpha$。

2. 带阻感负载的工作情况

（1）电路原理和工作波形。

带阻感负载的三相半波可控整流电路如图 5-37 所示。当阻感负载中的电感值很大时，整流获得的电流 i_d 的波形基本是平直的，即流过晶闸管的电流接近矩形波。当 $\alpha\leqslant30°$ 时，整流电压的波形与带纯电阻负载时相同，因为在两种负载情况下，负载电流均连续。所以下面只讨论 $\alpha>30°$ 时的情况，取 $\alpha=60°$ 来分析电路的工作过程和工作波形。先画出三相的相电压波形和三相的线电压波形，然后分 6 个阶段来讨论电路的工作过程。

①阶段Ⅰ（$\omega t=90°\sim180°$）。

当 $\omega t=90°$ 即触发角 $\alpha=60°$ 时，触发 VT_1，同时 VT_1 承受正向电压，因此 VT_1 导通，电流通路为 a→VT_1→L→R→o，负载输出电压 $u_d=u_a$，负载输出电流为恒定值，即 $i_d=I_d$，晶

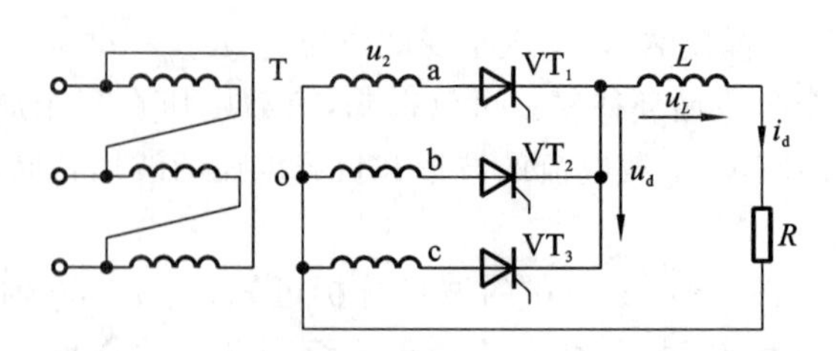

图 5-37 带阻感负载的三相半波可控整流电路

闸管 VT_1 上承受的电压为 $u_{VT_1}=0$ V。

②阶段Ⅱ($\omega t=180°\sim210°$)。

当 $\omega t=180°$时,a 相电压 u_a 从正到负过零点,但由于负载中的电感值很大,负载电流基本保持不变,因此 VT_1 不会关断。此时 VT_2 的触发脉冲还没有到来,因此电流通路仍然是 $a\rightarrow VT_1\rightarrow L\rightarrow R\rightarrow o$,负载输出电压、电流以及晶闸管 VT_1 承受的电压与阶段Ⅰ相同。

③阶段Ⅲ($\omega t=210°\sim300°$)。

当 $\omega t=210°$时,触发 VT_2。此时 VT_2 的阳极电位高于 VT_1 的阳极电位,因此电流从 VT_1 换流到 VT_2,即 VT_2 导通之后 VT_1 因承受反向电压而关断,电流通路为 $b\rightarrow VT_2\rightarrow L\rightarrow R\rightarrow o$,负载输出电压 $u_d=u_b$,负载输出电流 $i_d=I_d$,晶闸管 VT_1 上承受的电压为 $u_{VT_1}=u_{ab}$。

④阶段Ⅳ($\omega t=300°\sim330°$)。

当 $\omega t=300°$时,b 相电压 u_b 从正到负过零点,与阶段Ⅱ类似,由于存在大电感负载,负载电流基本为恒定的值。此时 VT_3 的触发脉冲还没有到来,所以晶闸管 VT_2 仍然有电流流过,不会关断,电流通路仍然为 $b\rightarrow VT_2\rightarrow L\rightarrow R\rightarrow o$,负载输出电压 $u_d=u_b$,负载输出电流 $i_d=I_d$,晶闸管 VT_1 上承受的电压为 $u_{VT_1}=u_{ab}$。

⑤阶段Ⅴ($\omega t=330°\sim420°$)。

当 $\omega t=330°$时,触发 VT_3。此时 VT_3 的阳极电位比 VT_2 的阳极电位高,电流从 VT_2 换流到 VT_3,即 VT_3 导通,VT_2 关断,电流通路为 $c\rightarrow VT_3\rightarrow L\rightarrow R\rightarrow o$,负载输出电压 $u_d=u_c$,负载输出电流 $i_d=I_d$,晶闸管 VT_1 上承受的电压为 $u_{VT_1}=u_{ac}$。

⑥阶段Ⅵ($\omega t=420°\sim450°$)。

当 $\omega t=420°$时,c 相电压从正向到负向过零点,与阶段Ⅱ和阶段Ⅳ类似,由于存在大电感负载,负载电流基本为恒定的值。此时 VT_1 的触发脉冲还没有到来,所以晶闸管 VT_3 仍然有电流流过,不会关断,电流通路仍然为 $c\rightarrow VT_3\rightarrow L\rightarrow R\rightarrow o$,负载输出电压 $u_d=u_c$,负载输出电流 $i_d=I_d$,晶闸管 VT_1 上承受的电压为 $u_{VT_1}=u_{ac}$。

以上 6 个阶段可以合成为 3 个阶段,即:阶段Ⅰ和阶段Ⅱ合并,晶闸管 VT_1 导通;阶段Ⅲ和阶段Ⅳ合并,晶闸管 VT_2 导通;阶段Ⅴ和阶段Ⅵ合并,晶闸管 VT_3 导通,每个晶闸管都导通120°。负载电压每个周期都有 3 个波头,只不过会有负值部分。根据以上分析可以画出工作波形,如图 5-38 所示。根据画出的波形,可以将带阻感负载的三相半波可控整流电路在不同触发角工作下的情况总结如下:

①在阻感负载状态下,由于大电感的存在,负载电流始终处于连续状态,各相导电120°。

②当 $\alpha>30°$时,负载电压 u_d 的波形将出现负的部分,并随着触发角的增大,负的部分增多。

③当 $\alpha=90°$ 时，负载电压 u_d 波形中正、负面积相等，u_d 的平均值为 0 V，并且触发角再增大，负载电压正、负面积仍然相等，输出电压 u_d 的平均值仍为 0 V。

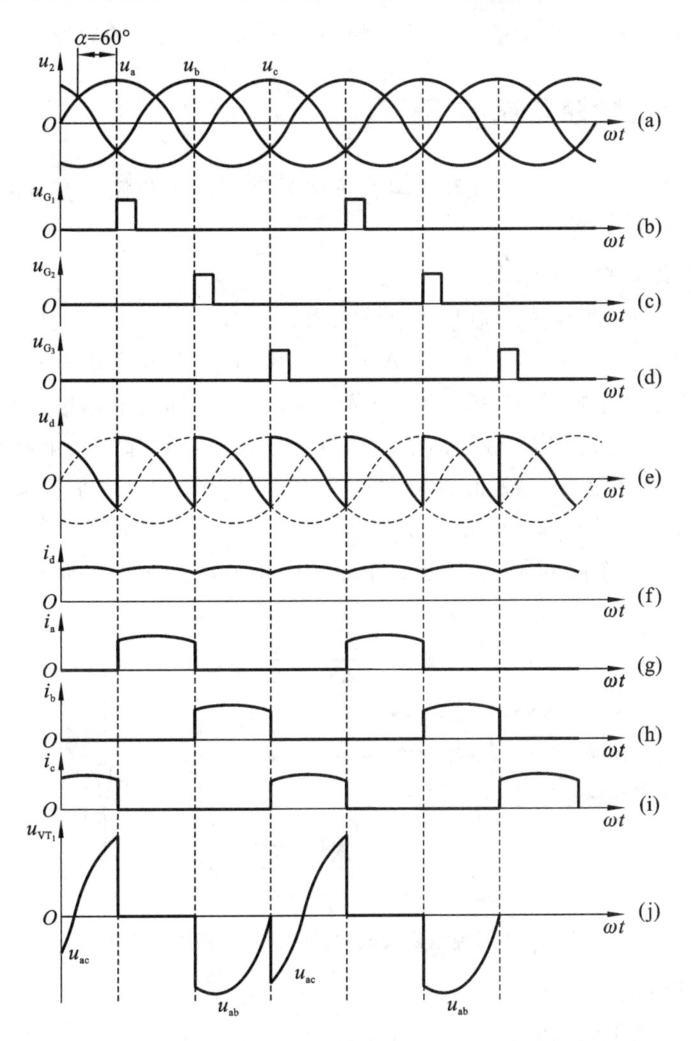

图 5-38　带阻感负载的三相半波可控整流电路在 $\alpha=60°$ 时的工作波形图

(2) 基本数量关系的计算。

①负载输出电压的平均值和输出电流的平均值。

当 $\alpha=0°\sim90°$ 时，负载电流一直连续，输出电压的平均值为：

$$U_d=\frac{1}{\frac{2\pi}{3}}\int_{\frac{\pi}{6}+\alpha}^{\frac{5}{6}\pi+\alpha}\sqrt{2}U_2\sin(\omega t)\mathrm{d}(\omega t)=\frac{3\sqrt{6}}{2\pi}U_2\cos\alpha=1.17U_2\cos\alpha \tag{5-58}$$

负载电流的平均值为：

$$I_d=\frac{U_d}{R} \tag{5-59}$$

②晶闸管承受的最大正反向电压。

晶闸管承受的最大正向电压为线电压的峰值，即 $U_{VTM}=\sqrt{6}U_2$；晶闸管承受的最大反向

电压为线电压的峰值，即 $U_{VTM}=\sqrt{6}U_2$。

③触发角 α 和导通角 θ 的范围。

通过电路原理分析可知，触发角 α 的范围是 0°～90°，晶闸管的导通角为120°。

5.3.2 三相桥式全控整流电路

下面分别来分析带纯电阻负载和带阻感负载时三相桥式全控整流电路的工作原理、输出波形和关系计算。

1. 带纯电阻负载的工作情况

带纯电阻负载的三相桥式全控整流电路如图 5-39 所示。它包括变压器、六个晶闸管和纯电阻负载。六个晶闸管中，VT_1、VT_3、VT_5 三个管子的阴极连在一起，为上桥臂；VT_4、VT_6、VT_2 三个管子的阳极接在一起，为下桥臂。晶闸管名称的下标也是触发脉冲的顺序。和三相半波可控整流电路一样，触发角依然是从自然换相点算起。六个晶闸管的触发规则是从 VT_1 至 VT_6 依次触发，触发脉冲依次滞后60°。触发脉冲可以采用宽脉冲和窄脉冲两种。当采用宽脉冲时，触发脉冲的宽度要大于60°(一般为80°～100°)。选用窄脉冲时一般选用双窄脉冲，即触发一个晶闸管时，向小一个序号的晶闸管补发一个脉冲。

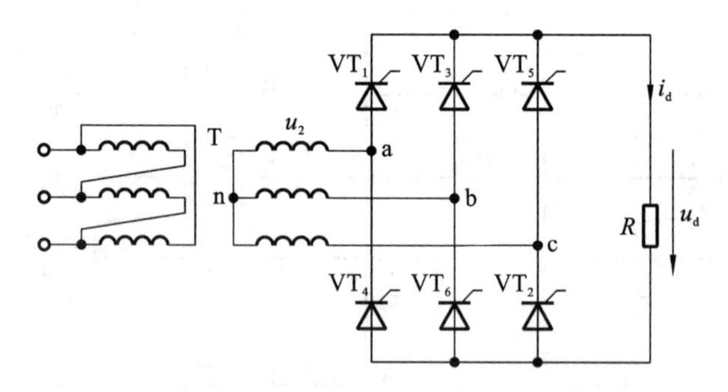

图 5-39 带纯电阻负载的三相桥式全控整流电路

(1) 工作原理和工作波形。

设三相变压器二次侧相电压的表达式为：

$$u_a=\sqrt{2}U_2\sin(\omega t)\ ,\ u_b=\sqrt{2}U_2\sin(\omega t-120°)\ ,\ u_c=\sqrt{2}U_2\sin(\omega t-240°)$$

则线电压的表达式为：

$$u_{ab}=u_a-u_b=\sqrt{6}U_2\sin(\omega t+30°) \tag{5-60}$$

$$u_{ac}=u_a-u_c=\sqrt{6}U_2\sin(\omega t-30°) \tag{5-61}$$

$$u_{bc}=u_b-u_c=\sqrt{6}U_2\sin(\omega t-90°) \tag{5-62}$$

$$u_{ba}=u_b-u_a=\sqrt{6}U_2\sin(\omega t-150°) \tag{5-63}$$

$$u_{ca}=u_c-u_a=\sqrt{6}U_2\sin(\omega t-210°) \tag{5-64}$$

$$u_{cb}=u_c-u_b=\sqrt{6}U_2\sin(\omega t-270°) \tag{5-65}$$

首先，根据三相相电压的表达式画出相电压的波形，如图 5-40(a) 所示；根据六个线电压的表达式画出线电压的波形，如图 5-40(h)虚线所示。然后，把工作过程可分为六个阶段，方法是从触发 VT_1 开始，每60°为一个阶段。下面分别分析触发角 $\alpha=0°$、$\alpha=30°$、$\alpha=60°$

和 $\alpha=90^\circ$时的工作波形。

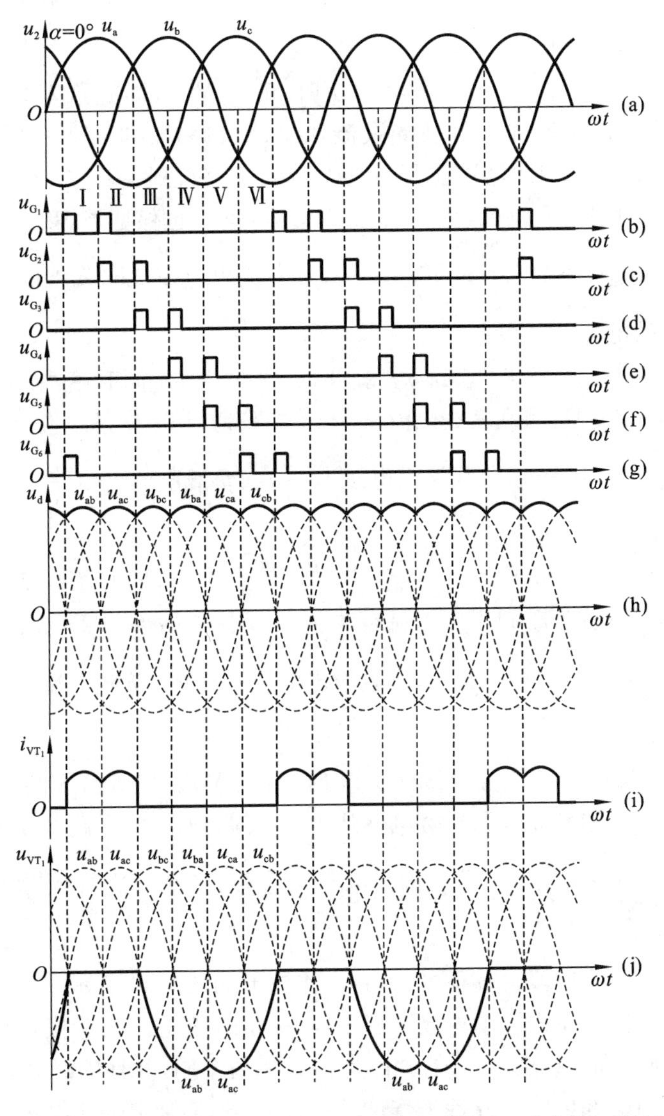

图 5-40 带纯电阻负载的三相桥式全控整流电路在 $\alpha=0^\circ$时的工作波形图

①$\alpha=0^\circ$时，第一个周期是从 $\omega t=30^\circ$到 $\omega t=390^\circ$。

a. 阶段Ⅰ（$\omega t=30^\circ\sim90^\circ$）。当 $\omega t=30^\circ$（自然换相点）时，触发 VT_1，同时给 VT_6 施加一个触发脉冲。从相电压的波形可以看出，此时 $u_a>u_b$，VT_1 和 VT_6 因承受正向电压而导通。在该阶段，电流通路为 a→VT_1→R→VT_6→b，负载输出电压 $u_d=u_{ab}$，负载电流 $i_d=\dfrac{u_{ab}}{R}$，晶闸管 VT_1 上承受的电压 $u_{VT_1}=0$ V。

b. 阶段Ⅱ（$\omega t=90^\circ\sim150^\circ$）。当 $\omega t=90^\circ$时，触发 VT_2，同时给 VT_1 补发一个触发脉冲。此时关键看电流能不能从 VT_6 支路换流到 VT_2 支路。此时 $u_c<u_b$，即 VT_2 的阴极电位小于 VT_6 的阴极电位，因此电流会顺利地从 VT_6 支路换到 VT_2 支路。之后由于 VT_2 导通，VT_6 因承受反向电压而关断。另外，在此阶段，$u_a>u_c$ 也保证了 VT_1 和 VT_2 可靠导通。在该阶段，电流通路为 a→VT_1→R→VT_2→c，负载输出电压 $u_d=u_{ac}$，负载电流 $i_d=\frac{u_{ac}}{R}$，晶闸管 VT_1 上承受的电压 $u_{VT_1}=0$ V。

c. 阶段Ⅲ($\omega t=150°\sim210°$)。当 $\omega t=150°$时，触发 VT_3，同时给 VT_2 补发一个触发脉冲。此时关键看电流能不能从 VT_1 支路换流到 VT_3 支路。此时 $u_b>u_a$，即 VT_3 的阳极电位大于 VT_1 的阳极电位，因此电流会顺利地从 VT_1 支路换到 VT_3 支路。之后由于 VT_3 导通，VT_1 因承受反向电压而关断。另外，在此阶段，$u_b>u_c$ 也保证了 VT_3 和 VT_2 可靠导通。在该阶段，电流通路为 b→VT_3→R→VT_2→c，负载输出电压 $u_d=u_{bc}$，负载电流 $i_d=\frac{u_{bc}}{R}$，晶闸管 VT_1 上承受的电压 $u_{VT_1}=u_{ab}$。

d. 阶段Ⅳ($\omega t=210°\sim270°$)。当 $\omega t=210°$时，触发 VT_4，同时给 VT_3 补发一个触发脉冲。此阶段跟阶段Ⅱ类似，顺利完成电流从 VT_2 支路到 VT_4 支路的换流。在该阶段，电流通路为 b→VT_3→R→VT_4→a，负载输出电压 $u_d=u_{ba}$，负载电流 $i_d=\frac{u_{ba}}{R}$，晶闸管 VT_1 上承受的电压 $u_{VT_1}=u_{ab}$。

e. 阶段Ⅴ($\omega t=270°\sim330°$)。当 $\omega t=270°$时，触发 VT_5，同时给 VT_4 补发一个触发脉冲。该阶段跟阶段Ⅲ类似，顺利完成上桥臂电流从 VT_3 支路到 VT_5 支路的换流。在该阶段，电流通路为 c→VT_5→R→VT_4→a，负载输出电压 $u_d=u_{ca}$，负载电流 $i_d=\frac{u_{ca}}{R}$，晶闸管 VT_1 上承受的电压 $u_{VT_1}=u_{ac}$。

f. 阶段Ⅵ($\omega t=330°\sim390°$)。当 $\omega t=330°$时，触发 VT_6，同时给 VT_5 补一个触发脉冲。该阶段跟阶段Ⅱ类似，顺利完成下桥臂电流从 VT_4 支路到 VT_6 支路的换流。在该阶段，电流通路为 c→VT_5→R→VT_6→b，负载输出电压 $u_d=u_{cb}$，负载电流 $i_d=\frac{u_{cb}}{R}$，晶闸管 VT_1 上承受的电压 $u_{VT_1}=u_{ac}$。

此后，按照以上六个阶段循环往复，电路工作波形如图 5-40 所示。可以看出，负载电压在每个周期有六次脉动，每次脉动的波形都一样，一般分析前三个阶段，后三个阶段可以类推。负载电流的波形和负载电压的波形相同，只是幅值不同，并且负载电流是连续的。在分析时有两个关键点：①在电路刚开始工作的第一个阶段，需要判断上桥臂的 VT_1 和下桥臂的 VT_6 能不能因为承受正向电压而导通；②在第一周期此后的五个阶段，需要分析电流能不能从一个支路换流到下一个支路。判断能否正确换流的条件是：在触发时刻，采用共阴极接法时，哪个管子的阳极电位高哪个管子导通；采用共阳极接法时，哪个管子的阴极电位低哪个管子导通。

②$\alpha=30°$时，工作过程从 $\omega t=60°$开始，每隔60°为一个阶段，第一个周期($\omega t=60°\sim420°$)同样分成六个阶段。前三个阶段的工作过程如下：

a. 阶段Ⅰ($\omega t=60°\sim120°$)。当 $\omega t=60°$，即触发角 $\alpha=30°$时，触发 VT_1，同时给 VT_6 补发一个触发脉冲。从相电压的波形可以看出，此时 $u_a>u_b$，VT_1 和 VT_6 因承受正向电压而导通。在该阶段，电流通路为 a→VT_1→R→VT_6→b，负载输出电压 $u_d=u_{ab}$，负载电流 $i_d=\frac{u_{ab}}{R}$，晶闸管 VT_1 上承受的电压 $u_{VT_1}=0$ V。

b. 阶段Ⅱ($\omega t=120^\circ \sim 180^\circ$)。当$\omega t=120^\circ$时,触发$VT_2$,同时给$VT_1$补发一个触发脉冲。此时关键看电流能不能从$VT_6$支路换流到$VT_2$支路。此时$u_c<u_b$,即$VT_2$的阴极电位小于$VT_6$的阴极电位,因此电流会顺利地从$VT_6$支路换流到$VT_2$支路。之后由于$VT_2$导通,$VT_6$因承受反向电压而关断。另外,在此阶段,$u_a>u_c$也保证了$VT_1$和$VT_2$可靠导通。在该阶段,电流通路为$a \to VT_1 \to R \to VT_2 \to c$,负载输出电压$u_d=u_{ac}$,负载电流$i_d=\frac{u_{ac}}{R}$,晶闸管$VT_1$上承受的电压$u_{VT_1}=0\ V$。

c. 阶段Ⅲ($\omega t=180^\circ \sim 240^\circ$)。当$\omega t=180^\circ$时,触发$VT_3$,同时给$VT_2$补发一个触发脉冲。此时关键看电流能不能从$VT_1$支路换流到$VT_3$支路。此时$u_b>u_a$,即$VT_3$的阳极电位大于$VT_1$的阳极电位,因此电流会顺利从$VT_1$支路换到$VT_3$支路。之后由于$VT_3$导通,$VT_1$因承受反向电压而关断。另外,在此阶段,$u_b>u_c$也保证了$VT_3$和$VT_2$可靠导通。在该阶段,电流通路为$b \to VT_3 \to R \to VT_2 \to c$,负载输出电压$u_d=u_{bc}$,负载电流$i_d=\frac{u_{bc}}{R}$,晶闸管$VT_1$上承受的电压$u_{VT_1}=u_{ab}$。

后面的三个阶段可以类推。根据上面的分析过程可以画出$\alpha=30^\circ$时电路的工作波形,如图5-41所示。波形图也按照六个阶段循环往复。此时负载电压波形在横轴以上,负载电流是连续的。

③$\alpha=60^\circ$时,工作过程从$\omega t=90^\circ$开始,每隔60°为一个阶段,第一个周期($\omega t=90^\circ \sim 450^\circ$)同样分成六个阶段。分析过程与$\alpha=30^\circ$时类似,可以画出如图5-42所示的工作波形。可以看出,负载电压波形在横轴及以上,已经与横轴有交点。这个触发角也是负载电流连续与断续的分界点。当触发角$\alpha>60^\circ$时,负载电流会出现断续。

④$\alpha=90^\circ$时,工作过程从$\omega t=120^\circ$开始,第一个周期为$\omega t=120^\circ \sim 480^\circ$。由于负载电流出现断续,工作过程变成了12个阶段。

a. 阶段Ⅰ($\omega t=120^\circ \sim 150^\circ$)。当$\omega t=120^\circ$,即触发角$\alpha=90^\circ$时,触发$VT_1$,同时给$VT_6$补发一个触发脉冲。从相电压的波形可以看出,此时$u_a>u_b$,$VT_1$和$VT_6$因承受正向电压而导通。在该阶段,电流通路为$a \to VT_1 \to R \to VT_6 \to b$,负载输出电压$u_d=u_{ab}$,负载电流$i_d=\frac{u_{ab}}{R}$。

b. 阶段Ⅱ($\omega t=150^\circ \sim 180^\circ$)。晶闸管$VT_1$和$VT_6$导通$30^\circ$后,也就是在$\omega t=150^\circ$时,线电压$u_{ab}$处于从正到负的过零点时刻。此时,负载电流变为零。因此,晶闸管VT_1和VT_6关断。晶闸管VT_2的触发脉冲还没到来,所以在该阶段,六个晶闸管都不导通,负载输出电压$u_d=0\ V$,负载电流$i_d=0\ A$。

c. 阶段Ⅲ($\omega t=180^\circ \sim 210^\circ$)。当$\omega t=180^\circ$时,触发$VT_2$,同时给$VT_1$补发一个触发脉冲。从相电压的波形可以看出,此时$u_a>u_c$,$VT_1$和$VT_2$因承受正向电压而导通。在该阶段,电流通路为$a \to VT_1 \to R \to VT_2 \to c$,负载输出电压$u_d=u_{ac}$,负载电流$i_d=\frac{u_{ac}}{R}$。

d. 阶段Ⅳ($\omega t=210^\circ \sim 240^\circ$)。晶闸管$VT_1$和$VT_2$导通$30^\circ$后,也就是在$\omega t=210^\circ$时,线电压$u_{ac}$处于从正到负的过零点时刻。此时,负载电流变为零。因此,晶闸管VT_1和VT_2关断。晶闸管VT_3的触发脉冲还没到来,所以在该阶段,六个晶闸管都不导通,负载输出电压

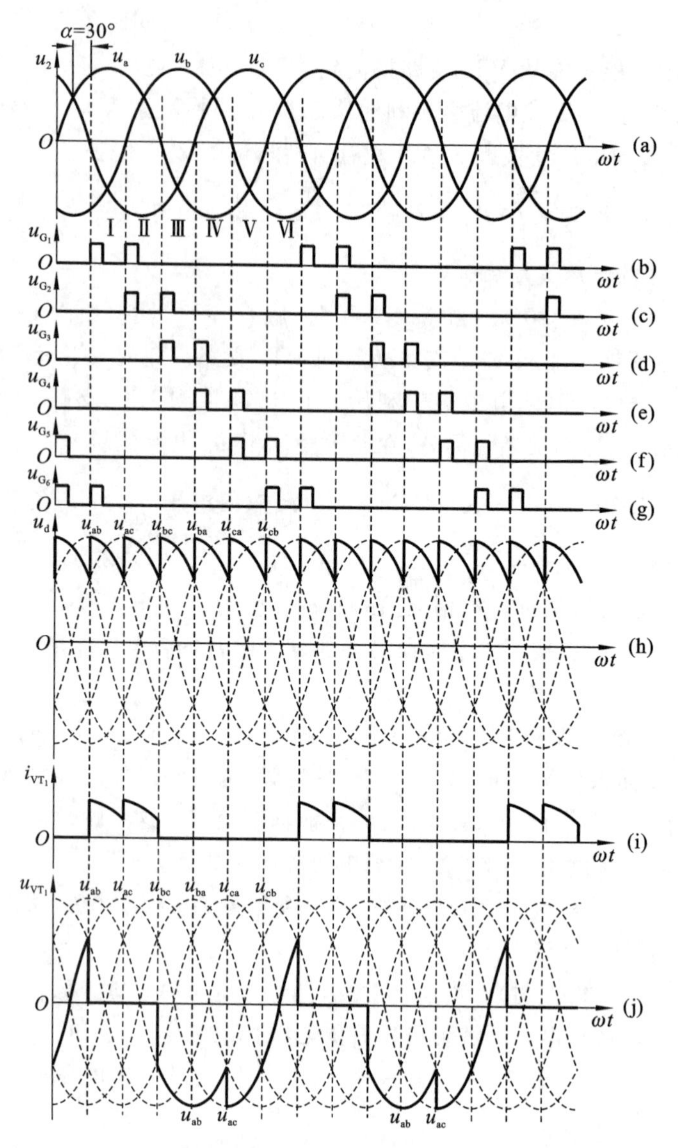

图 5-41　带纯电阻负载的三相桥式全控整流电路在 $\alpha=30°$时的工作波形图

$u_d=0$ V，负载电流 $i_d=0$ A。

后面的八个阶段可以根据前四个阶段类推，根据分析可以画出工作波形，如图 5-43 所示。如果触发角 α 增大到 120°，则六个晶闸管将一直不导通，负载输出电压为 0 V。

(2) 基本数量关系的计算。

①负载输出电压的平均值和输出电流的平均值。

从前面的分析可知，在触发角为 $\alpha=0°\sim60°$时，负载电流连续。输出电压每个周期脉动 6 次，每次脉动的波形都相同，因此只需对一个脉波进行计算即可。负载输出电压的平均值为：

$$U_d=\frac{1}{\frac{\pi}{3}}\int_{\frac{\pi}{3}+\alpha}^{\frac{2}{3}\pi+\alpha}\sqrt{6}U_2\sin(\omega t)\mathrm{d}(\omega t)=2.34U_2\cos\alpha \tag{5-66}$$

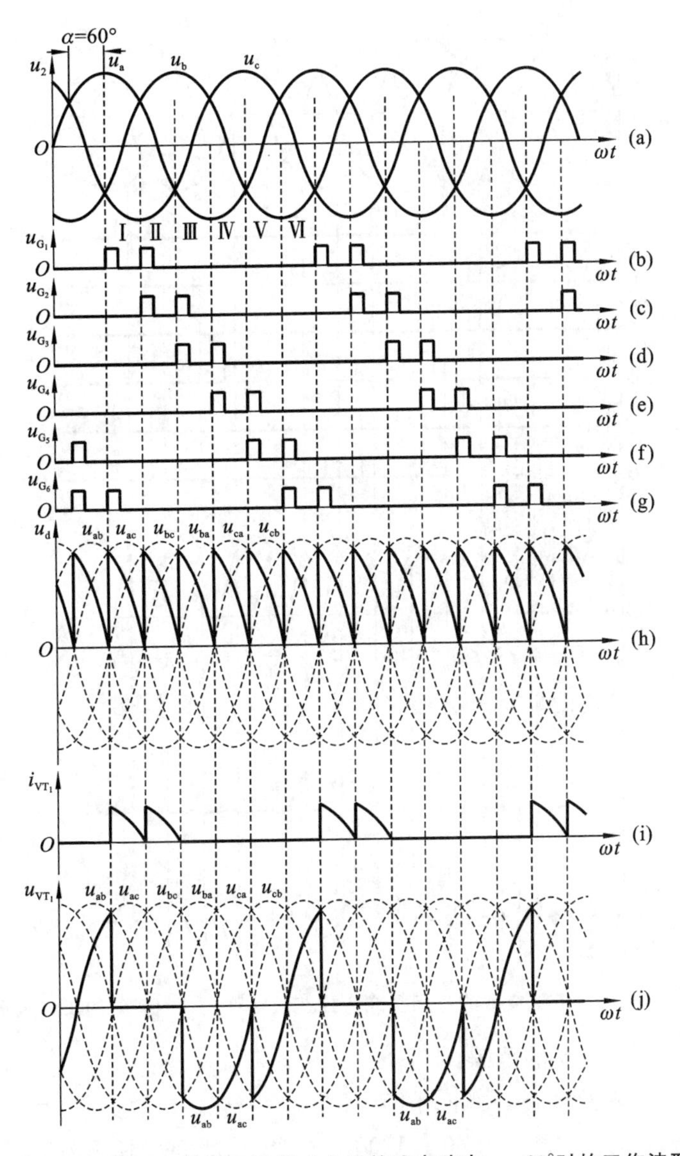

图 5-42　带纯电阻负载的三相桥式全控整流电路在 $\alpha=60°$ 时的工作波形图

在触发角为 $\alpha=60°\sim120°$ 时，负载输出电压的平均值为：

$$U_d=\frac{1}{\frac{\pi}{3}}\int_{\frac{\pi}{3}+\alpha}^{\pi}\sqrt{6}U_2\sin(\omega t)\mathrm{d}(\omega t)=2.34U_2\left[1+\cos\left(\frac{\pi}{3}+\alpha\right)\right] \tag{5-67}$$

负载电流的平均值为：

$$I_d=\frac{U_d}{R} \tag{5-68}$$

②晶闸管承受的最大正反向电压。

晶闸管承受的最大正反向电压为线电压的峰值，即 $U_{VTM}=\sqrt{6}U_2$。

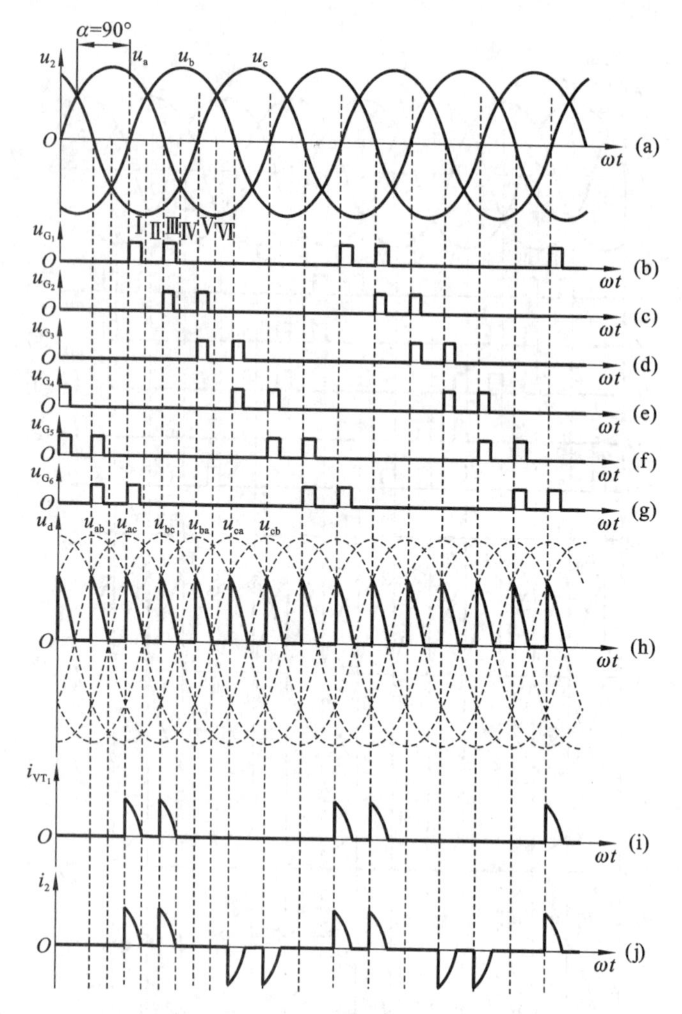

图 5-43　带纯电阻负载的三相桥式全控整流电路在 $\alpha=90^{\circ}$ 时的工作波形图

③触发角 α 和导通角 θ 的范围。

通过电路原理分析可知，触发角 α 的范围是 $0^{\circ}\sim120^{\circ}$。当触发角 $\alpha=0^{\circ}\sim60^{\circ}$ 时，每个晶闸管的导通角为 120°；当触发角 $\alpha=60^{\circ}\sim120^{\circ}$ 时，每个晶闸管的导通角为 $(120^{\circ}-\alpha)\times2$。

2. 带阻感负载的工作情况

(1) 工作原理和工作波形。

把图 5-39 中的纯电阻负载换成电阻与电感串联，就变成带阻感负载的三相桥式全控整流电路。因为有了电感，负载中电流 i_d 通常是连续的，当电感 L 比较大时，负载电流 i_d 的波动很小，可以看成是恒定值。当触发角 $\alpha\leqslant60^{\circ}$ 时，负载电压 u_d 的波形与带纯电阻负载时一致，只是负载电流的波形不同，带纯电阻负载时负载电流有与 u_d 一样的波动，而带有大电感负载时负载电流的波形是一条直线。因此，很容易画出 $\alpha=0^{\circ}$、$\alpha=30^{\circ}$、$\alpha=60^{\circ}$ 时，带阻感负载的三相桥式全控整流电路的波形图，如图 5-44、图 5-45 和图 5-46 所示。

当 $\alpha>60^{\circ}$ 时，在带纯电阻负载的情况下，由于线电压的过零点，负载电流会出现断续；但在带阻感负载的情况下，由于电感的存在，特别是大电感，负载电流不会出现断续的情况。

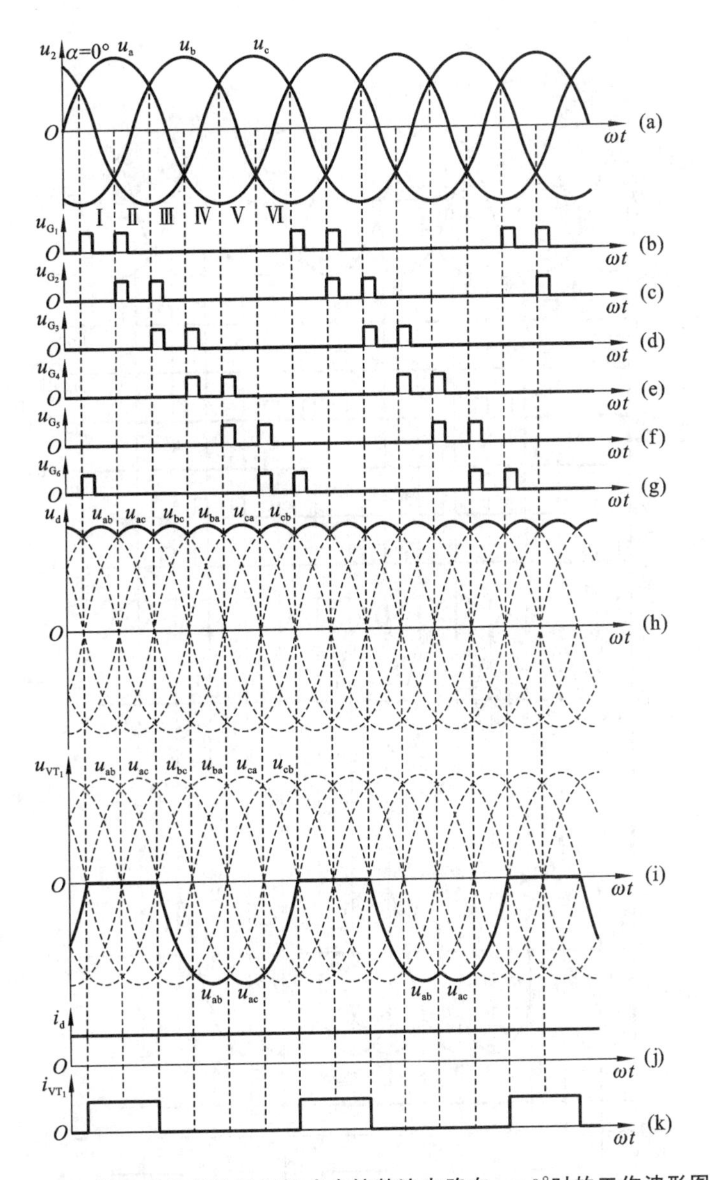

图 5-44　带阻感负载的三相桥式全控整流电路在 $\alpha=0°$ 时的工作波形图

负载电压 u_d 的波形会出现负的部分。因此，工作过程仍然分成 6 个阶段，不会出现 6 个管子同时关断的情况。但到 $\alpha=90°$ 时，负载上输出电压的波形正半周面积与负半周面积相等，整流输出电压的平均值为 0 V，因此带阻感负载时触发角的范围是 0°～90°。

(2) 基本数量关系的计算。

①负载输出电压的平均值和输出电流的平均值。

从前面的分析可知，在触发角为 $\alpha=0°\sim90°$ 时，负载电流连续。输出电压每个周期脉动 6 次，每次脉动的波形都相同，因此只需对一个脉波进行计算即可。负载输出电压的平均值为：

$$U_d=\frac{1}{\frac{\pi}{3}}\int_{\frac{\pi}{3}+\alpha}^{\frac{2}{3}\pi+\alpha}\sqrt{6}U_2\sin(\omega t)\mathrm{d}(\omega t)=2.34U_2\cos\alpha \tag{5-69}$$

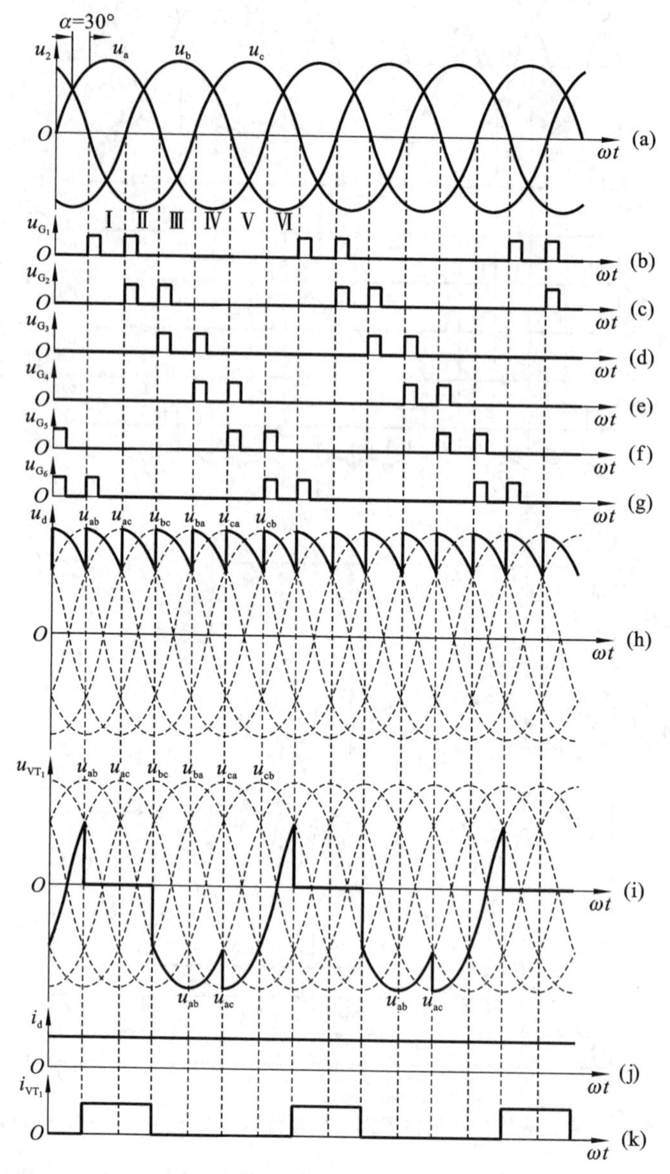

图 5-45　带阻感负载的三相桥式全控整流电路在 $\alpha=30°$ 时的工作波形图

负载电流的平均值为：

$$I_d = \frac{U_d}{R} \tag{5-70}$$

②晶闸管承受的最大正反向电压。

晶闸管承受的最大正反向电压为线电压的峰值，即 $U_{VTM}=\sqrt{6}U_2$。

③触发角 α 和导通角 θ 的范围。

通过电路原理分析可知，触发角 α 的范围是 $0°\sim90°$，每个晶闸管的导通角为$120°$。

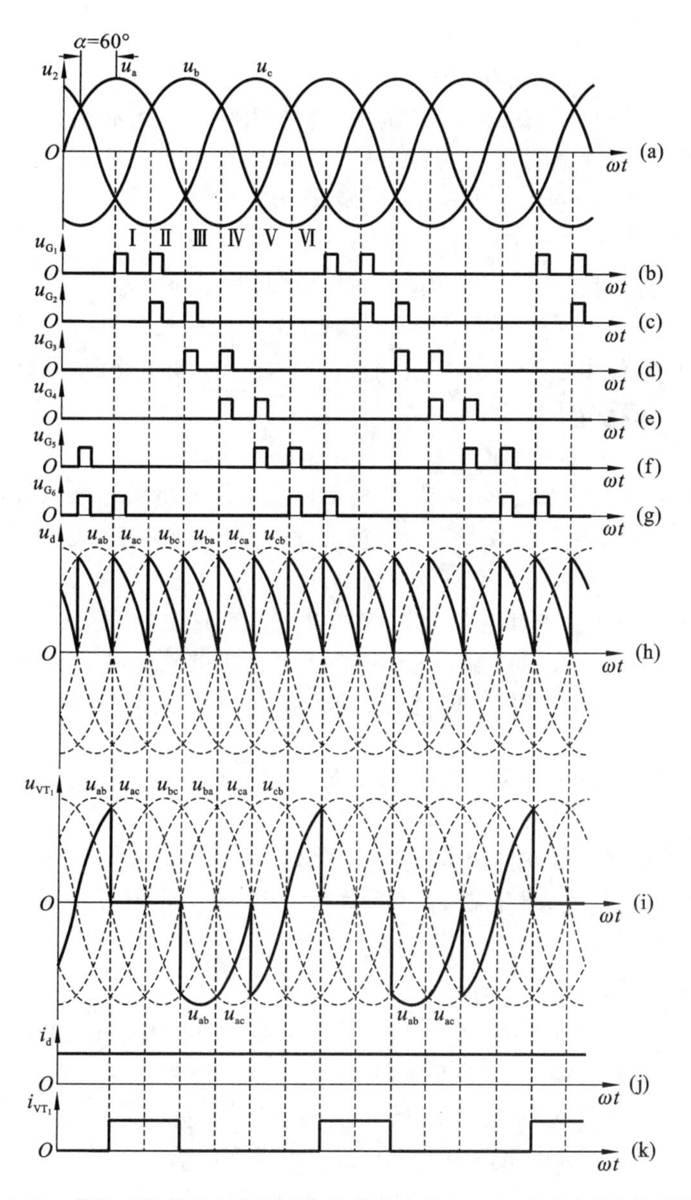

图 5-46　带阻感负载的三相桥式全控整流电路在 $\alpha=60^{\circ}$ 时的工作波形图

5.4　晶闸管触发电路

5.4.1　晶闸管整流电路对触发脉冲的要求

前文讲述的单相和三相可控整流电路是通过控制触发角 α 的大小，即控制晶闸管门极触发脉冲的起始相位来控制整流输出电压的大小的，属于相控电路。可控整流电路的正常工作，与晶闸管门极触发电路的正确和可靠运行密切相关。整流电路对触发脉冲的要求如下：

(1) 触发信号应有足够大的功率。

为使晶闸管可靠触发，触发电路提供的触发电压和触发电流必须大于晶闸管产品参数提供的门极触发电压与触发电流，即必须保证具有足够的触发功率。但触发信号不允许超过门极的电压、电流和功率定额，以防损坏晶闸管的门极。

(2) 触发脉冲的同步及移相范围。

在可控整流、有源逆变及交流调压的触发电路中，为了保持电路的品质及可靠性，要求晶闸管在每个周期都在相同的相位上触发。因此，晶闸管的触发电压必须与其主回路的电源电压保持某种固定的相位关系，即实现同步。同时，为了使电路能在给定范围内工作，必须保证触发脉冲有足够的移相范围。

(3) 触发脉冲信号应有足够的宽度，且前沿要陡。

为使被触发的晶闸管能保持住导通状态，晶闸管的阳极电流必须在触发脉冲消失前达到擎住电流，因此要求触发脉冲应具有一定的宽度，不能过窄。特别是当负载为电感性负载时，因负载电流不能突变，更需要较宽的触发脉冲。

(4) 为使并联晶闸管元件能同时导通，触发电路应能产生强触发脉冲。

强触发电流幅值为触发电流值的 3～5 倍，脉冲前沿的陡度通常取为 1～2 A/μs；脉冲宽度对应时间应大于 50 μs，持续时间应大于 550 μs。

5.4.2 同步信号为锯齿波的触发电路

同步信号为锯齿波的触发电路如图 5-47 所示，工作波形如图 5-48 所示。它主要由脉冲的形成环节、锯齿波的形成和脉冲移相环节、同步环节、双窄脉冲形成环节和强触发环节等五部分组成。

1. 脉冲的形成环节

脉冲的形成环节由晶体管 V_4、V_5 组成，V_7、V_8 起脉冲放大作用。供给主电路的触发脉冲由脉冲变压器 TP 二次输出，脉冲变压器 TP 的一次绕组接在 V_8 的集电极电路中。

V_4 的基极电压由正的控制电压 u_{co}(+15 V 经过滑动变阻器 R_{P2} 分得)、晶体管 V_3 的射极输出(实际上是锯齿波)和负偏压(−15 V 经过滑动变阻器 R_{P3} 分得)共同控制。当 V_4 的基极电压 $u_{4b}<0.7$ V 时，V_4 截止。正的电源电压 $+E_1$(+15 V)经过 R_{10} 供给 V_5 一个足够大的基极电流，并通过 R_{12} 供给 V_6 一个足够大的基极电流，V_5 和 V_6 饱和导通。观察支路 +15 V→R_{11}→V_5→V_6→ VD_{10}→−15 V，晶体管 V_5 和 V_6 饱和导通的压降各为 0.3 V，二极管 VD_{10} 的导通压降为 0.7 V，则晶体管 V_5 集电极(D 点)的电压 $u_{5c}=-13.7$ V，使得 V_7 和 V_8 处于截止状态，无脉冲输出。另外，观察支路 +15 V→R_9→C_3→V_5→V_6→ VD_{10}→−15 V，给电容 C_3 进行充电，电容 C_3 左边即 A 点的电压大概为 15 V，电容 C_3 右边即 B 点的电压大概为 −13.3 V，这样电容 C_3 左右两端的电压为 28.3 V。

当 V_4 的基极电压 $u_{4b}>0.7$ V 时，V_4 导通。观察支路 +15V→R_9→ VD_4→V_4→G，V_4 的集电极和发射极之间的饱和导通压降为 0.3 V，二极管 VD_4 的压降为 0.7 V，因此 A 点的电压迅速降到 1.0 V，但由于电容 C_3 两端的电压差不能突变，因此 B 点的电压变为 −27.3 V，V_5 截止，电源电压 +15 V 经过 R_{11} 和 VD_6，使 V_7 和 V_8 导通，然后脉冲变压器 TP 有脉

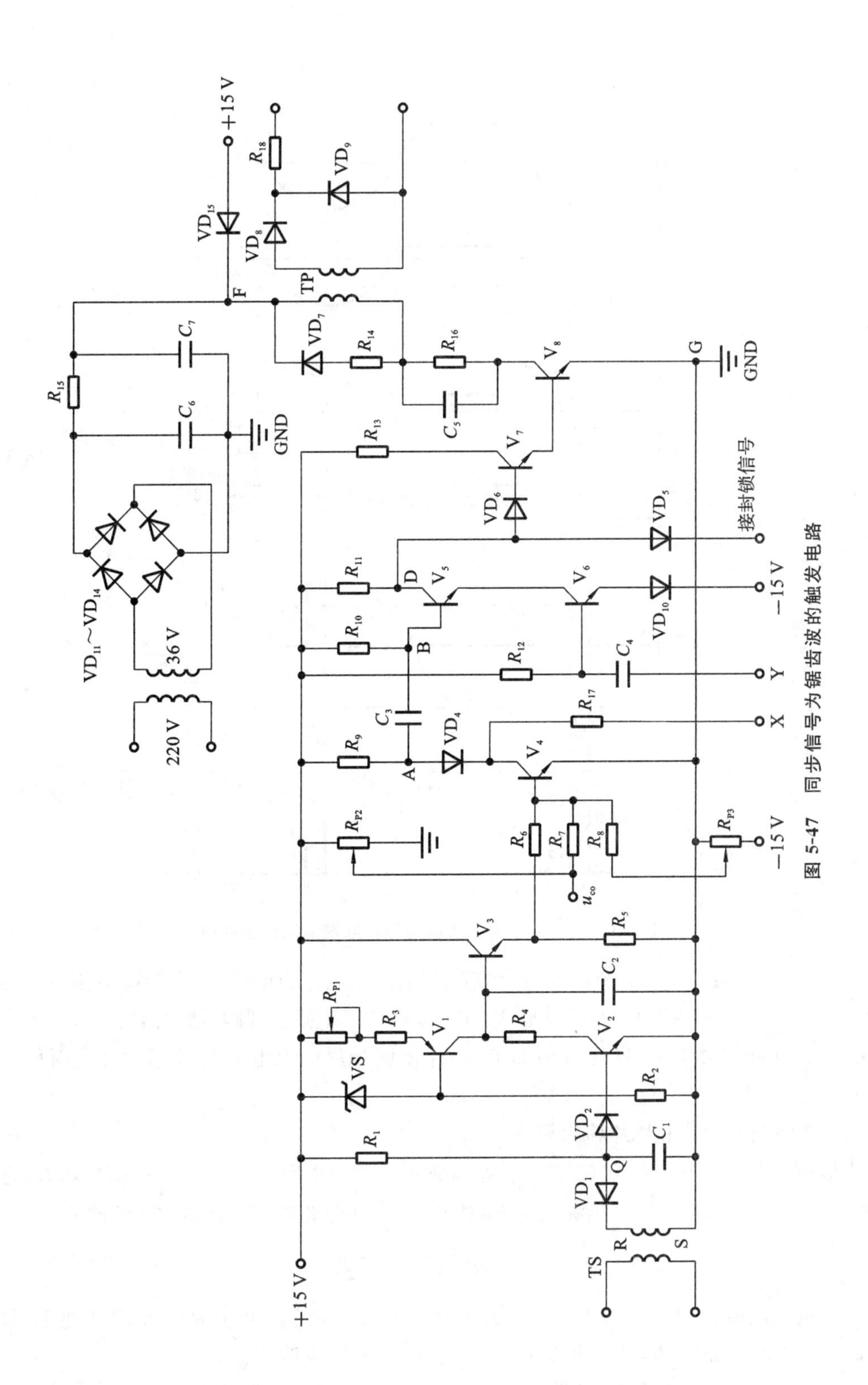

图 5-47　同步信号为锯齿波的触发电路

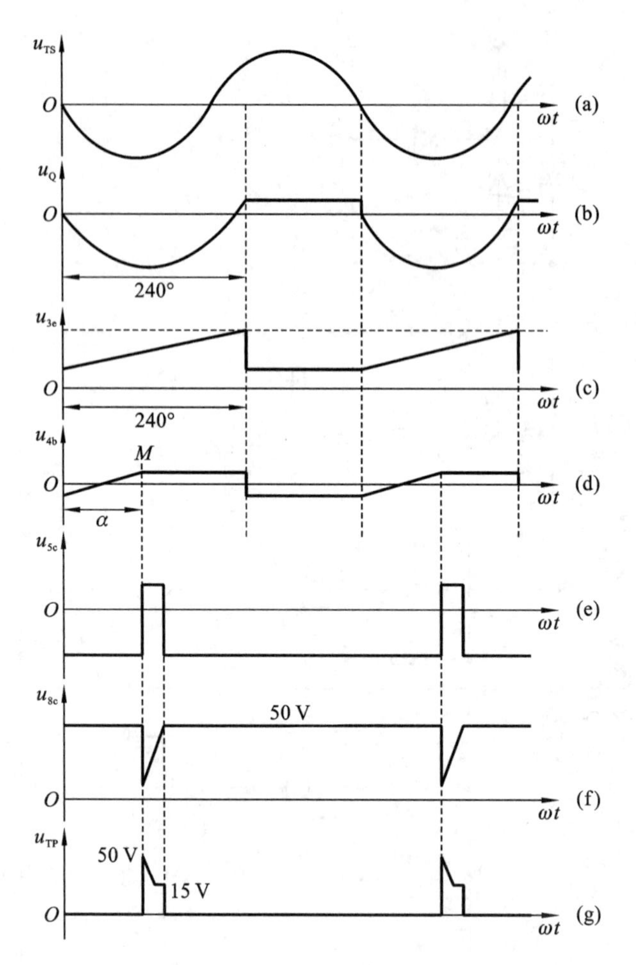

图 5-48　同步信号为锯齿波的触发电路的工作波形图

冲输出。同时，电压+15 V 经过 R_{10} 给电容 C_3 反向充电。当电容 C_3 右端即 B 点的电压由 −27.3 V 上升到 −13.3 V 后，晶体管 V_5 导通，V_7 和 V_8 截止，触发脉冲消失。

总结：脉冲前沿由 V_4 导通时刻确定，脉冲宽度与反向充电电路 R_{10} 和 C_3 的时间常数有关。

2. 锯齿波的形成和脉冲移相环节

图 5-47 中，V_1、V_2、V_3 和 C_2 等元件组成锯齿波产生电路。其中，V_1、VS、R_3 和 R_{P1} 形成一恒流源。当 V_2 截止时，恒流源电流 I_{1C} 对电容 C_2 进行充电，所以电容 C_2 两端的电压为：

$$u_{C_2}=\frac{1}{C}\int I_{1C}\mathrm{d}t=\frac{1}{C}I_{1C}t$$

u_{C_2} 按线性增长，即 V_3 的基极电位 u_{3b} 按线性增长。调节电位器 R_{P1} 可以改变电容 C_2 的恒定充电电流 I_{1C} 的大小，从而可以调节 u_{C_2} 的斜率，即锯齿波的斜率。

当 V_2 导通时，由于 R_4 阻值很小，所以 C_2 迅速通过 R_4 和 V_2 放电，使 u_{3b} 的电位迅速降到零附近。可见，V_2 周期性地关断与开通，u_{3b} 上就形成相同周期的锯齿波，因为 V_3 和电阻 R_5 构成的是一个射随器，因此 u_{3e} 上也是一个锯齿波。V_2 关断与导通的周期应该与主电路

的周期一致，这样锯齿波的周期也与主电路的周期一致，这就需要同步环节参与。在讲同步环节之前，先来看一下晶体管 V_4 基极电位的构成。晶体管 V_4 的基极电位由锯齿波电压、直流控制电压 u_{co} 和直流偏移电压 u_p 三个电压叠加组成，其中 u_p 是负偏压。这三个电压分别通过电阻 R_6、R_7 和 R_8 与基极相接。三个电压的叠加作用可以等效为三个电压单独作用，然后再相加。单个电压单独作用的等效电路图如图 5-49 所示。

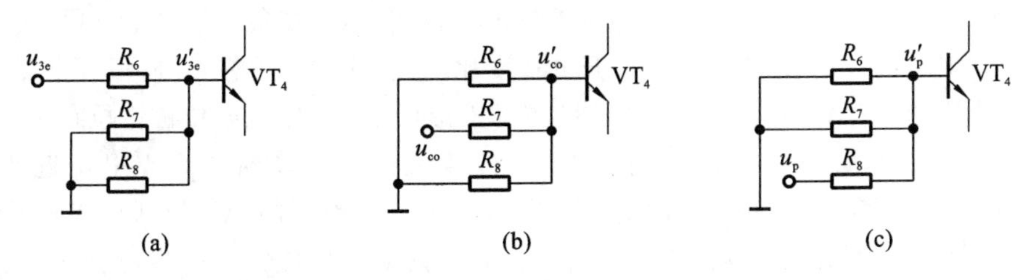

图 5-49　三个电压单独作用的等效电路图

锯齿波电压 u_{3e} 单独作用在 V_4 基极时的电压 $u'_{3e}=u_{3e}\dfrac{R_7//R_8}{R_6+(R_7//R_8)}$，可见 u'_{3e} 仍然是锯齿波，只是斜率有所下降。直流控制电压 u_{co} 单独作用在 V_4 基极时的电压 $u'_{co}=u_{co}\dfrac{R_6//R_8}{R_7+(R_6//R_8)}$，可见 u'_{co} 仍然是正值，只是在数值上比 u_{co} 小了一些。直流偏移电压 u_p 单独作用在 V_4 基极时的电压 $u'_p=u_p\dfrac{R_6//R_7}{R_8+(R_6//R_7)}$，可见 u'_p 仍然是负值，只是绝对值比 u_p 的绝对值小了一些。

V_4 基极上的总电压 $u_{4b}=u'_{3e}+u'_p+u'_{co}$。$u'_p$ 控制锯齿波向下平移，u'_{co} 控制锯齿波向上平移。由于有 V_4 的存在，当 V_4 的基极电压 $u_{4b}\geqslant 0.7$ V 时，V_4 导通，其基极电压 u_{4b} 就被钳位到 0.7 V，实际波形如图 5-48(d)所示。图中 M 点是 V_4 由截止到导通的转折点。由前面分析可知，M 点时刻也是电路输出脉冲的起始时刻。因此，当锯齿波斜率固定、u_p 电压固定时，改变 u_{co} 的值就可以改变 M 点的时间坐标，即改变了脉冲产生的时刻，从而改变了触发角。在实际触发电路中，可以通过先让 u_{co} 为零，然后调节 u_p，来确定触发脉冲的初始相位。例如：在单相可控整流电路中，在不加 u_{co} 的情况下，可以调节 u_p，使锯齿波向下平移，直到锯齿波几乎移到横轴以下，也就是调节 R_{P3}，把触发脉冲调没，然后回调一点 R_{P3}，使触发脉冲刚刚出现，这就是最大触发角。然后施加正的 u_{co}，随着 u_{co} 的增加，触发脉冲的角度由大到小发生变化；在带大电感负载的三相桥式全控整流电路中，触发角最大是90°，因此调节 u_p 的大小，使初始相位定在90°，然后再施加正的 u_{co}，根据需要调整 u_{co} 的大小；在晶闸管可逆系统(见 5.6 节)中，有整流和逆变两种工作状态，当 $u_{co}=0$ V 时，需要调节 u_p 的大小，使初始相位在90°的位置，然后加正的 u_{co}，触发相位在 0°～90°变化，电路工作在整流状态，而加负的 u_{co}，触发相位在90°～180°变化，电路工作在逆变状态。

3. 同步环节

触发电路与主电路的同步是指触发脉冲的频率(锯齿波的频率)与主电路电源的频率相同且相位关系确定。从图 5-47 可知，锯齿波是由晶体管 V_2 来控制的；V_2 由导通变截止期间产生锯齿波；V_2 截止状态持续的时间就是锯齿波的宽度，它取决于 R_1C_1 的充电时间常数；V_2 的开关频率就是锯齿波的频率。要使触发脉冲与主电路电源同步，使 V_2 的开关频率和主电路电源的频率同步就可以实现。在图 5-47 中,同步环节由同步变压器 TS 和用作同步开关的晶体管 V_2 组成。

同步变压器 TS 的一次侧接主电路的电源,即原边电压为主电路中的 u_2;二次侧产生一个与主电路相位相差180°、有效值比较小的正弦电压 u_{TS}(有效值大概在 7 V 左右),它的波形如图 5-48(a)所示。当 u_{TS}在负半周的下降段时,VD_1 导通,Q 点电位与 R 点电位接近,因此在这一阶段 V_2 的基极电位为负,V_2 处于截止状态。当 u_{TS}在负半周的上升段时,$+E_1$ 电源通过 R_1 给电容 C_1 充电,Q 点电位上升的速度比 u_{TS}变化的速度慢,此阶段 VD_1 截止。直到 Q 点电位达到 1.4 V,V_2 导通,锯齿波的下降沿形成,之后 Q 点电位被钳位在 1.4 V。直到 u_{TS}的下一个负半周到来,VD_1 才重新导通,Q 点电位迅速降到与 R 点电位近似,V_2 截止,锯齿波新的周期开始。如此周而复始。在一个正弦波周期内,V_2 包括截止和导通两个状态,正好对应锯齿波的一个周期,与主电路的电源频率和相位完全同步,达到了同步的目的。可以看出,V_2 的截止时间对应锯齿波的宽度,V_2 的截止时间包括 u_{TS}负半周的下降段以及 Q 点电位从同步电压负半周上升段开始时刻达到 1.4 V 的时间段,因此,电容 C_1 的充电速度越慢即充电时间常数 R_1C_1 越大,锯齿波越宽。

4. 双窄脉冲形成环节

在三相桥式全控整流电路中,有六个晶闸管,需要六个如图 5-47 所示的触发单元,并且要求每个触发单元在产生触发脉冲的同时让上一个触发单元产生一个触发脉冲。也就是说每个触发单元触发脉冲的起始时刻不仅可以由本单元 V_4 的导通时刻(也是 V_5 的关断时刻)决定,还可以由它的下一个触发单元提供的某个信号决定。在每个触发单元中,V_5 和 V_6 构成“或门”。当 V_5 和 V_6 都导通时,V_7 和 V_8 都截止,没有脉冲输出。只要 V_5 或 V_6 有一个截止,都会使 V_7 和 V_8 导通,触发电路有脉冲输出。触发单元的第一个脉冲在本触发单元的 V_4 的导通时刻(也就是控制电压 u_{co}对应的触发角 α) 产生。间隔60°输出的第二个脉冲由滞后60°相位的后一触发单元来控制。当后一触发单元有脉冲输出时,同时会使前一个触发单元的 V_6 截止,所以前一个触发单元也会同时输出一个脉冲。三相桥式全控整流电路六个触发单元的接法如图 5-50 所示。图 5-51 给出了触发单元 2 和触发单元 1 的具体连接方法。当触发单元 1 和触发单元 2 都没有触发脉冲时,两个触发单元的晶体管 V_4 都处于截止状态,两个触发单元的晶体管 V_5 和 V_6 都处于导通状态,因此触发单元 2 中 X 点的电压接近 15 V,触发单元 2 中的 X 点与触发单元 1 中的 Y 点连接,因此触发单元 1 中电容 C_3 下端的电压为+15 V,由于触发单元 1 中 V_6 是导通的,因此电容 C_3 的上端电压为−13.3 V。当触发单元 2 中产生触发脉冲时,触发单元 2 中的 V_4 导通,X 点电压变为 0.3 V,即触发单元 1 中电容 C_3 的下端由 15 V 变成了 0.3 V,由于电容两端的电压差不能突变,因此电容 C_3 上端的电压将从−13.3 V 变成−28 V,这样会使触发单元 1 中的 V_6 截止,从而触发单元 1 也会输出脉冲。

5. 强触发环节

图 5-47 所示电路的右上角部分即为强触发环节。先将 220 V 的交流电通过变压器降成有效值为 36 V 的交流电。然后通过整流桥,在电容 C_6 两端得到+50 V 的直流电压。在 V_8 导通、输出脉冲前,+50 V 电源已通过 R_{15} 向 C_7 充电,使 F 点的电位升到+50 V。当 V_8 导通时,C_7 经过脉冲变压器 TP、R_{16} 及 V_8 迅速放电。由于放电回路电阻较小,电容 C_7 两端电压衰减得很快,F 点电位迅速下降。当 F 点电位稍低于+15 V 时,二极管 VD_{15} 由截止变

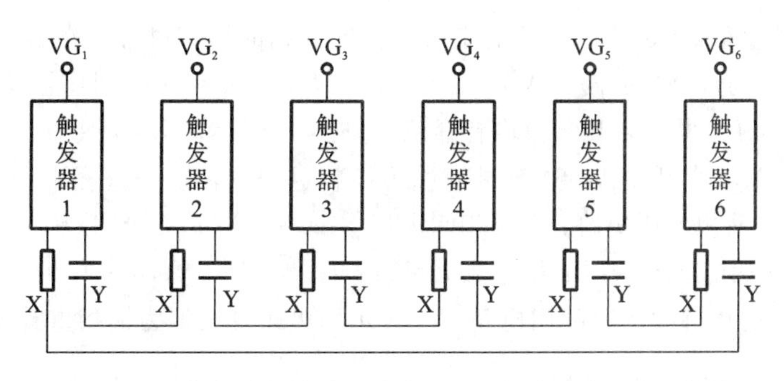

图 5-50　三相桥式全控整流电路六个触发单元的接法示意图

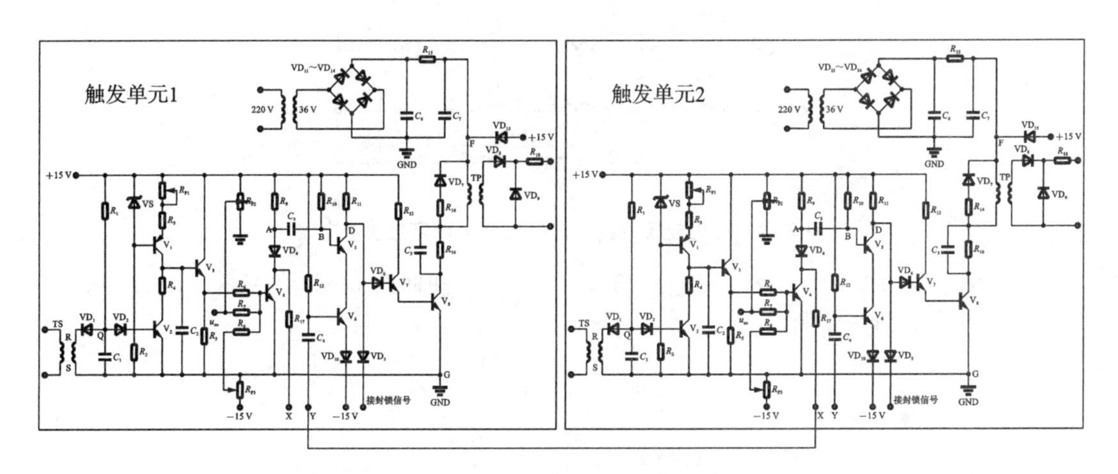

图 5-51　两个触发单元的连接图

为导通。虽然这时+50 V 整流电源电压较高，但它需向 V_8 提供较大的负载电流，R_{15} 上的电阻压降较大，不可能使 C_7 两端电压超过+15 V，故 F 点电位被钳制在+15 V。当 V_8 由导通变为截止时，+50 V 电源又通过 R_{15} 向 C_7 充电，使 F 点电位再升到+50 V，为下一次强触发做准备。电容 C_5 的作用是提高强触发脉冲前沿的陡度。

目前集成触发电路已得到广泛应用，逐步取代分立元件电路，比如国内生产的 KC 系列晶闸管集成触发模块。关于集成触发芯片或模块，这里不详细讲解，使用时可以查询器件资料。

5.5　变压器漏感对整流电路的影响

前文介绍整流电路时，都假设整流电路处在理想工作状态下，没有考虑变压器漏感的影响，认为换相是在瞬时完成的。但实际上，变压器绕组总有漏感，由于电感对电流的变化起阻碍作用，电感电流不能突变，因此换相会持续一小段时间，不会瞬时完成。下面以三相半波可控整流电路为例来讨论变压器漏感对工作波形以及有关参量的影响。

1. 工作原理及工作波形

考虑变压器漏感时的三相半波可控整流电路如图 5-52 所示。变压器漏感折算到变压器二次侧，并且三相的漏感相等，都用 L_B 表示，并假设负载回路的电感足够大，负载电流连续且恒定。当触发角 $\alpha=30^{\circ}$时，分析电流从 a 相到 b 相的换相过程。在 $\omega t=180^{\circ}$的前一时刻，晶闸管 VT_1 导通，流过晶闸管 VT_1 的电流 $i_a=I_d$，当 $\omega t=180^{\circ}$（即比触发晶闸管 VT_1 滞后 120°）时触发 VT_2，由于 a、b 两相均有漏感，电流 i_a 和 i_b 都不能突变，i_b 由 0 A 逐渐增加至 I_d，i_a 由 I_d 逐渐减小到 0 A。这个过程称为换相过程。在换相过程中，两个晶闸管同时导通，相当于 a、b 两相电压短路，在两相间电压差 $u_{ba}=u_b-u_a$ 的作用下，产生短路电流 i_k。在换相过程中，b 相电流 $i_b=i_k$，a 相电流 $i_a=I_d-i_k$，当 $i_a=0$ A，$i_b=I_d$ 时，a 相和 b 相之间完成换相。换相过程持续的时间用电角度 γ 表示。电角度又称为换相重叠角。

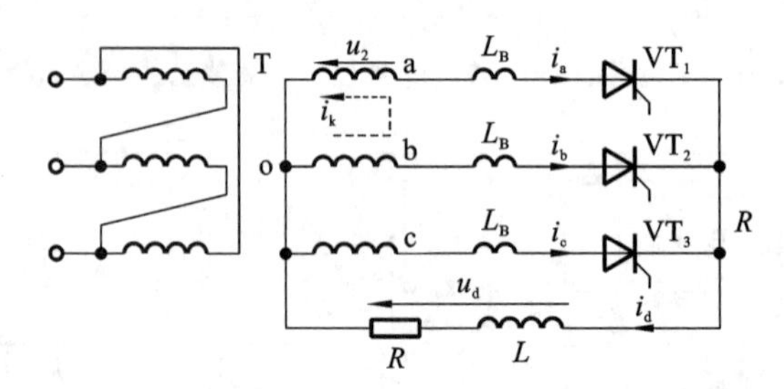

图 5-52　考虑变压器漏感时的三相半波可控整流电路

在换相过程中，观察回路 a→L_B→VT_1→L→R→o 和回路 b→L_B→VT_2→L→R→o，根据回路电压平衡方程可得：

$$\begin{cases} u_d = u_a + L_B \dfrac{di_k}{dt} \\ u_d = u_b - L_B \dfrac{di_k}{dt} \end{cases} \tag{5-71}$$

因此，换相期间负载电压为 $u_d=\dfrac{u_a+u_b}{2}$。可以看出，换相期间的电压是两相电源电压的平均值。输出电压 u_d 和 i_d 的波形如图 5-53 所示。

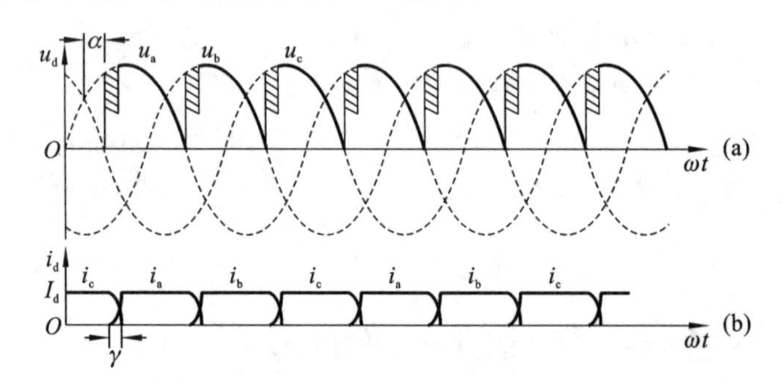

图 5-53　考虑变压器漏感时的三相半波可控整流电路的工作波形图

2. 数量关系的计算

（1）换相压降。

对于三相半波可控整流电路，从 u_d 的波形可以看出，在每次换相过程中，与不考虑变压器漏感时相比，负载电压瞬时值都降低了一些，因此负载电压平均值 U_d 也会降低。负载电压平均值 U_d 降低的多少用 ΔU_d 表示，称为换相压降。

$$\Delta U_{\rm d}=\frac{1}{\frac{2\pi}{3}}\int_{\frac{5\pi}{6}+\alpha}^{\frac{5\pi}{6}+\alpha+\gamma}(u_{\rm b}-u_{\rm d}){\rm d}(\omega t)=\frac{1}{\frac{2\pi}{3}}\int_{\frac{5\pi}{6}+\alpha}^{\frac{5\pi}{6}+\alpha+\gamma}\left[u_{\rm b}-(u_{\rm b}-L_{\rm B}\frac{{\rm d}i_{\rm k}}{{\rm d}t})\right]{\rm d}(\omega t)$$

$$=\frac{1}{\frac{2\pi}{3}}\int_{\frac{5\pi}{6}+\alpha}^{\frac{5\pi}{6}+\alpha+\gamma}L_{\rm B}\frac{{\rm d}i_{\rm k}}{{\rm d}t}{\rm d}(\omega t)=\frac{3}{2\pi}\int_{0}^{I_{\rm d}}\omega L_{\rm B}{\rm d}i_{\rm k}=\frac{3}{2\pi}\omega L_{\rm B}I_{\rm d}=\frac{3}{2\pi}X_{\rm B}I_{\rm d} \tag{5-72}$$

式中，$X_{\rm B}$ 是变压器漏感 $L_{\rm B}$ 对应的漏抗。

同样的方法可以推广到 m 脉波整流电路，包括换相时变压器电流从 0 A 增加到 $I_{\rm d}$ 的电路。比如，单相全波可控整流电路 $m=2$，三相半波可控整流电路 $m=3$，三相桥式全控整流电路 $m=6$，这三种电流换相时，变压器的电流是从 0 A 增加到 $I_{\rm d}$。

$$\Delta U_{\rm d}=\frac{1}{\frac{2\pi}{m}}\int_{\frac{5\pi}{6}+\alpha}^{\frac{5\pi}{6}+\alpha+\gamma}(u_{\rm b}-u_{\rm d}){\rm d}(\omega t)=\frac{m}{2\pi}\int_{\frac{5\pi}{6}+\alpha}^{\frac{5\pi}{6}+\alpha+\gamma}\left[u_{\rm b}-(u_{\rm b}-L_{\rm B}\frac{{\rm d}i_{\rm k}}{{\rm d}t})\right]{\rm d}(\omega t)$$

$$=\frac{m}{2\pi}\int_{0}^{I_{\rm d}}\omega L_{\rm B}{\rm d}i_{\rm k}=\frac{m}{2\pi}\omega L_{\rm B}I_{\rm d}=\frac{m}{2\pi}X_{\rm B}I_{\rm d} \tag{5-73}$$

可见，m 脉波整流电路换相压降的通用公式为 $\Delta U_{\rm d}=\frac{m}{2\pi}X_{\rm B}I_{\rm d}$，但此通用公式对单相桥式全控整流电路（$m=2$）不适用，因为单相桥式全控整流电路换相时，变压器的电流是从 $-I_{\rm d}$ 增加到 $I_{\rm d}$，因此：

$$\Delta U_{\rm d}=\frac{m}{2\pi}\int_{-I_{\rm d}}^{I_{\rm d}}X_{\rm B}{\rm d}i_{\rm k}=\frac{2}{\pi}X_{\rm B}I_{\rm d} \tag{5-74}$$

（2）换相重叠角 γ 的计算。

根据式（5-71）可得出：

$$\frac{{\rm d}i_{\rm k}}{{\rm d}t}=\frac{u_{\rm b}-u_{\rm a}}{2L_{\rm B}}=\frac{\sqrt{6}U_2\sin(\omega t-\frac{5\pi}{6})}{2L_{\rm B}} \tag{5-75}$$

即：

$$\frac{{\rm d}i_{\rm k}}{{\rm d}(\omega t)}=\frac{u_{\rm b}-u_{\rm a}}{2\omega L_{\rm B}}=\frac{\sqrt{6}U_2\sin(\omega t-\frac{5\pi}{6})}{2\omega L_{\rm B}} \tag{5-76}$$

因此：

$$i_{\rm k}=\int_{\frac{5\pi}{6}+\alpha}^{\omega t}\frac{\sqrt{6}U_2}{2\omega L_{\rm B}}\sin(\omega t-\frac{5\pi}{6}){\rm d}(\omega t)=\frac{\sqrt{6}U_2}{2X_{\rm B}}[\cos\alpha-\cos(\omega t-\frac{5\pi}{6})] \tag{5-77}$$

当 $\omega t=\frac{5\pi}{6}+\alpha+\gamma$ 时，b 相电流 $i_{\rm b}=i_{\rm k}=I_{\rm d}$，即：

$$I_{\rm d}=\frac{\sqrt{6}U_2}{2X_{\rm B}}[\cos\alpha-\cos(\alpha+\gamma)] \tag{5-78}$$

$$\cos\alpha-\cos(\alpha+\gamma)=\frac{2X_{\rm B}I_{\rm d}}{\sqrt{6}U_2} \tag{5-79}$$

从式（5-79）可以看出，当电源电压一定时，换相角 γ 与触发角 α、漏抗 $X_{\rm B}$ 以及负载电流 $I_{\rm d}$ 有关。当单一参数发生变化时，$I_{\rm d}$ 越大（负载电阻 R 越小），换相重叠角 γ 越大；漏抗 $X_{\rm B}$ 越大，换相重叠角 γ 越大；当触发角 $\alpha\leqslant 90°$ 时，α 越小，换相重叠角 γ 越大。

按照三相半波可控整流电路换相重叠角的计算方法，可以类推出 m 脉波整流电路换相重叠角 γ 满足下列公式：

$$\cos\alpha - \cos(\alpha + \gamma) = \frac{X_B I_d}{\sqrt{2}U_2 \sin\frac{\pi}{m}} \tag{5-80}$$

但三相桥式全控整流电路例外，三相桥式全控整流电路可以等效为相电压为 $\sqrt{3}U_2$ 的六相半波可控整流电路，因此三相桥式全控整流电路的换相重叠角满足：

$$\cos\alpha - \cos(\alpha + \gamma) = \frac{2X_B I_d}{\sqrt{6}U_2} \tag{5-81}$$

对于其他常用的整流电路，可用同样的方法来分析。常用整流电路换相压降和换相重叠角的计算公式如表 5-5 所示。

表 5-5　常用整流电路换相压降和换相重叠角的计算公式

	单相半波可控整流电路	单相桥式全控整流电路	三相半波可控整流电路	三相桥式全控整流电路
ΔU_d	$\frac{X_B}{\pi}I_d$	$\frac{2X_B}{\pi}I_d$	$\frac{3X_B}{2\pi}I_d$	$\frac{3X_B}{\pi}I_d$
$\cos\alpha-\cos(\alpha+\gamma)$	$\frac{I_d X_B}{\sqrt{2}U_2}$	$\frac{2I_d X_B}{\sqrt{2}U_2}$	$\frac{2I_d X_B}{\sqrt{6}U_2}$	$\frac{2I_d X_B}{\sqrt{6}U_2}$

3. 变压器漏感对整流电路影响的一些结论

根据以上分析，可以得知变压器漏感对整流电路的一些影响：

①整流输出电压平均值 U_d 降低。

②晶闸管 $\mathrm{d}i/\mathrm{d}t$ 减小，有利于晶闸管的安全开通。有时人为串入进线电抗器，以抑制晶闸管的 $\mathrm{d}i/\mathrm{d}t$。

③换相时晶闸管电压出现缺口，产生正的 $\mathrm{d}u/\mathrm{d}t$，可能使晶闸管误导通，为此必须加吸收电路。吸收电路一般由电容和电阻组成。

④整流电路的工作状态增多。例如三相半波可控整流电路的工作状态由 3 种增加到 6 种。

⑤换相使电网电压出现缺口，成为干扰源，使电网电压的谐波成分增加。

【例 5-2】 已知某三相桥式全控整流电路带阻感负载，电源相电压的有效值 $U_2=220$ V，负载电阻 $R=5\ \Omega$，电感足够大，触发角 $\alpha=30°$，变压器漏感 $L_B=1$ mH，试计算：

(1) 负载输出电压的平均值 U_d 和负载电流平均值 I_d；

(2) 流过晶闸管 VT_1 的电流的平均值 $I_{d_{VT_1}}$ 和有效值 I_{VT}；

(3) 变压器二次侧电流的有效值 I_2；

(4) 换相重叠角 γ。

解：(1)考虑到漏抗的影响，输出电压平衡时的方程为：

$$U_d = 2.34U_2\cos\alpha - \Delta U_d = I_d R$$

即：

$$2.34U_2\cos\alpha - \frac{6}{2\pi}X_B I_d = I_d R$$

其中：
$$X_B = 2\pi f L_B = 2 \times 50 \times 1 \times 10^{-3} \times \pi = 0.1\pi$$

所以：

$$I_d = \frac{2.34U_2\cos\alpha}{\frac{3}{\pi} \times 0.1\pi + R} = 84.1\ \text{A}$$

$$U_d = I_d R = 84.1\ \text{A} \times 5\ \Omega = 420.5\ \text{V}$$

(2)
$$I_{d_{VT_1}} = \frac{1}{3} I_d = \frac{1}{3} \times 84.1\ \text{A} = 28.0\ \text{A}$$

$$I_{VT} = \frac{I_d}{\sqrt{3}} = \frac{84.1}{1.732}\ \text{A} = 48.6\ \text{A}$$

(3) 变压器二次侧的电流有效值为：

$$I_2 = \sqrt{\frac{2}{3}} I_d = \sqrt{\frac{2}{3}} \times 84.1\ \text{A} = 68.7\ \text{A}$$

(4) 根据公式

$$\cos\alpha - \cos(\alpha + \gamma) = \frac{2X_B I_d}{\sqrt{6}U_2} = \frac{2 \times 0.1\pi \times 84.1}{2.45 \times 220} = 0.1$$

得出

$$\cos(30° + \gamma) = 0.766, \quad \gamma = 10°$$

5.6　整流电路的有源逆变工作状态

5.6.1　有源逆变的原理

1. 有源逆变的概念

在第 3 章中讨论的直流-交流逆变器，是将直流电变成交流电并输出给负载，称为无源逆变电路。在无源逆变电路中，开关器件一般应用全控型器件，全控型器件的关断可以靠本身的驱动信号来实现。

本节将讲述把直流电变为交流电并输出给电网的电路。该电路交流侧不是接负载而是接电网，称为有源逆变电路。在有源逆变电路中，可以不用全控型器件而用半控型器件晶闸管。晶闸管可以依靠交流电网电压周期性的反向变负而关断，而且可以用与整流电路相同的电路结构，只要满足一定的条件，可控整流电路既可以工作于整流状态，也可以工作于逆变状态。

在生产实际中，有源逆变电路也有广泛的应用。例如利用晶闸管装置供电的货物提升机，在上升的过程中，货物提升机中的电机处于电动运行状态，电能转化为机械能进而转变成位能；在下降时，货物提升机中的电机处于发电运行状态，将位能转化为电能，回馈至交流电网。无论是电动运行还是发电运行，本质上都是整流装置负载接了直流电源，只不过直流电源的方向不同。

2. 有源逆变的能量传递关系

晶闸管装置整流和逆变状态的根本区别是能量传递的方向不同。以单相桥式全控整流电路为例，当控制角 $\alpha<90°$时，电路工作在整流状态，直流侧输出电压为正值，且 $U_d>E$，输出的电流为 $I_d=\dfrac{U_d-E_M}{R}$，整流状态下的电路图和波形如图 5-54(a)所示。这时整流电路将交流电转换为直流电给负载供电，一部分电能被电阻消耗，一部分电能被电源 E 吸收，电源 E 的方向与电流方向相反。直流电机作电动机运行时，就类似这个过程。

当电机作发电机回馈运行时，电路的原理和波形如图 5-54(b)所示。由于晶闸管的导通方向不变，想要电能从直流电源传输到电网，直流电源的方向必须跟晶闸管的导通方向一致，由整流电路时的正变成负，并且电网吸收能量，因此整流电压的平均值一定为负。这时负载电流为 $I_d=\dfrac{|E_M|-|U_d|}{R}>0$ A。若要实现负载电压平均值 U_d 为负，则需要使触发角 $\alpha>90°$。总结起来，在逆变时，电流方向与整流时的电流方向一致，整流输出电压反向，因此电网吸收能量。

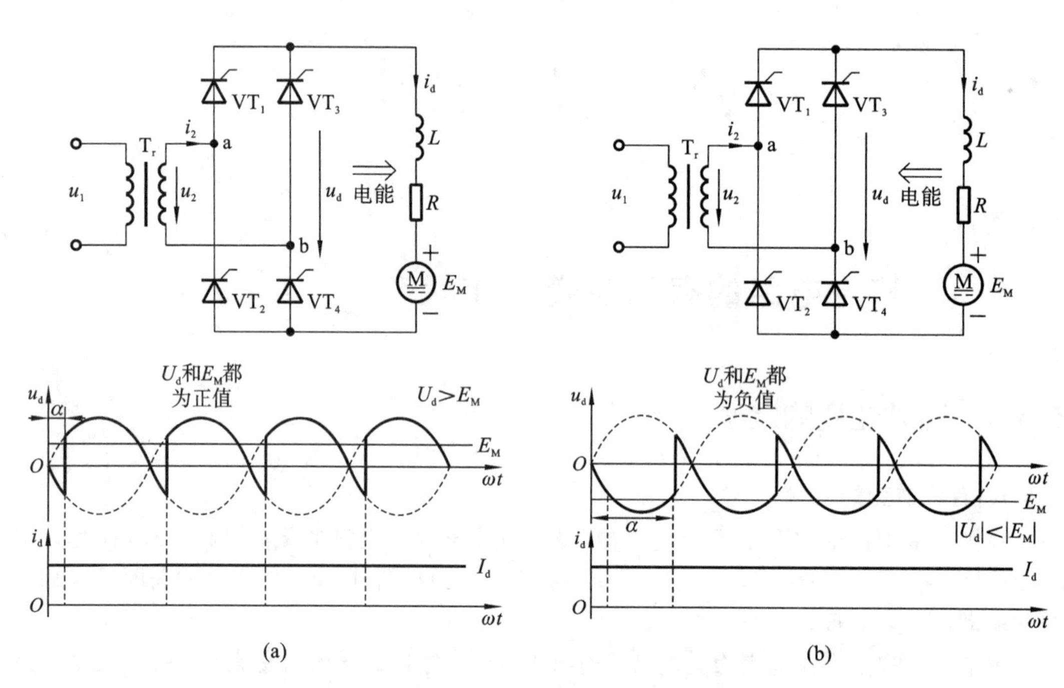

图 5-54　单相桥式全控整流电路的整流和逆变

3. 有源逆变的条件

通过以上分析可知，整流电路工作于有源逆变状态的条件是：

①要有直流电动势，且极性需和晶闸管的导通方向一致。

②变流装置输出的直流电压必须为负值，即触发角 $\alpha>90°$。

当触发角 $\alpha<90°$时，图 5-54(b)所示的电路工作在整流状态，由于 E_M 是负值，输出电流为 $I_d=\dfrac{U_d+|E_M|}{R}$(这时两个电源顺向串联，因此要求电阻比较大，否则电流太大，电路会烧毁)；当触发角 $\alpha>90°$时，该电路工作在逆变状态，输出电流为 $I_d=\dfrac{|E_M|-|U_d|}{R}$。

5.6.2　三相桥式有源逆变电路

三相桥式有源逆变电路如图 5-55 所示。同样，此电路既可工作于整流状态，也可工作于逆变状态。当触发角 $\alpha<90^\circ$ 且直流电动势 $E_M>0$ V 时，此电路工作于整流状态。当触发角 $\alpha>90^\circ$ 使得晶闸管侧输出的电压 $u_d<0$ V，并且直流电动势 $E_M<0$ V 时，此电路工作在逆变状态。在此电路中，假设电感 L 的值极大，则电路负载上的电流近似为一个恒定值。从能量的角度看，通过控制触发角 $\alpha>90^\circ$，可以使直流电动势 E_M 输出的能量反馈给交流电网。三相桥式有源逆变电路在逆变角 $\beta=60^\circ$ 和 $\beta=30^\circ$ 时的波形分别如图 5-56 和图 5-57 所示。

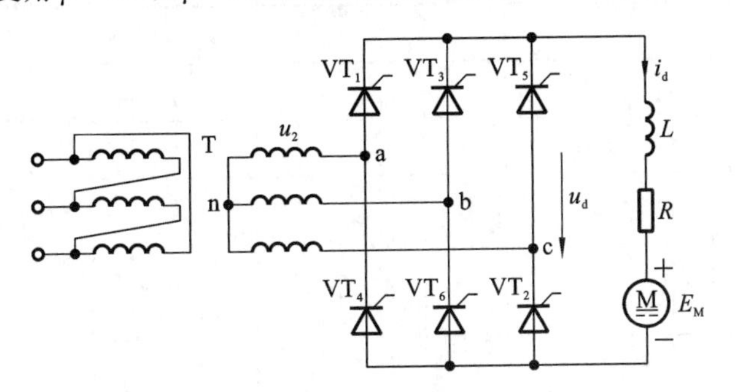

图 5-55　三相桥式有源逆变电路

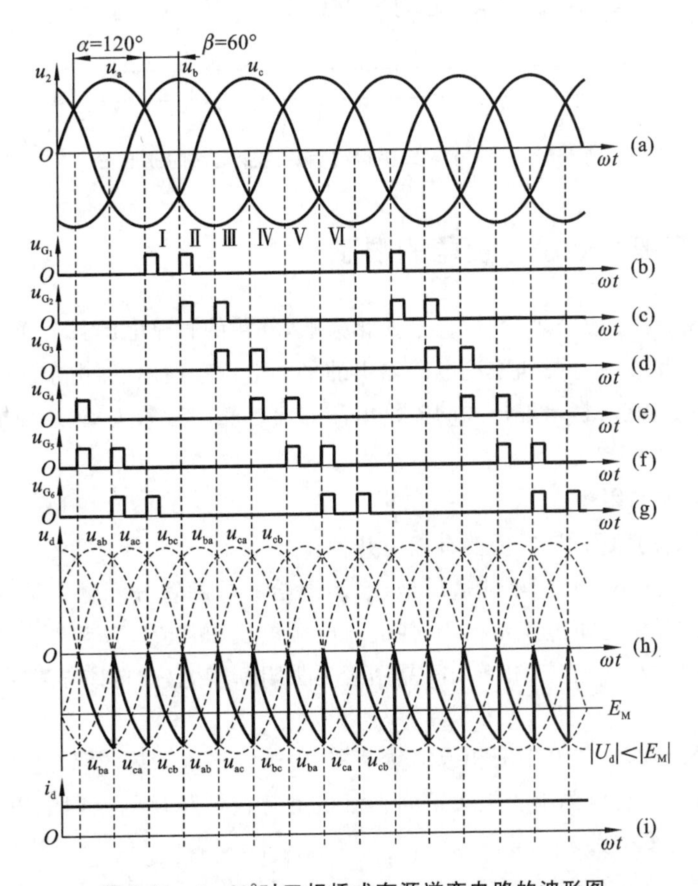

图 5-56　$\beta=60^\circ$ 时三相桥式有源逆变电路的波形图

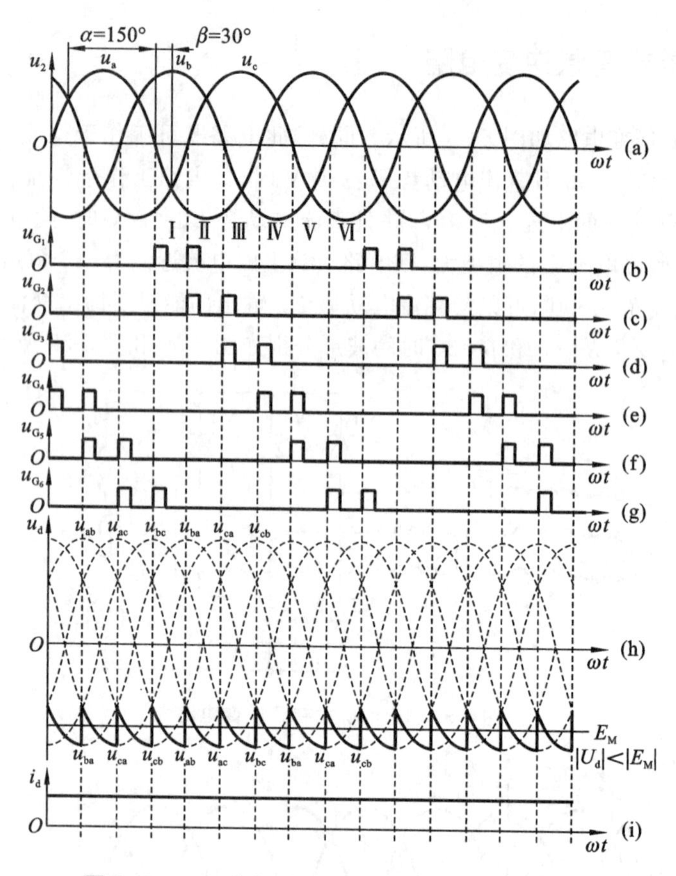

图 5-57 $\beta=30°$时三相桥式有源逆变电路的波形图

5.6.3 逆变失败与最小逆变角的限制

在晶闸管整流装置逆变运行时，一旦换相失败，外接的直流电源就会通过晶闸管电路形成短路，或者使外接直流电源和整流电路输出的平均电压顺向串联，由于实际工作中的逆变电路的内阻都很小，这时将出现极大的短路电流并流过晶闸管和负载，这种情况称为逆变失败或逆变颠覆。

1. 逆变失败的原因

造成逆变失败的原因很多，主要有以下几种。

①触发电路工作不可靠。不能适时地、准确地给各晶闸管分配触发脉冲，如脉冲丢失、脉冲延时等，导致晶闸管不能正常换相，使交流电源电压和直流电动势顺向串联，形成短路。

②晶闸管发生故障。在该阻断期间晶闸管失去阻断能力，或在该导通时不能导通，造成逆变失败。

③交流电源故障，比如发生缺相或突然消失，由于直流电动势的存在，晶闸管仍可导通，此时可控整流电路的交流侧由于失去了同直流电动势极性相反的电网电压，会产生很大的短路电流而造成逆变失败。

④换相裕量角不足，引起换相失败。前文分析逆变原理时，假设变压器工作于理想工作

状态下，但实际上，变压器由于漏感的存在是有换相重叠角的。因此，实际中应考虑换相重叠角对逆变电路换相的影响。

以三相半波有源逆变电路为例，电路结构如图 5-58 所示，输出电压的波形如图 5-59 所示。如果 $\beta<\gamma$，观察电路从 VT_3 换相到 VT_1，在电路的工作状态达到自然换相点 p 点后，u_a 的电压将低于 u_c 的电压，晶闸管 VT_1 还没有完全导通就又关断，晶闸管 VT_3 也不能关断而继续导通，因此 c 相电压随着时间的推移越来越高，电动势顺向串联，造成负载电流非常大，电路可能烧毁。为了防止逆变失败，逆变角 β 不能太小。

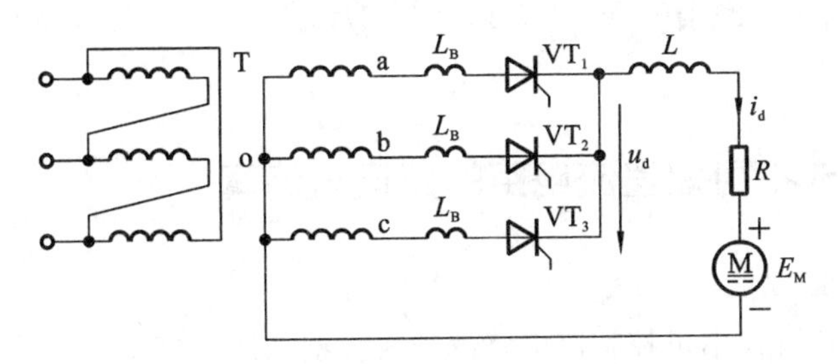

图 5-58　三相半波有源逆变电路

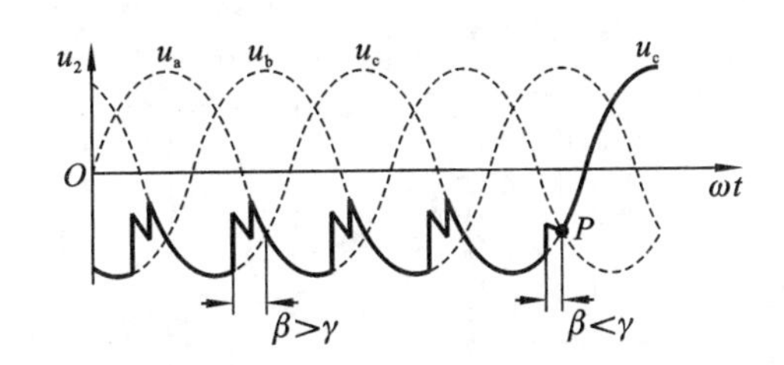

图 5-59　三相半波有源逆变电路输出电压的波形

2. 确定最小逆变角的依据

确定最小逆变角 β 时要考虑以下因素：

①晶闸管关断时间 t_q 所对应的电角度 δ。关断时间长的可达 200～300 μs，折算成电角度 δ 为 4°～5°。

②换相重叠角 γ。换相重叠角随电路形式、工作电流、电源电压、控制角的不同而不同，三相半波可控整流电路换相重叠角的计算公式为：

$$\cos\alpha-\cos(\alpha+\gamma)=\frac{2X_B I_d}{\sqrt{6}U_2} \tag{5-82}$$

逆变工作时，$\alpha=\pi-\beta$，所以有

$$\cos(\beta-\gamma)-\cos\beta=\frac{I_d X_B}{\sqrt{2}U_2\sin\frac{\pi}{m}} \tag{5-83}$$

由上式可知，随着逆变角 β 的减小，换相重叠角 γ 是增大的。当 $\beta=\gamma$ 时，换相重叠角最大，为：

$$\cos\gamma=1-\frac{I_d X_B}{\sqrt{2}U_2\sin\frac{\pi}{m}} \tag{5-84}$$

一般取 γ 为15°～25°。

③安全裕量角 θ'。考虑到电网波动、畸变或脉冲调整时不对称等影响，还必须设计一个安全裕量角 θ'。一般取 θ' 为10°作。

综上所述，最小逆变角为 $\beta_{min}=\delta+\gamma+\theta'\approx30°\sim40°$。为了让逆变电路可靠工作，在设计逆变电路的触发电路时，必须保证 $\beta\geqslant\beta_{min}$。因此，常在触发电路中增加一个保护环节，用以保证触发电路不进入小于 β_{min} 的区域。

5.7 整流电路的 MATLAB 仿真

5.7.1 单相桥式不可控整流电路的建模与仿真

1. 模型文件的建立

阻容滤波的单相桥式不可控整流电路的仿真模型如图 5-60 所示，所用模块的提取路径如表 5-6 所示。

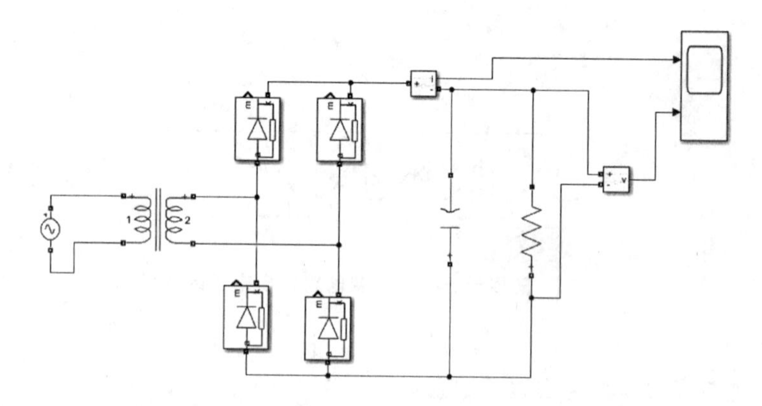

图 5-60 阻容滤波的单相桥式不可控整流电路的仿真模型

表 5-6 阻容滤波的单相桥式不可控整流电路仿真模型所用模块的提取路径

模块名	提取路径
交流电压源	Simscape→Electrical→Specialized Power Systems→Fundamental Blocks→Electrical Sources→ AC Voltage Source
变压器	Simscape→Electrical→Specialized Power Systems→Fundamental Blocks→Elements→ Linear Transformer
Diode 模块	Simscape→Electrical→Specialized Power Systems→Fundamental Blocks→Power Electronics→Diode
电容 C，电阻 R (Series RLC Branch)	Simscape→Electrical→Specialized Power Systems→Fundamental Blocks→Elements→Series RLC Branch

续表

模块名	提取路径
电流检测模块 (Current Measurement)	Simscape→Electrical→Specialized Power Systems→Fundamental Blocks→Measurements →Current Measurement
电压检测模块 (Voltage Measurement)	Simscape→Electrical→Specialized Power Systems→Fundamental Blocks→Measurements→Voltage Measurement
示波器(Scope)	Simulink→Sinks→Scope

在模块中设置参数。交流电源电压的峰值设为 311 V,相位设为 0°,频率设为 50 Hz。负载电阻 R、电容 C 采用串联 RLC 支路模块。根据需要选择电阻和电容,电阻设为 100 Ω,电容设为 100 μF。电流检测模块与负载串联,电压检测模块与负载并联,两个检测模块的输出连接到示波器,这样在示波器上就可以显示出负载电压和电流的波形。

2. 仿真分析

仿真时间设为 2 s,选择 ode45 的仿真算法。运行后的结果如图 5-61 所示。

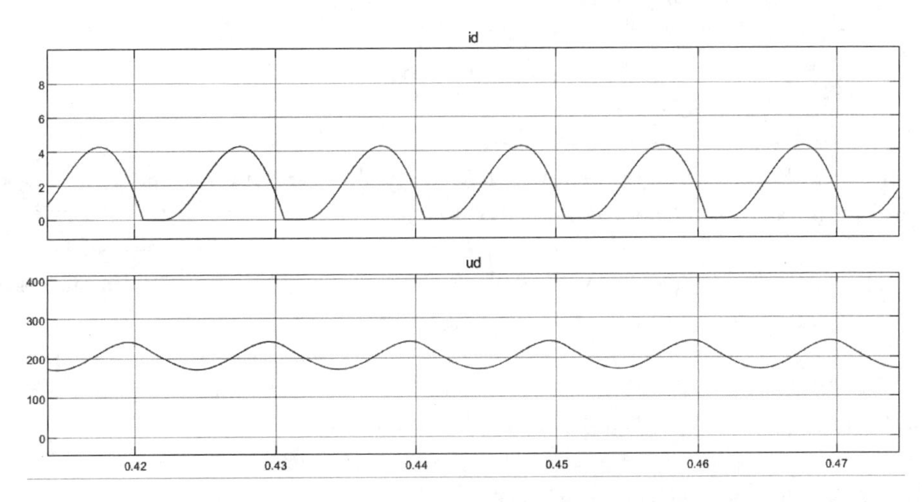

图 5-61　阻容滤波的单相桥式不可控整流电路输出电压和电流的波形

由图 5-61 可以看出,负载上的电压波形在 200 V 上下波动,电流波形是断续的;由于变压器电感的作用,电流波形的上升沿比较平缓。

5.7.2　三相桥式不可控整流电路的建模与仿真

1. 模型文件的建立

三相桥式不可控整流电路的仿真模型如图 5-62 所示,所用模块的提取路径如表 5-7 所示。

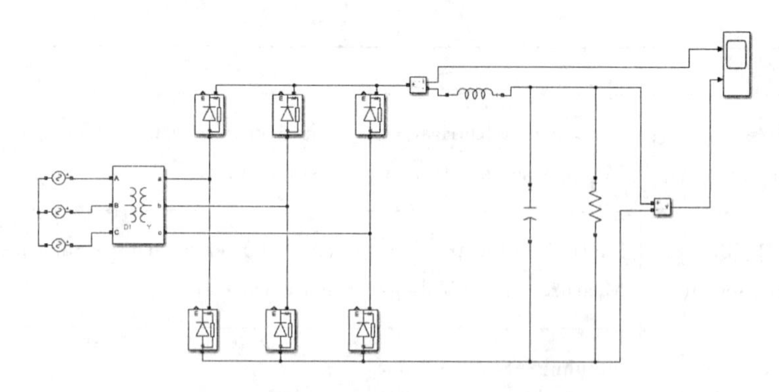

图 5-62　三相桥式不可控整流电路的仿真模型

表 5-7　三相桥式不可控整流电路仿真模型所用模块的提取路径

模块名	提取路径
交流电压源	Simscape→Electrical→Specialized Power Systems→Fundamental Blocks→Electrical Sources→ AC Voltage Source
变压器	Simscape→Electrical→Specialized Power Systems→Fundamental Blocks→Elements→ Three_phase Transformer(Two Windings)
Diode 模块	Simscape→Electrical→Specialized Power Systems→Fundamental Blocks→Power Electronics→Diode
电容 C,电阻 R (Series RLC Branch)	Simscape→Electrical→Specialized Power Systems→Fundamental Blocks→Elements→Series RLC Branch
电流检测模块 (Current Measurement)	Simscape→Electrical→Specialized Power Systems→Fundamental Blocks→Measurements →Current Measurement
电压检测模块 (Voltage Measurement)	Simscape→Electrical→Specialized Power Systems→Fundamental Blocks→Measurements→Voltage Measurement
示波器(Scope)	Simulink→Sinks→Scope

在模块中设置参数。三相交流电源电压的峰值设为 311 V,相位分别设为 0°、−120°、−240°,频率都设为 50 Hz。变压器原边设为 Deta(D1)即三角形接法,变压器副边设为 Y 即星形接法。负载电阻 R、电容 C 采用串联 RLC 支路模块,根据需要选择电阻和电容。电感设为 10 mH,电阻设为 1000 Ω,电容设为 100 μF。串联电感的目的是当电流断续时,使电流的上升过程平缓一些。

2. 仿真分析

仿真时间设为 2 s,选择 ode45 的仿真算法。运行后的结果如图 5-63 所示。

由图 5-63 可以看出,负载上的电压波形在 515 V 上下波动,电流波形是断续的。此时 $\omega RC=2\pi\times50\times1000\times100\times10^{-6}=314>\sqrt{3}$,因此电流波形是断续的。

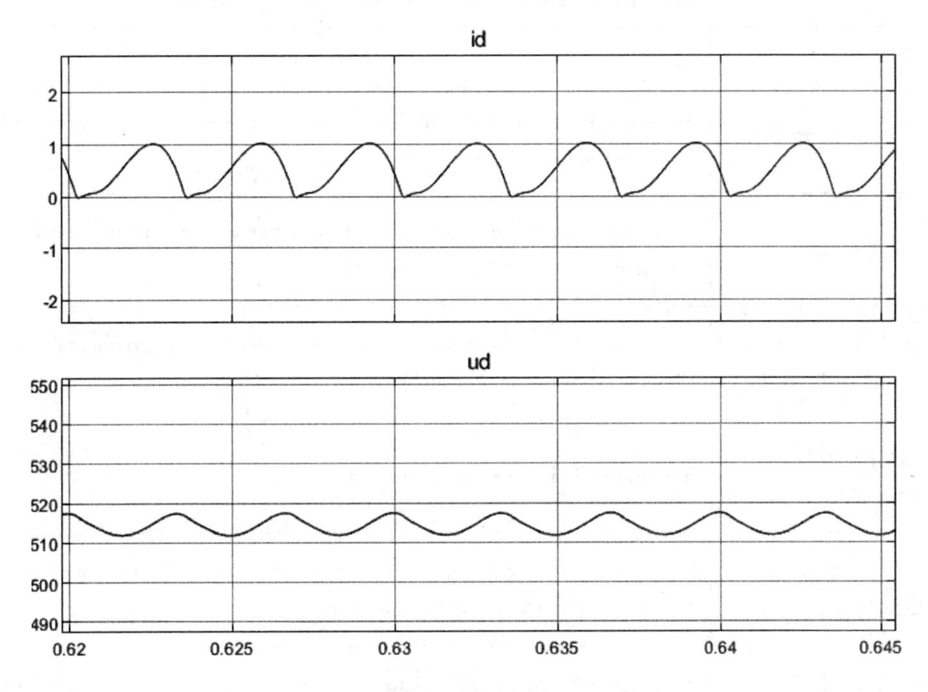

图 5-63　三相桥式不可控整流电路波形图

5.7.3　单相桥式可控整流电路的建模与仿真

1. 模型文件的建立

单相桥式可控整流电路的仿真模型如图 5-64 所示，所用模块的提取路径如表 5-8 所示。

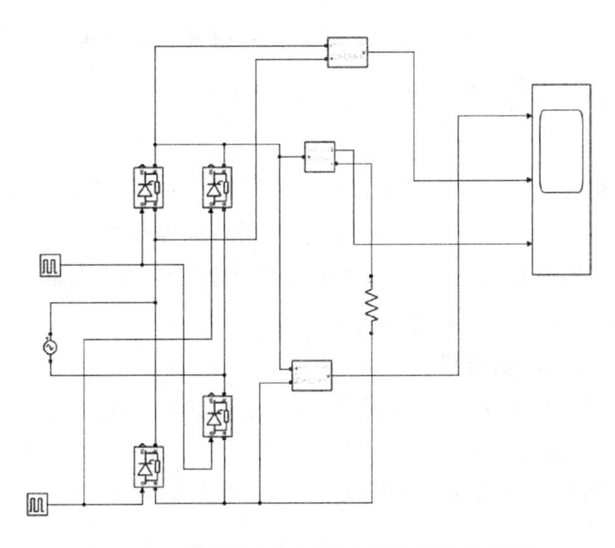

图 5-64　单相桥式可控整流电路的仿真模型

表 5-8　单相桥式可控整流电路仿真模型所用模块的提取路径

模块名	提取路径
交流电压源	Simscape→Electrical→Specialized Power Systems→Fundamental Blocks→Electrical Sources→ AC Voltage Source
晶闸管模块	Simscape→Electrical→Specialized Power Systems→Fundamental Blocks→Power Electronics→Thyristor
电阻 R 或 R 与 L 串联 (Series RLC Branch)	Simscape→Electrical→Specialized Power Systems→Fundamental Blocks→Elements→Series RLC Branch
脉冲发生器 (Pulse Generator)	Simulink→Sources→Pulse Generator
电压检测模块 (Voltage Measurement)	Simscape→Electrical→Specialized Power Systems→Fundamental Blocks→Measurements→Voltage Measurement
电流检测模块 (Current Measurement)	Simscape→Electrical→Specialized Power Systems→Fundamental Blocks→Measurements →Current Measurement
示波器(Scope)	Simulink→Sinks→Scope

在模块中设置参数。交流电源电压的峰值设为 311 V，相位设为 0°，频率设为 50 Hz。纯电阻负载或者阻感负载都选用串联 RLC 支路模块。两个脉冲发生器幅值都设为 1，周期都设为 0.02 s，脉冲宽度都设为 30%，二者不同的是延迟时间的设置，根据触发角的大小来设置延迟时间，触发器 1 的延迟时间设为$\frac{0.02\ \text{s}}{360^\circ}\times\alpha$，触发器 2 的延迟时间设为$\frac{0.02\ \text{s}}{360^\circ}\times(\alpha+180^\circ)$，比如当 $\alpha=30^\circ$时，触发器 1 的延迟时间设为 0.02/12 s，触发器 2 的延迟时间设为0.07/6 s。

2. 仿真波形

打开仿真参数窗口，选择 ode45 的仿真算法，相对误差设为 1×10^{-3}，仿真开始时间设为 0 s，仿真停止时间设为 0.5 s。示波器 3 个窗口分别显示输出负载电压(u_d)的波形、晶闸管两端电压 u_{VT_1} 的波形和负载上电流 i_d 的波形。

(1) 带纯电阻负载的仿真结果。

串联 RLC 支路的类型选为 R，电阻设为 10 Ω，$\alpha=30^\circ$时的仿真波形如图 5-65 所示。

(2) 带阻感负载的仿真结果。

串联 RLC 支路的类型选为 RL，电阻设为 1 Ω，电感设为 100 mH，$\alpha=30^\circ$时的仿真波形如图 5-66 所示。

仿真结果与理论分析一致。

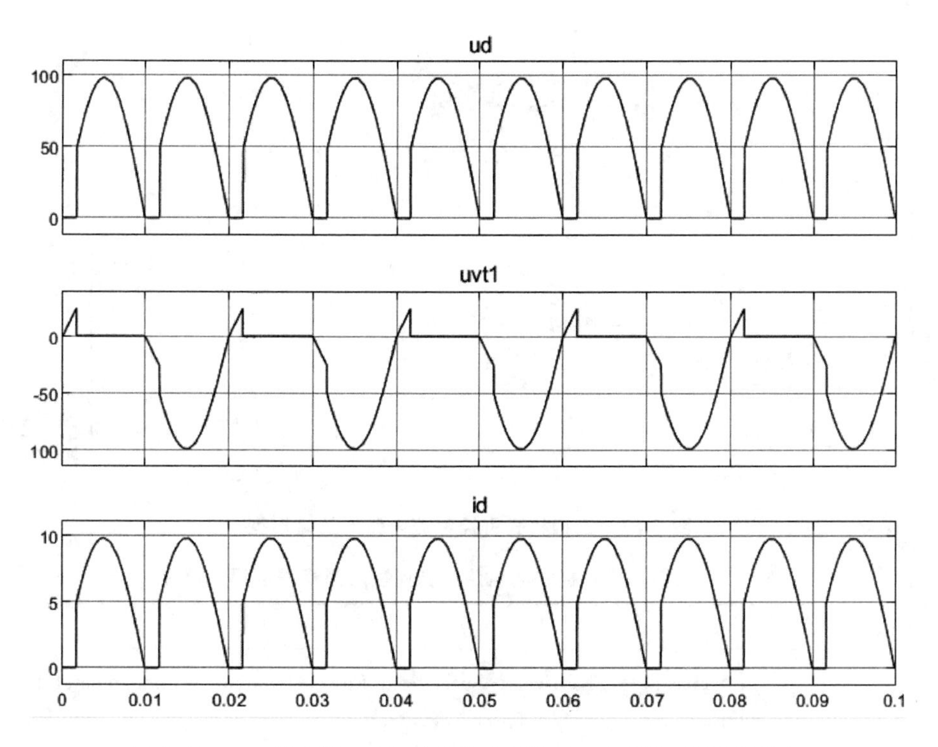

图 5-65　$\alpha=30^{\circ}$时带纯电阻负载的单相桥式可控整流电路的波形图

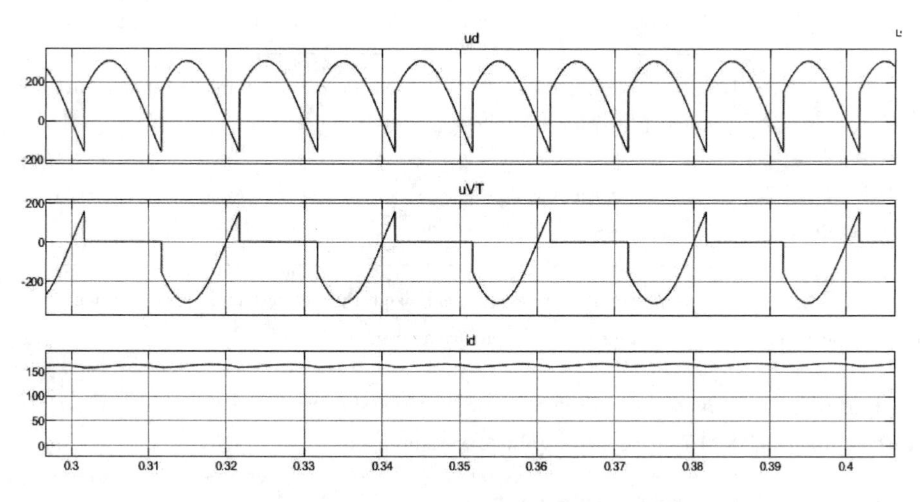

图 5-66　$\alpha=30^{\circ}$时带阻感负载的单相桥式可控整流电路的波形图

5.7.4　三相桥式可控整流电路的建模与仿真

1. 模型文件的建立

三相桥式可控整流电路的仿真模型如图 5-67 所示，所用模块的提取路径如表 5-9 所示。

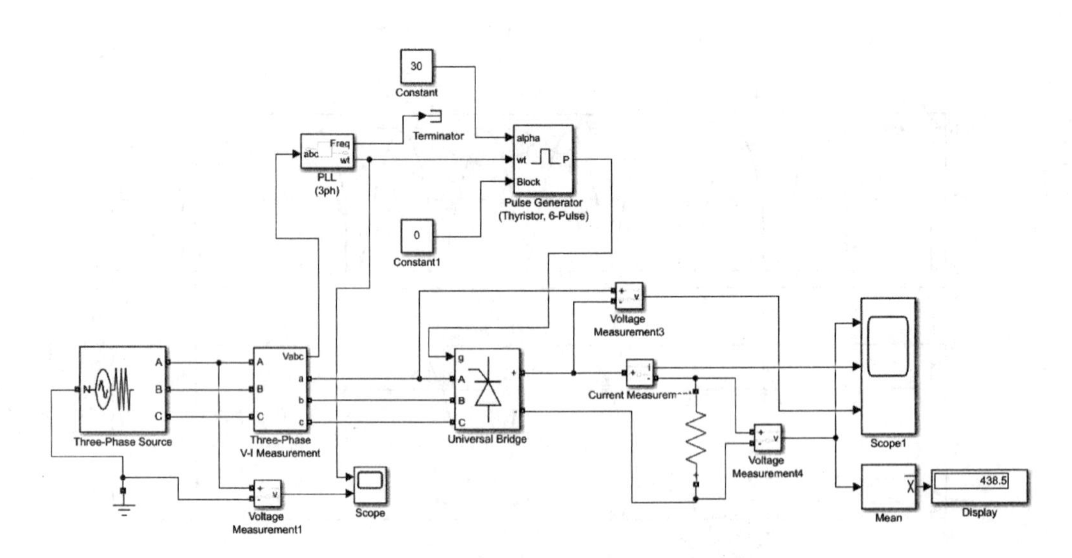

图 5-67　三相桥式可控整流电路的仿真模型

表 5-9　三相桥式可控整流电路仿真模型所用模块的提取路径

模块名	提取路径
三相交流电压源	Simscape→Electrical→Specialized Power Systems→Fundamental Blocks→Electrical Sources→Three-Phase Source
三相电压 电流测量模块	Simscape→Electrical→Specialized Power Systems→Fundamental Blocks→Measurements →Three-Phase V-I Measurement
通用桥模块	Simscape→Electrical→Specialized Power Systems→Fundamental Blocks→Power Electronics→Universal Bridge
电阻 R 或 R 与 L 串联 (Series RLC Branch)	Simscape→Electrical→Specialized Power Systems→Fundamental Blocks→Elements→Series RLC Branch
电流检测模块 (Current Measurement)	Simscape→Electrical→Specialized Power Systems→Fundamental Blocks→Measurements →Current Measurement
电压检测模块 (Voltage Measurement)	Simscape→Electrical→Specialized Power Systems→Fundamental Blocks→Measurements→Voltage Measurement
示波器(Scope)	Simulink→Sinks→Scope
三相锁相模块	Simscape→Electrical→Specialized Power Systems→Control&Measurements→PLL→PLL(3ph)
晶闸管 6 脉波 脉冲发生器	Simscape→Electrical→Specialized Power Systems→Fundamental Blocks→Power Electronics→Pulse&Singnal Generators→Pulse Generator(Thyristor,6-Pulse)

续表

模块名	提取路径
平均值测量模块	Simscape→ Electrical → Specialized Power Systems → Fundamental Blocks → Measurements → Additional Measurements→Mean
常量模块	Simulink→Sources→Constant
终端模块	Simulink→Sinks→Terminator
显示模块	Simulink→Sinks→Display

在这个模型文件中，有几个模块在本书中第一次用到。这里详细说明一下。三相交流电压源模块的参数设置如图 5-68 所示，结构(Configuration)选择"Yg"接法，线电压有效值设为 380 V，A 相相位角设为 0°，频率设为 50 Hz。三相电压电流测量模块(Three-Phase V-I Measurement)的参数设置如图 5-69 所示，电压测量(Voltage Measurement)选择相对地的电压测量(phase-to-ground)，电流测量(Current Measurement)选择不测量(no)，测量出三相电压的结果输入三相锁相模块(PLL)，锁相环的参数设置如图 5-70 所示。锁相环 wt 端输出的是相电压 u_a 的用弧度表示的瞬时相位角，即 ωt 值的变化范围是 0～6.28。图 5-71 给出了相电压 u_a 的波形和 ωt 的波形的对比关系。晶闸管 6 脉波脉冲发生器模块的参数设置如图 5-72 所示。它采用宽脉冲触发，脉冲宽度为 70°。晶闸管 6 脉波脉冲发生器模块有三个输入端：alpha，用于输入触发角，单位是度；wt，接锁相环的输出；Block，当输入为零时允许该模块脉冲输出，当输入为 1 时不允许该模块脉冲输出，相当于是使能端。负载采用串联 RLC 支路模块，根据需要设为纯电阻负载或阻感负载。

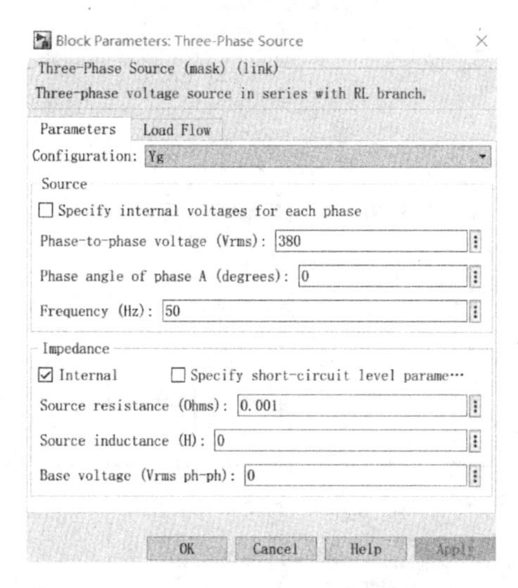

图 5-68　三相交流电压源模块参数设置对话框

2. 仿真波形

打开仿真参数窗口，选择 ode45 的仿真算法，相对误差设为 1×10^{-3}，仿真开始时间设为 0 s，仿真停止时间设为 1 s。示波器 3 个窗口分别显示输出负载电压(u_d)的波形、负载上

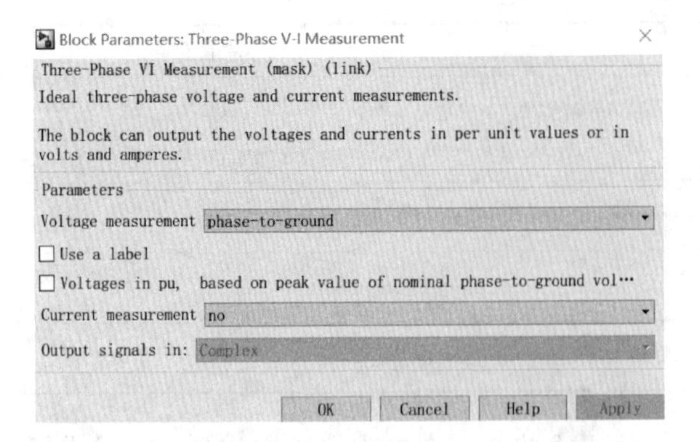

图 5-69 三相电压电流测量模块参数设置对话框

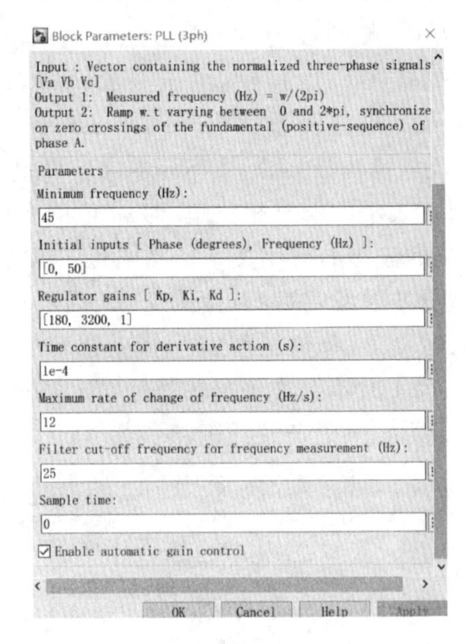

图 5-70 锁相环参数设置对话框

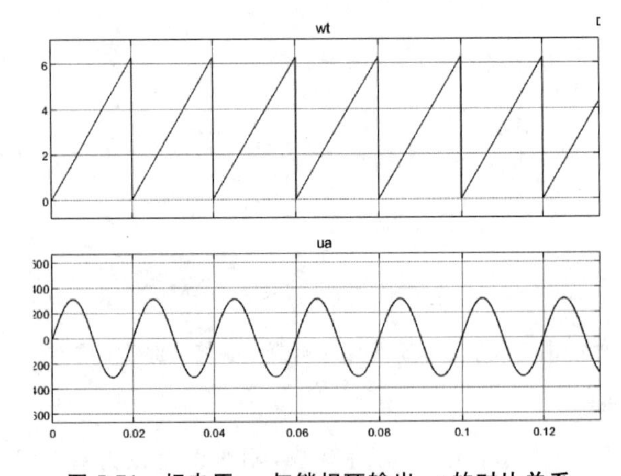

图 5-71 相电压 u_a 与锁相环输出 ωt 的对比关系

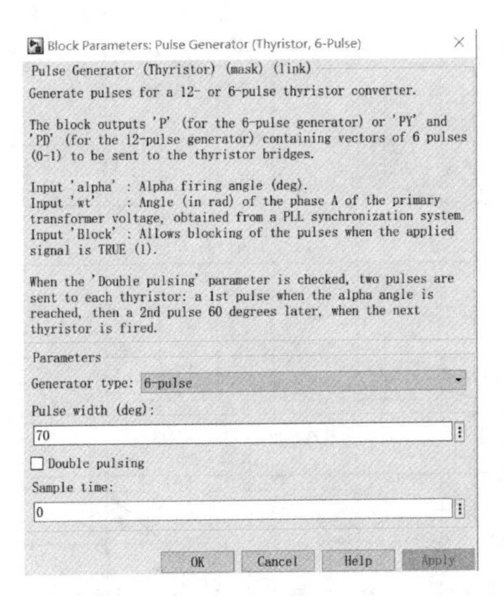

图 5-72　晶闸管 6 脉冲发生器模块参数设置对话框

电流 i_d 的波形和晶闸管两端的电压 u_{VT_1} 的波形。

（1）纯电阻负载。触发角选择 $\alpha=30°$，电阻设为 10 Ω，电路输出的波形如图 5-73 所示。

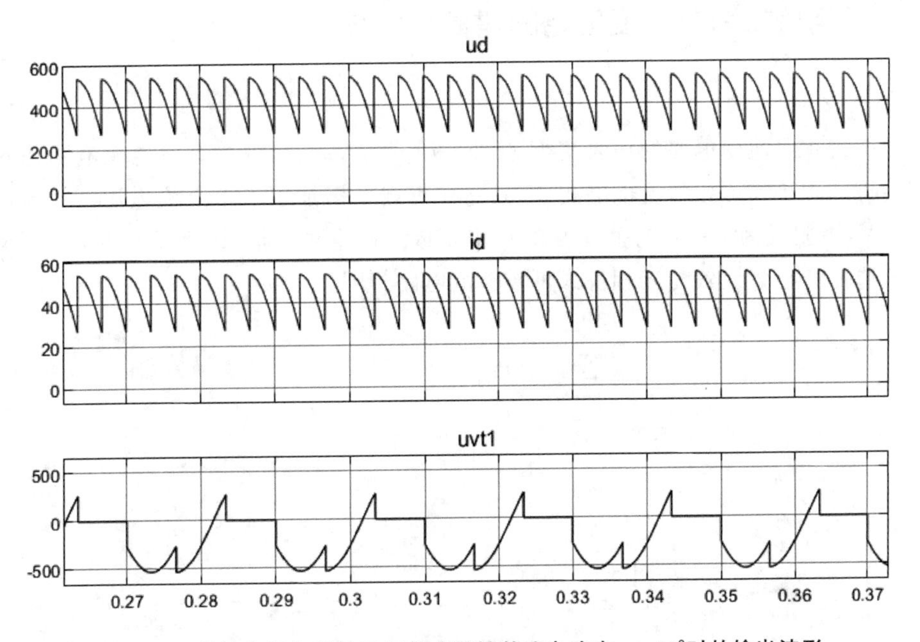

图 5-73　带纯电阻负载的三相桥式可控整流电路在 $\alpha=30°$ 时的输出波形

（2）阻感负载。触发角选择 $\alpha=60°$，电阻设为 10 Ω，电感设为 1 mH，电路的输出波形如图 5-74 所示。

仿真波形与理论分析一致。

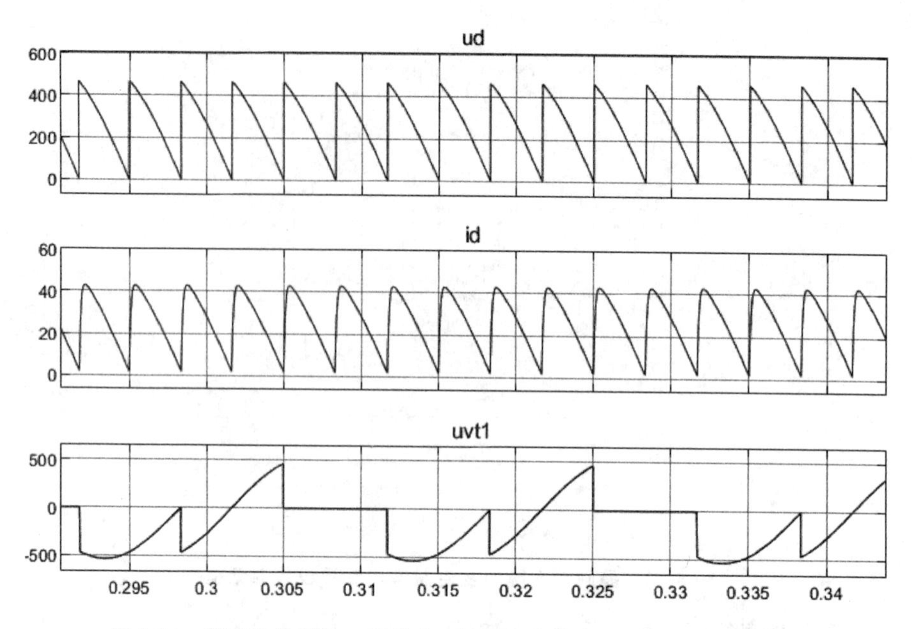

图 5-74 带阻感负载的三相桥式可控整流电路在 $\alpha=60°$ 时的输出波形

5.7.5 三相桥式有源逆变电路的建模与仿真

1. 模型文件的建立

三相桥式有源逆变电路的仿真模型如图 5-75 所示。三相桥式有源逆变电路仿真模型所用模块与三相桥式可控整流电路相比，只是在负载上多加了一个直流电源。直流电源设置为 600 V，电阻设为 10 Ω，电感设为 0.1 H，6 脉波脉冲发生器 alpha 输入端设为 150。其他模块的选择和参数设置与三相桥式可控整流电路相同。

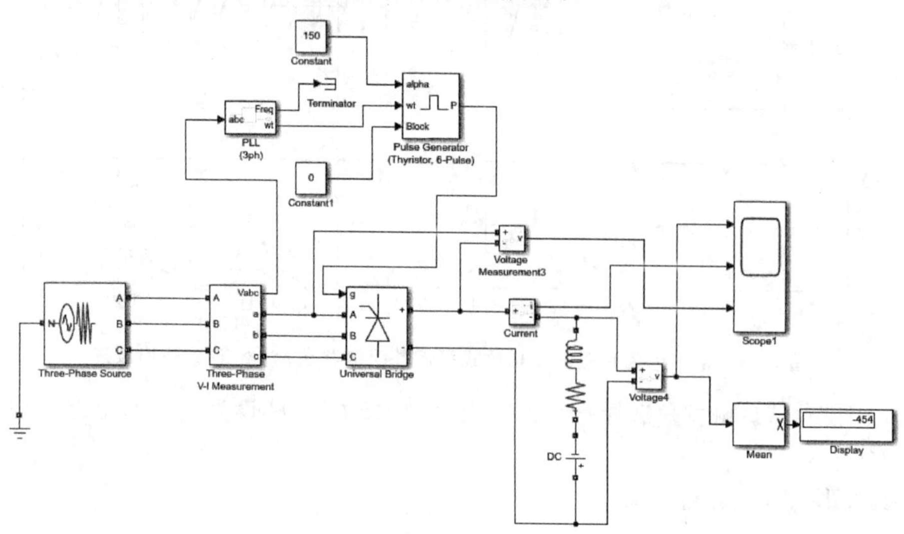

图 5-75 三相桥式有源逆变电路的仿真模型

2. 仿真波形

打开仿真参数窗口，选择 ode45 的仿真算法，相对误差设为 1×10^{-3}，仿真开始时间设为 0 s，仿真停止时间设为 4 s。工作波形如图 5-76 所示。示波器 3 个窗口分别显示输出负载电压 u_d 的波形、负载上电流 i_d 的波形和晶闸管两端的电压 u_{VT_1} 的波形。图 5-76 中截取的是电路工作在稳定状态时的一部分波形。

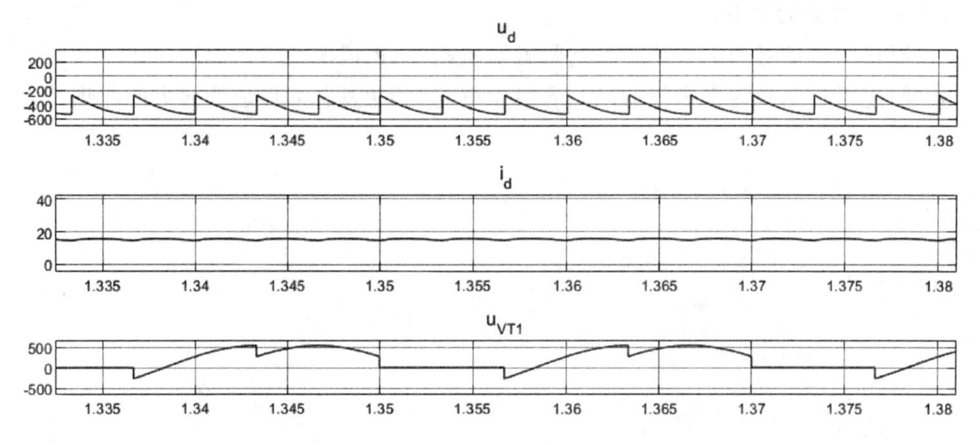

图 5-76　三相桥式有源逆变电路在逆变角 $\beta=30°$ 时的输出波形

习　题

1. 已知某单相桥式全控整流电路中，变压器二次侧电压的有效值为 $U_2=220$ V，负载中 $R=2\ \Omega$，L 值极大，当 $\alpha=45°$时，要求：

(1) 作出 u_d、i_d 和 i_2 的波形；

(2) 求整流输出平均电压 U_d、输出的平均电流 I_d 和变压器二次侧电流的有效值 I_2；

(3) 考虑安全裕量，确定晶闸管的额定电压和额定电流。

2. 已知某单相桥式半控整流电路带阻感负载，上桥臂是两个晶闸管，下桥臂是两个二极管。请问在什么情况下，该电路会发生失控现象？失控后负载上电压和电流的波形有何变化？

3. 已知某单相桥式半控整流电路带阻感＋续流二极管负载，电阻 $R=2\ \Omega$，L 值极大，当 $\alpha=30°$时，要求：

(1) 求整流输出平均电压 U_d、输出的平均电流 I_d；

(2) 作出 u_d、i_d 和 i_2 的波形。

4. 在带阻感负载的三相桥式全控整流电路中，已知交流侧输入电压的有效值为 $U_2=220$ V，负载电阻为 $R=5\ \Omega$，电感值极大，电感内阻为 20 Ω，触发角 $\alpha=30°$。

(1) 画出整流输出电压 u_d、a 相输入电流 i_a 和晶闸管 VT_1 承受的电压 u_{VT_1} 的波形。

(2) 求整流输出电压的平均值 U_d、负载电流的平均值 I_d、流过晶闸管的电流的平均值 $I_{d_{VT}}$ 和有效值 I_{VT}。

5. 已知某单相桥式全控整流电路带大电感负载，变压器二次侧电压的有效值 $U_2=220$ V，$R=10\ \Omega$，$L_B=1$ mH，求输出电压和输出电流的平均值 U_d、I_d 及 γ，并作出 u_d、u_{VD_1} 和 i_{VD_1} 的波形。

6. 有源逆变和无源逆变的定义是什么？整流电路可以进行有源逆变的条件是什么？

7. 有源逆变电路逆变失败的原因有哪些？

8. 单相桥式全控整流电路的整流输出电压中含有哪些次数的谐波？变压器二次侧电流中含有哪些次数的谐波？

9. 三相桥式全控整流电路的整流输出电压中含有哪些次数的谐波？变压器二次侧电流中含有哪些次数的谐波？

10. 简述同步信号为锯齿波的晶闸管触发电路中，锯齿波产生的原理。

11. 简述同步信号为锯齿波的晶闸管触发电路中，触发脉冲形成和放大的原理。

第6章 交流-交流变换电路

交流-交流变换电路把一种形式的交流电变换成另外一种形式的交流电。交流-交流变换电路总体分为两类：一类是只改变电压、功率或者对电路的通断进行控制的电路，称为交流电力控制电路，包括交流调压电路、交流调功电路和交流电力电子开关；另一类是改变交流频率的电路，称为交流直接变频电路或交-交变频电路。

6.1 单相相控式交流调压电路

交流调压电路通常由反并联的晶闸管构成。晶闸管在交流调压电路中采用相位控制，即在交流电的每个周期内，通过对晶闸管开通相位的控制，可以方便地调节电流、电压输出的有效值，达到调压的目的。交流调压电路广泛应用于灯光控制(如调光台灯和舞台灯灯光控制)、异步电动机软启动和调速以及供电系统对无功功率的连续调节等众多场合。与常规的调压变压器相比，晶闸管交流调压器具有体积小、重量轻的特点，但输出的交流电压不是正常的正弦或余弦波形，谐波含量较多，功率因数也较低。

交流调压电路的工作情况与负载性质有很大的关系，下面分纯电阻负载和阻感负载两种情况对单相相控式交流调压电路进行讨论。

6.1.1 纯电阻负载

1. 电路结构和工作原理

带纯电阻负载的单相相控式交流调压电路如图6-1所示。该电路由交流电源、两个反并联的晶闸管以及纯电阻负载组成。两个晶闸管反并联后串联在电路中，通过对晶闸管的控制就可控制交流输出的有效电压。与第5章“整流电路”相同，设交流电源电压为 $u_2=\sqrt{2}U_2\sin(\omega t)$。晶闸管的触发规则是 VT_2 的触发脉冲比 VT_1 的触发脉冲滞后180°。该电路的工作波形如图6-2所示。从 $\omega t=\alpha$ 开始，把一个周期的工作过程分为四个阶段。

(1) 阶段Ⅰ($\omega t=\alpha\sim\pi$)。

当 $\omega t=\alpha$ 时，触发 VT_1，电流通路为 $u_2\rightarrow VT_1\rightarrow R\rightarrow u_2$，负载上的输出电压为 $u_o=u_2$，输出电流为 $i_o=\frac{u_o}{R}=\frac{u_2}{R}$。

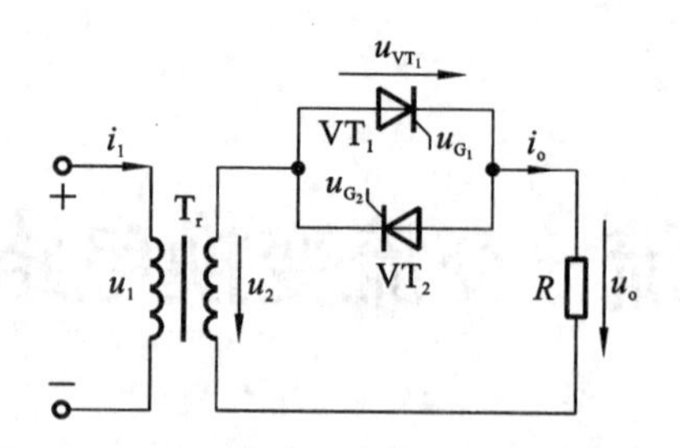

图 6-1　带纯电阻负载的单相相控式交流调压电路

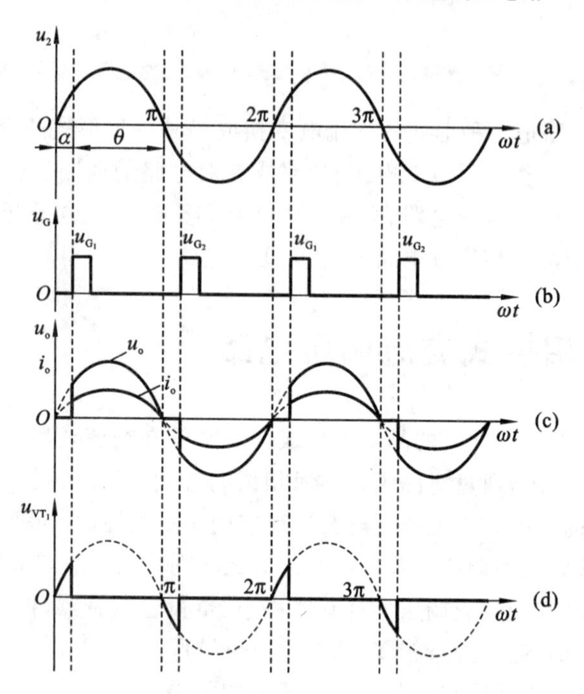

图 6-2　带纯电阻负载的单相相控式交流调压电路的工作波形图

(2) 阶段Ⅱ($\omega t=\pi\sim\pi+\alpha$)。

当$\omega t=\pi$时,电源u_2由正到负过零点,负载电流也变为0 A,因此晶闸管VT_1关断,但晶闸管VT_2的触发脉冲还没到来,因此两个晶闸管都处于关断的状态,输出电压$u_o=0$ V,输出电流$i_o=0$ A。

(3) 阶段Ⅲ($\omega t=\pi+\alpha\sim 2\pi$)。

当$\omega t=\pi+\alpha$时,触发晶闸管VT_2,VT_2导通,电流回路为$u_2\rightarrow R\rightarrow VT_2\rightarrow u_2$,输出电压为$u_o=u_2$,输出电流为$i_o=\frac{u_o}{R}=\frac{u_2}{R}$。

(4) 阶段Ⅳ($\omega t=2\pi\sim 2\pi+\alpha$)。

与阶段Ⅱ类似,负载电流变为0 A,晶闸管VT_1和VT_2都处于关断的状态,输出电压$u_o=0$ V,输出电流$i_o=0$ A。

2. 主要输出关系的计算

(1) 输出电压的有效值U_o和输出电流的有效值I_o。

$$U_o=\sqrt{\frac{1}{\pi}\int_{\alpha}^{\pi}\left[\sqrt{2}U_2\sin(\omega t)\right]^2\mathrm{d}(\omega t)}=U_2\sqrt{\frac{1}{2\pi}\sin(2\alpha)+\frac{\pi-\alpha}{\pi}}\tag{6-1}$$

$$I_o = \frac{U_o}{R} \tag{6-2}$$

可见，通过调整触发角 α 的大小，可以调节输出有效电压和有效电流的大小，触发角 α 越大，输出电压的有效值和输出电流的有效值就越小。

(2) 晶闸管上流过电流的有效值 I_{VT}。

晶闸管 VT_1 和 VT_2 上流过电流的有效值相同。晶闸管 VT_1 在 $\alpha \sim \pi$ 期间有电流流过。

$$I_{VT} = \sqrt{\frac{1}{2\pi}\int_{\alpha}^{\pi}\left[\frac{\sqrt{2}U_2\sin(\omega t)}{R}\right]^2 d(\omega t)} = \frac{U_2}{R}\sqrt{\frac{1}{2}\left[1-\frac{\alpha}{\pi}+\frac{\sin(2\alpha)}{2\pi}\right]} \tag{6-3}$$

(3) 晶闸管承受的正反向电压最大值。

晶闸管承受的正向电压最大值有可能是 $\sqrt{2}U_2$，承受的反向电压最大值是 $\sqrt{2}U_2$。

(4) 电路的功率因数 γ。

电源输出电流的有效值和负载电流的有效值相等。

$$\gamma = \frac{P}{S} = \frac{U_o I_o}{U_2 I_o} = \frac{U_o}{U_2} = \sqrt{\frac{1}{2\pi}\sin(2\alpha)+\frac{\pi-\alpha}{\pi}} \tag{6-4}$$

(5) 触发角的移相范围和导通角。

触发角 α 的移相范围是 $0° \sim \pi$，导通角为 $\theta = \pi - \alpha$。

6.1.2　阻感负载

1. 电路结构和工作原理

带阻感负载的单相相控式交流调压电路如图 6-3 所示。由于负载电感的作用，工作情况比带纯电阻负载时复杂一些。负载的阻抗角为 $\varphi = \arctan(\omega L/R)$，也就是当把晶闸管用导线代替时，负载上的输出电流也是正弦波，只是电流会比电压滞后 φ 角。

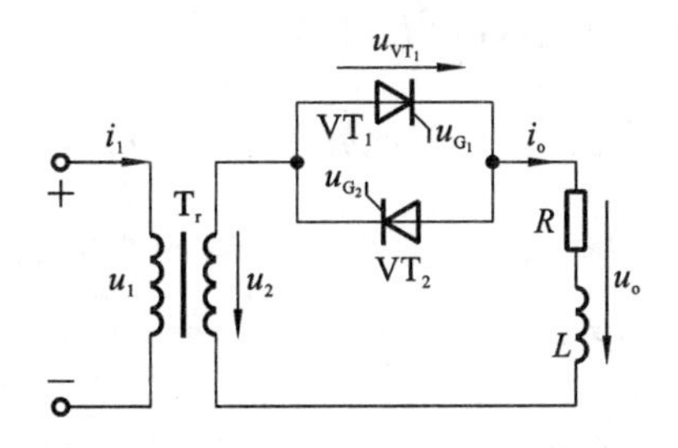

图 6-3　带阻感负载的单相相控式交流调压电路

下面根据触发角的大小分三种情况来讨论。

(1)触发角 $\alpha > \varphi$。

当触发角 $\alpha > \varphi$ 时，触发脉冲分别采用窄脉冲和宽脉冲电路的工作波形一样，且如图 6-4 所示。电路的工作过程可分为 4 个阶段来分析。

①阶段Ⅰ($\omega t = \alpha \sim \alpha + \theta$)。

当 $\omega t = \alpha$ 时，触发晶闸管 VT_1，电流通路为 $u_2 \to VT_1 \to R \to L \to u_2$，负载上输出电压为 $u_o = u_2$。到 $\omega t = \pi$ 时，负载电压降为零，但由于电感的作用，负载电流仍为正，因此晶闸管 VT_1 继续导通。直到 $\omega t = \alpha + \theta$ 时，电流降为零，VT_1 关断。θ 为晶闸管 VT_1 的导通角。在此阶

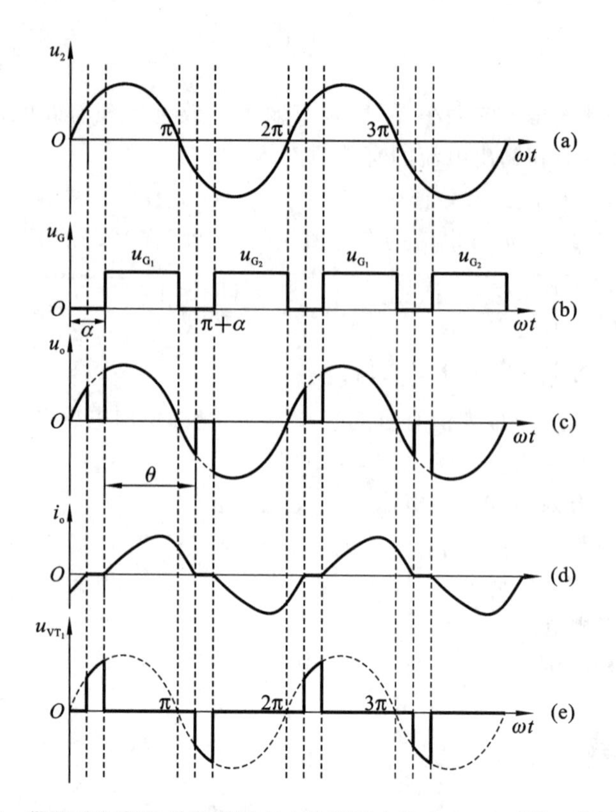

图 6-4　带阻感负载的单相相控式交流调压电路在 $\alpha>\varphi$ 时的工作波形图

段，可以列出回路的电压方程为：

$$L\frac{\mathrm{d}i_o}{\mathrm{d}t}+Ri_o=\sqrt{2}U_2\sin(\omega t) \tag{6-5}$$

根据初始条件，当 $\omega t=\alpha$ 时，$i_o=0$ A，可解方程得：

$$i_o=\frac{\sqrt{2}U_2}{\sqrt{R^2+(\omega L)^2}}\left[\sin(\omega t-\varphi)-\sin(\alpha-\varphi)\mathrm{e}^{\frac{\alpha-\omega t}{\tan\varphi}}\right] \tag{6-6}$$

再根据边界条件，即当 $\omega t=\alpha+\theta$ 时 $i_o=0$ A，可以求得导通角 θ：

$$\sin(\alpha+\theta-\varphi)=\sin(\alpha-\varphi)\mathrm{e}^{\frac{-\theta}{\tan\varphi}} \tag{6-7}$$

②阶段Ⅱ($\omega t=\alpha+\theta\sim\pi+\alpha$)。

此阶段两个晶闸管都处于关断的状态，输出电压 $u_o=0$ V，输出电流 $i_o=0$ A。

③阶段Ⅲ($\omega t=\pi+\alpha\sim\pi+\alpha+\theta$)。

当 $\omega t=\pi+\alpha$ 时，触发晶闸管 VT_2，VT_2 导通，电流回路为 $u_2\rightarrow L\rightarrow R\rightarrow VT_2\rightarrow u_2$，输出电压 $u_o=u_2$，VT_2 的导通角仍然为 θ。

④阶段Ⅳ($\omega t=\pi+\alpha+\theta\sim2\pi+\alpha$)。

与阶段Ⅱ类似，晶闸管 VT_1 和 VT_2 都处于关断的状态，输出电压 $u_o=0$ V，输出电流 $i_o=0$ A。

(2) 触发角 $\alpha<\varphi$。

当触发角 $\alpha<\varphi$ 时，触发脉冲是窄脉冲时的工作波形如图 6-5 所示。可以看出，当以窄脉冲触发时，一个周期内只有晶闸管 VT_1 导通，晶闸管 VT_2 不会触发导通，输出电压会有

很大的直流成分。如果触发脉冲是宽脉冲，晶闸管 VT_1 和 VT_2 会交替导通，不存在都不导通的情况，并且经过几个周期后两个晶闸管的电流波形会由不对称的电流波形变成对称的正弦波，也就是在电路达到稳定状态后，负载上的电压波形和电流波形都是正弦波，且电流波形滞后电压波形 φ 角。

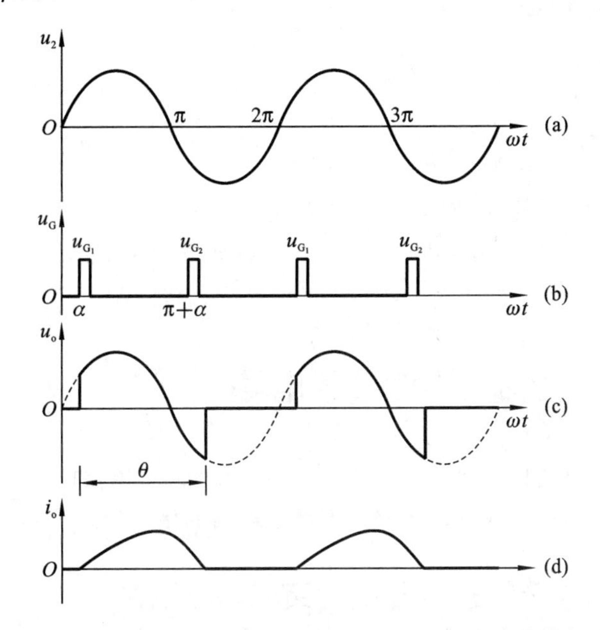

图 6-5　带阻感负载的单相相控式交流调压电路在 $\alpha<\varphi$ 且以窄脉冲触发时的工作波形图

(3) 触发角 $\alpha=\varphi$。

触发角 $\alpha=\varphi$ 是负载电流连续和断续的分界条件，此时输出的电压和电流都连续且都是正弦波。

2. 输出数量关系的计算

只有当触发角 $\alpha>\varphi$ 时，改变触发角 α 的大小才能起到调压的作用，因此只考虑当 $\alpha>\varphi$ 时的输出数量关系。

(1) 输出电压的有效值 U_o 和输出电流的有效值 I_o。

$$U_o=\sqrt{\frac{1}{\pi}\int_{\alpha}^{\alpha+\theta}\left[\sqrt{2}U_2\sin(\omega t)\right]^2\mathrm{d}(\omega t)}=U_2\sqrt{\frac{\theta}{\pi}+\frac{1}{2\pi}[\sin(2\alpha)-\sin(2\alpha+2\theta)]}\quad(6\text{-}8)$$

$$\begin{aligned}I_o&=\sqrt{\frac{1}{\pi}\int_{\alpha}^{\alpha+\theta}\left\{\frac{\sqrt{2}U_2}{Z}\left[\sin(\omega t-\varphi)-\sin(\alpha-\varphi)\mathrm{e}^{\frac{\alpha-\omega t}{\tan\varphi}}\right]\right\}^2\mathrm{d}(\omega t)}\\&=\frac{U_2}{\sqrt{\pi}Z}\sqrt{\theta-\frac{\sin\theta\cos(2\alpha+\varphi+\theta)}{\cos\varphi}}\end{aligned}\quad(6\text{-}9)$$

可见，通过调整触发角 α 的大小，也可以调节输出有效电压和有效电流的大小，触发角 α 越大，输出电压的有效值和输出电流的有效值就越小。

(2) 晶闸管上流过电流的有效值 I_{VT}。

晶闸管 VT_1 和 VT_2 上流过电流的有效值相同。晶闸管 VT_1 在 $\alpha\sim\alpha+\theta$ 期间有电流流过。

$$I_{VT}=\sqrt{\frac{1}{2\pi}\int_{\alpha}^{\alpha+\theta}\left\{\frac{\sqrt{2}U_2}{Z}\left[\sin(\omega t-\varphi)-\sin(\alpha-\varphi)e^{\frac{\alpha-\omega t}{\tan\varphi}}\right]\right\}^2 d(\omega t)}=\frac{I_o}{\sqrt{2}}$$

(3) 晶闸管承受的正反向电压最大值。

晶闸管承受的正向电压最大值有可能是$\sqrt{2}U_2$，承受的反向电压最大值是$\sqrt{2}U_2$。

(4) 电路的功率因数 γ。

电源输出电流的有效值和负载电流的有效值相等。

$$\gamma=\frac{P}{S}=\frac{U_oI_o}{U_2I_o}=\frac{U_o}{U_2}=\sqrt{\frac{\theta}{\pi}+\frac{1}{2\pi}[\sin(2\alpha)-\sin(2\alpha-2\theta)]}$$

(5) 触发角的移相范围和导通角。

触发角 α 的移相范围是 $\varphi\sim\pi$。导通角 θ 需根据方程 $\sin(\alpha+\theta-\varphi)=\sin(\alpha-\varphi)e^{\frac{-\theta}{\tan\varphi}}$ 求得。

6.2 三相相控式交流调压电路

根据负载的连接形式和晶闸管在线路中的位置不同，三相相控式交流调压电路具有多种形式。下面介绍三种常见的三相相控交流调压电路的接线形式及其原理。

6.2.1 负载星形连接的三相四线制交流调压电路

负载星形连接的三相四线制交流调压电路如图 6-6 所示。它可以看成是三个独立的单相相控式交流调压电路，相当于每一相都单独和中性线构成回路，每一相的工作原理和波形与单相相控式交流调压电路相同。虽然每一相可以单独分析，但为了使三相负载上的基波依次滞后 120°，六个晶闸管 $VT_1\sim VT_6$ 依次滞后 60°触发，每个晶闸管只需用单脉冲触发。图 6-7 给出了 $\alpha=30°$时电路的工作波形。在单相相控式交流调压电路中，电流中含有基波和各奇次谐波。组成带中性线的三相相控式交流调压电路后，基波和大部分谐波在三相之间流动，不流过中性线，而三相的 3 次以及 3 的整数倍次谐波是同相位的不能在各相之间流动，全部流过中性线。因此，中性线上会流过很大的电流。图 6-8 给出了 $\alpha=90°$时的波形。此时，中性线上流过的电流有效值与非调压电路单相电流的有效值接近，但配电变压器中性线电流是按照变压器二次侧额定电流的 25%进行设计的，因此限制了带中性线的三相相控式交流调压电路的应用。

6.2.2 负载星形连接的三相三线制交流调压电路

负载星形连接的三相三线制交流调压电路如图 6-9 所示。为了构成电流通路，任意时刻必须有不同相的两个晶闸管同时导通，因此触发脉冲采用双窄脉冲或宽脉冲。与三相桥式全控整流电路一样，该电路触发脉冲的触发顺序是 $VT_1\sim VT_6$，且依次滞后 60°，也就是三相的触发脉冲依次滞后 120°，同一相的两个反并联晶闸管的触发脉冲相差 180°。三相三线制交流调压电路对触发角为 0°的起点与三相桥式全控整流电路不同，但定义方法相同，即如果把晶闸管换成二极管，相电流和相电压同相位，则在相电压过零时二极管开始导通。因

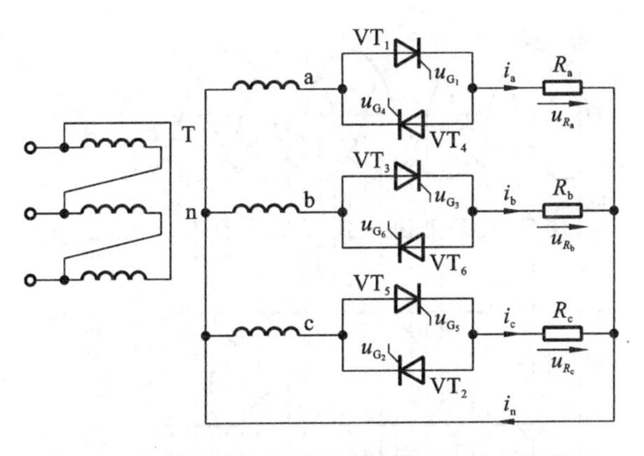

图 6-6　负载星形连接的三相四线制交流调压电路

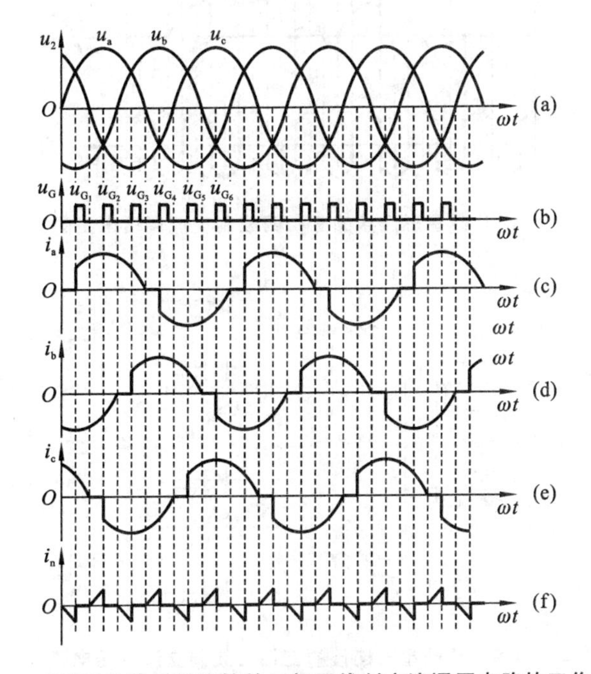

图 6-7　$\alpha=30°$时负载星形连接的三相四线制交流调压电路的工作波形图

此，把相电压过零点定为触发角 α 的起点，即为 $\alpha=0°$。

三相三线制交流调压电路晶闸管的工作状态，与触发角的大小密切相关。在分析三相三线制交流调压电路时，需要注意电路刚开始上电的一个阶段的工作波形与电路工作达到稳态时的工作波形会有所不同。下文出现的不同触发角下电路的工作波形图都是稳定状态下的工作波形图。

（1）$\alpha=0°$。

以 a 相电压正半周过零点开始算，六个管子触发的时刻分别为 0°、60°、120°、180°、240°、300°，将这个周期从 0°开始，分成六个阶段，每个阶段 60°。触发脉冲采用双窄脉冲。

① 阶段Ⅰ（$\omega t=0°\sim60°$）。

当 $\omega t=0°$时，触发 VT_1，同时给 VT_6 补发一个触发脉冲。从相电压的波形可以看出，此时 $u_a>u_b$，VT_1 和 VT_6 因承受正向电压而导通。在该阶段，电流通路为 $a\rightarrow VT_1\rightarrow R_a\rightarrow R_b$

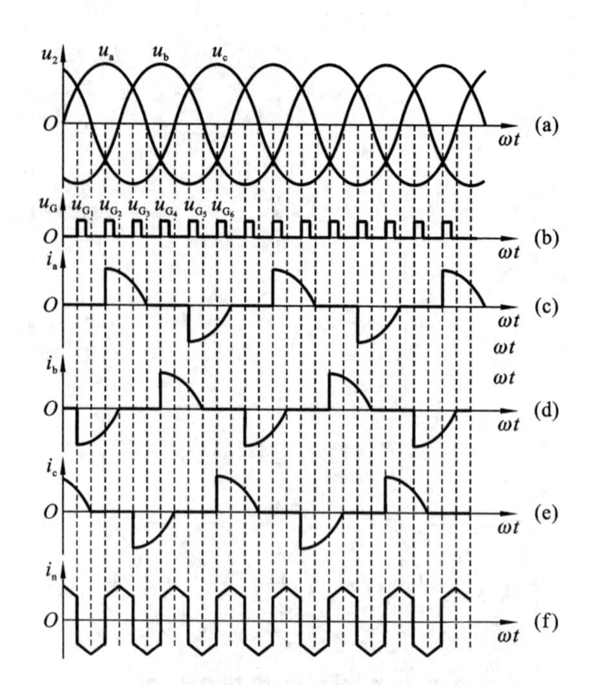

图 6-8 $\alpha=90°$时负载星形连接的三相四线制交流调压电路的工作波形图

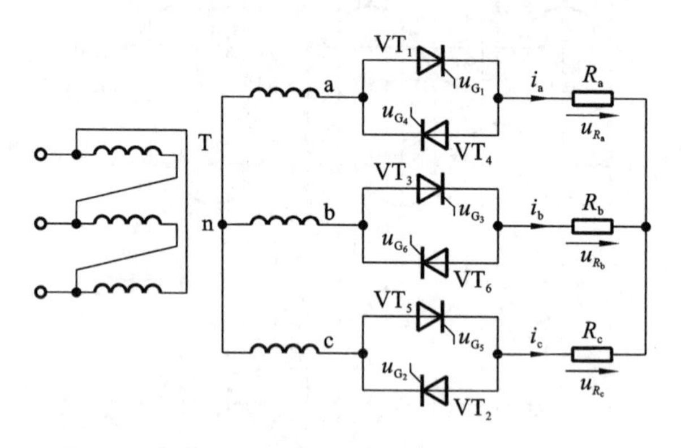

图 6-9　负载星形连接的三相三线制交流调压电路

$\rightarrow VT_6 \rightarrow b$，负载电压为 $u_{R_a}=\frac{u_a-u_b}{2}$，n 点电位是$\frac{u_a+u_b}{2}$。这是刚上电的第一个阶段，与稳定状态下的第一阶段有所不同。

② 阶段Ⅱ($\omega t=60°\sim120°$)。

当 $\omega t=60°$时，触发 VT_2，同时给 VT_1 补发一个触发脉冲。此时 $u_c<u_n$，VT_2 因承受正向电压而导通。VT_2 导通后，三相都处于导通状态，由于是对称负载，n 点电位是 0 V。之前处于导通状态的 VT_1 和 VT_6 分别由于 $u_a>u_n$、$u_b<u_n$ 继续保持导通状态，负载输出的电压为 $u_{R_a}=u_a$。

③阶段Ⅲ($\omega t=120°\sim180°$)。

当 $\omega t=120°$时，触发 VT_3，同时给 VT_2 补发一个触发脉冲。此时 $u_b>0$ V，即 $u_b>u_n$，VT_3 导通。同时，VT_6 因电流降为零而关断。上一阶段处于导通状态的 VT_1 和 VT_2 分别由于 $u_a>u_n$ 和 $u_c>u_n$ 仍然保持导通状态，负载输出的电压为 $u_{R_a}=u_a$。

此后的每个阶段都与阶段Ⅲ的工作情况类似，触发某个晶闸管时，这个晶闸管导通，同时此相上与之反并联的晶闸管关断。这个晶闸管与之前触发的两个晶闸管共同构成电流通路，输出负载相电压等于相应相的电源电压。

当触发角 $\alpha=0°$ 时，每个阶段都有三个管子导通，电路相当于不可控状态（即以二极管代替晶闸管的状态）。VT_1、VT_3、VT_5 在受到相应脉冲触发时导通，在相应相的电源电压过零变负时关断。VT_2、VT_4、VT_6 在受到相应脉冲触发时导通，在相应相的电源电压过零变正时关断。在稳定工作状态下，各工作阶段晶闸管的导通情况和负载电压情况如表 6-1 所示，工作波形如图 6-10 所示。

表 6-1　$\alpha=0°$ 时负载星形连接的三相三线制交流调压电路各区间导通的晶闸管和负载电压值

ωt	0°～60°	60°～120°	120°～180°	180°～240°	240°～300°	300°～360°
导通的晶闸管	VT_1、VT_5、VT_6	VT_2、VT_1、VT_5	VT_3、VT_2、VT_1	VT_4、VT_3、VT_2	VT_5、VT_4、VT_3	VT_6、VT_5、VT_4
u_{R_a}	u_a	u_a	u_a	u_a	u_a	u_a

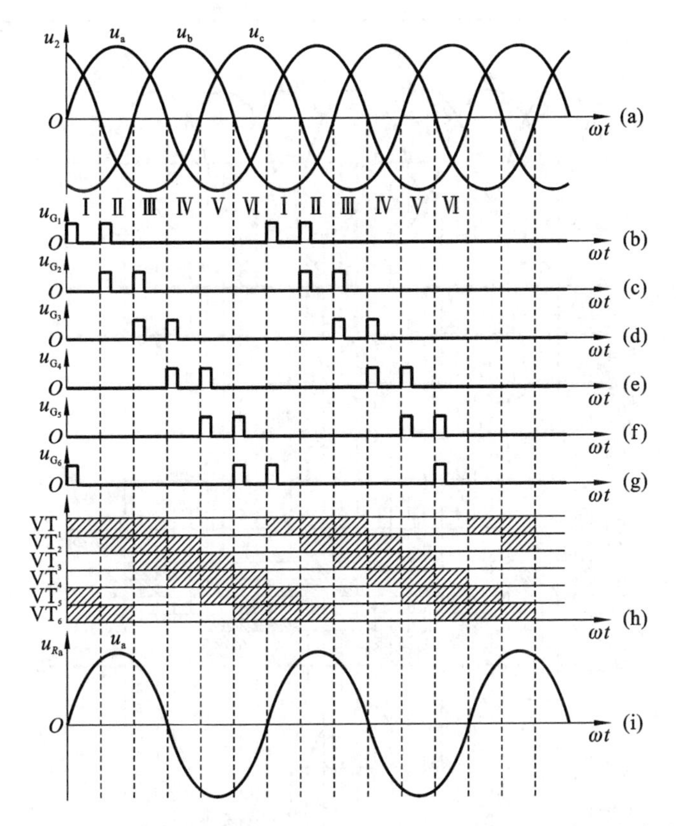

图 6-10　$\alpha=0°$ 时负载星形连接的三相三线制交流调压电路的工作波形图

（2）$0°<\alpha<60°$。

$\alpha>0°$，负载星形连接的三相三线制交流调压电路工作于三个晶闸管导通和两个晶闸管导通这两种模式交替工作的状态下。当 $\alpha=30°$ 时，以 a 相上两个晶闸管 VT_1 和 VT_4 的导通和关断情况来说明。VT_1 在 a 相电压过零变正后 30°触发导通，在 a 相电压过零变负时关断;同一相反并联的晶闸管 VT_4 在 a 相电压过零变负后 30°触发导通,在 a 相电压过零变正时关断;VT_1 和 VT_4 各导通 150°。其他两相的晶闸管和 a 相的两个晶闸管工作情况类似。在稳定工作状态下,当 $\alpha=30°$时在 a 相正半周各区间晶闸管的导通和负载电压情况如表 6-2 所示。考虑到工作模式的切换,仍然从 $\omega t=0°$开始,以 60°为一个大区间,每个区间又以 30°为一个小区间。$\alpha=30°$时,负载星形连接的三相三线制交流调压电路的工作波形如图 6-11 所示。

表 6-2 $\alpha=30°$时在 a 相正半周负载星形连接的三相三线制交流调压电路各区间导通的晶闸管和负载电压值

ωt	0°～60°		60°～120°		120°～180°	
	0°～30°	30°～60°	60°～90°	90°～120°	120°～150°	150°～180°
导通的晶闸管	VT_5、VT_6	VT_1、VT_5、VT_6	VT_1、VT_6	VT_2、VT_1、VT_6	VT_2、VT_1	VT_5、VT_2、VT_1
u_{R_a}	0 V	u_a	$\frac{1}{2}u_{ab}$	u_a	$\frac{1}{2}u_{ac}$	u_a

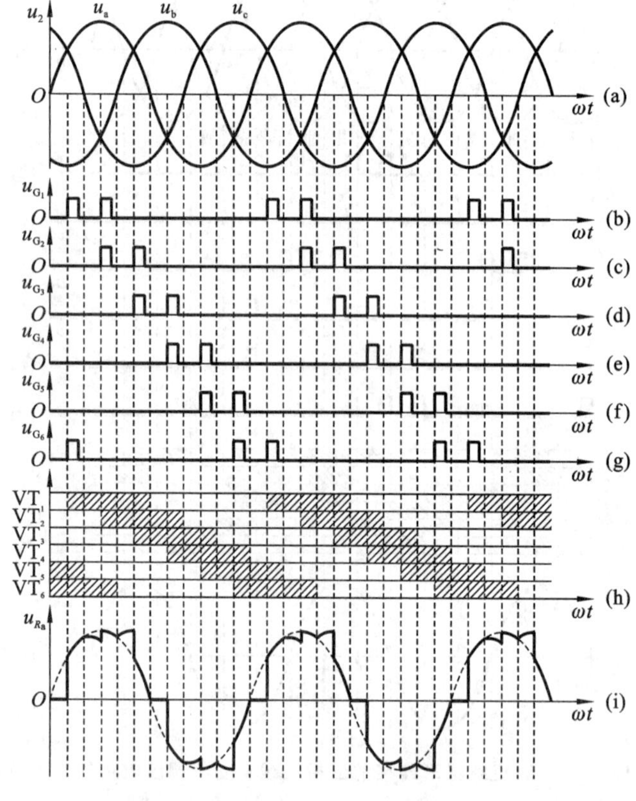

图 6-11 $\alpha=30°$时负载星形连接的三相三线制交流调压电路的工作波形图

当 $\alpha=45°$时,分析方法和 $\alpha=30°$时相似,在稳定工作状态下在 a 相正半周各区间晶闸管的导通、负载电压情况如表 6-3 所示,工作波形可以根据表 6-3 自行画出。

表 6-3　$\alpha=45^\circ$时在 a 相正半周负载星形连接的三相三线制交流调压电路各区间导通的晶闸管和负载电压值

<table>
<tr><td rowspan="2">ωt</td><td colspan="2">0°～60°</td><td colspan="2">60°～120°</td><td colspan="2">120°～180°</td></tr>
<tr><td>0°～45°</td><td>45°～60°</td><td>60°～105°</td><td>105°～120°</td><td>120°～165°</td><td>165°～180°</td></tr>
<tr><td>导通的晶闸管</td><td>VT_5、VT_6</td><td>VT_1、VT_5
VT_6</td><td>VT_1、VT_6</td><td>VT_2、VT_1
VT_6</td><td>VT_2、VT_1</td><td>VT_3、VT_2
VT_1</td></tr>
<tr><td>u_{R_a}</td><td>0 V</td><td>u_a</td><td>$\frac{1}{2}u_{ab}$</td><td>u_a</td><td>$\frac{1}{2}u_{ac}$</td><td>u_a</td></tr>
</table>

结论：当 $0^\circ<\alpha<60^\circ$时，负载星形连接的三相三线制交流调压电路处于三个晶闸管导通与两个晶闸管导通的交替状态，在 180°左临界时刻，是三个管子导通，所以 VT_1 在 180°时关断。以此类推，VT_2～VT_6 分别在 240°、300°、360°、420°、480°时关断。每个晶闸管导通的角度为 $180^\circ-\alpha$。在划分的每个大区间中，三个管子导通的角度为 $60^\circ-\alpha$，两个管子导通的角度为 α。可见，随着 α 的增加，三相同时导通的区间减小，到 $\alpha=60^\circ$时，三相同时导通的区间为零。

(3) $60^\circ<\alpha<90^\circ$。

当 $\alpha=60^\circ$时，仍然以 60°为区间间隔，一个周期共分为六个阶段。分析过程如下：

①阶段Ⅰ($\omega t=0^\circ\sim60^\circ$)。

当 $\omega t=0^\circ$时，触发 VT_6，同时给 VT_5 补发一个触发脉冲。从相电压的波形可以看出，此时 $u_c>u_b$，VT_5 和 VT_6 因承受正向电压而导通。在该阶段，电流通路为 c→VT_5→R_c→R_b→VT_6→b，a 相负载电压为 $u_{R_a}=0$ V，n 点电位是$\frac{u_b+u_c}{2}$。

②阶段Ⅱ($\omega t=60^\circ\sim120^\circ$)。

当 $\omega t=60^\circ$时，触发 VT_1，同时给 VT_6 补发一个触发脉冲。此时 $u_a>u_n$，VT_1 因承受正向电压而导通。VT_1 导通后，假设 VT_5 没有关断，三相都处于导通状态，由于是对称负载，因此 n 点电位是 0 V，需满足此时刻之后 $u_c>0$ V，然而在此时刻之后，c 相电源电压 $u_c<0$ V，假设不成立，所以 VT_5 关断。此阶段只有 VT_1 和 VT_6 两个晶闸管导通，电流通路为 a→VT_1→R_a→R_b→VT_6→b，a 相负载电压为 $u_{R_a}=\frac{u_a-u_b}{2}$，n 点电位是$\frac{u_a+u_b}{2}$。

以后各阶段的工作过程都与阶段Ⅱ类似，每个阶段只有两个晶闸管导通。各区间晶闸管的导通和负载电压情况如表 6-4 所示，波形如图 6-12 所示。

表 6-4　$\alpha=60^\circ$时负载星形连接的三相三线制交流调压电路各区间导通的晶闸管和负载电压值

ωt	0°～60°	60°～120°	120°～180°	180°～240°	240°～300°	300°～360°
导通的晶闸管	VT_5、VT_6	VT_1、VT_6	VT_2、VT_1	VT_3、VT_2	VT_4、VT_3	VT_5、VT_4
u_{R_a}	0 V	$\frac{1}{2}u_{ab}$	$\frac{1}{2}u_{ac}$	0 V	$\frac{1}{2}u_{ab}$	$\frac{1}{2}u_{ac}$

当 $\alpha=60^\circ$时，VT_1 导通 120°后关断的时刻正好与 u_a 正半周的结束时间点相重合，VT_4 导通 120°后关断的时刻正好与 u_a 负半周的结束时间点相重合，但当 $60^\circ<\alpha<90^\circ$时，相电压

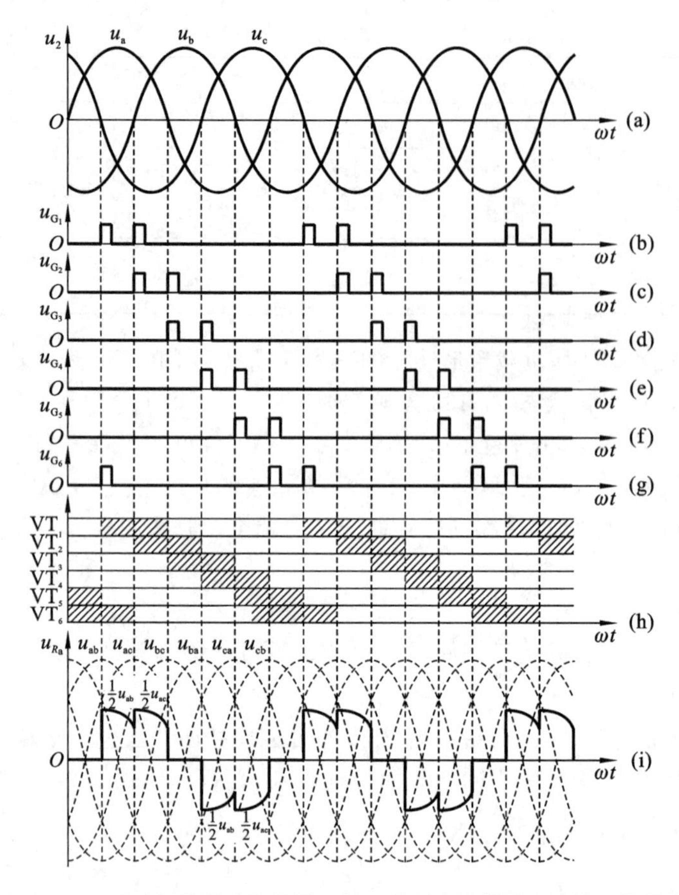

图 6-12　$\alpha=60^{\circ}$时负载星形连接的三相三线制交流调压电路的工作波形图

正负半周结束的时间点不再是晶闸管关断的时刻。例如：当$\alpha=75^{\circ}$时，触发 VT_1 和 VT_6，$u_a>u_b$，VT_1 和 VT_6 导通；当$\alpha=120^{\circ}$时，b 相电压由负到正过零点，但 VT_6 并不会关断，因为此时 $u_a>u_b$ 仍然成立，VT_6 在$\alpha=135^{\circ}$触发 VT_2 时关断，然后 VT_1 和 VT_2 导通。也就是每一个晶闸管会和前一个序号的晶闸管共同导通 60°，再和后一个序号的晶闸管共同导通 60°。而当$\alpha>90^{\circ}$时，电路将会出现两个晶闸管导通和三个晶闸管都不导通交替的情况。$\alpha=75^{\circ}$时，各区间晶闸管的导通和负载电压情况如表 6-5 所示，波形如图 6-13 所示。$\alpha=90^{\circ}$时，各区间晶闸管的导通和负载电压情况如表 6-6 所示，波形如图 6-14 所示。

表 6-5　$\alpha=75^{\circ}$时负载星形连接的三相三线制交流调压电路各区间导通的晶闸管和负载电压值

ωt	0°～15°	15°～75°	75°～135°	135°～195°	195°～255°	255°～315°	317°～375°
导通的晶闸管	VT_4、VT_5	VT_5、VT_6	VT_1、VT_6	VT_2、VT_1	VT_3、VT_2	VT_3、VT_4	VT_4、VT_5
u_{R_a}	$\frac{1}{2}u_{ac}$	0 V	$\frac{1}{2}u_{ab}$	$\frac{1}{2}u_{ac}$	0 V	$\frac{1}{2}u_{ab}$	$\frac{1}{2}u_{ac}$

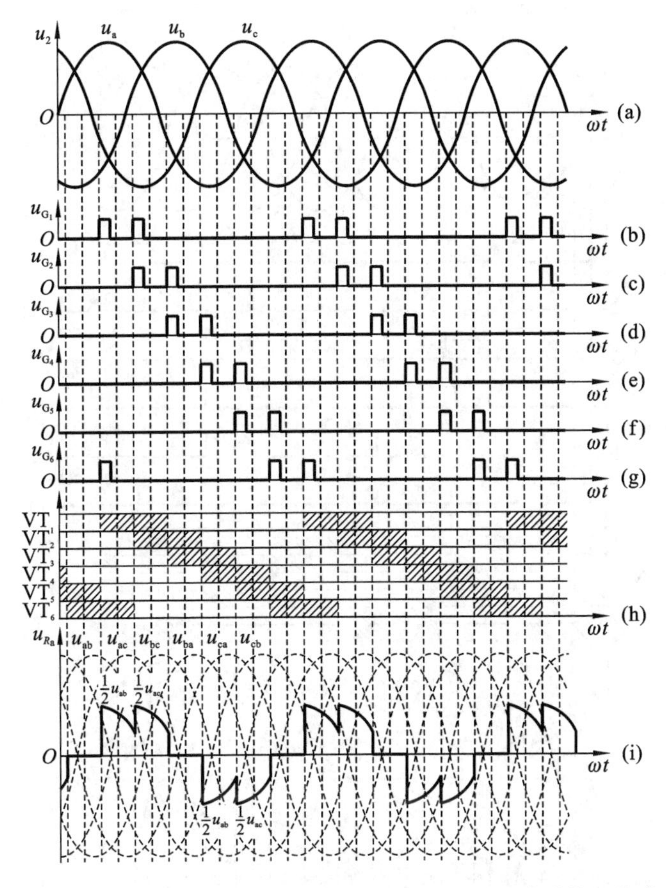

图 6-13　$\alpha=75^\circ$时负载星形连接的三相三线制交流调压电路的工作波形图

表 6-6　$\alpha=90^\circ$时负载星形连接的三相三线制交流调压电路各区间导通的晶闸管和负载电压值

ωt	$0^\circ\sim30^\circ$	$30^\circ\sim90^\circ$	$90^\circ\sim150^\circ$	$150^\circ\sim210^\circ$	$210^\circ\sim270^\circ$	$270^\circ\sim330^\circ$	$330^\circ\sim390^\circ$
导通的晶闸管	VT_5、VT_4	VT_6、VT_5	VT_1、VT_6	VT_2、VT_1	VT_3、VT_2	VT_4、VT_3	VT_5、VT_4
u_{R_a}	$\frac{1}{2}u_{ac}$	0 V	$\frac{1}{2}u_{ab}$	$\frac{1}{2}u_{ac}$	0 V	$\frac{1}{2}u_{ab}$	$\frac{1}{2}u_{ac}$

（4）$\alpha>90^\circ$。

$\alpha>90^\circ$时，每一时刻都有两个晶闸管导通。$\alpha>90^\circ$同时也是出现三个晶闸管都不导通情况的分界条件。当$\alpha>90^\circ$时，就会出现三个晶闸管都不导通的情况。例如：当$\alpha>120^\circ$时，触发 VT_1 和 VT_6，$u_a>u_b$，VT_1 和 VT_6 导通；当$\alpha>150^\circ$时，VT_2 的触发脉冲还没有到来，VT_1 和 VT_2 会因电源电压 $u_a=u_b$ 且此时刻之后 $u_a<u_b$ 而关断：当$\alpha>180^\circ$时，触发 VT_1 和 VT_2，$u_a>u_c$，VT_1 和 VT_2 导通；当$\alpha>120^\circ$时，VT_3 的触发脉冲还没有到来，VT_1 和 VT_2 会因电源电压 $u_a=u_c$ 且此时刻之后 $u_a<u_c$ 而关断。可见，电路两个晶闸管导通、三个晶闸管全部关断交替出现，每个晶闸管的导通角为 $300^\circ-2\alpha$，而且这个导通角被分割为不连续的两个部分，在半周波内形成两个断续的波头，这两个部分各占 $150^\circ-\alpha$。同时，随着触发角 α 的增大，导通角减小，直到$\alpha=150^\circ$，所有的晶闸管都不会导通。以 a 相负载为例，$\alpha=120^\circ$时各

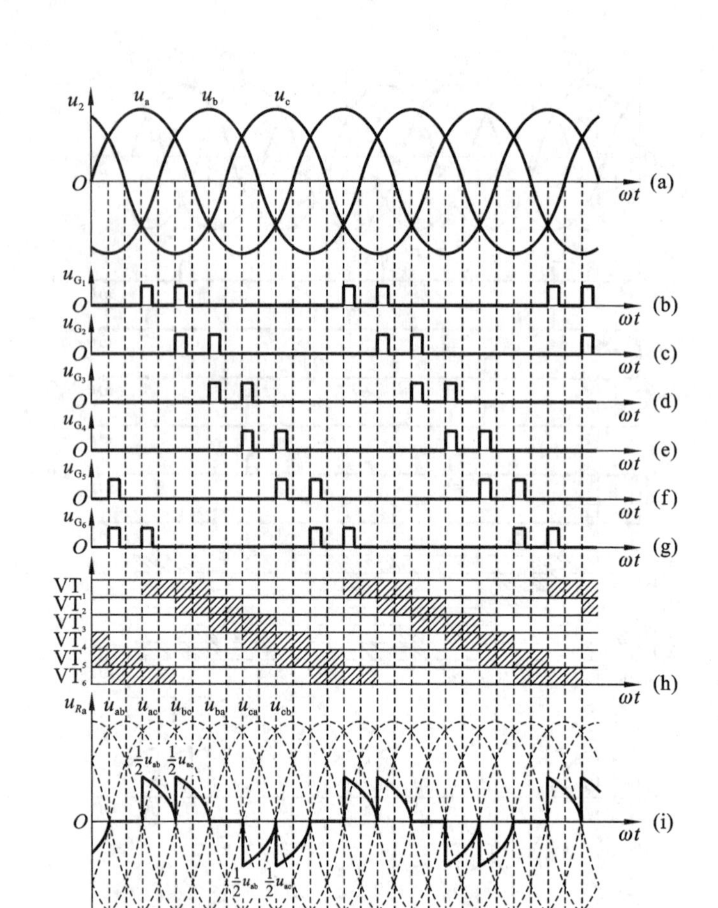

图 6-14 $\alpha=90^\circ$时负载星形连接的三相三线制交流调压电路的工作波形图

区间晶闸管的导通和负载电压情况如表 6-7 所示，波形如图 6-15 所示。

表 6-7 $\alpha=120^\circ$时负载星形连接的三相三线制交流调压电路各区间导通的晶闸管和负载电压值

ωt	0°～30°	30°～60°	60°～90°	90°～120°	120°～150°	150°～180°	180°～210°
导通的晶闸管	VT_5、VT_4	无	VT_6、VT_5	无	VT_1、VT_6	无	VT_2、VT_1
u_{R_a}	$\frac{1}{2}u_{ac}$	0 V	0 V	0 V	$\frac{1}{2}u_{ab}$	0 V	$\frac{1}{2}u_{ac}$

将电路的工作模式分成三种：三个晶闸管同时导通称为模式一，两个晶闸管同时导通称为模式二，所有的晶闸管都不导通称为模式三。三相电阻对称负载在不同触发角下的工作情况总结如表 6-8 所示。

表 6-8 不同触发角下三相三线制交流调压电路带纯电阻性对称负载时的工作情况总结

触发角 α	$\alpha=0^\circ$	$0^\circ<\alpha<60^\circ$	$60^\circ\leqslant\alpha\leqslant90^\circ$	$90^\circ<\alpha<150^\circ$	$\alpha\geqslant150^\circ$
电路工作情况	模式一	模式一和模式二交替出现	模式二	模式二和模式三交替出现	模式三

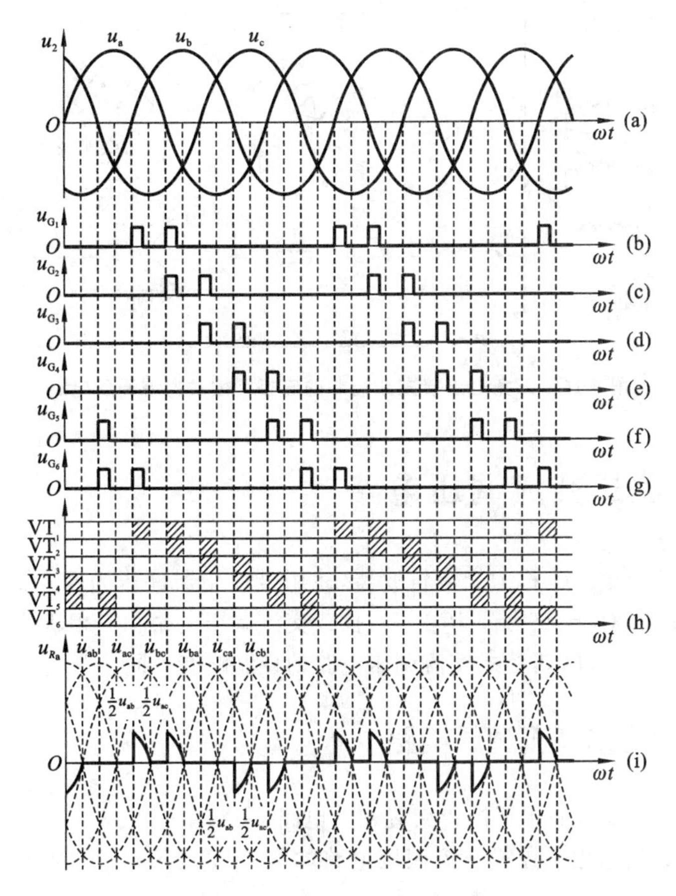

图 6-15　$\alpha=120°$时负载星形连接的三相三线制交流调压电路的工作波形图

纯电阻负载电压和电流的波形相同。从负载电流波形上可以看出，电流中含有很多谐波。进行傅里叶变换分析后可知，负载电流中所含谐波的次数为 $6k\pm1(k=1,2,3,\cdots)$，这和三相桥式全控整流电路交流侧电流所含谐波次数完全相同，而且也是谐波的次数越低，含量越大。和单相相控式交流调压电路相比，这里没有 3 的整数倍次谐波。

6.2.3　三角形连接支路控制的三相相控式交流调压电路

三角形连接支路控制的三相相控式交流调压电路如图 6-16 所示。此种电流结构只能用于负载是三个分得开的单元的电路中(相反的例子，交流电动机作为负载时，三相就不是分得开的单元)。采用这种接法的三相相控式交流调压电路可以看成是三个单相相控式交流调压电路的组合，只不过每一相负载的电源是线电压，可以采用单相相控式交流调压电路的分析方法分别对各相负载进行分析。采用这种接法，线电流中没有 3 次及 3 的整数倍次谐波，触发脉冲的移相范围是 0°～150°。

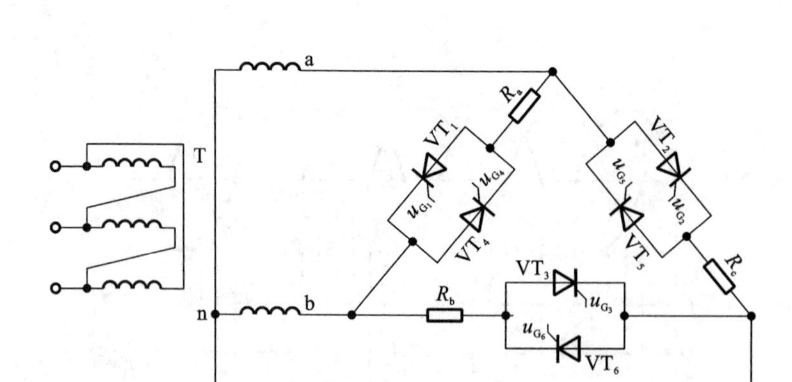

图 6-16　三角形连接支路控制的三相相控式交流调压电路

6.3　斩控式交流调压电路

斩控式交流调压电路也称为交流斩波器，使用全控型器件作为开关器件。根据电源的相数分，斩控式交流调压电路可分为单相斩控式交流调压电路和三相斩控式交流调压电路。并且根据负载的性质不同，斩控式交流调压电路的控制略有不同。

6.3.1　单相斩控式交流调压电路

(1) 带纯电阻负载的单相斩控式交流调压电路。

带纯电阻负载的单相斩控式交流调压电路如图 6-17 所示。该电路负载电压和负载电流的波形相同。

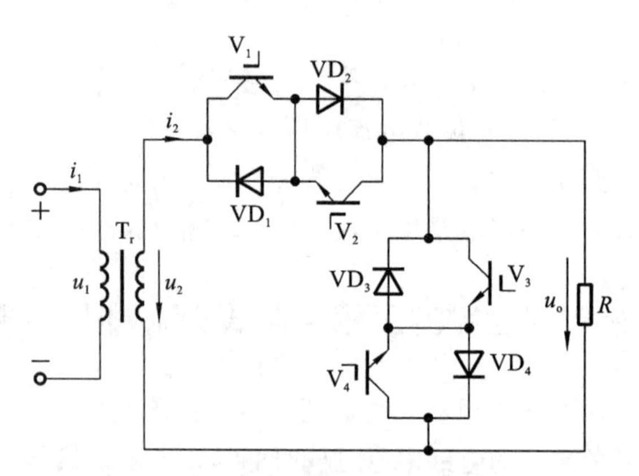

图 6-17　带纯电阻负载的单相斩控式交流调压电路

开关管的控制方式有两种：

①由于负载电压和负载电流的波形相同，不需要 V_3 和 V_4 续流，因此 V_3 和 V_4 一直处于关断的状态，只根据电压的正负对 V_1 和 V_2 进行斩波控制。在电压的正半周，V_2 常断，V_1 按斩波控制方式工作；在电压的负半周，V_1 常断，V_2 按斩波控制方式工作。

②V_3 和 V_4 仍然一直处于关断的状态，对 V_1 和 V_2 使用相同的控制脉冲。由于开关管

的导通与否除了需要看是否有触发信号外，还需要看电流的方向是否与开关管的导通方向一致，因此，在电压的正半周，虽然给 V_2 施加了斩波控制信号，但 V_2 却一直没有导通，只有开关管 V_1 按照斩波控制方式工作。同样，在电压的负半周，虽然给 V_1 施加了斩波控制信号，但 V_1 却一直没有导通，只有开关管 V_2 按照斩波控制方式工作。在6.7节仿真中，采用的就是这种控制方式

设开关管的导通时间为 t_{on}，关断时间为 t_{off}，开关周期为 T，则单相斩控式交流调压电路的导通占空比为 $D=\frac{t_{\mathrm{on}}}{T}$，改变导通脉冲宽度或改变斩波周期，就可以改变占空比 D，从而实现交流调压。可见，无论是上面叙述的哪种控制方式，只要占空比 D 相同，输出电压的波形就相同。带纯电阻负载的单相斩控式交流调压电路的工作波形如图6-18所示。

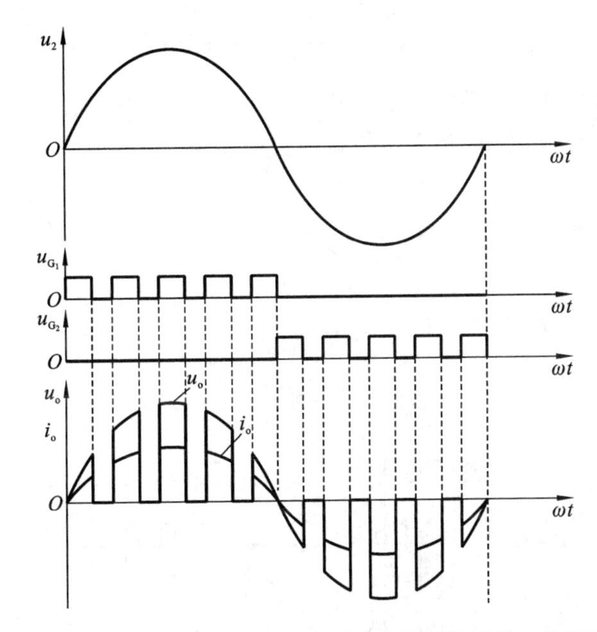

图6-18　带纯电阻负载的单相斩控式交流调压电路的工作波形图

从图6-18中可以看出，带纯电阻负载时，单相斩控式交流调压电路电源输出电流中的基波分量是和电源电压同相位的，即位移因数为1。另外，电源电流中不含低次谐波，只含有和开关周期 T 有关的高次谐波。这些高次谐波用很小的滤波器就可以滤除，所以功率因数接近于1。同样，负载的电压、电流与电源输出的电流波形相同，包含的谐波成分也相同。

(2) 带阻感负载的单相斩控式交流调压电路。

带阻感负载的单相斩控式交流调压电路如图6-19所示。由于是阻感负载，负载电流要滞后于负载电压，当负载电压变负时，负载电流仍然为正。对于开关管的控制，可以参考电流的方向，也可以由电流方向自然通断。具体的控制方法有两种。

①当电流为正时，V_1 和 V_4 采用互补的斩控方式，V_2 和 V_3 不工作；当电流为负时，V_2 和 V_3 采用互补的斩控方式，V_1 和 V_4 不工作。

②不论电流的正负，V_1 和 V_2 采用相同的斩控方式，V_3 和 V_4 采用相同的并且与 V_1 互补的斩控方式。开关管导通与否不仅与触发脉冲有关，还与电流的方向有关。比如，在电流的正半周，虽然 V_1 和 V_2 都采用了斩波控制，但只有 V_1 会按斩波控制的规律导通，V_2 一直

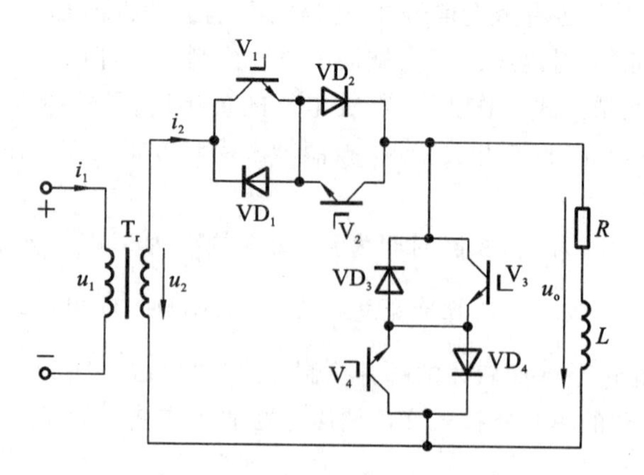

图 6-19　带阻感负载的单相斩控式交流调压电路

是关断的。同理,可以推断 V_3 和 V_4 的工作状态。利用这种控制方式时,电路的工作波形如图 6-20 所示。在 6.7 节仿真中,采用的就是这种控制方式。

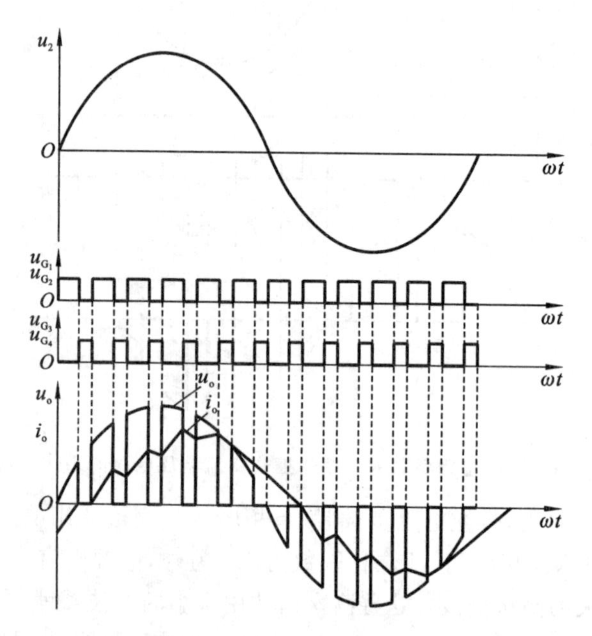

图 6-20　带阻感负载的单相斩控式交流调压电路的工作波形图

6.3.2　三相斩控式交流调压电路

三相斩控式交流调压电路如图 6-21 所示。该电路的每一相由一个全控型开关和四个二极管构成的斩控开关组成,负载采用星形连接。开关管 V_4 和六个二极管组成不控桥,给感性负载提供续流回路。开关管 V_1、V_2 和 V_3 由同一个驱动信号 u_G 驱动,此驱动信号与交流电压的正负无关,开关管 V_4 的驱动信号 u_{G_4} 与 u_G 互补。该电路的工作波形如图 6-22 所示。

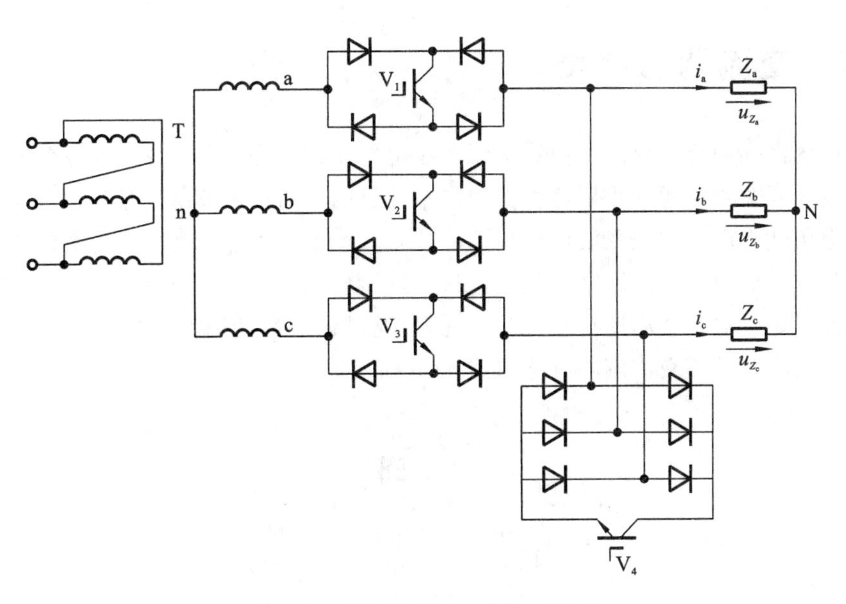

图 6-21　三相斩控式交流调压电路

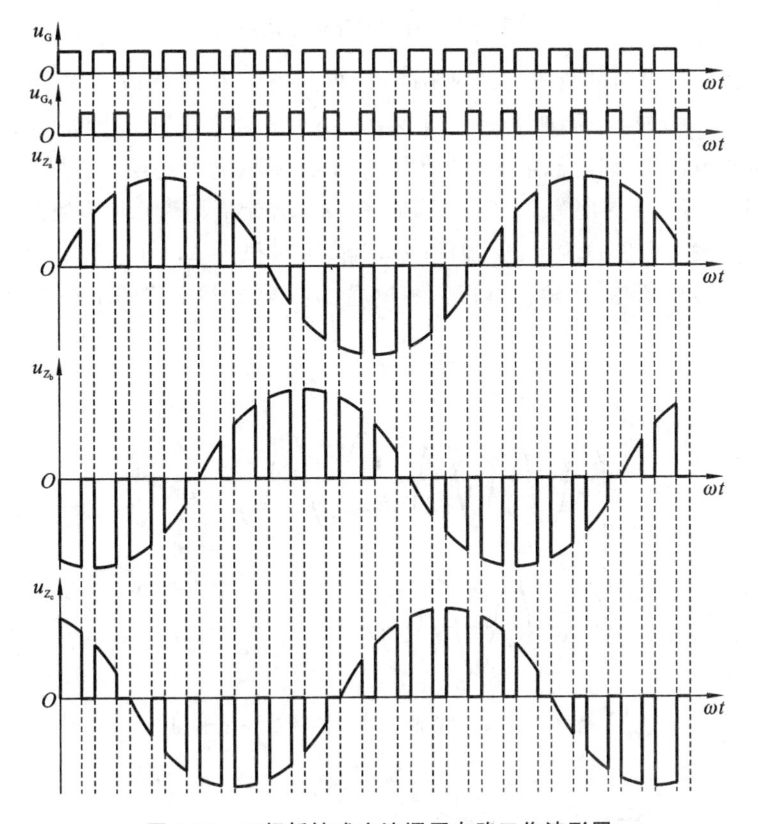

图 6-22　三相斩控式交流调压电路工作波形图

6.4 交流调功电路

前面讲的由晶闸管构成的相控式交流调压电路采用的是相控方式,即每个周期以固定的触发角控制开关管导通。采用这种控制方式的目的是通过调节触发角来调节输出电压的有效值。但负载上电压的正弦波形会出现缺角,包含较大的高次谐波。交流调功电路的结构形式与相控式交流调压电路完全相同,仅仅是控制方式不同,不再采用相控方式,而是将负载与交流电源接通几个周期再断开几个周期,通过调节通断周波数的比值来调节负载所消耗的平均功率。单相交流调功电路如图 6-23 所示。

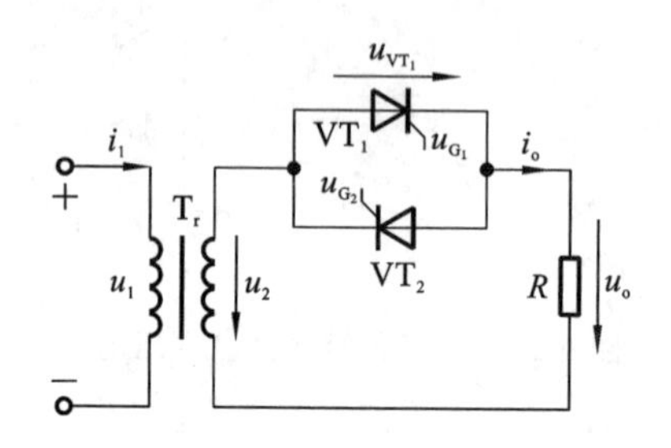

图 6-23 单相交流调功电路

当单相交流调功电路的负载为纯电阻时,设控制周期为 M 倍电源周期,晶闸管在前 N 个周期导通,在后 $M-N$ 个周期关断。当 $M=5$、$N=3$ 时电路的工作波形如图 6-24 所示。负载电压和负载电流(也即电源电流)的重复周期为 M 倍电源周期。在图 6-24 中,设电源的频率为 50 Hz,则电源周期为 0.02 s。当 $M=5$ 时,控制周期为 0.1 s,控制频率为 10 Hz,以控制频率对负载上电压的波形进行傅里叶分解,可以得到基波 10 Hz 以及基波的倍频即 20 Hz、30 Hz、40 Hz 等信号,输出电压的频谱在 6.7.4“单相交流调功电路的建模与仿真”中给出。

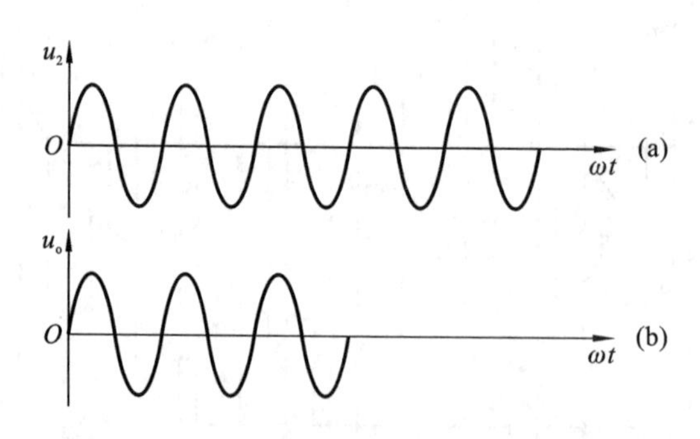

图 6-24 单相交流调功电路的工作波形图

6.5 交流电力电子开关

交流电力电子开关是把晶闸管反并联后(或晶闸管与二极管反并联)串入交流电路中,

代替电路中的机械开关，起接通和断开电路的作用。和机械开关相比，交流电力电子开关具有响应速度快、无触点、寿命长、可频繁控制通断的优点。但通常交流电力电子开关的频率比交流调压和调功电路都低得多。与交流调压和调功电路相比，交流电力电子开关没有固定的开关周期，也并不控制输出的电压有效值或平均输出功率，只是根据需要控制电路的接通和断开。常见的交流电力电子开关有晶闸管投切电容器、晶闸管投切电抗器等。下面以晶闸管投切电容器为例讲述交流电力电子开关的作用。

晶闸管投切电容器(thyristor switched capacitor，TSC)主要应用于电网的无功补偿，根据电路结构可分为两种：一种是两个晶闸管反并联控制的投切电容器(见图 6-25(a))，另一种是一个晶闸管与一个二极管反并联控制的投切电容器(见图 6-25(b))。下面以两个晶闸管反并联控制的投切电容器来分析电路工作的原理。

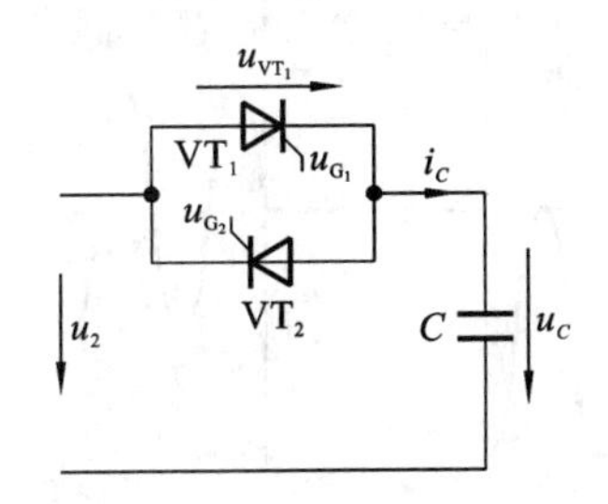

(a) 两个晶闸管反并联控制投切电容器

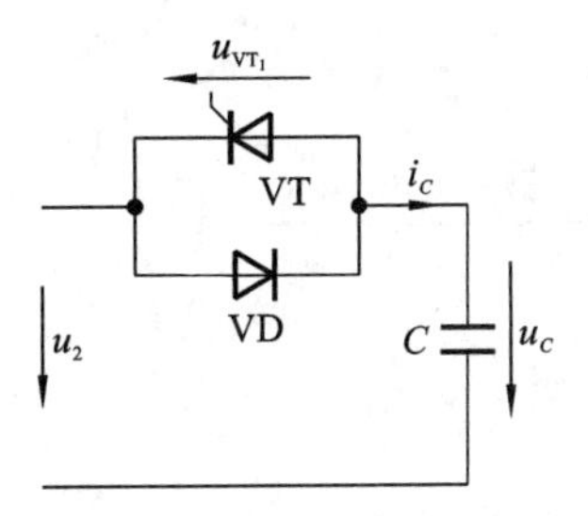

(b) 晶闸管和二极管反并联控制投切电容器

图 6-25　晶闸管投切电容器的原理图

设电源电压为 $u_2=\sqrt{2}U_2\sin(\omega t)$，$U_2=220$ V，则电源的峰值电压为 311 V。电容器预先充电到电源的峰值电压 311 V，然后在电源电压正半周峰值点触发 VT_2，在此之后的半个周期电流导通回路为 $u_2\to C\to VT_2\to u_2$，电容器上的电压与电源电压相同，电容器上的电流比电源电压超前 90°。过半个周期后，触发 VT_1，VT_1 导通，接下来半个周期电流导通回路为 $u_2\to VT_1\to C\to u_2$，输出电压依然与电源电压相同，电容器上的电流依然比电源电压超前 90°。总结起来，在电容器接入电网后，晶闸管 VT_2 和 VT_1 各导通半个周期，并且轮流导通，直到将电容器从电网移除为止。将电容器从电网移除的时刻也在电压的峰值点，如果将电容器从电网移除的时间在电源电压正半周峰值点，晶闸管 VT_1 正好导通结束，电容器上的电压与电源电压峰值相同(311 V)，为下次电容器接入电网做好了准备。等下次电容器接入电网时，就在电源电压正半周峰值点触发 VT_2，电容器就能正常接入电网，而不至于有很大的冲击电流。如果将电容器从电网移除的时间在电源电压负半周的峰值点，在移除前正好是 VT_2 导通，电容器上的电压为电源电压的负峰值(−311 V)，则等下次电容器接入电网时，就在电源的负半周峰值点触发 VT_1，电容器就可以正常接入电网，也不会产生很大的冲击电流。

晶闸管反关联控制投切电容器的工作波形如图 6-26 所示。

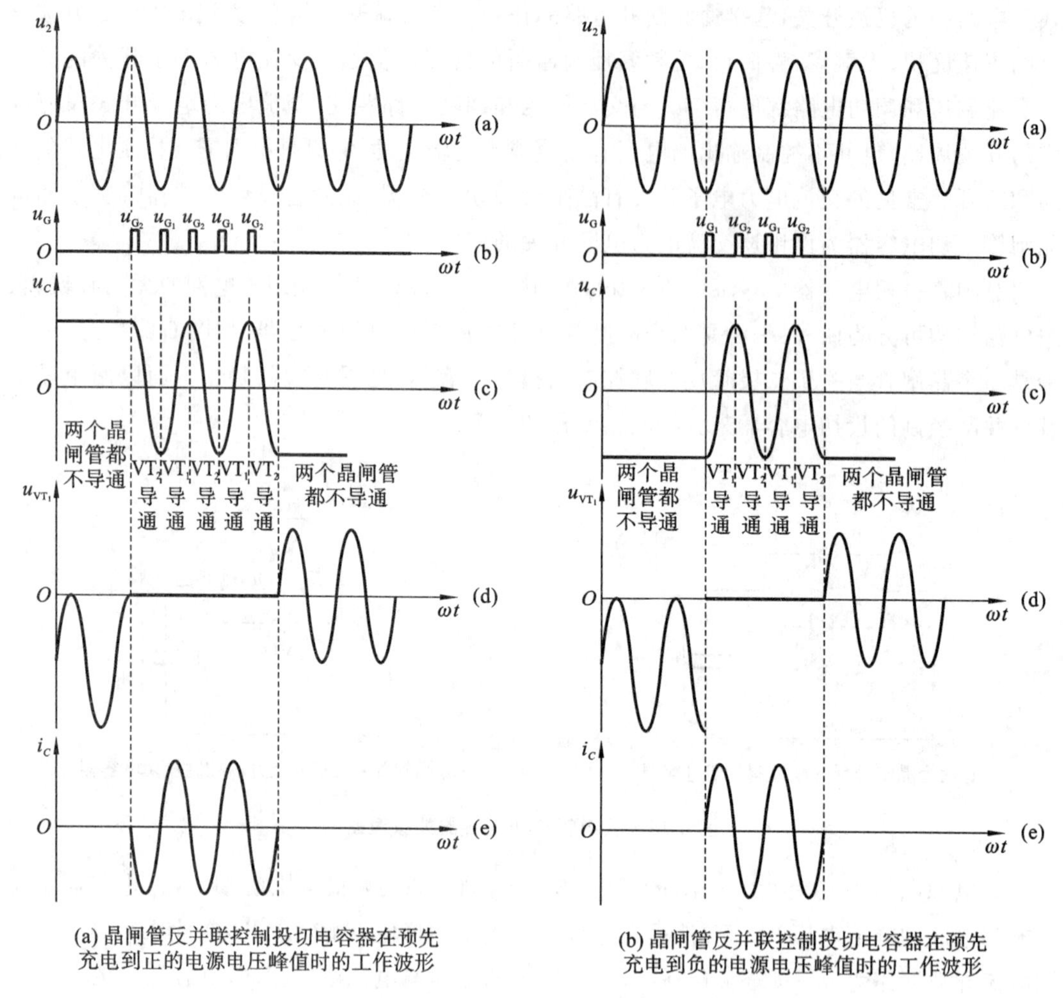

(a) 晶闸管反并联控制投切电容器在预先充电到正的电源电压峰值时的工作波形

(b) 晶闸管反并联控制投切电容器在预先充电到负的电源电压峰值时的工作波形

图 6-26 晶闸管反并联控制投切电容器的工作波形图

6.6 交-交变频电路

变频电路分为两类，即间接变频电路和直接变频电路。将交流电整流成直流电，再将直流电逆变为另一种频率的交流电的电路称为间接变频电路。将电网频率的交流电直接变换成可调频率交流电的电路称为直接变频电路。直接变频电路也称为周波变流器，通常由两组晶闸管整流电路组成，通过控制两组整流电路的交替工作时间和晶闸管触发角的大小，产生频率可调、幅值可调的交流电。交-交变频电路在大功率交流电动机的调速传动系统中应用广泛。本节以单相交-交变频电路为例，讲述交-交变频的原理。

1. 电路构成和基本工作原理

单相交-交变频电路由 P 组和 N 组两组反并联的晶闸管整流电路构成，电路结构如图 6-27(a) 所示。P 组整流输出是直流；N 组整流输出也是直流，但方向与 P 组相反。因此，如果只实现直流到交流的变换，可以让 P 组和 N 组交替工作，这样在负载上就可以得到交流

电压，且负载上的交流电压如图 6-27(b)所示。改变两组整流电路的切换周期，就可以改变负载 R 上的交流电；改变触发角 α，就可以改变交流电的有效值。但采用这样简单的控制，负载上输出的电压和电流波形与方波类似，不是正弦波，会含有很多的谐波成分。

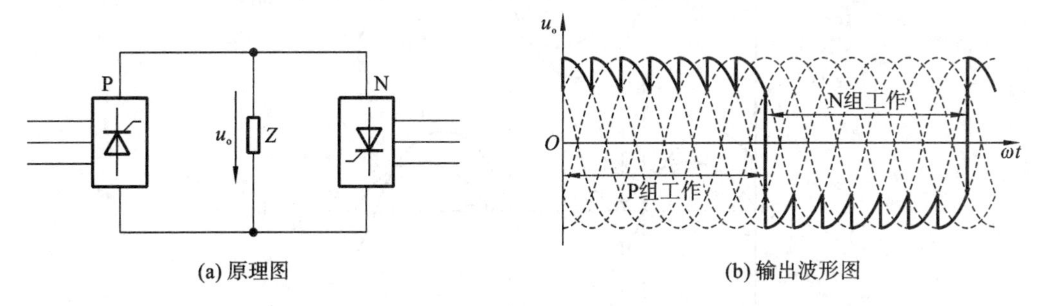

(a) 原理图　　(b) 输出波形图

图 6-27　单相交-交变频电路的原理图及输出波形图

实际应用中希望输出正弦波。因此，可以按正弦规律对触发角 α 进行调制，在半个周期内让 P 组整流电路的触发角 α 按正弦规律从 90°减到 0°或某个值，再增加到 90°，这样每个控制间隔内的平均输出电压就按正弦规律从零增至最高，再减到零，波形图如图 6-28 所示。在另外半个周期可对 N 组整流电路进行同样的控制。从图 6-28 中能够可以看出，输出电压 u_o 由若干段电源电压拼接而成。在 u_o 的一个周期内，所包含的电源电压段数越多，u_o 的波形就越接近正弦波。

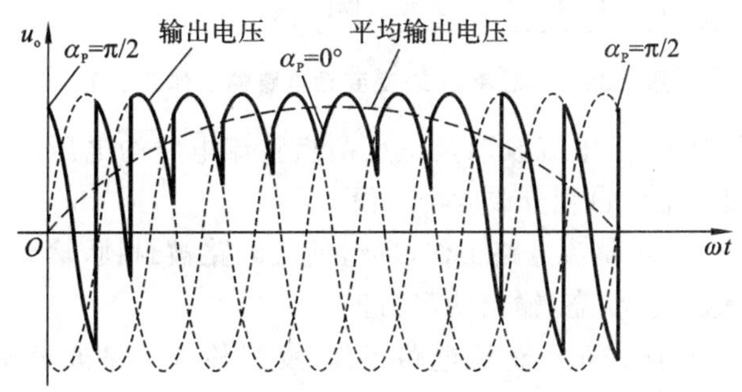

图 6-28　P 组整流电路的触发角按正弦规律控制时输出电压的波形

2. 整流与逆变工作状态

把单相交-交变频电路理想化，忽略图 6-28 中负载上输出电压 u_o 的脉动分量，则电路输出电压可看成是纯正弦波，这样就可把电路等效成如图 6-29 所示的正弦波交流电源和二极管的串联。假设负载的阻抗角为 φ，即输出电流滞后输出电压 φ 角，则输出电压和电流的波形如图 6-30 所示。

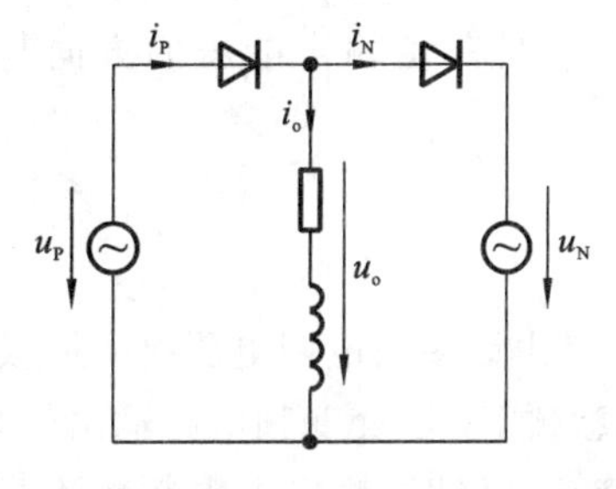

图 6-29　理想的单相交-交变频电路

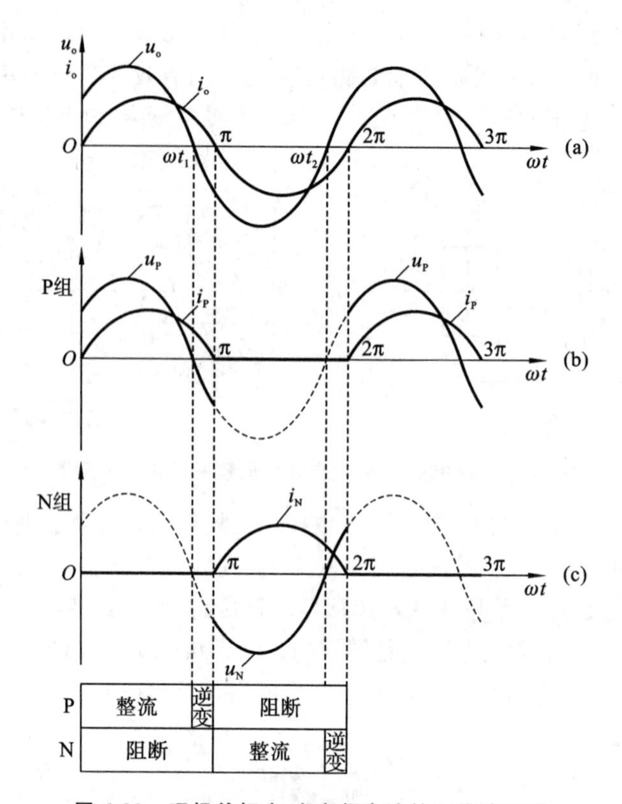

图 6-30　理想单相交-交变频电路的工作波形图

图 6-30 给出了负载电压、电流波形及正反两组整流电路的电压、电流波形。可以将理想单相交-交变频电路的工作过程分成四个阶段。

①在 $0°\sim\omega t_1$ 期间,正组整流电路工作,反组整流电路被封锁,输出电压和电流都为正,故正组整流电路工作在整流状态,输出功率为正。

②在 $\omega t_1\sim\pi$ 期间,仍然是正组整流电路工作,反组整流电路被封锁。但此阶段输出电压已反向,输出电流仍为正,正组整流电路工作在逆变状态,输出功率为负。

③在 $\pi\sim\omega t_2$ 期间,反组整流电路工作,正组整流电路被封锁,负载电流为负,负载电压也为负,反组整流电路工作在整流状态,输出功率为正。

④在 $\omega t_2\sim2\pi$ 期间,输出电流为负,而输出电压为正,反组整流电路工作在逆变状态,输出功率为负。

在带阻感负载的情况下,在一个输出电压周期内,理想单相交-交变频电路有 4 种工作状态,哪组整流电路工作是由输出电流的方向决定的,与输出电压的极性无关。整流电路是工作在整流状态还是工作在逆变状态,由输出电压的方向与输出电流的方向是否相同来确定。

3. 输入输出特性

(1) 输出上限频率。

交-交变频电路的输出电压是由许多段电网电压拼接而成的,因此输出的频率不能像直流电源进行逆变那样可以是任意频率,交-交变频电路输出的频率只能比电网频率低。一般来说,当采用 6 脉波三相桥式整流电路时,输出上限频率不高于电网频率的 1/2。例如,电

网频率为 50 Hz 时，交-交变频电路的输出上限频率约为 25 Hz。

交-交变频电路的输出电压在一个周期内包含的电网电压段数越多，输出电压的波形越接近正弦波。当输出频率增高时，输出电压一周期内所含电网电压段数减少，波形畸变严重。电压波形畸变及其导致的电流波形畸变和转矩脉动是限制输出频率提高的主要因素。

（2）输出电压谐波。

输出电压的谐波频谱非常复杂，既和电网频率 f_i 以及整流电路的脉波数有关，也和输出频率 f_o 有关。采用三相桥式全控整流电路时，输出电压所含主要谐波的频率与相应整流电路输出电压的谐波频率基本相同，主要有 $6f_i \pm f_o$、$6f_i \pm 3f_o$、$6f_i \pm 5f_o$ 等和 $12f_i \pm f_o$、$12f_i \pm 3f_o$、$12f_i \pm 5f_o$。

（3）输入电流谐波。

输入电流波形和可控整流电路的输入波形类似，只是幅值和相位均按正弦规律被调制，各次谐波的幅值较可控整流电路的谐波幅值小。

6.7　交流-交流变换电路的 MATLAB 仿真

6.7.1　单相相控式交流调压电路的建模与仿真

1. 模型文件的建立

单相相控式交流调压电路的仿真模型如图 6-31 所示，所用模块的提取路径如表 6-9 所示。

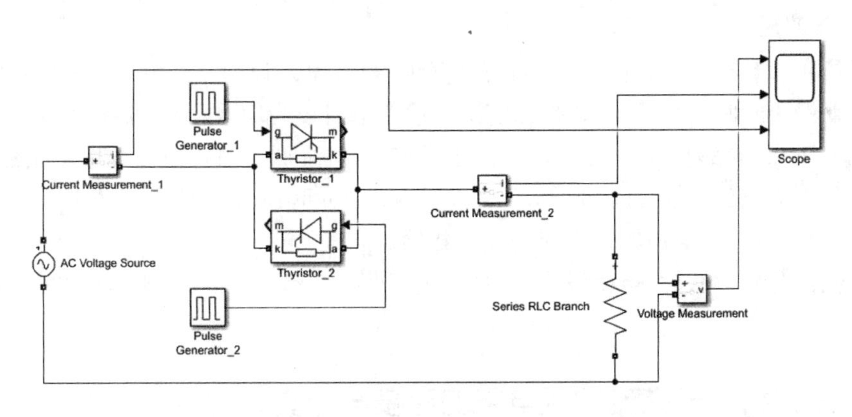

图 6-31　单相相控式交流调压电路的仿真模型

表 6-9　单相相控式交流调压电路仿真模型所用模块的提取路径

模块名	提取路径
交流电压源（AC Voltage Source）	Simscape→ Electrical → Specialized Power Systems → Fundamental Blocks → Electrical Sources→ AC Voltage Source
电阻 R 或阻感负载 RL（Series RLC Branch）	Simscape→ Electrical → Specialized Power Systems → Fundamental Blocks → Elements→Series RLC Branch

续表

模块名	提取路径
电流检测模块（Current Measurement）	Simscape→ Electrical → Specialized Power Systems → Fundamental Blocks → Measurements →Current Measurement
电压检测模块（Voltage Measurement ）	Simscape→ Electrical → Specialized Power Systems → Fundamental Blocks → Measurements→Voltage Measurement
示波器（Scope）	Simulink→Sinks→Scope
脉冲发生器（Pulse Generator）	Simulink→Sources→Pulse Generator

在模块中设置参数。交流电源电压的峰值设为 311 V，相位设为 120°，频率设为 50 Hz。负载采用串联 *RLC* 支路模块，根据需要选择纯电阻负载或阻感负载。脉冲发生器 1（Pulse Generator_1）在电源电压的正半周触发晶闸管 Thyristor_1，脉冲发生器 2（Pulse Generator_2）在电源电压的负半周触发晶闸管 Thyristor_2。两个脉冲发生器幅值都设为 1，周期都设为 0.02 s，脉冲宽度都设为 30%，二者不同的是延迟时间的设置，根据触发角的大小来设置延迟时间，触发器 1 的延迟时间设为 $\frac{0.02\ \mathrm{s}}{360^\circ}\times\alpha$，触发器 2 的延迟时间设为 $\frac{0.02\ \mathrm{s}}{360^\circ}\times(\alpha+180^\circ)$。比如当 $\alpha=30^\circ$ 时，触发器 1 的延迟时间设为 0.02/12 s，触发器 2 的延迟时间设为 0.07/6 s。

2. 仿真波形

打开仿真参数窗口，选择 ode45 的仿真算法，相对误差设为 1×10^{-3}。仿真开始时间设为 0 s，仿真停止时间设为 0.2 s。带纯电阻负载时电阻设为 10 Ω，示波器 3 个窗口分别显示输出负载电压 u_o、负载电流 i_o 以及电源输出电流 i_2 的波形。当负载为纯电阻负载时，触发角 $\alpha=30^\circ$ 下的电路波形如图 6-32 所示。从图 6-32 中可见，带纯电阻负载时，负载输出电压、负载上的电流以及电源输出电流的波形相同。

当负载为阻感负载时，电阻设为 10 Ω，电感设为 10 mH。当 $\alpha=30^\circ$ 时电路的波形如图 6-33 所示。

6.7.2 三相相控式交流调压电路的建模与仿真

1. 模型文件的建立

三相三线制交流调压电路的仿真模型如图 6-34 所示，所用模块与单相相控式交流调压电路仿真模型所用模块种类相同。

在本模型文件中，三个交流电源模块频率设置为 50 Hz，幅值设置为 100 V，相位依次滞后 120°。$VT_1\sim VT_6$ 的触发脉冲依次滞后 60°，同一相上的两个晶闸管的触发脉冲相差 180°。脉冲发生器的幅值设置为 1，周期设置为 0.02 s，脉冲宽度设置为 20%，六个晶闸管的相位延迟时间依次滞后 0.02 s×(60°/360°)。例如，当触发角为30°时，脉冲发生器 1 至脉

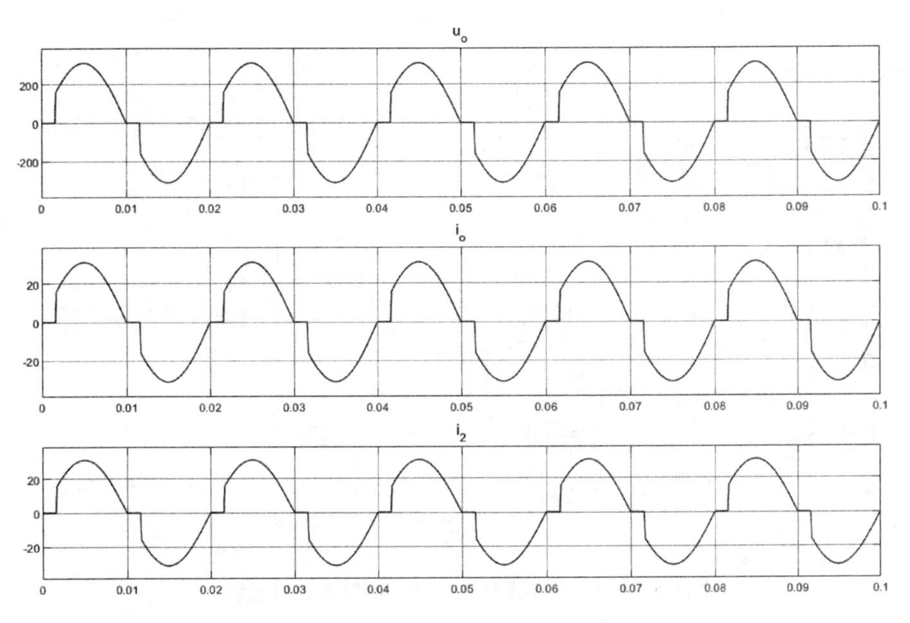

图 6-32　$\alpha=30°$时带纯电阻负载的单相相控式交流调压电路的仿真波形

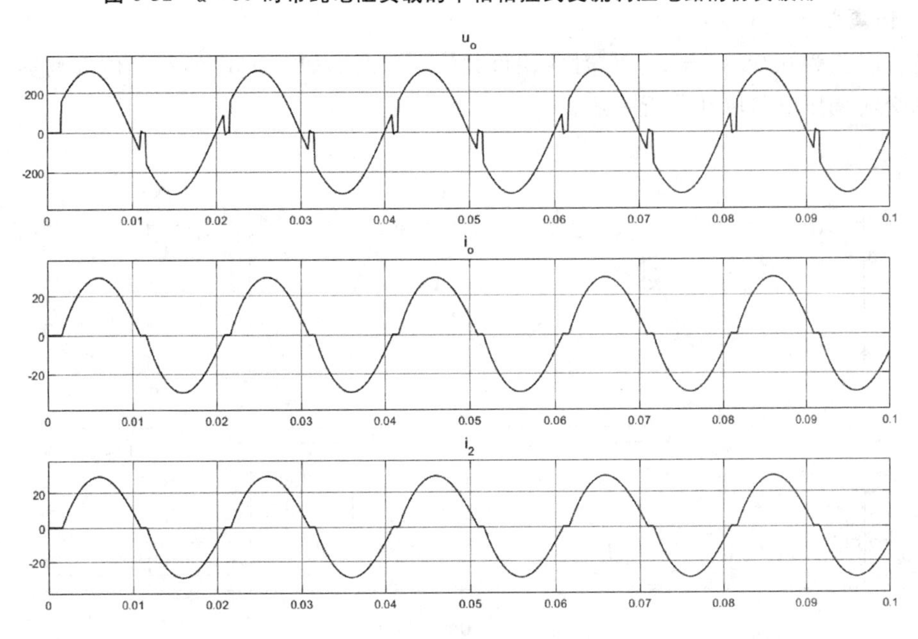

图 6-33　$\alpha=30°$时带阻感负载的单相相控式交流调压电路的仿真波形

冲发生器 3 的相位延迟时间如表 6-10 所示。脉冲发生器 4 至脉冲发生器 6 的相位延迟时间类推。为了减少连接线，本模型文件用了 Goto 模块和 From 模块。这两个模块成对出现，Goto 模块的输入信号传输至 From 模块。

表 6-10　脉冲发生器相位延迟时间设置

	脉冲发生器 1	脉冲发生器 2	脉冲发生器 3
相位延迟时间/s	0.02×(30°/360°)	0.02×(30°/360°)+0.02×(60°/360°)	0.02×(30°/360°)+0.02×(120°/360°)

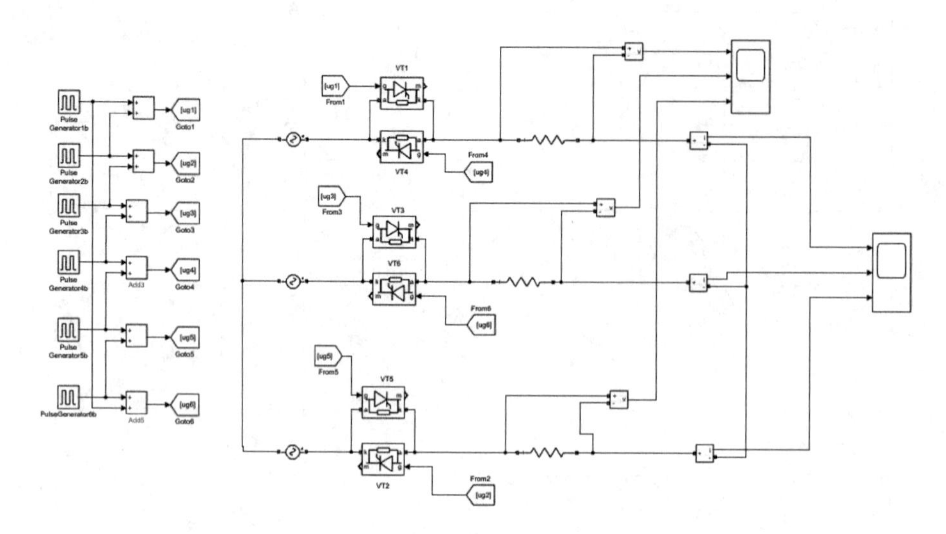

图 6-34　三相三线制交流调压电路的仿真模型

2. 仿真波形

仿真时长为 0.08 s，当 $\alpha=30°$时各相负载的电压波形如图 6-35 所示。仿真波形与三相三线制交流调压电路原理分析一致。

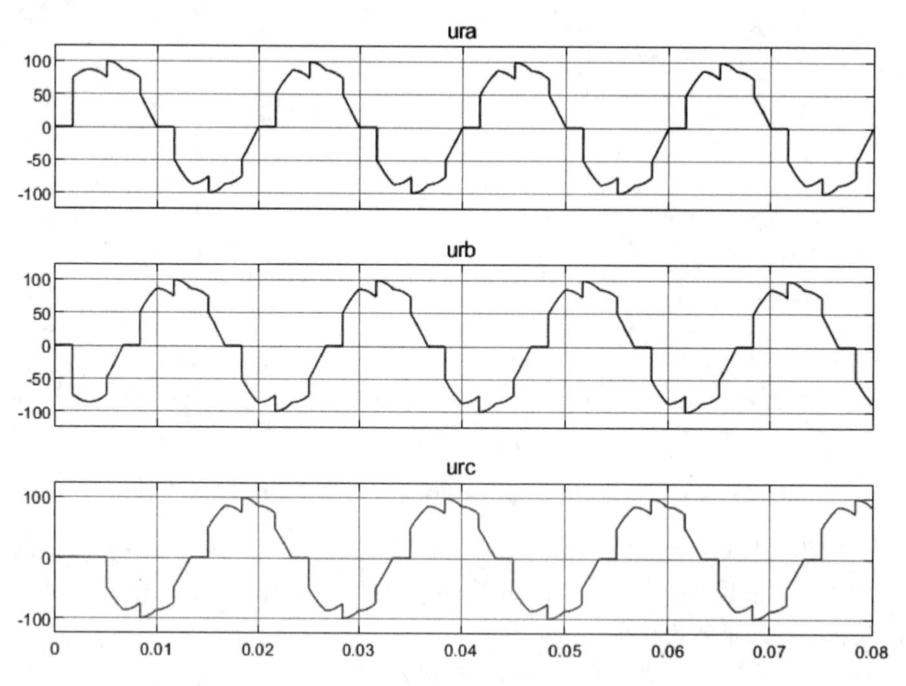

图 6-35　$\alpha=30°$三相三线制交流调压电路的仿真波形

6.7.3　斩控式交流调压电路的建模与仿真

1. 单相斩控式交流调压电路的建模与仿真

(1) 模型文件的建立。

单相斩控式交流调压电路的仿真模型如图6-36所示。与单相交流调压电路的仿真模型相比，本电路模型出现一个新的模块IGBT，提取路径为Simscape→Electrical→Specialized Power Systems→Fundamental Blocks→Power Electronics→IGBT。模型中其他模块的提取路径参考表6-9。

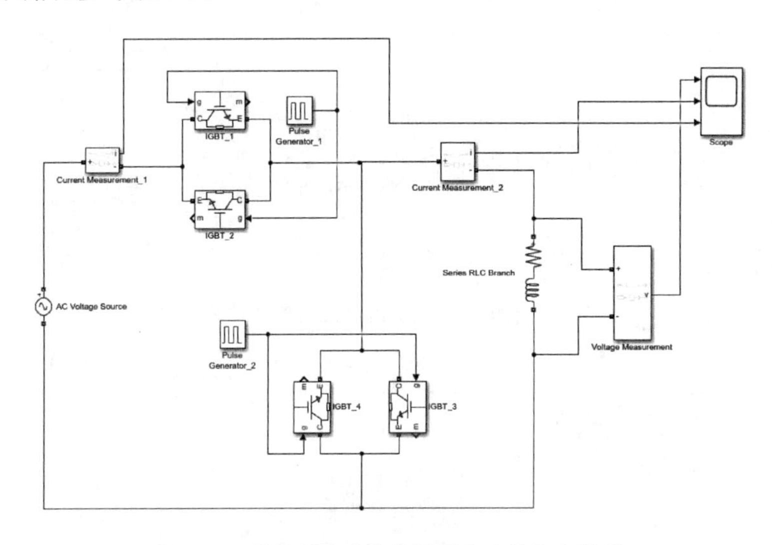

图6-36　单相斩控式交流调压电路的仿真模型

在模块中设置参数。交流电源电压的峰值设为311 V，相位设为0°，频率设为50 Hz。负载采用串联*RLC*支路模块，根据需要选择纯电阻负载或阻感负载。本模型文件中电阻设为10 Ω，电感设为10 mH。脉冲发生器1(Pulse Generator_2)同时控制开关管IGBT_1和开关管IGBT_2，实现斩波作用，具体哪个开关管导通由控制脉冲和电路中电流的方向共同决定。脉冲发生器2(Pulse Generator_1)同时控制开关管IGBT_3和开关管IGBT_4，实现电路的续流作用，具体哪个开关管导通也由控制脉冲和电路中电流的方向共同决定。两个脉冲发生器的幅值都设为1，周期设为0.0002 s，即脉冲的频率为5 kHz，脉冲宽度都设为50%。两个脉冲发生器的不同之处在于脉冲延迟时间不同，脉冲发生器1的脉冲延迟时间设为0 s，脉冲发生器2的脉冲延迟时间设为0.0001 s，即两个脉冲发生器产生的是互补的脉冲。

(2) 仿真波形。

打开仿真参数窗口，选择ode45的仿真算法，相对误差设为1×10^{-3}。仿真开始时间设为0 s，仿真停止时间设为0.02 s。仿真波形如图6-37所示。示波器3个窗口分别显示输出负载电压u_o、负载电流i_o以及电源输出电流i_2的波形。从图6-37中可以看出，负载上的电压是斩控式交流电压，负载上的电流波形接近正弦波。对电源输出的电流波形进行傅里叶变换分析，结果如图6-38所示。从电源输出电流i_2的频谱图上可以看出，i_2主要包括50

Hz 的基波和载波频率及载波倍频附近的谐波，因此谐波会很容易滤除。

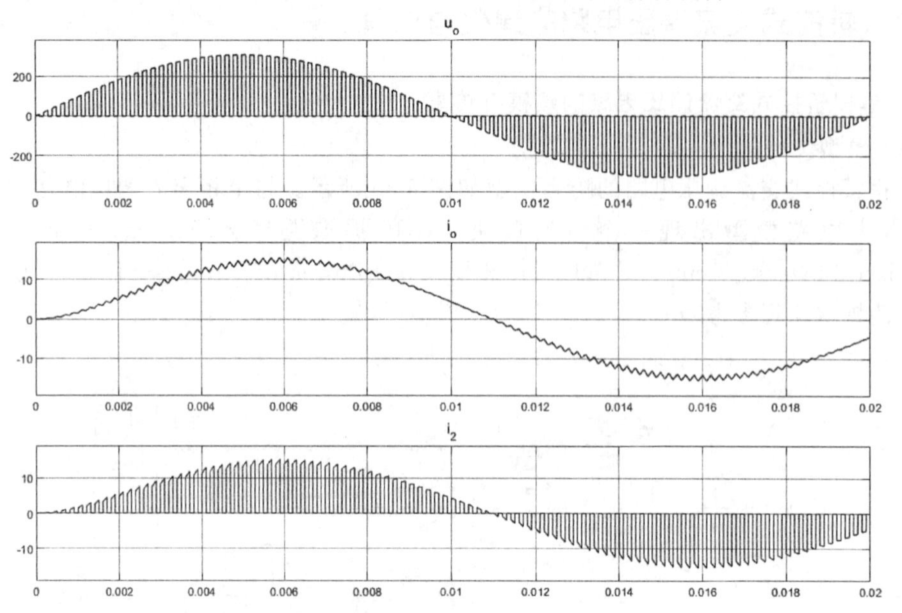

图 6-37　单相斩控式交流调压电路的仿真波形

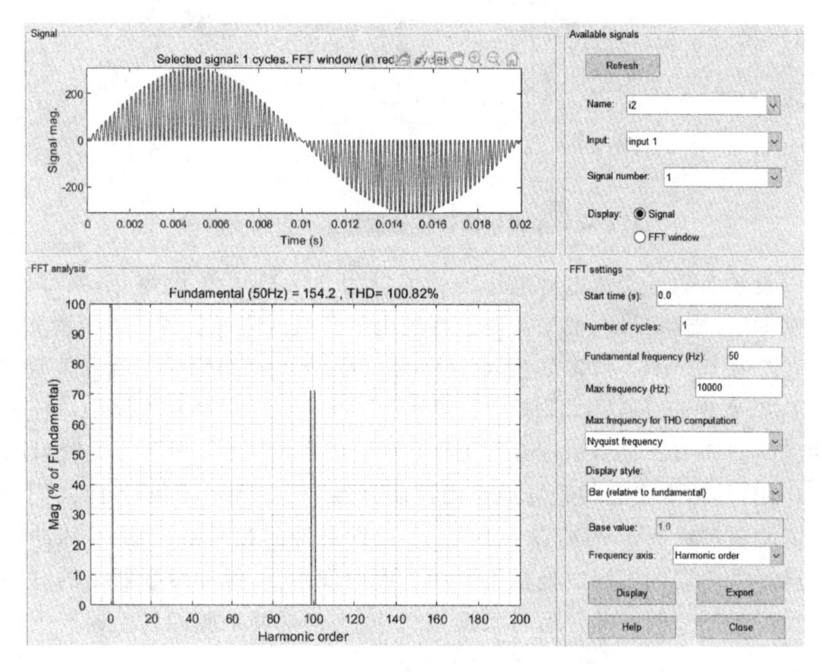

图 6-38　单相斩控式交流调压电路电源输出电流频谱图

2. 三相斩控式交流调压电路的建模与仿真

（1）模型文件的建立。

三相斩控式交流调压电路的仿真模型如图 6-39 所示，所用到的模块在前文中都有用到，这里省略模块的提取路径。在仿真文件中，三相交流电源的幅值设为 311 V，频率设为 50 Hz，相位依次滞后 120°。开关管 V_1、V_2 和 V_3 的触发脉冲都由脉冲发生器 1 产生。脉冲

发生器 1 的幅值设为 1，周期设为 0.0002 s，脉冲宽度设为 70%，相位延迟设为 0 s。开关管 V_4 的控制由脉冲发生器 1 的输出信号取反而实现。负载为采用三相对称星形接法的阻感负载，电阻设为 10 Ω，电感设为 10 mH。

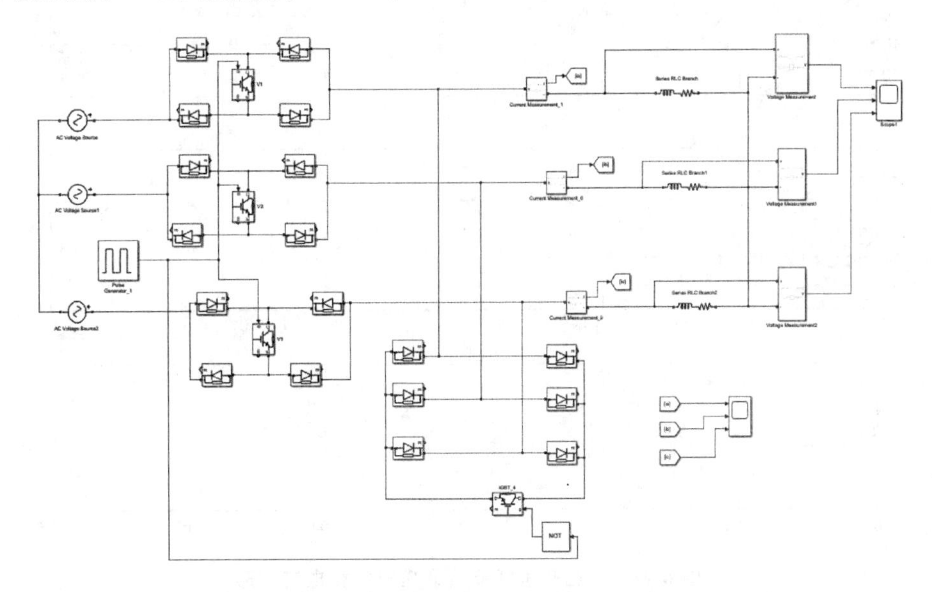

图 6-39　三相斩控式交流调压电路的仿真模型

(2) 仿真波形。

仿真时长设为 0.06 s。三相负载上的相电压波形如图 6-40 所示。三相负载上的相电流波形如图 6-41 所示。从波形图中可以看到，三相负载的线电压波形与单相斩控式交流调压电路相似，相电流波形为依次滞后 120°的正弦波。

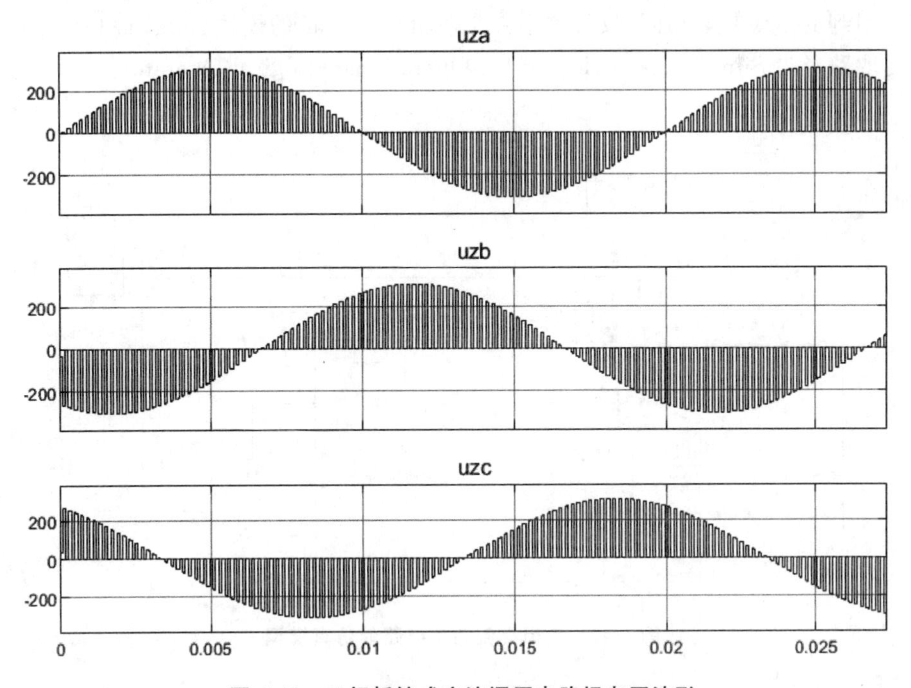

图 6-40　三相斩控式交流调压电路相电压波形

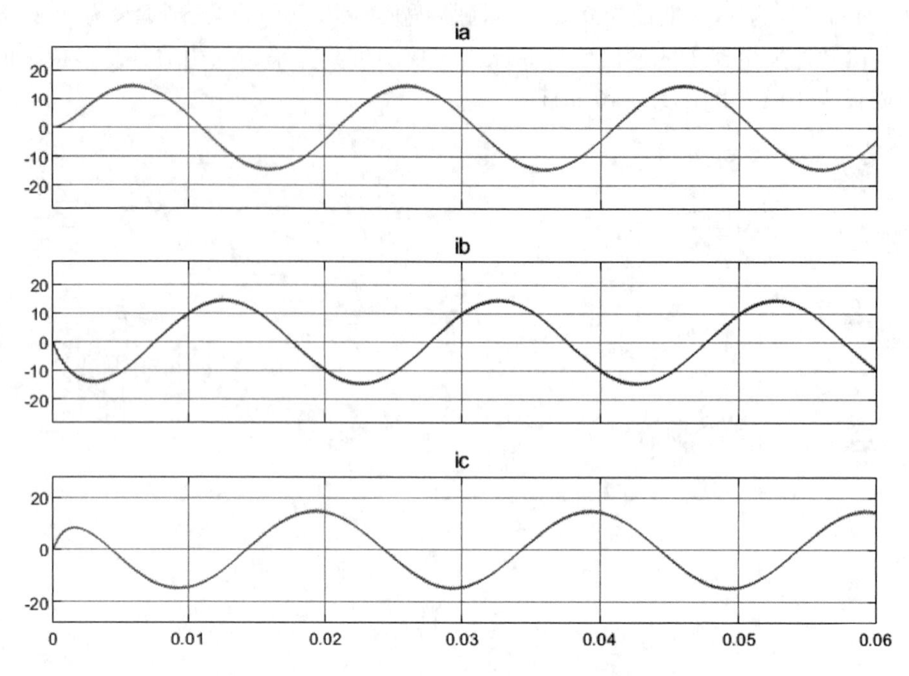

图 6-41　三相斩控式交流调压电路相电流波形

6.7.4　单相交流调功电路的建模与仿真

1. 模型文件的建立

单相交流调功电路的仿真模型如图 6-42 所示，用到的模块跟单相相控式交流调压电路仿真模型用到的模块基本相同，仅仅多了一个逻辑操作“与”的模块(Logical Operator)。该模块的提取路径为 Simulink→Logic and Bit Operations→Logical Operator。

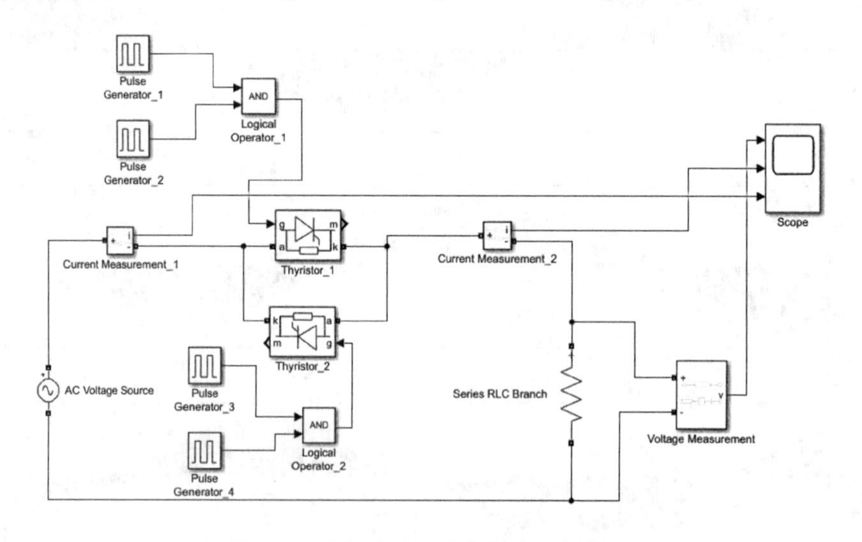

图 6-42　单相交流调功电路的仿真模型

单相交流调功电路与单相相控式交流调压电路的主电路相同，不同之处在于 2 个晶闸管的控制方式。本电路模型中，电源频率为 50 Hz，电源周期为 0.02 s。控制周期选择 5 倍的电源周期，即 0.1 s。在一个控制周期中，让电路导通 3 个周期、关断 2 个周期，也就是在一个控制周期中的前 3 个电源周期的正半周使晶闸管（Thyristor_1）导通，前 3 个电源周期的负半周使晶闸管（Thyristor_2）导通，而一个控制周期的后 2 个电源周期，2 个晶闸管都不导通。脉冲发生器 Pulse Generator_1 和脉冲发生器 Pulse Generator_2 通过一个逻辑控制“与门”来实现对晶闸管 Thyristor_1 的控制，脉冲发生器 Pulse Generator_3 和脉冲发生器 Pulse Generator_4 通过一个逻辑控制“与门”来实现对晶闸管 Thyristor_2 的控制。脉冲发生器 Pulse Generator_2 和 Pulse Generator_4 实际上用于实现对调功控制周期及导通关断控制电源周期数的控制，这 2 个脉冲发生器的幅值都设为 1，周期都设为 0.1 s，脉冲宽度都设为 60%（对应 3 个电源周期的导通时间），相位延迟时间都设为 0 s。脉冲发生器 Pulse Generator_1 和脉冲发生器 Pulse Generator_2 实现的分别是电源正半周期使晶闸管 Thyristor_1 导通，电源负半周期使晶闸管 Thyristor_2 导通，因此这 2 个脉冲发生器的幅值都设为 1，周期都设为 0.02 s，脉冲宽度都设为 30%，区别在于延迟时间，晶闸管 Thyristor_1 的延迟时间设为 0 s，晶闸管 Thyristor_2 的延迟时间设为 0.01 s。

2. 仿真波形

打开仿真参数窗口，选择 ode45 的仿真算法，相对误差设为 1×10^{-3}。仿真开始时间设为 0 s，仿真停止时间设为 0.2 s。带纯电阻负载时，电阻设为 10 Ω，仿真波形如图 6-43 所示。示波器 3 个窗口分别显示输出负载电压 u_o、负载电流 i_o 以及电源输出电流 i_2 的波形。从图 6-43 中可见，带纯电阻负载时，负载输出电压、负载上的电流以及电源输出电流的波形都相同。利用 powergui 模块中的 FFT 分析工具，对电源输出电流 i_2 进行以控制频率（10 Hz）为基准的傅里叶变换分析，结果如图 6-44 所示。从图 6-44 中可以看出，单相交流调功电路电源输出电流中包含有控制频率（10 Hz）及其倍频信号，也就是除了电源频率为 50 Hz 的信号外，还有一些比 50 Hz 频率低的低频信号。

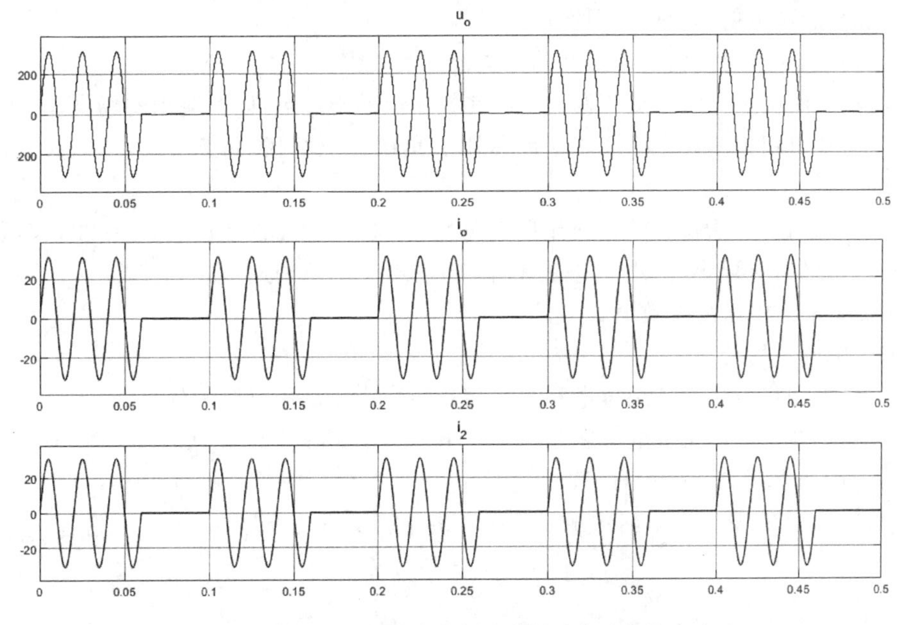

图 6-43　带纯电阻负载的单相交流调功电路的仿真波形

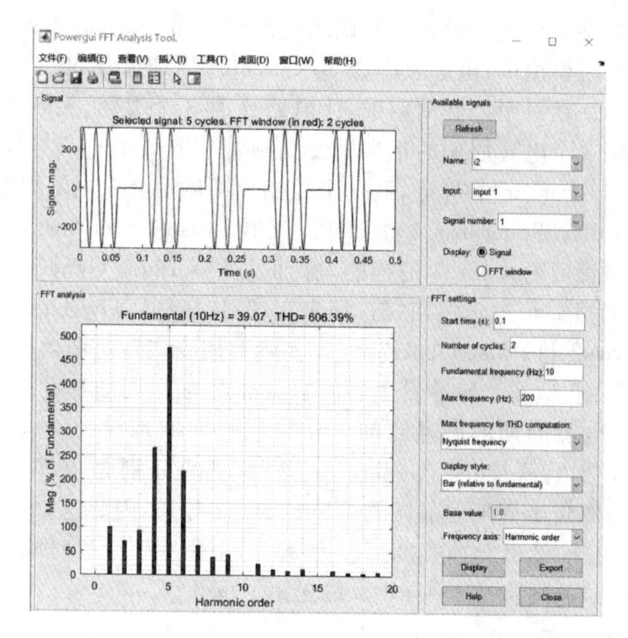

图 6-44　带纯电阻负载的单相交流调功电路电源输出电流频谱图

习　题

1. 已知某单相相控式交流调压电路带纯电阻负载，当触发角 $\alpha=30°$ 时输出功率为 P，求 $\alpha=60°$ 和 $\alpha=90°$ 时的输出功率。

2. 已知某单相相控式交流调压电路带阻感负载，电源电压的有效值为 220 V，电阻为 $R=1\ \Omega$，$L=5$ mH。求：

(1) 触发角 α 的调节范围；

(2) 最大的输出功率和功率因数；

(3) 当 $\alpha=60°$ 时交流输出电压和输出电流的有效值。

3. 比较交流调压电路和交流调功电路在控制上的不同点，以及应用的场合。

4. 已知某单相相控式交流调压电路带阻感负载，负载阻抗角为 φ，为什么触发角需要满足 $\alpha>\varphi$？

5. 在某晶闸管反并联的单相交流调功电路中，输入电压的有效值 $U_2=220$ V，负载电阻为 10 Ω，如果晶闸管导通 50 个电源周期，关断 30 个电源周期，求：

(1) 负载输出电压的有效值；

(2) 输出的平均功率。

6. 比较单相相控式交流调压电路和单相斩控式交流调压电路的优缺点。

7. 三相三线制星形负载的三相相控式交流调压电路在控制角为 $\alpha=30°$ 时，有几种工作模式？带电阻负载时，其触发角的移相范围是多少？

8. 简述单相交-交变频电路中触发角控制的余弦交点法原理。

第7章 软开关技术

现代电力电子装置的发展趋势是小型化、轻量化,同时对装置的效率和电磁兼容性也提出了更高的要求。在电力电子装置中,通常滤波电感、电容和变压器在体积和重量上占很大的比例。采取有效措施减小滤波器和变压器的体积和重量是实现电力电子装置小型化和轻量化的一种行之有效的办法。

电力电子装置中的滤波器总是针对开关频率而设计的。一般来说,滤波器的截止频率取开关频率的1/10～1/100,因此通过提高开关频率可以使滤波器的截止频率相应提高,从而可以选用较小的电感和电容,使滤波器的体积和重量得以降低。

就变压器而言,根据电机学中变压器的有关知识,在电压和铁芯截面积不变的条件下,变压器的绕组匝数与工作频率成反比,即工作频率越高,一次侧和二次侧绕组的匝数越少。绕组匝数减少了,变压器窗口面积也就小了,因此可以选用较小的铁芯。因此,提高工作频率也可以使变压器的体积和重量显著降低。

由此可见,实现电力电子装置小型化、轻量化最直接的途径是提高开关频率。但在提高开关频率的同时,开关损耗随之增加,电路效率严重下降,电磁干扰也会增大,所以简单地提高开关频率是不行的。为了解决这些问题,出现了软开关技术。软开关技术主要解决电路中的开关损耗和开关噪声问题,使开关频率可以大幅度提高。

本章首先介绍软开关的基本概念和分类,然后详细分析几种典型的软开关电路以及软开关技术的新进展,最后介绍软开关电路的MATLAB仿真。

7.1 软开关的基本概念

7.1.1 硬开关与软开关

在本书之前的章节内容中,分析电力电子电路时,首先将电路理想化,特别是将其中的开关元器件理想化,认为开关状态的转换是在瞬间完成的,忽略了开关过程对电路的影响。这样的分析方法便于理解电路的工作原理,但必须认识到,实际电路中开关过程是客观存在的,在一定条件下还可能对电路的工作产生显著影响。

在很多电路中,开关元器件是在高电压或大电流的条件下,由栅极(或基极)控制开通或关断的。开关元器件典型的开关过程如图7-1所示。在开关过程中,电压、电流均不为零,出现了电压和电流的重叠区。根据开关两端的电压和开关中流过的电流可以计算开关元器件消耗的瞬时功率为：

$$p_{\text{loss}}(t)=u_{\text{ce}}(t)\times i_{\text{c}}(t)$$

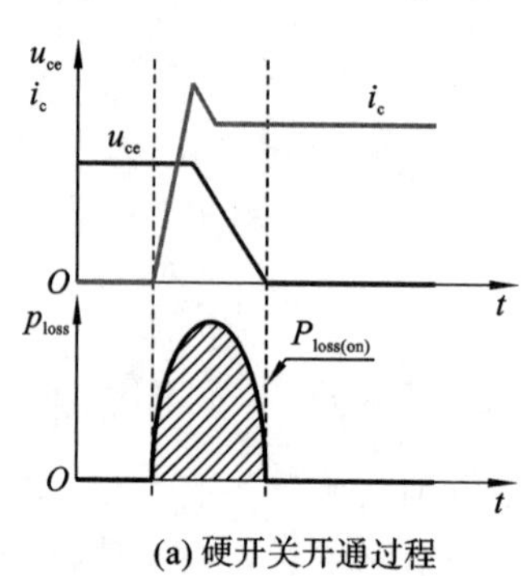

(a) 硬开关开通过程

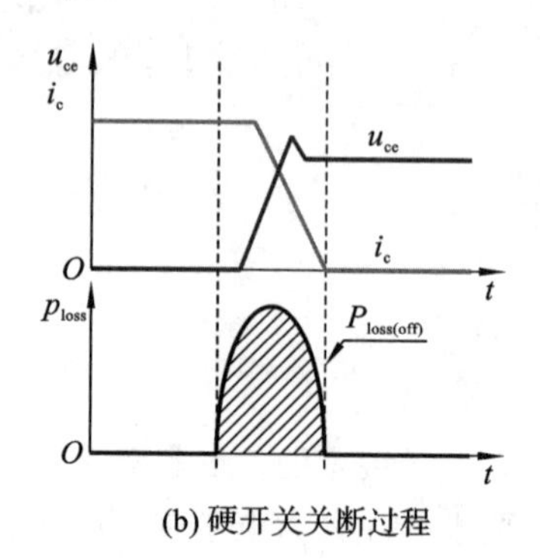

(b) 硬开关关断过程

图 7-1　硬开关电路的开关过程

开关处于通态时，i_c电流较大，但 u_{ce}很小，因此消耗的功率也较小；开关处于断态时，电压 u_{ce}很高，但电流 i_c几乎为零，因此消耗的功率也很小。然而，如图 7-1 所示，在开关状态转换的过程中，u_{ce}和 i_c都很大，因此消耗的瞬时功率比通态或断态下大成百上千倍。通常每个开关在 1 个开关周期中通断各 1 次，而与开关周期相比，开关过程持续的时间很短，因此开关过程中产生的平均损耗功率通常是通态损耗功率的几分之一到数十倍，具体的数值要视开关元器件类型、电路类型、驱动特性、电路参数等而定。

在开关过程中，不仅存在开关损耗，而且电压和电流的变化很快，波形出现明显的过冲和振荡，这导致了开关噪声的产生。以上所描述的开关过程被称为硬开关。

在硬开关过程中会产生较大的开关损耗和开关噪声。开关损耗随着开关频率的提高而增加，使电路效率下降、发热量增大、温升提高，阻碍了开关频率的提高；开关噪声给电路带来严重的电磁干扰问题，影响周边电子设备的正常工作。

通过在原来的开关电路中增加很小的电感、电容等谐振元件，构成辅助换流网络，在开关过程前后引入谐振过程，使开关在开通前电压先降为零，或在关断前电流先降为零，就可以消除开关过程中电压、电流的重叠，降低它们的变化率，从而大大减小甚至消除开关损耗和开关噪声，这样的电路称为软开关电路。软开关电路中典型的开关过程如图 7-2 所示。这样的开关过程称为软开关。

7.1.2　零电压开关与零电流开关

使开关在开通前两端电压为零，开关开通时就不会产生损耗和噪声。这种开通方式称为零电压开通。使开关在关断前电流为零，开关关断时也不会产生损耗和噪声。这种关断方式称为零电流关断。在很多情况下，不再指出开通或关断，仅称零电压开关和零电流开关。零电压开通和零电流关断主要靠电路中的谐振实现。

与开关并联的电容能延缓开关关断后电压上升的速率，从而降低关断损耗。有时称这种关断过程为零电压关断。与开关相串联的电感能延缓开关开通后电流上升的速率，从而降低开通损耗。有时称这种开通过程为零电流开通。但简单地在硬开关电路中给开关并联

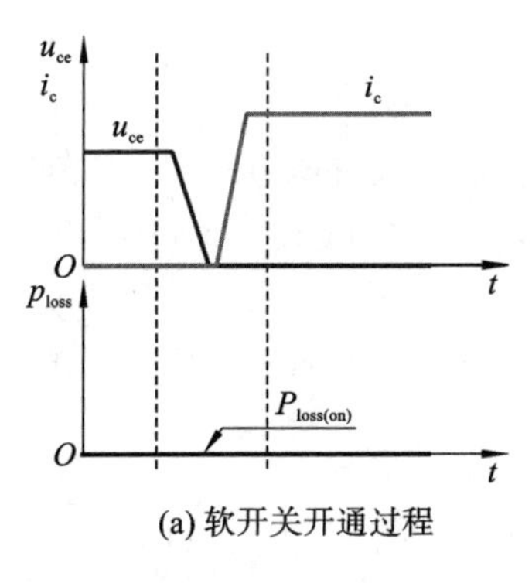

(a) 软开关开通过程

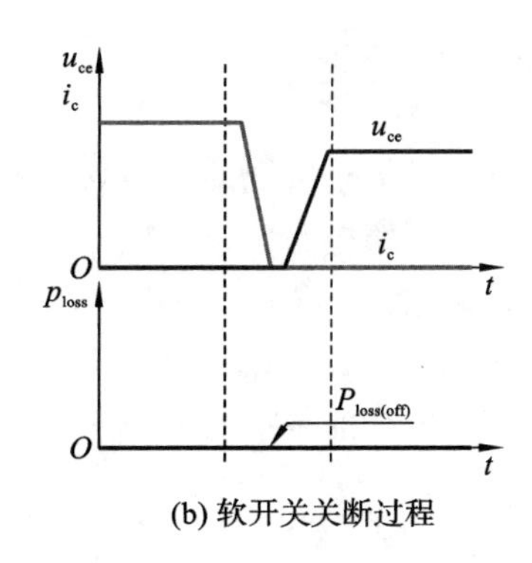

(b) 软开关关断过程

图 7-2　软开关电路的开关过程

电容(串联电感),会导致开通损耗(关断损耗)的上升,不仅不会降低开关损耗,还会带来总损耗增加、关断过电压增大等负面问题,是得不偿失的。通常,在零电压开通的开关两端并联适当的电容可以在不增加开通损耗的前提下,显著降低关断损耗,是经常采用的手段。

7.2　软开关电路的分类

软开关技术自问世以来不断发展和完善,先后出现了许多种软开关电路。直到目前,新型的软开关拓扑仍在不断出现。由于存在众多的软开关电路,而且它们各自有不同的特点和应用场合,因此对这些电路进行分类是很有必要的。

根据电路中主要的开关元件是采用零电压开通还是采用零电流关断,可以将软开关电路分成零电压电路和零电流电路两大类。通常,一种软开关电路要么属于零电压电路,要么属于零电流电路。但在有些情况下,电路中有多个开关,有些开关工作在零电压开关的条件下,而另一些开关工作在零电流开关的条件下。

根据软开关技术发展的历程,可以将软开关电路分成准谐振电路、零开关 PWM 电路和零转换 PWM 电路。

由于每一种软开关电路都可以用于降压型、升压型等不同电路,因此可以用图 7-3 中的基本开关单元来表示软开关电路,不必画出各种具体电路。实际使用时,可以从基本开关单元导出具体电路,开关和二极管的方向应根据电流的方向相应调整。

下面分别介绍上述 3 类软开关电路。

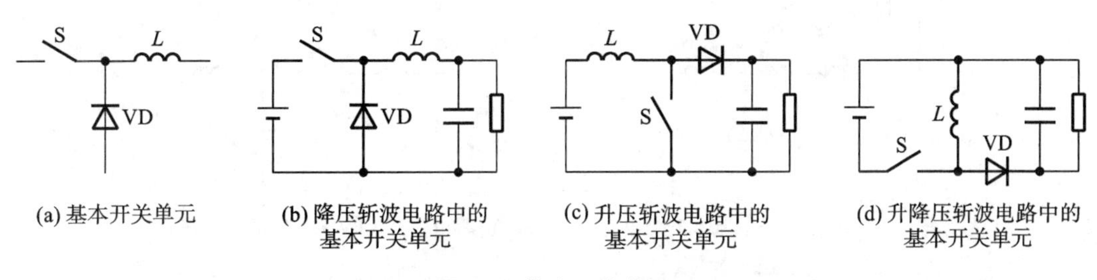

(a) 基本开关单元　(b) 降压斩波电路中的基本开关单元　(c) 升压斩波电路中的基本开关单元　(d) 升降压斩波电路中的基本开关单元

图 7-3　基本开关单元

7.2.1 准谐振电路

准谐振电路是最早出现的一类软开关电路，有些现在还在大量使用。准谐振电路可分为零电压开关准谐振电路（zero-voltage-switching quasi-resonant converter，ZVS QRC）、零电流开关准谐振电路（zero-current-switching quasi-resonant converter，ZCS QRC）、零电压开关多谐振电路（zero-voltage-switching multi-resonant converter，ZVS MRC）。图 7-4 给出了 3 种准谐振电路的基本开关单元。

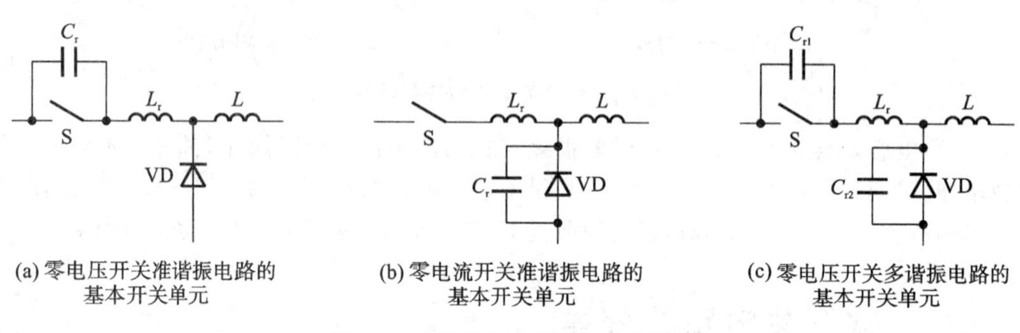

图 7-4 准谐振电路的基本开关单元

准谐振电路因电压或电流的波形为正弦半波而得名。谐振的引入使得电路的开关损耗和开关噪声都大大下降，但也带来一些负面问题：谐振电压峰值很高，要求器件耐压等级必须提高；谐振电流的有效值很大，电路中存在大量的无功功率的交换，造成电路导通损耗加大；谐振周期随输入电压、负载变化而改变，因此电路只能采用脉冲频率调制（pulse frequency modulation，PFM）控制方式来控制，变频的开关频率给电路设计带来困难。

7.2.2 零电压开关 PWM 电路和零电流开关 PWM 电路

这类电路引入辅助开关来控制谐振的开始时刻，使谐振仅发生于开关过程前后（也可理解为准谐振电路是“一步到位”，而零开关 PWM 电路则是“两步到位”）。零开关 PWM 电路可以分为零电压开关 PWM 电路（zero-voltage-switching PWM converter，简写为 ZVS PWM）和零电流开关 PWM 电路（zero-current-switching PWM converter，简写为 ZCS PWM）两种。这两种电路的基本开关单元如图 7-5 所示。

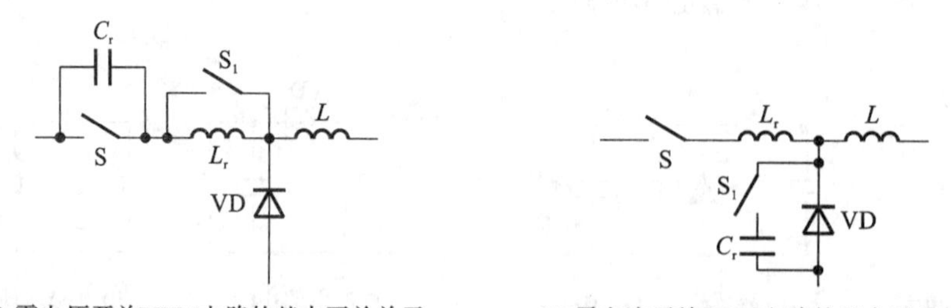

图 7-5 零电压开关 PWM 电路和零电流开关 PWM 电路的基本开关单元

同准谐振电路相比，这类电路有很多明显的优势：电压和电流基本上是方波，只是上升

沿和下降沿较缓，开关承受的电压明显降低；可以采用开关频率固定的 PWM 控制方式。移相全桥软开关电路、有源钳位正激电路等很多常用软开关电路都属于这一类。

7.2.3　零电压转换 PWM 电路和零电流转换 PWM 电路

零转换 PWM 电路仍然采用辅助开关控制谐振的开始时刻，与准谐振电路不同的是：一方面，它的谐振电路是与主开关并联的，因此输入电压和负载电流对电路谐振过程的影响很小，电路在很宽的输入电压范围内和从零负载到满载都能工作在软开关态；另一方面，电路中无功功率的交换被削减到最小，使得电路效率有了进一步的提高。零转换 PWM 电路可以分为零电压转换 PWM 电路（zero-voltage transition PWM converter，简写为 ZVT PWM）和零电流转换 PWM 电路（zero-current transition PWM converter，简写为 ZCT PWM）。

这两种电路的基本开关单元如图 7-6 所示。值得一提的是，这一类软开关电路经常被用于功率因数校正（power factor correction，PFC）装置，具体内容本书不做详细探讨。

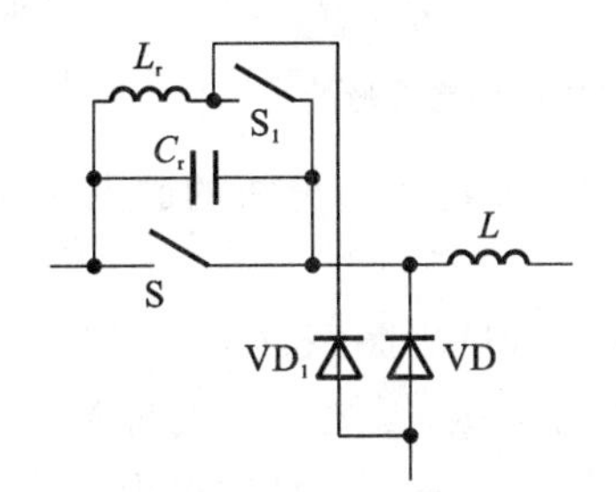

(a) 零电压转换PWM电路的基本开关单元

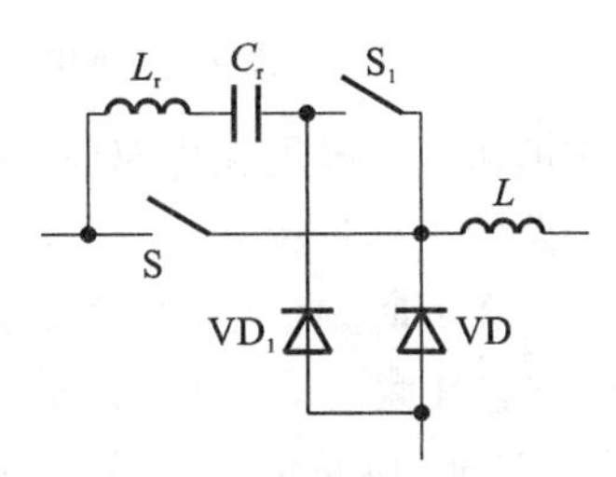

(b) 零电流转换PWM电路的基本开关单元

图 7-6　零电压转换 PWM 电路和零电流转换 PWM 电路的基本开关单元

7.3　典型的软开关电路

本节将对 4 种典型的软开关电路进行详细的分析，目的在于使读者不仅了解这些常见的软开关电路，而且能初步掌握软开关电路的分析方法。

7.3.1　零电压开关准谐振电路

零电压开关准谐振电路是一种较为早期的软开关电路，但由于结构简单，目前仍然在一些电源装置中应用。此处以降压型电路为例，分析零电压开关准谐振电路的工作原理。该电路的结构见图 7-7，电路工作时的波形见图7-8。在分析的过程中，假设电感 L 和电容 C 很大，可以分别等效为电流源和电压源，并忽略电路中的损耗。

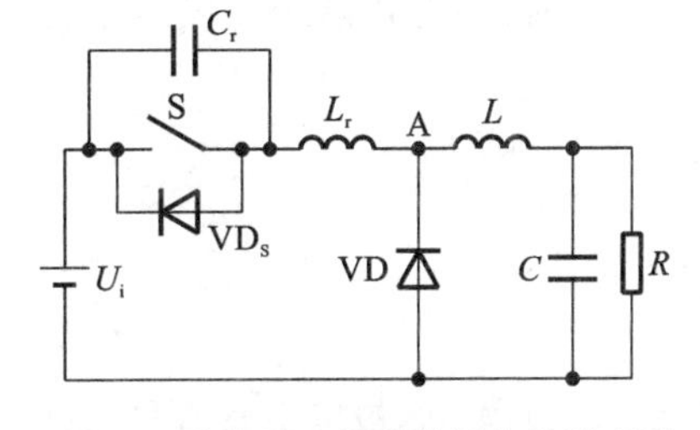

图 7-7　零电压开关准谐振电路原理图

开关电路的工作过程是按开关周期重复的，在分析时可以选择开关周期中任意时刻为分析的起点。软开关电路的开关过程较为复杂，选择合适的起点可以使分析得到简化。

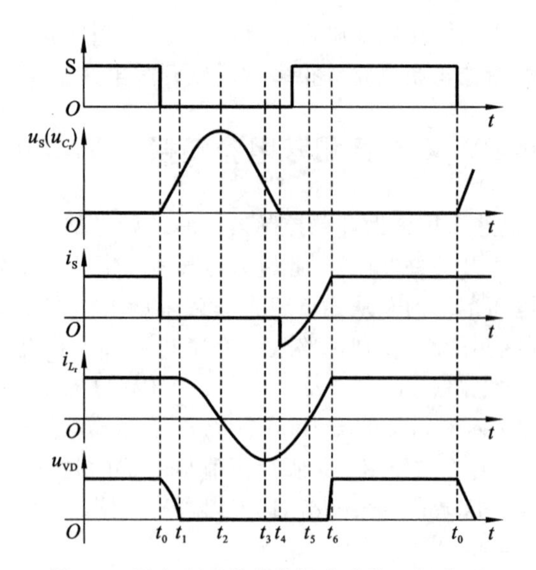

图 7-8　零电压开关准谐振电路的理想波形

在分析零电压开关准谐振电路时，选择开关 S 的关断时刻为分析的起点较为合适。下面逐段分析电路的工作过程：

$t_0 \sim t_1$时段：在 t_0时刻之前，开关 S 为通态，二极管 VD 为断态，$u_{C_r}=0$ V，$i_{L_r}=I_L$；在 t_0时刻，S 关断，与它并联的电容 C_r 使 S 关断后电压上升减缓，因此 S 的关断损耗减小。S 关断后，VD 尚未导通，电路可以等效为图 7-9。电感 L_r+L 向 C_r 充电，由于 L 很大，可以等效为电流源。

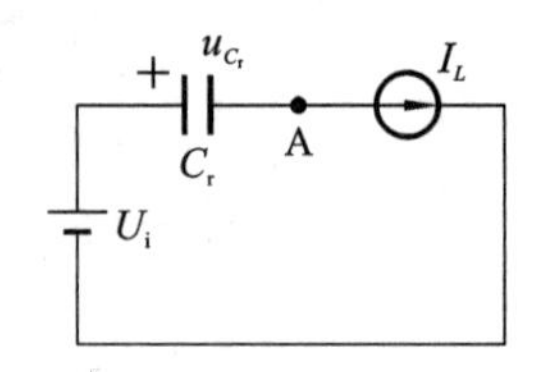

图 7-9　零电压开关准谐振电路在 $t_0 \sim t_1$时段的等效电路

u_{C_r}线性上升，同时二极管 VD 两端电压 u_{VD}逐渐下降。直到 t_1 时刻，$u_{VD}=0$ V，二极管 VD 导通。这一时段 u_{C_r} 的上升率为：

$$\frac{\mathrm{d}u_{C_r}}{\mathrm{d}t}=\frac{I_L}{C_r} \tag{7-1}$$

$t_1 \sim t_2$时段：在 t_1时刻，二极管 VD 导通，电感 L 通过 VD 续流，C_r、L_r、U_i形成谐振回路，如图 7-10 所示。在谐振过程中，L_r对 C_r充电，u_{C_r}不断上升，i_{L_r}不断下降；直到 t_2时刻，i_{L_r}下降到零，u_{C_r}达到谐振峰值。

$t_2 \sim t_3$时段：t_2时刻后，C_r向 L_r放电，i_{L_r}改变方向，u_{C_r}不断下降；直到 t_3时刻，$u_{C_r}=U_i$，这时 L_r两端电压为零，i_{L_r}达到反向谐振峰值。

$t_3 \sim t_4$时段：t_3时刻以后，L_r向 C_r反向充电，u_{C_r}继续下降；直到 t_4时刻，$u_{C_r}=0$ V。

$t_1 \sim t_4$时段：电路谐振过程的方程为：

$$\begin{cases} L_r\dfrac{\mathrm{d}i_{L_r}}{\mathrm{d}t}+u_{C_r}=U_i \\ C_r\dfrac{\mathrm{d}u_{C_r}}{\mathrm{d}t}=i_{L_r} \\ u_{C_r}\big|_{t=t_1}=U_i,\quad i_{L_r}\big|_{t=t_1}=I_L,\quad t\in[t_1,t_4] \end{cases} \tag{7-2}$$

$t_4 \sim t_5$时段：u_{C_r}被二极管 VD_S 钳位于零，L_r两端电压为 U_i，i_{L_r}线性衰减；直到 t_5时刻，$i_{L_r}=0$ A。由于在这一时段 S 两端电压为零，因此必须在这一时段使开关 S 开通，才不会产生

开通损耗。

$t_5 \sim t_6$时段：S 为通态，i_{L_r}线性上升；直到 t_6时刻，$i_{L_r}=I_L$，VD 关断。

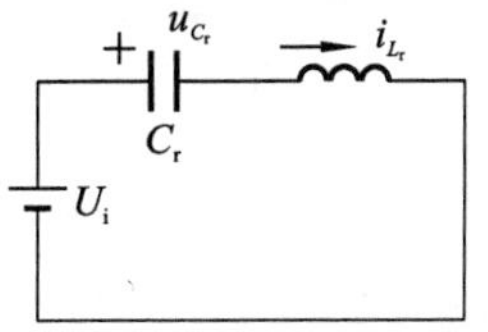

$t_4 \sim t_6$时段：电流 i_{L_r}的变化率为：

$$\frac{\mathrm{d}i_{L_r}}{\mathrm{d}t}=\frac{U_i}{L_r} \tag{7-3}$$

图 7-10　零电压开关准谐振电路在 $t_1 \sim t_2$时段的等效电路

$t_6 \sim t_0$时段：S 为通态，VD 为断态。

谐振过程是软开关电路工作过程中最重要的部分，通过对谐振过程的详细分析可以得到很多对软开关电路的分析、设计和应用具有指导意义的重要结论。下面就对零电压开关准谐振电路 $t_1 \sim t_4$时段的谐振过程进行定量分析。

通过求解式(7-2)可得 u_{C_r}(即开关 S 两端的电压 u_S) 的表达式：

$$u_{C_r}(t)=\sqrt{\frac{L_r}{C_r}}I_L\sin[\omega_r(t-t_1)]+U_i,\quad \omega_r=\frac{1}{\sqrt{L_rC_r}},\quad t\in[t_1,t_4] \tag{7-4}$$

求式(7-4)在$[t_1,t_4]$上的最大值就得到 u_{C_r}的谐振电压峰值表达式，这一谐振电压峰值就是开关 S 承受的峰值电压。

$$U_p=\sqrt{\frac{L_r}{C_r}}I_L+U_i \tag{7-5}$$

从式(7-4)可以看出，如果正弦项的幅值小于 U_i，u_{C_r}就不可能谐振到零，也就不可能实现零电压开通，因此

$$\sqrt{\frac{L_r}{C_r}}I_L \geqslant U_i \tag{7-6}$$

就是零电压开关准谐振电路实现软开关的条件。

综合式(7-5)和式(7-6)，谐振电压峰值将高于输入电压 U_i的 2 倍，开关 S 的耐压等级必须相应提高。这样做增加了电路的成本，降低了可靠性，是零电压开关准谐振电路的一大缺点。

7.3.2　移相全桥型零电压开关 PWM 电路

移相全桥型软开关电路是目前应用最广泛的软开关电路之一。它的特点是：电路结构很简单(见图 7-11)，同全桥型硬开关电路相比，并没有增加辅助开关等元器件，而仅仅增加了一个谐振电感，就使电路中四个开关器件都在零电压的条件下开通——这得益于其独特的控制方法(理想波形见图 7-12)。

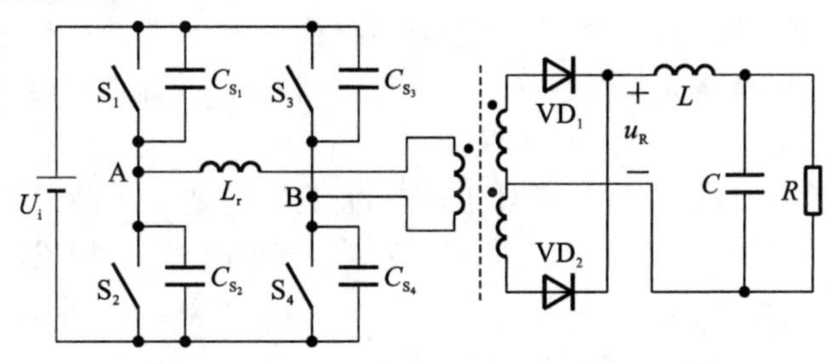

图 7-11　移相全桥型零电压开关 PWM 电路

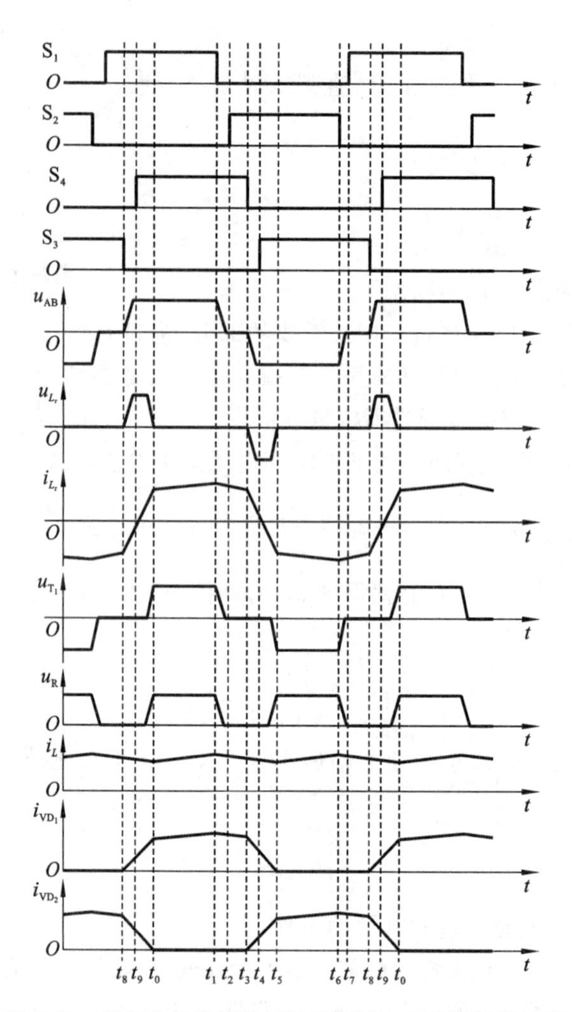

图 7-12 移相全桥型零电压开关 PWM 电路的理想波形

移相全桥型零电压开关 PWM 电路的控制方式有以下几个特点：

(1) 在一个开关周期 T_S内，每一个开关处于通态和断态的时间是固定不变的，导通的时间略小于 $T_S/2$，而关断的时间略大于 $T_S/2$。

(2) 在同一个半桥中，上下两个开关不能同时处于通态，每一个开关关断到另个开关开通都要经过一定的死区时间。

(3) 比较互为对角的两对开关 S_1、S_4和 S_2、S_3的开关函数的波形发现，S_1的波形比 S_4超前，S_2的波形比 S_3超前，因此称 S_1和 S_2为超前桥臂，称 S_3和 S_4为滞后桥臂。

下面按时间段分析电路的工作过程。在分析中，假设开关器件都是理想的，并忽略电路中的损耗。

$t_0 \sim t_1$时段：在这一时段，S_1与 S_4都处于通态，直到 t_1时刻 S_1关断。

$t_1 \sim t_2$时段：在 t_1时刻，开关 S_1关断，电容 C_{S_1}、C_{S_2}与电感 L_r、L 构成谐振回路，如图 7-13 所示。谐振开始时，$u_A(t_1)=U_i$。在谐振过程中，u_A不断下降。直到 $u_A=0$ V，VD_{S_2}（开关 S_2的反并联二极管）导通，电流 i_{L_r}通过 VD_{S_2}续流。

$t_2 \sim t_3$时段：在 t_2时刻，开关 S_2开通。由于此时与开关 S_2 反并联的二极管 VD_{S_2}正处于

导通状态，因此 S_2 开通时电压为零，开通过程中不会产生开关损耗，S_2 开通电路状态也不会改变，继续保持到 t_3 时刻 S_4 关断。

$t_3 \sim t_4$ 时段：在 t_3 时刻，开关 S_4 关断，电路的状态变为图 7-14。这时变压器二次侧整流二极管 VD_1 和 VD_2 同时导通，变压器一次侧和二次侧电压均为零，相当于短路。因此，变压器一次侧 C_{S_3}、C_{S_4} 与 L_r 构成谐振回路。在谐振过程中，谐振电感 L_r 的电流不断减小，B 点电压不断上升，直到 S_3 的反并联二极管 VD_{S_3} 导通。这种状态维持到 t_4 时刻 S_3 开通。S_3 开通时，VD_{S_3} 导通，因此 S_3 是在零电压的条件下开通，开通损耗为零。

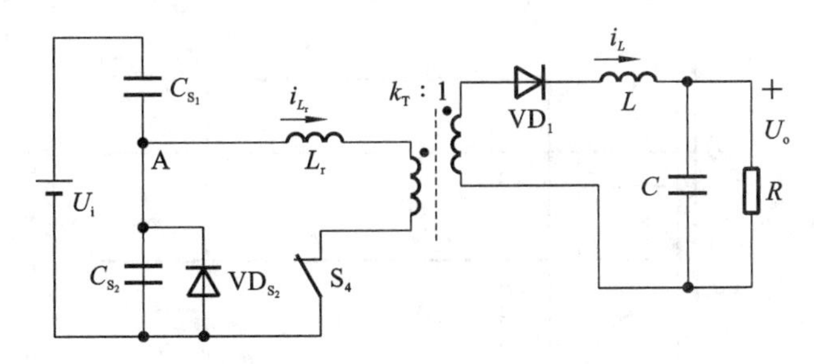

图 7-13　移相全桥型零电压开关 PWM 电路在 $t_1 \sim t_2$ 时段的等效电路

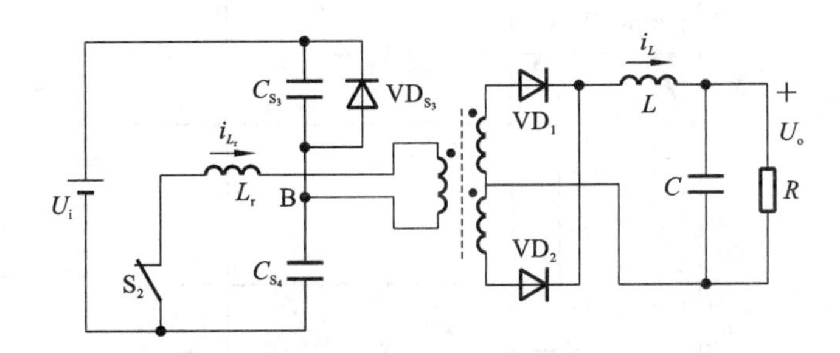

图 7-14　移相全桥型零电压开关 PWM 电路在 $t_3 \sim t_4$ 时段的等效电路

$t_4 \sim t_5$ 时段：S_3 开通后，谐振电感 L_r 的电流继续减小。电感电流 i_{L_r} 下降到零后，便反向，不断增大，直到 t_5 时刻 $i_{L_r} = -I_L/k_T$，变压器二次侧整流管 VD_1 因电流下降到零而关断，电流全部转移到二极管 VD_2 中。

$t_0 \sim t_5$ 时段正好是开关周期的一半，而在另一半开关周期 $t_5 \sim t_0$ 时段中，电路的工作过程与 $t_0 \sim t_5$ 时段完全对称，不再叙述。

7.3.3　零电压转换 PWM 电路

零电压转换 PWM 电路是另一种常用的软开关电路，具有结构简单、效率高等优点，广泛用于功率因数校正（PFC）电路、DC-DC 变换器、斩波器等中。由于该电路在升压型 PFC 电路中广泛应用，本节以升压型电路为例介绍这种软开关电路的工作原理。

升压型零电压转换 PWM 电路的原理见图 7-15，理想波形见图 7-16。

分析时，假设电感 L 很大，因此可以忽略图 7-15 所示电流的波动；电容 C 也很大，故输出电压的波动也可以忽略。在分析中还忽略了元器件与线路中的损耗。

从图 7-16 中可以看出，在升压型零电压转换 PWM 电路中，辅助开关 S_1 超前于主开关 S 开通，而 S 开通后 S_1 就关断了。主要的谐振过程都集中在 S 开通前后。下面分阶段介绍

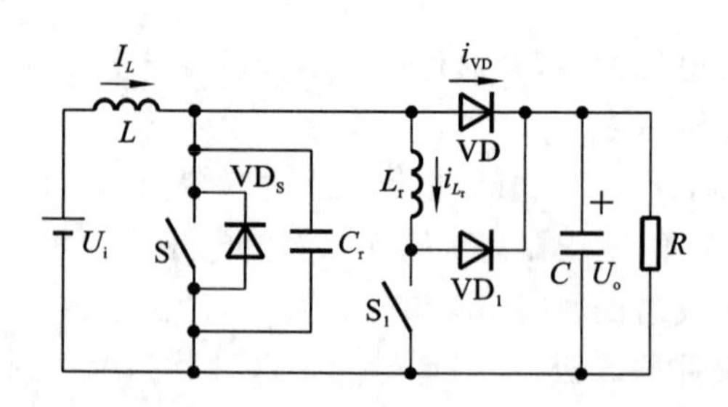

图 7-15　升压型零电压转换 PWM 电路的原理图

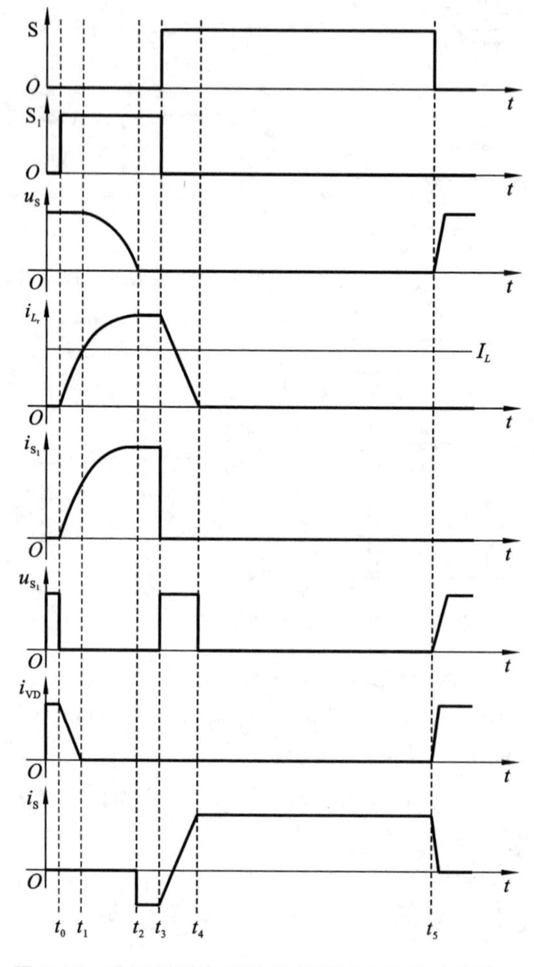

图 7-16　升压型零电压转换 PWM 电路的理想波形

电路的工作过程。

$t_0\sim t_1$ 时段：辅助开关 S_1 先于主开关 S 开通，由于此时二极管 VD 尚处于通态，因此电感 L 两端的电压为 U_o。电流 i_{L_r} 按线性迅速增长，二极管 VD 中的电流以同样的速率下降。直到 t_1 时刻，$i_{L_r}=I_L$，二极管 VD 中电流下降到零，二极管自然关断。

$t_1\sim t_2$ 时段：此时电路可以等效为图 7-17。L_r 与 C_r 构成谐振回路，由于电感 L 很大，谐振过程中电感 L 上的电流基本不变，对谐振的影响很小，可以忽略。

谐振过程中 L_r 的电流增加而 C_r 的电压 u_{C_r} 下降，到 t_2 时刻 u_{C_r} 刚好降到零，开关 S 的反

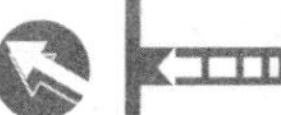

并联二极管 VD_S 导通，u_{C_r} 被钳位于零，而电流 i_{L_r} 保持不变。

$t_2 \sim t_3$ 时段：u_{C_r} 被钳位于零，而电流 i_{L_r} 保持不变，这种状态一直保持到了 t_3 时刻 S 开通、S_1 关断。

$t_3 \sim t_4$ 时段：到 t_3 时刻 S 开通时，S 两端的电压为零，因此没有开关损耗。

S 开通的同时 S_1 关断，L_r 中的能量通过 VD_1 向负载侧输送，i_{L_r} 线性下降，而主开关 S 中的电流线性上升。到 t_4 时刻 $i_{L_r}=0$ A，VD_1 关断，主开关 S 中的电流 $i_S = I_L$，电路进入正常导通状态。

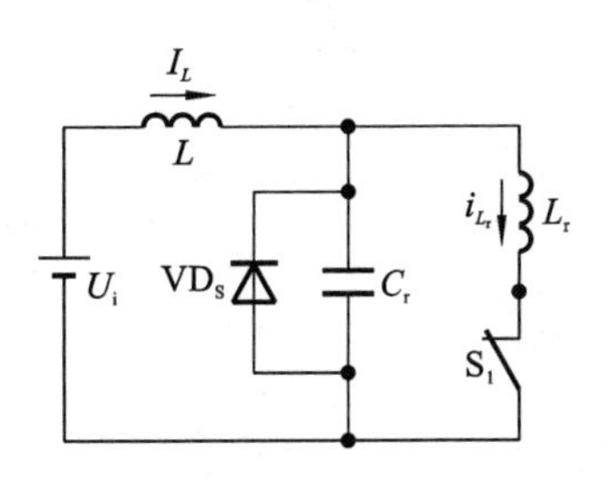

图 7-17　升压型零电压转换 PWM 电路在 $t_1 \sim t_2$ 时段的等效电路

$t_4 \sim t_5$ 时段：到 t_5 时刻，S 关断。由于 C_r 的存在，S 关断时的电压上升率受到限制，降低了 S 的关断损耗。

7.3.4　谐振直流环电路

谐振直流环电路是适用于变频器的一种软开关电路。以这种电路为基础，出现了不少性能更好的用于变频器的软开关电路，对这一基本电路的分析将有助于理解各种导出电路的原理。

各种交流-直流-交流变换电路中都存在中间直流环节(DC-link)。谐振直流环电路通过在直流环节中引入谐振，使电路中的整流或逆变环节工作在软开关的条件下。图 7-18 所示为用于电压型逆变电路的谐振直流环电路。它用一个辅助开关 S 就可以使逆变桥中所有的开关工作在零电压开通的条件下。值得注意的是，这一电路图仅用于原理分析，实际电路中连开关 S 也不需要，S 的开关动作可以用逆变电路中开关的导通与关断来代替。

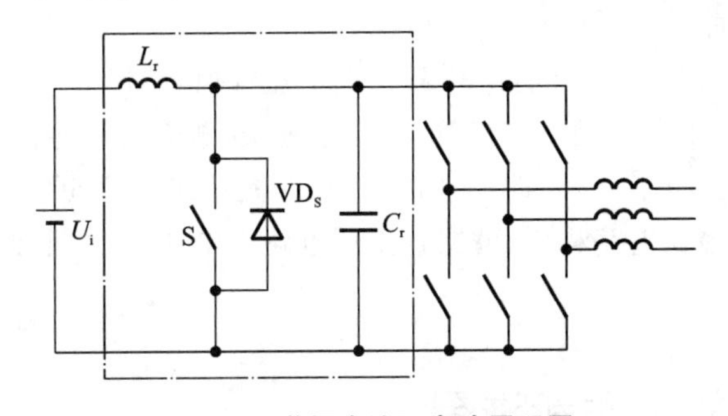

图 7-18　谐振直流环电路原理图

由于电压型逆变电路的负载通常为感性负载，而且在谐振过程中逆变电路的开关状态是不变的，因此在分析时可以将电路等效为图 7-19，其理想波形如图 7-20 所示。由于同谐振过程相比，感性负载的电流变化非常缓慢，因此可以将负载电流视为常量。在分析中忽略电路中的损耗。

下面结合图 7-20，以开关 S 关断时刻为起点，分阶段分析电路的工作过程。

$t_0 \sim t_1$ 时段：在 t_0 时刻之前，电感 L_r 的电流大于负载电流，开关 S 处于通态；到 t_0 时刻，S 关断，电路发生谐振。因为 $i_{L_r} > I_L$，因此 L_r 对 C_r 充电，u_{C_r} 不断升高，直到 t_1 时刻，$u_{C_r} = U_i$。

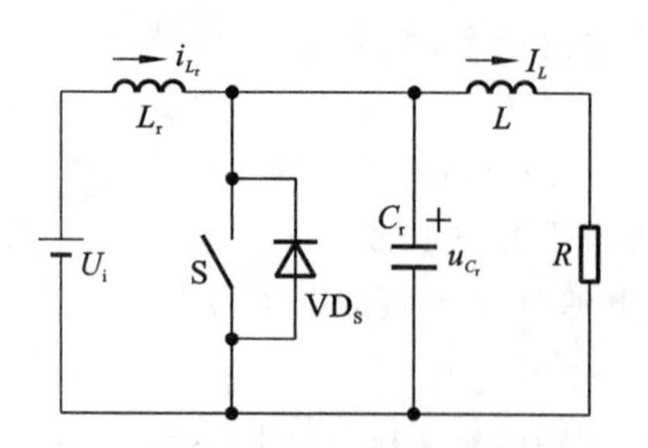

图 7-19　谐振直流环电路的等效图

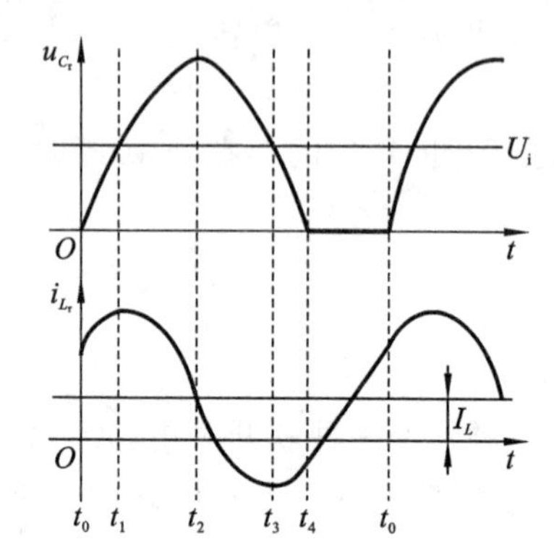

图 7-20　谐振直流环电路的理想波形

$t_1 \sim t_2$时段：在 t_1时刻，由于 $u_{C_r}=U_i$，L_r两端电压差为零，因此谐振电流达到峰值。t_1时刻以后，L_r 继续向 C_r充电，u_{L_r}不断减小，而 u_{C_r}进一步升高，直到 t_2时刻 $i_{L_r}=I_L$，u_{C_r}达到谐振峰值。

$t_2 \sim t_3$时段：t_2时刻以后，u_{C_r}向 L_r和 L 放电，i_{L_r}继续降低，到零后反向，C_r继续向 L_r放电，i_{L_r}反向增加，直到 t_3 时刻 $u_{C_r}=U_i$。

$t_3 \sim t_4$时段：在 t_3时刻，$u_{C_r}=U_i$，i_{L_r}达到反向谐振峰值，然后 i_{L_r}开始衰减，u_{C_r}继续下降，直到 t_4时刻，$u_{C_r}=0$ V，S 的反并联二极管 VD_S 导通，u_{C_r}被钳位于零。

$t_4 \sim t_0$时段：S 导通，电流 i_{L_r}线性上升，直到 t_0 时刻，S 再次关断。

同零电压开关准谐振电路相似，谐振直流环电路中电压 u_{C_r}的谐振峰值很高，提高了对开关器件耐压的要求。

7.4　软开关技术新进展

软开关技术的发展因受到其应用领域对电源装置不断提出的技术要求而被推动，特别是以计算机产业等为代表的 IT 行业，对效率和体积的要求达到了近乎苛刻的地步。为了顺应这一需求，软开关技术出现了以下三个重要的发展趋势：

(1) 软开关电路拓扑的数量仍在不断增加，软开关技术的应用越来越普遍。

(2) 在开关频率接近甚至超过 1 MHz、对效率要求又很高的场合，曾经被遗忘的谐振电路又重新得到应用，并且表现出很好的性能。

(3) 采用几个简单、高效的开关电路，通过级联、并联和串联构成组合电路，替代原来的

单一电路成为一种趋势。在不少应用场合，组合电路的性能相比单一电路显著提高。

7.5　典型软开关电路的 MATLAB 仿真

为了验证本章中典型软开关电路的有效性，以零电压开关准谐振电路及移相全桥型零电压开关 PWM 电路为例，搭建了相应的 MATLAB/Simulink 仿真模型。

7.5.1　零电压开关准谐振电路的建模与仿真

1. 模型文件的建立

零电压开关准谐振电路的仿真模型如图 7-21 所示，所用模块的提取途径如表 7-1 所示。

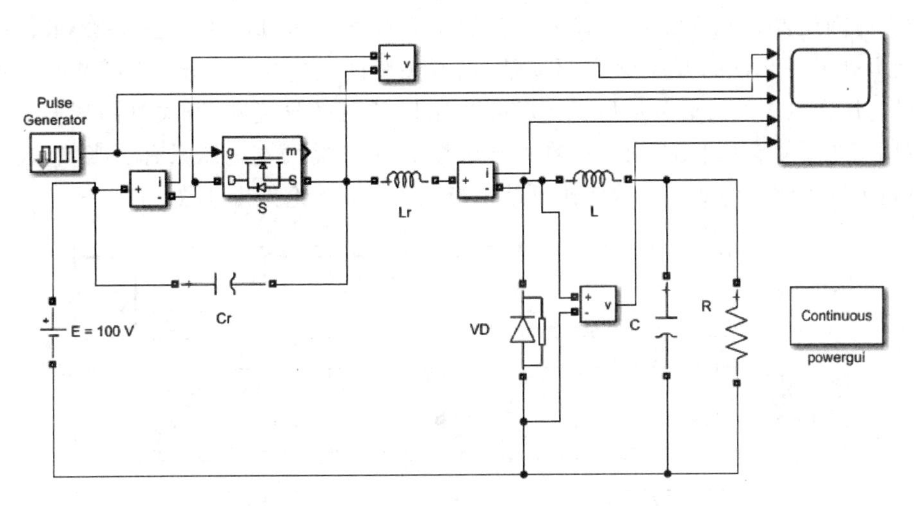

图 7-21　零电压开关准谐振电路的仿真模型

表 7-1　零电压开关准谐振电路仿真模型所用模块的提取路径

模块名	提取路径
直流侧电压 E	Simscape→Power Systems→Specialized Technology→Fundamental Blocks→Electrical Sources→DC Voltage Source
脉冲发生器（Pulse Generator）	Simulink→Sources→Pulse Generator
电流传感器（Current Measurement）	Simscape→Power Systems→Specialized Technology→Fundamental Blocks→Measurement→Current Measurement
电压传感器（Voltage Measurement）	Simscape→Power Systems→Specialized Technology→Fundamental Blocks→Measurement→ Voltage Measurement
场效应晶体管（Mosfet）	Simscape→Power Systems→Specialized Technology→Fundamental Blocks→Power Electronics→Mosfet

续表

模块名	提取路径
电感(L_r、L)、电容(C_r、C)、电阻(R)	Simscape→Power Systems→Specialized Technology→Fundamental Blocks→Elements→Series RLC Branch
示波器(Scope)	Simulink→Sinks→Scope

在模块中设置参数。输入直流电压 E 设为 100 V,采样周期设为 10 μs,脉冲发生器 Pulse Generator 占空比设为 0.6,谐振电容 C_r 设为 0.25 μF,谐振电感 L_r 设为 2 μH,滤波电感 L 设为 0.1 mH,滤波电容 C 设为 20 μF,负载 R 设为 1 Ω。开关管 MOSFET 支路电压及电流、脉冲发生器电压、谐振电感支路电流以及二极管反向电压均通过示波器 Scope 连接输出,以方便观察波形情况。

2. 仿真运行与波形输出

仿真时间设置为 0.002 s,选择 ode45 的仿真算法。仿真波形如图 7-22 示。示波器 Scope 上从上往下依次为开关管 S 驱动信号、开关管两端电压和电流、流过谐振电感的电流、二极管反向电压的波形。从仿真波形可以看出,在开关导通前,开关管两端电压已经为 0 V,说明实现了零电压开关。此外,在谐振过程中,开关管两端电压只有正半轴,且谐振电压峰值高于输入电压的 2 倍。这些仿真结果与 7.3.1 节理论分析一致。

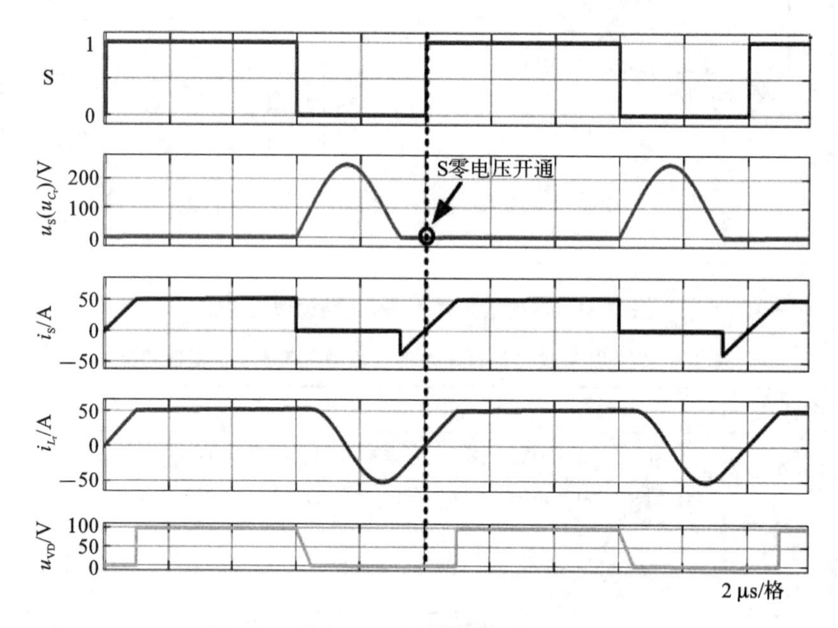

图 7-22　零电压开关准谐振电路的仿真波形

7.5.2　移相全桥型零电压开关 PWM 电路的建模与仿真

1. 模型文件的建立

移相全桥型零电压开关 PWM 电路的仿真模型如图 7-23 所示,所用模块的提取途径如表 7-2 所示。

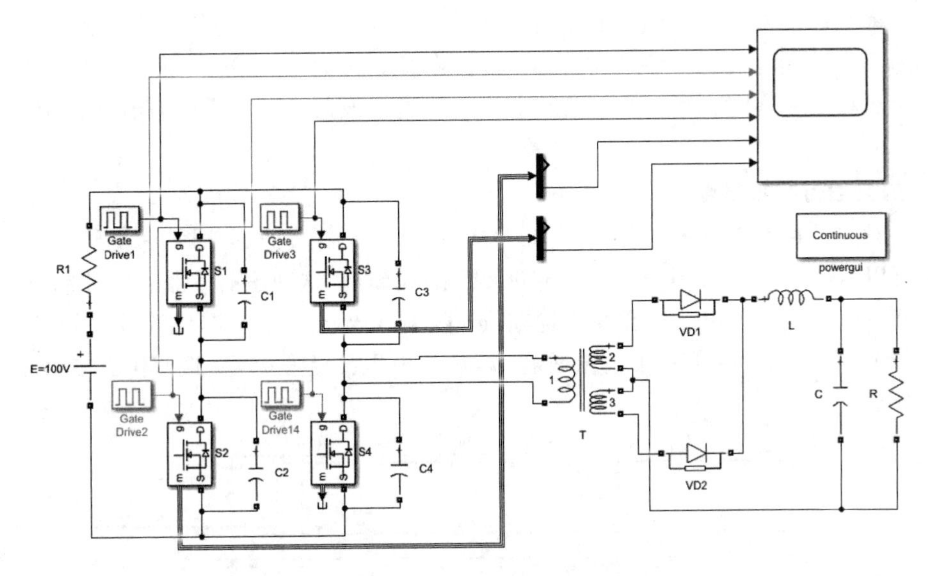

图 7-23　移相全桥型零电压开关 PWM 电路的仿真模型

表 7-2　移相全桥型零电压开关 PWM 电路仿真模型所用模块的提取路径

模块名	提取路径
直流侧电压 E	Simscape→Power Systems→Specialized Technology→Fundamental Blocks→Electrical Sources→DC Voltage Source
脉冲发生器（Pulse Generator）	Simulink→Sources→Pulse Generator
场效应晶体管（Mosfet）	Simscape→Power Systems→Specialized Technology→Fundamental Blocks→Power Electronics→Mosfet
二极管（VD）	Simscape→Power Systems→Specialized Technology→Fundamental Blocks→Power Electronics→Diode
三绕组线性变压器（Linear Transformer）	Simscape→Power Systems→Specialized Technology→Fundamental Blocks→Elements→Linear Transformer
电感（L）、电容（C）、电阻（R）	Simscape→Power Systems→Specialized Technology→Fundamental Blocks→Elements→Series RLC Branch
示波器（Scope）	Simulink→Sinks→Scope

在模块中设置参数。输入直流电压 E 设为 100 V；输入电阻 R_1 设为 0.01 Ω；开关频率设为 20 kHz；四个脉冲发生器 Pulse Generator（仿真模型中用 Pulse Driver 1/2/3/4 表示）占空比均设为 47%，延迟时间分别设为 0 μs、25 μs、30 μs、5 μs；谐振电容 C_1～C_4 设为 0.1 μF；谐振电感（变压器原边漏感）L_r 设为 12.732 μH；变压器原边绕组电压设为 200 V，变压

器额定功率等级设为500 V·A，工作频率设为20 kHz，变压器副边第1绕组和第2绕组电压均设为100 V；滤波电感 L 为0.05 mH，滤波电容 C 设为100 μF，负载 R 设为0.4 Ω。四个开关管驱动信号、开关管 S_2 和 S_3 两端电压均通过示波器Scope连接输出，以方便观察波形情况。

2. 仿真运行与波形输出

仿真时间设置为0.002 s，选择ode45的仿真算法。仿真波形如图7-24所示。从仿真波形中可以看出，S_1 的波形比 S_4 超前，S_2 的波形比 S_3 超前，这种超前或滞后的控制方法能实现全桥型零电压开关。在开关管 S_2 导通前，u_{S_2} 两端电压已经为0 V，说明开关管 S_2 实现了零电压开关。类似地，在开关管 S_3 导通前，u_{S_3} 两端电压已经为0 V。这些仿真结果与7.3.2节理论分析一致。

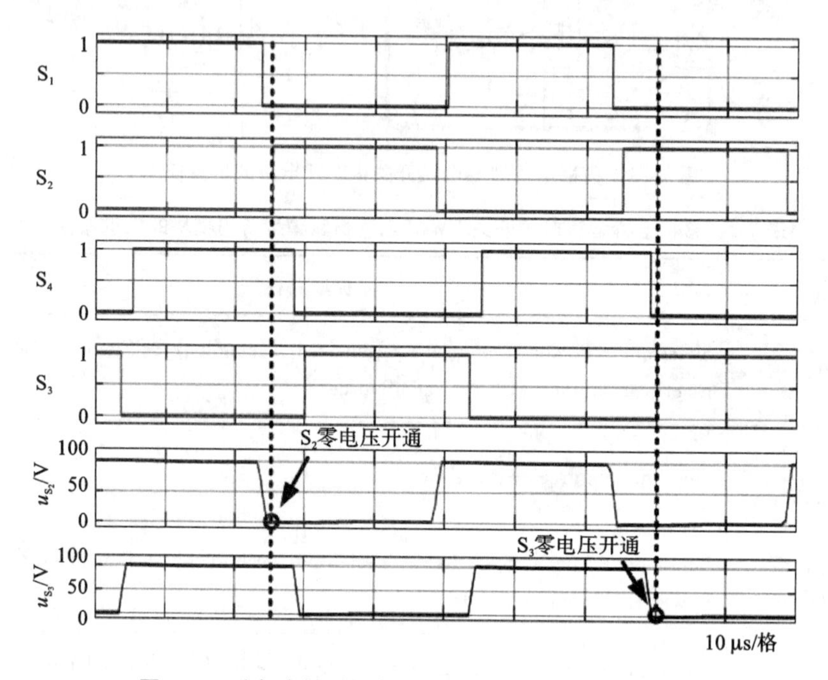

图7-24　移相全桥型零电压开关PWM电路的仿真结果

习　　题

1. 软开关电路可以分为哪几类？其典型拓扑分别是什么样子的？各有什么特点？

2. 在移相全桥型零电压开关PWM电路中，如果没有谐振电感 L_r，电路的工作状态将发生哪些变化？哪些开关仍是软开关？哪些开关为硬开关？

第8章　电力电子电路的设计

8.1　高效数控恒流源

高效数控恒流源是工业中常用的检测设备之一。本节采用电压型 PWM 控制芯片 UC3525 与内置 12 位 A/D 转换器的高性能低功耗单片机 MSP430F149 组成系统，恒流源要求在输入 DC 15 V(12～18 V)及带电阻负载的条件下，达到以下功能指标。

(1) 输出电流可调范围为 200～2000 mA，最大输出电压为 DC 10 V；

(2) 当输入电压从 12 V 变到 18 V 时，电流调整率 $S_I \leqslant 4\%$(在输出电流为 1000 mA，负载为 5 Ω 的条件下测试)；

(3) 改变负载电阻，输出电压在 10 V 以内变化时，负载调整率 $S_R \leqslant 4\%$(在输入电压为 15 V，输出电流为 1000 mA，负载为 1～5 Ω 的条件下测试)；

(4) 输出噪声纹波电流≤30 mA(输入电压为 15 V，输出电流为 2000 mA，输出电压为 10 V)；

(5) 整机效率 $\eta \geqslant 70\%$(输入电压为 15 V，输出电流为 2000 mA，输出电压为 10 V)；

(6) 具有过电压保护功能，动作电压 $U_{o(th)} = (11 \pm 0.5)$ V。

8.1.1　设计方案

1. 隔离型电源变换器的选择

(1) 方案一：利用反激式变压器进行隔离变换，将输入和输出隔离开。

优点：电路简单，能高效提供多路直流输出，转换效率高，损失小，输入电压在很大的范围内波动时仍可有较稳定的输出。

缺点：输出电压中存在较大的纹波，负载调整精度不高，因此输出功率受到限制。

(2) 方案二：利用降压型电路进行输入地和输出地的隔离。

优点：将输入的地和输出的地隔离开，输入和输出电压可调范围比较宽。

缺点：电路元器件比较多，焊接比较复杂。

综合考虑，本系统选择方案二。

2. PWM 控制芯片的选择

(1) 方案一：采用电压型 PWM 控制芯片 UC3525。

优点：该芯片具有最大为95%的占空比输出，反馈回路简单。

缺点：外围PI调节参数不好选定。

(2) 方案二：采用电压型PWM控制芯片TL494。

优点：驱动能力强，反馈回路简单。

缺点：输出电压不太稳定。

综合考虑，本系统选择方案一。

如图8-1所示，高效数控恒流源包括电源输入部分、隔离Buck主电路、负载、单片机MSP430F149、电流检测部分、电压检测部分、按键及液晶显示部分等。

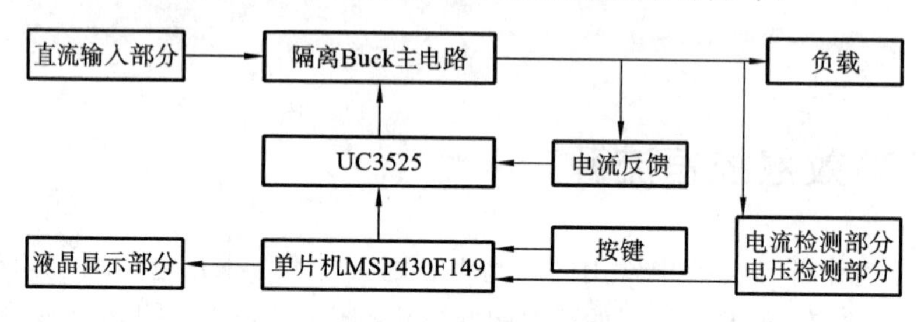

图8-1 高效数控恒流源设计框图

8.1.2 电路与程序设计

1. 主电路的设计与开关管的选择

高效数控恒流源的主电路(见图8-2)采用Buck变换电路，并采用将输入地与输出地隔离的方式，开关管采用IRF540。

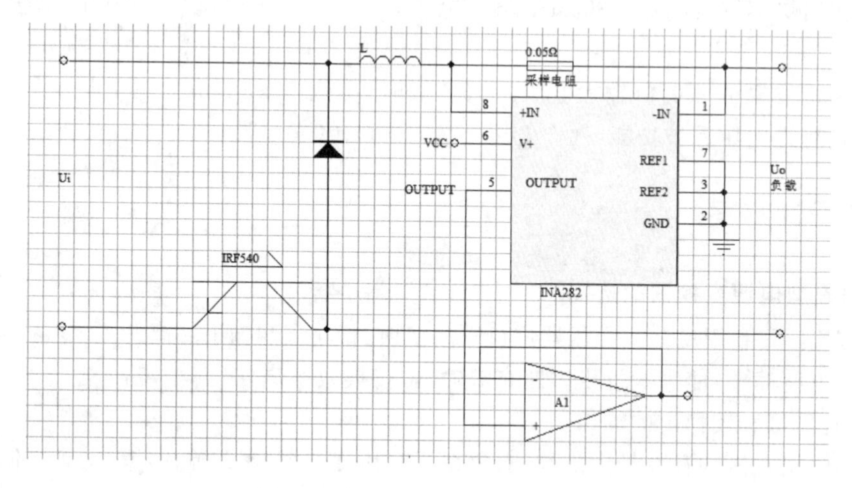

图8-2 高效数控恒流源的主电路

2. 续流二极管的选择

续流二极管在电路中的作用是当开关管关断时为电感中能量的释放提供回路，而二极管在导通时会有导通压降，为了提高整个电路的效率，续流二极管采用MBR20100。

3. 输出滤波电感的选择

为了使输出电流连续、电流纹波小，输出滤波电感选用 1 个 1.5 mH 的电感。

4. 输出滤波电容的选择

由于输出电压的纹波仅由等效串联电阻决定，因此使用电容时将多个电容并联，以减小等效串联电阻。为了进一步减小输出电流纹波，输出滤波电容选择 4700 μF、50 V 的电解电容。

5. 控制电路的设计

控制电路采用电压型 PWM 控制芯片 UC3525。电压型 PWM 控制芯片 UC3525 由基准电压源、振荡器、误差放大器、PWM 比较器与锁存器、分相器、欠压锁定器、输出驱动器及软启动电路等组成。UC3525 控制主电路如图 8-3 所示。

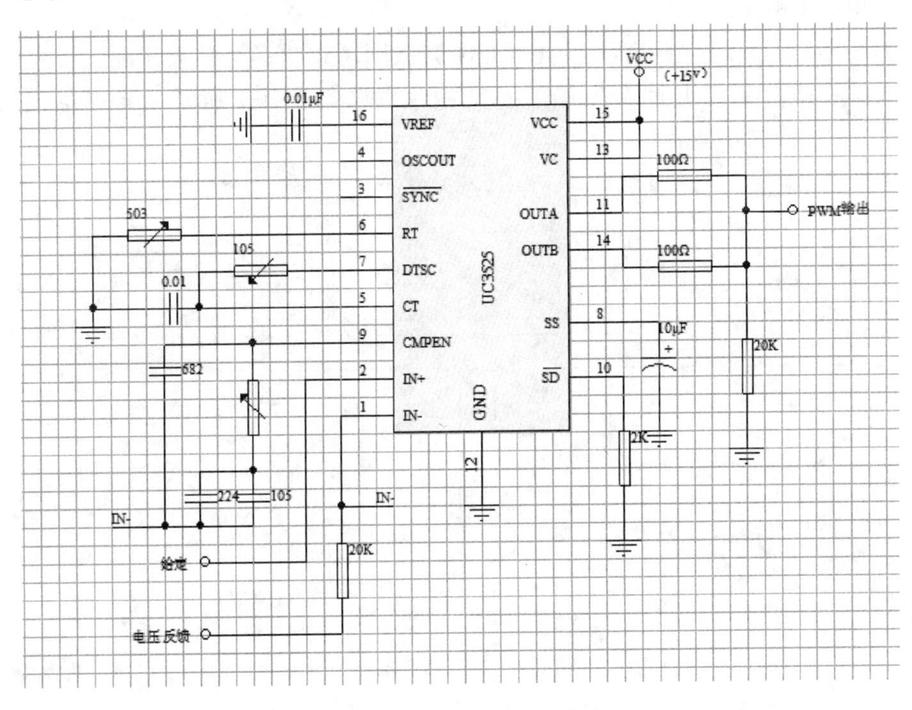

图 8-3　UC3525 控制主电路

UC3525 的基准电压源是一个典型的三端稳压器，输入电压范围为 8～35 V。本系统采用 15 V 供电，输出电压为 5 V。该基准电压源自身设有过电流保护电路。振荡器由一个双门限比较器、一个恒流源及电容充放电电路组成。UC3525 的外部引脚 5 对地接电容 C_T，引脚 6 对地接电阻 R_T，引脚 5 与引脚 7 之间外接电阻 R_D。这样，在电容 C_T 上产生一锯齿波电压 u_C，内部恒流源对电容 C_T 充电，形成锯齿波的上升沿，充电时间为 t_1，t_1 取决于外接电路的时间常数 R_TC_T。锯齿波的下降沿对应着电容 C_T 的放电时间，放电时间 t_2 取决于外接电路参数 R_DC_T。锯齿波频率计算公式为：

$$f=\frac{1}{t_1+t_2}=\frac{1}{C_T(0.67R_T+1.3R_D)} \tag{8-1}$$

锯齿波频率范围为 100 Hz～400 kHz。振荡器的引脚 4 输出一个对应锯齿波下降沿的时钟信号，时钟信号的宽度等于 t_2，因此调节电阻 R_D 可以调节时钟信号宽度。UC3525 通

过调节电阻 R_D 来调节死区大小，电阻越大，死区越长。振荡器还设有外同步输入端引脚 3。在该引脚加高于内部振荡器频率的脉冲信号，可实现对振荡器的外同步。

误差放大器由两级差分放大器组成，直流开环增益为 70 dB 左右。根据死循环控制的逻辑要求，通常将回馈电压 U_F 接至误差放大器反相输入引脚 1，参考电压 U_{REF} 接至误差放大器同相输入引脚 2。根据整个死循环控制的稳态和动态特性要求，在误差放大器引脚 9 与反相输入引脚 1 之间外加适当的补偿网络。误差放大器的输出信号加至 PWM 比较器的反相端，振荡器输出的锯齿波加至 PWM 比较器的同相端，PWM 比较器的输出为 PWM 信号，该信号经 PWM 锁存器锁存，使 PWM 输出信号 U_E 产生响应，相反对环境噪声干扰则加以屏蔽。过电压、过电流及其他故障信号可加至误差放大器的引脚 10，当出现过电压、过电流及其他故障时，可封锁输出 PWM 信号。

6. 光电耦合电路的设计

将输出电流通过采样电阻转换为电压信号，经过 INA282 差分放大器进行放大处理后，经过电压跟随器送至光电耦合电路。光电耦合电路如图 8-4 所示。光电隔离芯片采用 PL817。

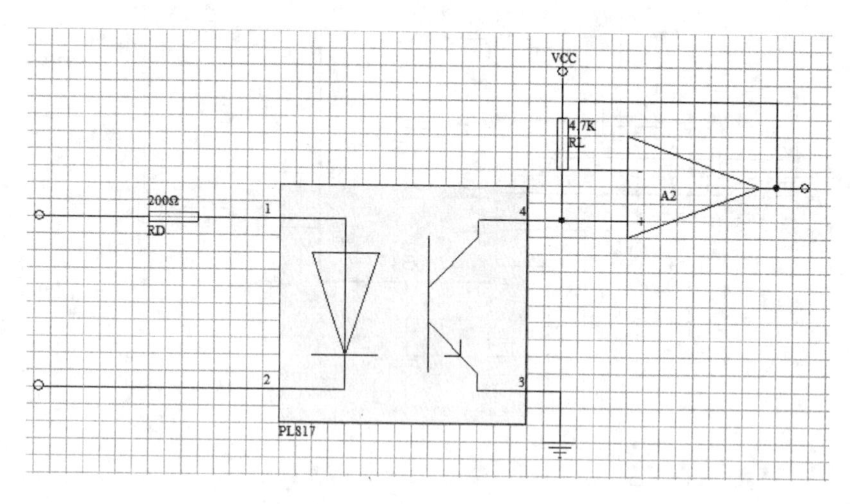

图 8-4　光电耦合电路

8.1.3　测试所用仪器仪表与测试结果

1. 测试所用仪器仪表

测试所用仪器仪表如表 8-1 所示。

表 8-1　测试使用仪器仪表

序号	测试仪器名称	型号	数量
1	双踪示波器	TDS 1002	1 台
2	高精度万用表	FLUKE 15B	3 块
3	辅助电源	直流稳压电源	1 个
4	单片机	MSP430F149	1 个

2. 测试结果

本系统具有输出 200 mA 到 2000 mA 稳定电流的能力，可在该范围内任何预置输出电流，电流调整率 S_I 的测试（在 $I_o=1000$ mA，负载为 5 Ω 的条件下）结果如表 8-2 所示。

表 8-2　电流调整率测试数据

序号	输入电压	输出电流
1	12 V	998 mA
2	18 V	1004 mA

电流调整率为：

$$S_I=\frac{\Delta I_o/I_o}{\Delta U_i/U_i}\times 100\%=\frac{(1004-998)/998}{(18-12)/18}\times 100\%=1.80\% \tag{8-2}$$

负载调整率 S_R 的测试（$U_i=15$ V，$I_o=1000$ mA 的条件下）结果如表 8-3 所示。

表 8-3　负载调整率测试数据

序号	负载电阻	输出电流
1	5 Ω	1000 mA
2	1 Ω	1008 mA

负载调整率为：

$$S_R=\frac{\Delta I_o}{I_o}\times 100\%=\frac{1008-1000}{1000}\times 100\%=0.8\% \tag{8-3}$$

从上述电流调整率与负载调整率的计算结果可知，该高效数控恒流源的电流调整率与负载调整率均达到了设计要求，同时整机效率可达 88%，并具有过电流与过电压保护作用。

8.2　无线电能传输装置

设计要求：制作一个磁耦合谐振式无线电能传输装置，整个装置包括发射部分和接收部分。发射部分由辅助电源电路、驱动电路、全桥逆变电路、变压器升压电路和发射谐振线圈组成。其中，驱动电路中的主控芯片为 TI 公司生产的 TL494，全桥逆变电路中的开关管为 TI 公司生产的 CDS19535。接收部分由接收谐振线圈和全桥整流电路组成。在保持发射谐振线圈和接收谐振线圈间距离为 10 cm、输入直流电压 $U_1=15$ V 时，接收端输出直流电流 $I_2=0.5$ A，输出直流电压能达到 $U_2\geqslant 8$ V，效率 η 的最大值为 31.5%；输入直流电压 $U_1=15$ V，输入直流电流不大于 1 A。接收端负载为 2 只串联的 LED 灯（白色、1 W）。在保持 LED 灯不灭的条件下，发射谐振线圈和接收谐振线圈间距离最大为 27.0 cm。

8.2.1　方案设计

1. 系统结构

该装置为一个磁耦合谐振式无线电能传输装置，整个装置包括发射部分和接收部分。发射部分由辅助电源电路、驱动电路、全桥逆变电路、变压器升压电路和发射谐振线圈组成，接收部分由接收谐振线圈和全桥整流电路组成。

2. PWM控制芯片的选择

(1) 方案一:采用NE555控制PWM波。

优点:实现电路简单,方便易操作,成本较低。

缺点:由NE555做成的信号发生器的输出频率比较窄,调试难度增加。

(2) 方案二:采用FPGA控制PWM波。

优点:波形控制灵活,运行速度快,可编程能力强。

缺点:功耗较高,成本高,有一定的使用难度。

(3) 方案三:采用TL494控制PWM波。

优点:驱动能力强,外围电路简单,可在较大范围改变输出频率,调试方便。

缺点:输出电压不太稳定。

方案三相较于方案二和方案一能在更大范围内调节频率,操作较为简便,综合考虑,采用方案三。

3. 逆变电路的选择

(1) 方案一:采用半桥逆变电路。

优点:驱动电路简单,开关管数量少,对开关管的耐压值要求低。

缺点:对电流要求大,抗平衡能力弱,效率低。

(2) 方案二:采用推挽式逆变电路。

优点:驱动电路简单,电流要求低。

缺点:对开关管的耐压值要求高。

(3) 方案三:采用全桥逆变电路。

优点:抗平衡能力强,效率高。

缺点:驱动电路复杂,成本较高。

方案三相较于方案二和方案一能得到更高的效率,本系统要求就是要尽可能地提高效率,因此考虑方案三。

8.2.2 理论计算与分析

1. 无线电能传输装置系统结构与原理

如图8-5所示,该装置的主要部分由驱动电路、全桥逆变电路、变压器升压电路、发射谐振线圈、接收谐振线圈和全桥整流电路组成,发射谐振线圈及其之前的部分可看作一个发射模块,接收谐振线圈及其之后的部分可看作一个接收模块,发射模块和接收模块通过磁场耦合相联系。发射电路把电能转化为磁场能量发射,通过发射、接收两谐振线圈的电磁感应将磁场能量传输到接收电路,再通过相应的能量调节装置,将能量转换为应用场合中的负载可以直接使用的电能形式,从而达到电能无线传输的目的。

2. 磁耦合谐振式无线电能传输装置的特点

磁耦合谐振式无线电能传输是无线电能传输方式中很传统的一种电能传输方案。这种传输技术具有非常灵敏的方向性,很适合用于短距离传输,传输效率高。

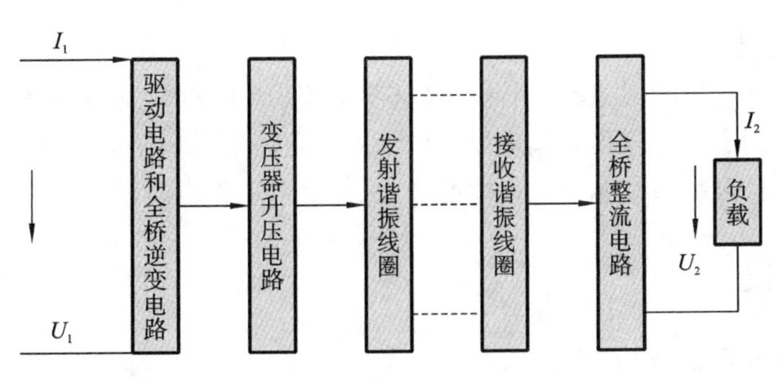

图 8-5　无线电能传输装置系统结构

3. 磁耦合谐振式无线电能传输装置的效率分析

无线电能传输装置的电磁场随距离增大而快速衰减,无线电能传输利用两个谐振耦合的电路来控制电磁场,当发射回路与接收回路发生谐振时,使绝大部分能量由发射回路传输到接收回路中。谐振耦合电能传输系统除了发射、接收回路外还包括发射功率源和接收负载电路。当系统谐振,即接收谐振线圈的谐振频率和发射谐振线圈的谐振频率一致时,收发谐振线圈中的阻抗最小,流过收发谐振线圈的电流最大。此时,在一定范围内,发射回路大部分的能量会传输到接收谐振线圈,系统传输效率最大。当系统失谐时,发射功率源提供的大部分能量会损耗在发射回路及气隙中,致使效率降低。因此,无线电能传输系统的关键技术是控制收发谐振线圈的谐振频率一致,使系统维持在谐振状态,达到系统传输效率最大。在本次设计中要尽可能提高本无线电能传输装置的效率 η,其中关键点之一就是要使系统维持在谐振状态。

4. 直流电源作为功率输入模块时提升电压的方法

由于本装置在测试时只能使用一个 15 V 的直流电源,为了在电能传输时得到一个更高的效率,一般可以采用高频逆变电路来得到高频的电压,但受实验条件及器件的限制,使用高频逆变电路有一定的难度,因此本装置在全桥逆变电路后加了一个 1∶3 的变压器,对电压进行一次升压。

5. 振荡电路的分析与电容的选择

图 8-6 所示为一个 LC 并联网络的理想电路,无损耗,谐振频率为:

$$f_0=\frac{1}{2\pi\sqrt{LC}} \tag{8-4}$$

信号频率较低时,电容的容抗很大,网络呈感性;信号频率较高时,电感的感抗很大,网络呈容性;只有当 $f=f_0$ 时,网络才呈纯阻性,且阻抗无穷大。这时电路产生电流谐振,电容的电场能转换成磁场能,而电感的磁场能又转换成电场能,两种能量相互转换。

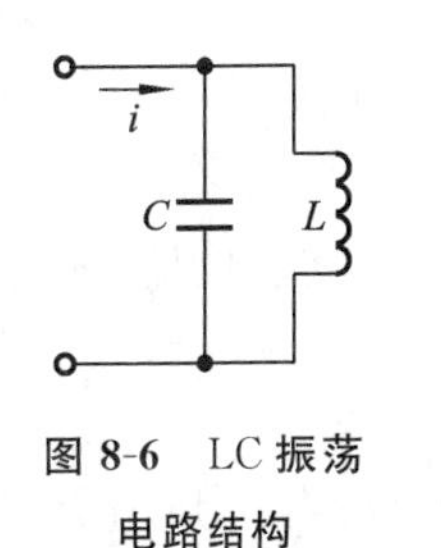

图 8-6　LC 振荡电路结构

在实验时,首先确定谐振频率,然后测出绕制好的空心线圈的电感值,根据谐振频率和电感值由通过公式 $f_0=\dfrac{1}{2\pi\sqrt{LC}}$推导出的电容公式 $C=\dfrac{1}{4\pi^2 f_0^2 L}$,计算出振荡电路中电容的理论值,在理论值的附近增加或减小电容值得出理想的实际值。本部分振荡电路中的电感 $L=376\ \mu\text{H}$,实际使用电容值 $C=0.04\ \mu\text{F}$,即用四个 CBB81 电容并联。

因为装置中的电压相对过高，因此电容选择为 CBB81(PPS)金属化聚丙烯膜高压电容器。该电容器采用金属化聚丙烯膜串联结构型式，不仅能抗高电压、大电流冲击，而且具有损耗小、性能优良、可靠性高和自愈性能的特点，很适合用于本装置。

8.2.3 电路设计

1. PWM 波产生电路

如图 8-7 所示，由 TL494 产生两路 PWM 波，通过驱动电路来驱动全桥逆变电路。通过 6 脚外接 3 kΩ 电位器和 5 脚外接 1000 pF 陶瓷电容实现频率调节。调节电位器，可以使电路工作在最合适的频率，使电路的输出效率达到最优。其中，辅助电源采用高效率的 LM2596，以输出稳定的＋12 V 电压，给 TL494 供电。

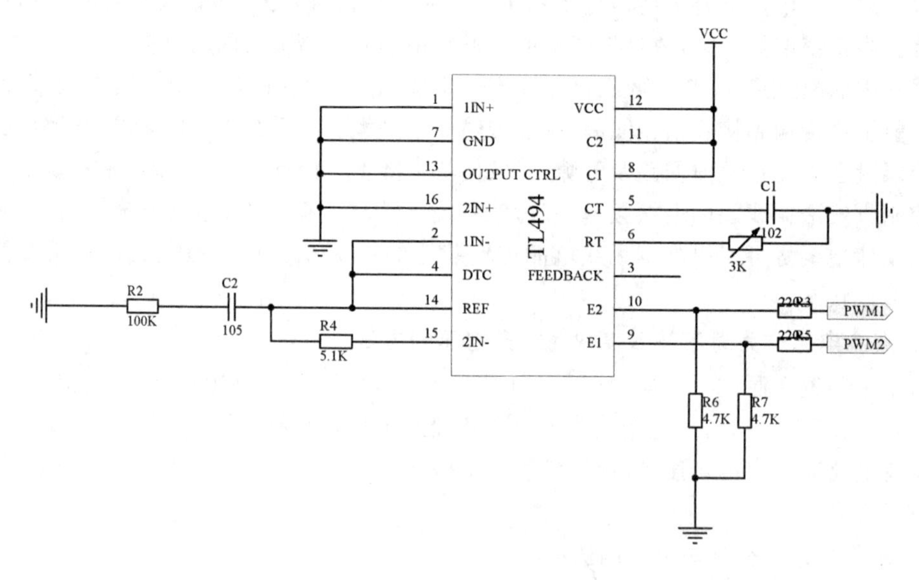

图 8-7 PWM 产生电路

2. 驱动电路

如图 8-8 所示，两路 PWM 波分别传输给 MOS 管驱动芯片 IR2111，通过 IR2111 分别控制两组 CSD19535(即全桥)的通断，然后通过串联谐振电路发射正弦波信号。

3. 接收电路

接收电路(见图 8-9)接收的正弦波信号经过 MBR20200 全桥整流后，电路输出直流电压。

8.2.4 测试方案与测试结果

1. 测试仪器仪表及测试方法

本设计所用测试仪器仪表如表 8-4 所示。

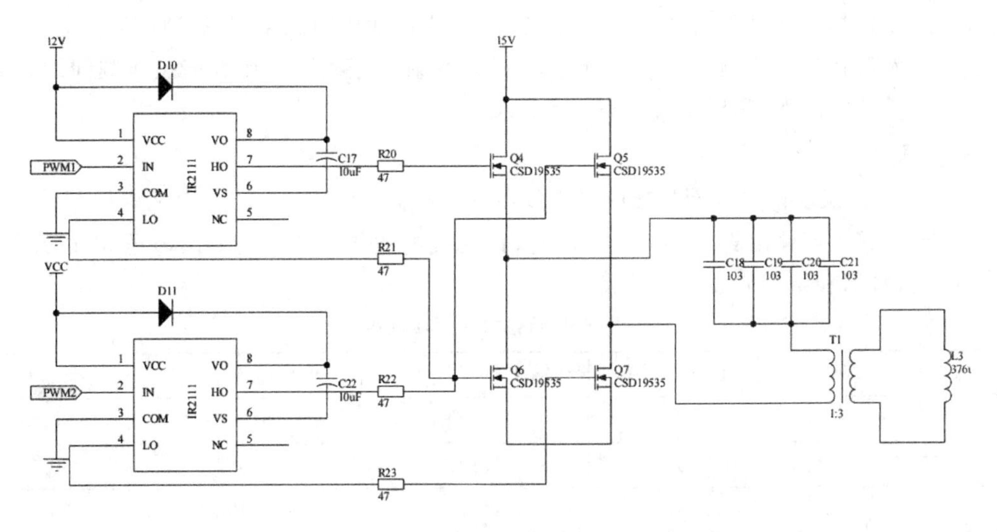

图 8-8　驱动电路

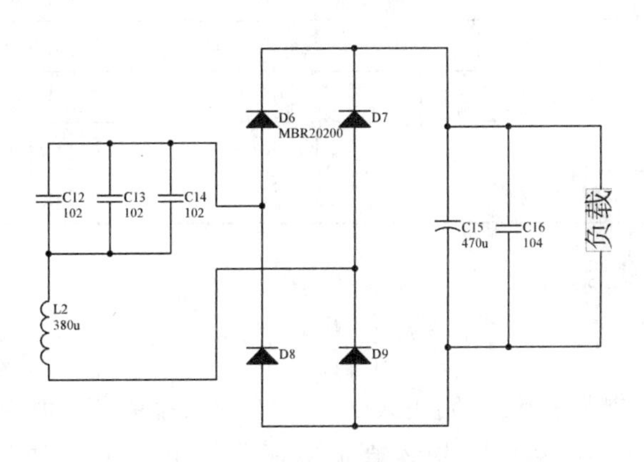

图 8-9　接收电路

表 8-4　测试仪器仪表

序号	测试仪器名称	型号	数量
1	双踪示波器	TDS 1002	1 台
2	高精度万用表	FLUKE 15B	2 块
3	辅助电源	自制	1 个
4	可变电阻器	BX7-10	1 个

2. 效率 η 的测试方法

在保持发射谐振线圈和接收谐振线圈间距离不变的条件下，对于硬件部分已经确定了的磁耦合谐振式无线电能传输装置来说，当驱动信号的频率变化时，传输效率 η 也会发生变化，而且当驱动信号的频率与线圈的谐振频率相同时，传输效率 η 最大。根据谐振频率公式 $f_0=\dfrac{1}{2\pi\sqrt{LC}}$（$L$、$C$ 已经确定），调整驱动信号频率寻求 η 的最大范围。

3. 保持 LED 灯不灭，测试发射谐振线圈和接收谐振线圈间最大距离 x 的方法

发射谐振线圈和接收谐振线圈间距离一定时，因为当驱动信号的频率和线圈的谐振频率相同时 LED 灯最亮，所以先给定一个让 LED 灯亮的适中距离，调节驱动信号的频率使灯达到最亮，然后在保持此频率不变的情况下，延长发射谐振线圈与接收谐振线圈间的距离，在 LED 灯亮的情况下，测出最大距离 $x=27.0$ cm。

4. 测试结果

(1) 在保持发射谐振线圈与接收谐振线圈间的距离 $x=10$ cm、输入直流电压 $U_1=15$ V 的条件下，当接收端输出直流 $I_2=0.5$ A 时，该无线电能传输装置的输出电压 U_2 以及其效率 η 的测试数据和结果如表 8-5 所示。

表 8-5　测试数据和结果

输入电压 U_1/V	输入电流 I_1/A	输出电压 U_2/V	输出电流 I_2/ A	效率 η/(%)
15.0	1.47	13.11	0.505	30.0
15.0	1.46	13.18	0.507	30.5
15.0	1.48	13.22	0.498	29.7
15.0	1.43	13.23	0.508	31.3
15.0	1.58	13.57	0.502	28.7
15.0	1.44	13.61	0.50	31.5
15.0	1.58	13.85	0.50	29.2
15.0	1.72	15.67	0.50	30.4

效率 η 的计算公式为：

$$\eta=\frac{U_2 I_2}{U_1 I_1}\times 100\% \tag{8-5}$$

如表 8-5 所示，根据测量数据，利用式(8-5)计算出效率的最大值为 31.5%。

(2) 输入直流电压 $U_1=15$ V，输入直流电流不大于 1 A，接收端负载为 2 只串联的 LED 灯(白色、1 W)，在保持 LED 灯不灭的条件下，发射谐振线圈和接收谐振线圈间距离最大为 27.0 cm。

5. 测试结果分析

(1) 在保持发射谐振线圈和接收谐振线圈间距离为 10 cm、输入直流电压 $U_1=15$ V 的条件下，当接收端输出直流电流 $I_2=0.5$ A 时，输出直流电压能达到 $U_2\geqslant 8$ V，效率 η 的最大值为 31.5%。当输入直流电流不大于 1 A 时，在保持 LED 灯不灭的条件下，发射谐振线圈和接收谐振线圈间的最大距离为 27.0 cm。

(2) 从测试结果来看，实测数据的变化符合理论计算的规律，在分米级的传输距离上，磁耦合谐振式无线电能传输装置效率较高，有一定的优势。

(3) 装置的各个参数和结果的实际值与理论值有着一定的差异，这是由理论计算忽略了高频辐射损耗、线圈的绕制和测量均存在一定的误差等因素造成的。

8.3　双向 DC-DC 变换器

双向 DC-DC 变换器主要由过电压保护电路、电压检测电路、电流检测电路、MOS 管半

桥电路及驱动电路、基于 TL494 的 PWM 波控制电路、单片机控制模块等部分组成，具有电流步进可调、恒电流充电、恒电压放电、过电压保护等功能，具有工作稳定、可靠性高等优点。

8.3.1 方案设计

1. 主电路的结构选型

(1) 方案一：采用非隔离式降压斩波电路和升压斩波电路并联双向转换器。

优点：电磁干扰小，体积小。

缺点：电路复杂，不利于控制，输入电流不连续，应用受到限制；转换效率较低。

(2) 方案二：采用隔离式全桥电路(常用于大功率场合)。

优点：控制方法较简单，并且全部功率开关管均工作在软开关状态。

缺点：换流能量较大，且由于主要使用变压器漏感传递能量，所以降低了变换器效率。

(3) 方案三：采用非隔离式具有降压斩波电路和升压斩波电路特点的同步整流双向变换器。

优点：电路结构简单、便于控制，能控制电流双向流动，导通电阻小，能提高变换器的变换效率。

综合比较三种方案，方案三结构简单且变换效率高，故选择方案三。

2. 控制单元模块的方案

(1) 方案一：采用单片机采集反馈信号，利用数字 PID 算法产生 PWM 波控制电路。

单片机结构简单，操作方便，应用广泛，但是速度慢，程序复杂，硬件误差过大，需要接驱动电路，难以满足指标要求。

(2) 方案二：采用 PWM 控制芯片 TL494 产生 PWM 波。

TL494 调节速度快，结构简单，配套软件设计简单，效率高。

综合比较两种方案，方案二结构稳定且容易调试，故选择方案二。

8.3.2 理论分析与计算

1. 主电路主要元件的选型和计算

本设计最大输出电压为 38 V，开关管实际最大漏源电流为 2 A，考虑到实际电压和电流的尖峰和冲击，电压和电流余量分别取为 1.5 和 2 倍，故开关管的最大正向耐压值大于 90 V，通过的正向电流大于 4 A，并且减少电能损耗，提高功率。基于上述要求，我们选用 CSD19535，它的参数为 $U_{DSS}=100\ \text{V}$，$R_{DS}=5.2\ \text{M}\Omega$，$I_D=110\ \text{A}$，并且开关速度较快，满足要求。

2. 输入电感参数的计算

这里将 $I_{IN\_PEAK(max)}$ 的 20% 作为纹波电流 ΔI，$f=30\ \text{kHz}$。

$$L \geqslant \frac{U_{out}D(1-D)}{f\times\Delta I}=\frac{40\times0.50\times(1-0.50)}{30\times0.8}\ \text{mH}=416.7\ \mu\text{H} \tag{8-6}$$

为了留取一定的裕量，故选择感值为 700 μH，允许通过电流最大值为 10 A 左右的电感。

3. 输出电容参数的计算

输出滤波电容(C_{out})主要根据满足输出电压保持时间要求而定。当要求在保持时间内开关电源输出电压不低于 20 V 时,输出滤波电容容量按下式计算:

$$C_{out} \geqslant \frac{2P_{out} \times T}{U_0{}^2 - U_{min}{}^2} \geqslant \frac{2 \times 80 \times 21.98}{40^2 - 20^2}\ \mathrm{mF} = 2931\ \mu\mathrm{F} \tag{8-7}$$

为了留取一定的裕量,实际我们选择的电容为 4700 μF。

4. 控制方法

控制系统所要完成的工作即不断地通过 D/A 转换器采样读取电路参数,通过控制芯片 TL494 产生控制量后更新 PWM 波的占空比。该芯片 1、2 引脚分别接收反馈的电压信号,同相输入端为给定的电压基准,电流、电压采样后传输给单片机和控制芯片。

5. 提高效率的方法

效率是 DC-DC 变换电路追求的核心指标之一,最大限度地提高效率不仅能够节省电能,而且能够减少芯片发热,最大限度地保护芯片,降低成本。

(1) 选用低压降的开关管。

开关管的选择对于大功率整流电路来说至关重要。一般来说,开关管的压降越小,其效率越高。

(2) 选用品质因数较高的电感。

应选用尽可能粗的漆包线绕制电感并选用质量较好的磁芯。本电路采用铁硅铝材料作为磁芯,用直径为 2 mm 的漆包线来绕制电感,有效地提高了效率。

(3) 优化电路结构布局。

根据电路的实际情况,采用合适的结构布局,以便于每一个电路的焊接。这样的设计可以有效地减少无用损耗,提高效率。

8.3.3 电路设计与程序设计

1. 系统总体框图

系统总体框图如图 8-10 所示。

直流稳压电源提供的电源经过双向 DC-DC 变换器的降压斩波电路可以实现对 18650 型电池组的充电功能,通过对采样电阻进行采样作为 TL494 控制芯片的反馈信号,MSP430 单片机通过 D/A 转换器实现对 TL494 控制芯片的恒电流充电功能。

关断直流稳压电源,18650 型电池组通过双向 DC-DC 变换器的升压斩波电路对负载电阻放电,通过对负载两端电压的采样作为 TL494 控制芯片的反馈信号,MSP430 单片机通过 D/A 转换器实现对 TL494 控制芯片的恒电压放电功能。

接通直流稳压电源,当电源输出高于 30 V,负载电阻两端的所分得的电压小于 30 V 时,18650 型电池组对负载电阻进行升压放电,使负载电阻两端电压维持在 30 V。当调整直流稳压电源电压至负载两端电压高于 30 V 时,对 18650 型电池组进行充电,使其电压维持在 30 V。

2. 双向 DC-DC 变换器主电路的设计

如图 8-11 所示,双向 DC-DC 变换器主电路的一端为 Buck 电路的恒电流电路,另一端

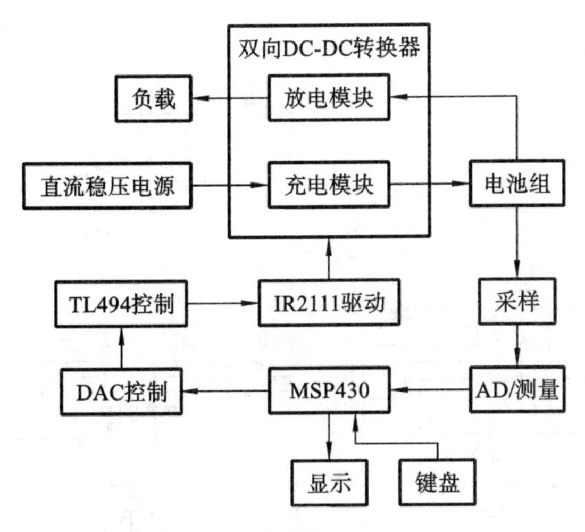

图 8-10　系统总体框图

为 Boost 电路的恒电压电路。主电路中的二极管用 MOSFET 代替,采用同步方式,确保两个开关管具有相反的开关状态,消除了二极管反向恢复时间的影响,极大地减小了导通电阻,降低了功率的损耗,能极大提高双向 DC-DC 变换器的效率,并且不存在由肖特基势垒电压造成的死区电压。

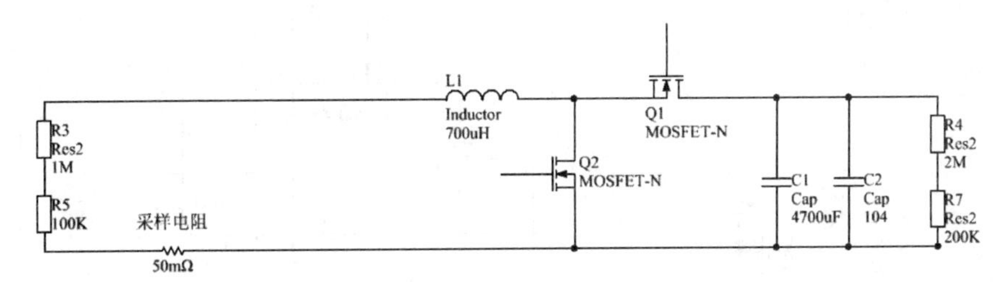

图 8-11　双向 DC-DC 变换器的主电路

3. 控制电路的设计

如图 8-12 所示,控制芯片采用 TL494。它的主要特点是:输出级采用推挽输出、双通道输出。每一通道的驱动电流最大值可达 200 mA,灌拉电流峰值可达 500 mA。TL494 的 1、2 引脚分别为内部误差放大器的反相输入端和同相输入端。反相输入端接收反馈的电压信号;同相输入端为给定的电压基准,一般接 16 号引脚电压基准的分压。为实现恒电流输出时电流步进可调,在同相输入端接单片机 D/A 模块产生的参考电压。

负载的电流采样由采样电阻完成,采样信号经一级跟随、一级同相放大之后分别传输给单片机和 PWM 控制芯片;电压采样由负载和电流采样电阻上的电压分压完成,采样信号经一级跟随、一级同相放大之后分别传输给单片机和 PWM 控制芯片。为保证反馈的稳定性,在 MOSFET 后再加一级跟随后将反馈信号传递给 PWM 控制芯片。

4. 驱动电路的设计

IR2111 驱动电路(见图 8-13)是功率 MOSFET 的专用栅极驱动集成电路,可用来驱动工作在母线电压高达 600 V 的电路中的 N 沟道功率 MOS 器件。采用一片 IR2111 可完成两个功率元件的驱动任务。IR2111 内部采用自举技术,使得功率元件的驱动电路仅需一个

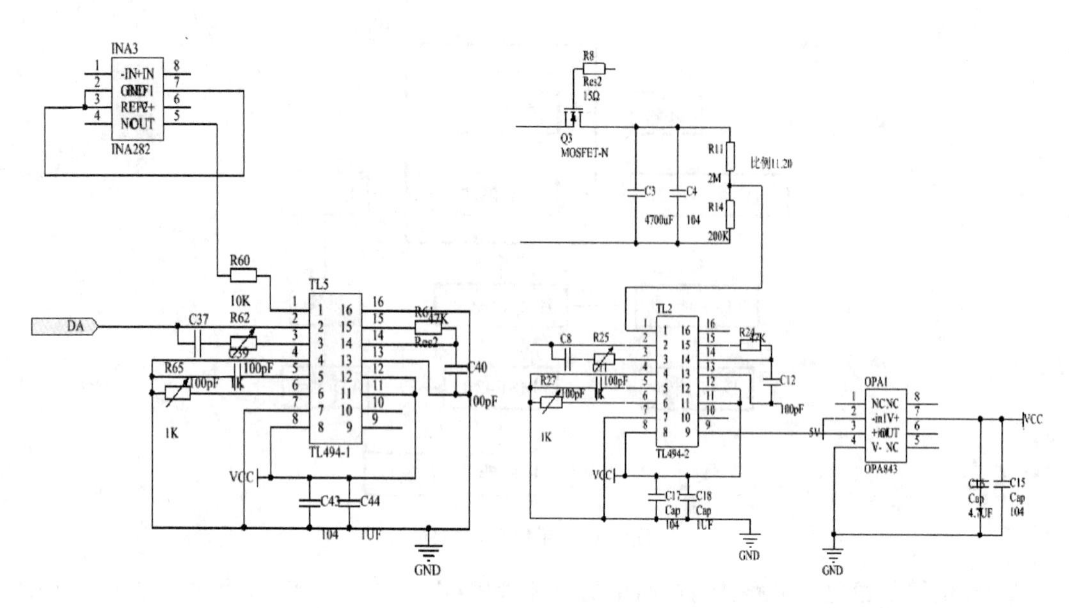

图 8-12　TL494 控制电路

输入级直流电源，不仅可实现对功率 MOSFET 的最优驱动，还具有完善的保护功能。

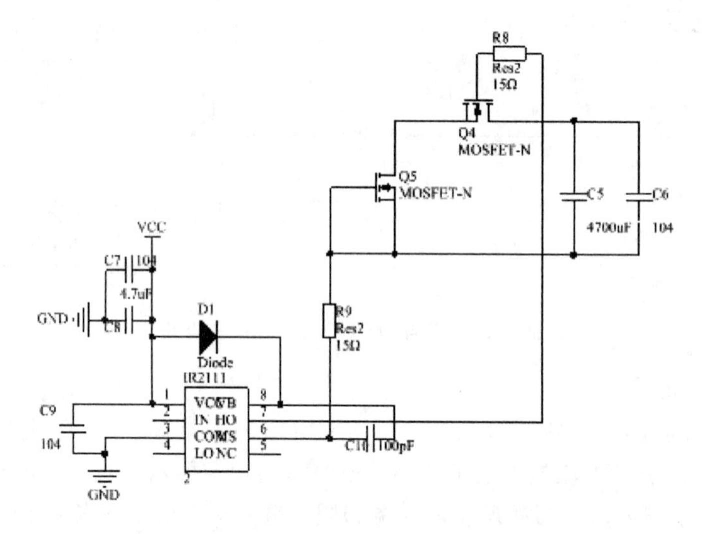

图 8-13　IR2111 驱动电路

5. 程序的设计

本设计的程序流程图如图 8-14 所示。

8.3.4　测试方案与测试数据

完整的双向 DC-DC 变换电路如图 8-15 所示。

1. 测试方案

首先，接通 S_1、S_3，断开 S_2，将装置设定为充电模式。

(1) 在 $U_2=30$ V 的条件下，充电电流 I_1 以 0.1 A 为步进值在 1～2 A 范围内调节，设定

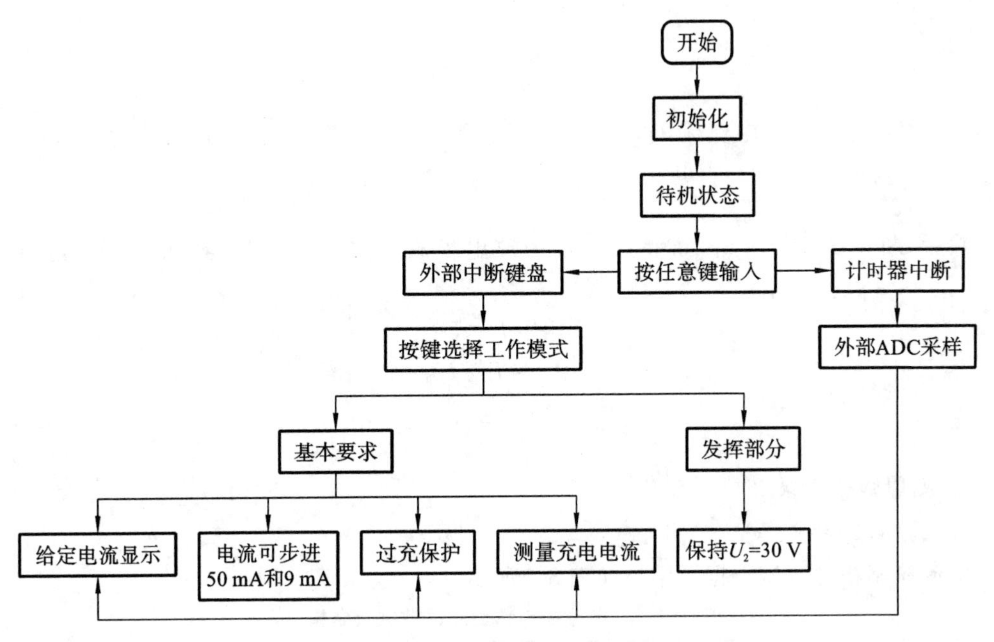

图 8-14　程序流程图

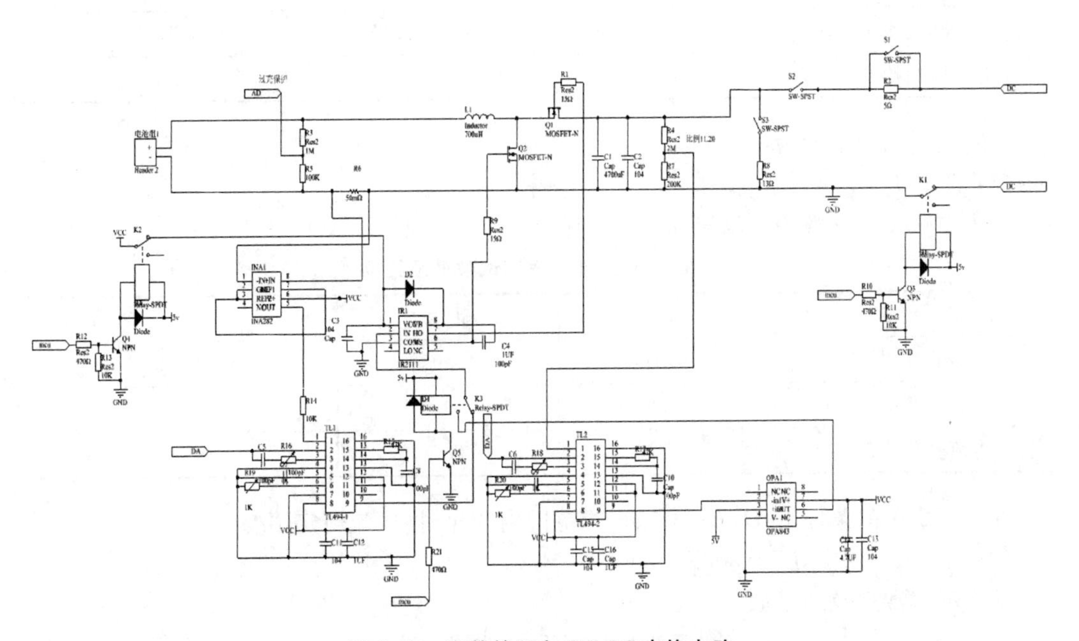

图 8-15　完整的双向 DC-DC 变换电路

电流为 I_{10}，电流控制精度为：$\left|\dfrac{I_1-I_{10}}{I_{10}}\right|\times100\%$。

(2) 设定 $I_1=2$ A，当 $U_2=30$ V 时，电流为 I_1；当 $U_2=36$ V，测出电流为 I_{11}；当 $U_2=24$ V 时，测出电流为 I_{12}。电流变化率为：$\left|\dfrac{I_{11}-I_{12}}{I_1}\right|\times100\%$。

(3) 设定 $I_1=2$ A，在 $U_2=30$ V 的条件下，测出实际的 I_1、U_1、I_2。

$$P_1=I_1\times U_1$$

$$P_2 = I_2 \times U_2$$

$$\eta = \left|\frac{P_1}{P_2}\right| \times 100\%$$

(4) 测量并显示充电电流 I_1，当在 $I_1=1\sim2$ A 范围内变化时，设定电流为 I_{10}，测量精度为：$\left|\frac{I_1-I_{10}}{I_{10}}\right|\times100\%$。

然后，断开 S_1、接通 S_2，将装置设定为放电模式，保持 $U_2=(30\pm0.5)$ V，测出 I_1、U_1、I_2。

$$P_1 = I_1 \times U_1$$

$$P_2 = I_2 \times U_2$$

$$\eta = \left|\frac{P_1}{P_2}\right| \times 100\%$$

2. 测量数据记录

(1) 设定 $U_2=30$ V。

电流控制精度测试数据及结果如表 8-6 所示。

表 8-6 电流控制精度测试数据及结果

设定电流 I_{10}/A	0.998	1.504	1.991
实际电流 I_1/A	1.000	1.507	2.000
电流控制精度/(%)	0.2%	0.2%	0.45%

电流控制平均精度为：0.28%。

(2) 设定 $I_1=2$ A。

电流变化率测试数据及结果如表 8-7 所示。

表 8-7 电流变化率测试数据及结果

输入电压/V	36.3	30.4	23.9
设定电流/A	1.999	1.999	1.999
实际电流/A	1.999	1.999	1.999
电流变化率/(%)	0	0	0

在 $I_1=2$ A 的条件下，U_2在 24～36 V 范围内变化时，电流恒定不变。

(3) 设定 $I_1=2$ A，$U_2=30$ V。

效率测试数据及结果如表 8-8 所示。

表 8-8 效率测试数据及结果

输出电压/V	输出电流/A	输出功率/W	输入电压/V	输入电流/A	输入功率/W	效率/(%)
21.1	2.003	42.2633	29.7	1.466	43.5402	97

$\eta=97\%$。

(4) 测量充电电流。

充电电流测试数据及结果如表 8-9 所示。

表 8-9　充电电流测试数据及结果

设定电流/A	0.989	1.485	1.987
实际电流/A	0.999	1.497	2.000
测量精度/(%)	1.01	0.81	0.65

平均精度为 0.82%。

8.4　24 V 交流单相在线式不间断电源

设计并制作输出电压为 AC 24 V 的单相在线式不间断电源，结构框图如图 8-16 所示。

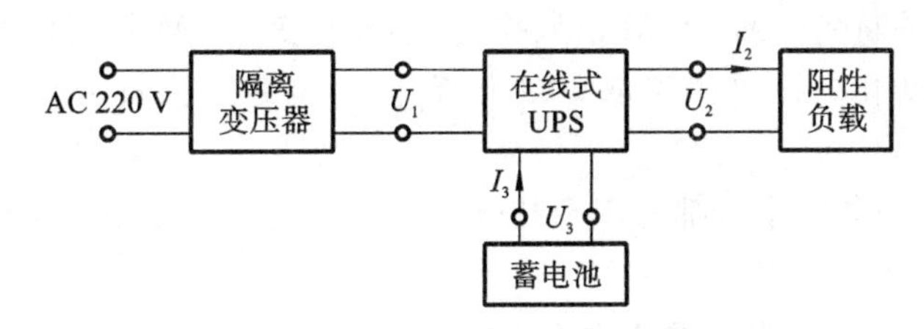

图 8-16　AC 24 V 单相在线式不间断电源

设计要求如下：

(1) 在交流供电 U_1＝AC 36 V 和直流供电 U_3＝DC 36 V 两种情况下，保证输出电压 U_2＝AC 24 V，且保证其频率为(50±1) Hz。额定输出电流为 1 A。

(2) 切断交流电源后，在输出满载的情况下工作时间不短于 30 s。

(3) 交流供电时，电源达到以下要求：

①电压调整率：在满载条件下，U_1 从 AC 29 V 增加至 AC 43 V，U_2 变化不超过 2%。

②负载调整率：U_1＝AC 36 V、U_2＝AC 24 V，从空载到满载，U_2 变化不超过 5%。

(4) 蓄电池供电时，在满载条件下，效率 η 不低于 65%($\eta=\frac{U_2 I_2}{U_3 I_3}$)。

(5) 具有输出短路保护功能。

8.4.1　方案设计

1. 总体设计方案

图 8-17 所示为本设计的原理框图。此 24 V 交流单相在线式不间断电源由变压器、AC-DC 变换电路(整流器)、蓄电池充电电路、电池检测电路、Boost 升压电路、SPWM 单元、驱动电路、DC-AC 变换电路(逆变器)、逆变电流检测电路和输出电压检测电路等组成。

2. DC-DC(直流-直流)变换器的方案论证与选择

(1) 方案一：推挽式 DC-DC 变换器。

推挽电路由两个不同极性、相同参数的功率 BJY 管或 MOSFET 管组成，以推挽方式存在于电路中。电路工作时，两个对称的功率开关管每次只有一个导通，所以导通损耗小，效率高。

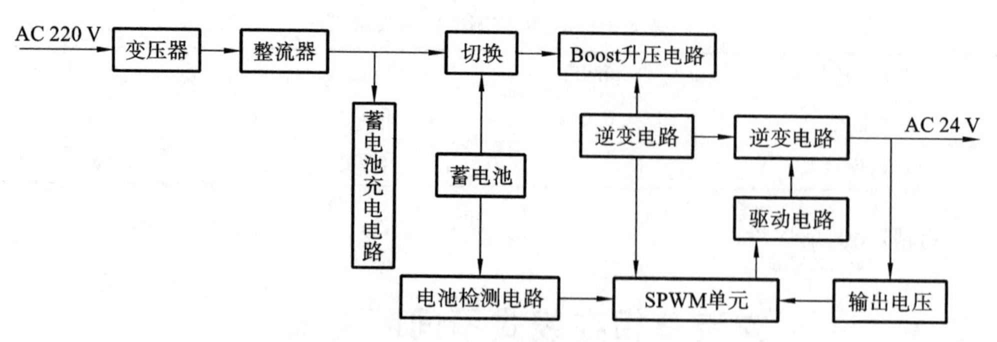

图 8-17　系统原理框图

(2) 方案二:Boost 升压式 DC-DC 变换器。

开关的开通和关断受外部 PWM 信号控制,通过改变 PWM 控制信号的占空比可以相应实现输出电压的变化。该电路采取直接直流升压,电路结构较为简单,损耗较小,效率较高。

方案比较:方案一和方案二都适用于升压电路,但 Boost 升压电路结构简单,易于实现,且效率很高,所以采用方案二。

3. DC-AC(直流-交流)变换器的方案论证与选择

(1) 方案一:半桥式 DC-AC 变换器。

优点:简单,使用器件少。

缺点:只在低输出功率场合下使用。

另外,它因具有抗不平衡能力而得到广泛应用。

(2) 方案二:全桥式 DC-AC 变换器。

全桥电路中互为对角的两个开关管同时导通,而同一侧半桥上下两开关管交替导通,将直流电压变成幅值为 U_{in} 的交流电压,加在变压器一次侧。改变开关管的占空比,就改变了输出电压 U_{out}。

(3) 方案三:推挽式 DC-AC 变换器。

只有两个功率开关器件,功率开关器件的导通损耗小,但是所用器件的耐压值高。

方案比较:方案一、二、三都可以作为 DC-AC 变换器的逆变桥;在获得同样的输出电压的条件下,全桥电路的供电电压可以比半桥电路的供电电压低一半;半桥电路选取的电容量通常较大,使得成本上升;推挽电路必须有输出变压器,且对变压器要求高。所以,采用方案二。

8.4.2　电路设计与分析

1. 整流滤波电路

整流滤波电路如图 8-18 所示。整流滤波电路由一个全桥和两个高压电解电容组成。全桥内部就是四个二极管,它负责把交流电转换成直流电。整流后的直流电波动很大,为了得到稳定的电压,需要用滤波电容滤波,滤波以后,电压就比较稳定了。整流全桥的耐压值一般在 600 V 以上,它根据输出功率的大小选择最大电流。全桥后面的两个高大的筒状元件就是高压电解电容,其作用是滤除电流中的杂波,输出平稳的直流电。滤波电容的容量大

小与滤波效果有很大的关系。

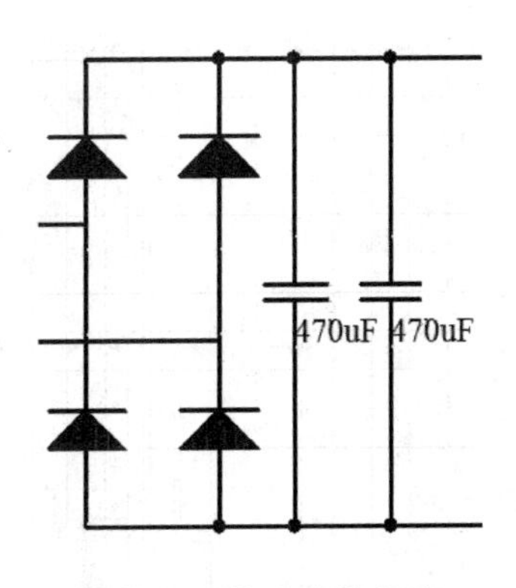

图 8-18　整流滤波电路

2. Boost 升压电路

要保证交流输出幅值维持在 24 V，逆变前的直流电压至少为 24 V×1.4＝33.6 V，但蓄电池工作电压的下限为 29 V，如果对逆变前的电压不做处理，会使电压调整率降到很低。因此，需要在整流滤波电路和逆变电路之间加入一级 Boost 升压电路。图 8-19 所示为 Boost 升压电路。

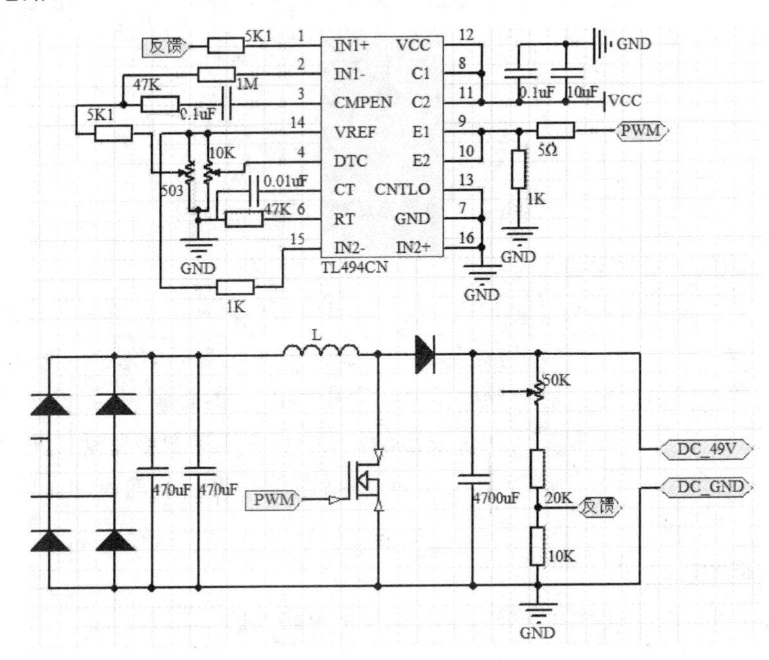

图 8-19　Boost 升压电路

3. DC-AC 逆变电路

DC-AC 逆变电路如图 8-20 所示。逆变部分采用桥式逆变电路的结构，MOSFET 采用 IRF540，4 个 IRF540 两两串联后并联成桥式逆变电路。

4. 输出电压检测电路

输出电压检测电路如图 8-21 所示。变压器是逆变输出电压采样变压器，变压之后再进

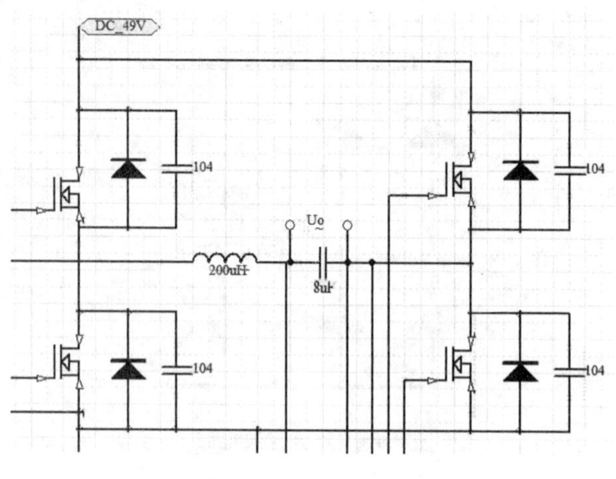

图 8-20　DC-AC 逆变电路

行整流，以完成对输出电压的检测。

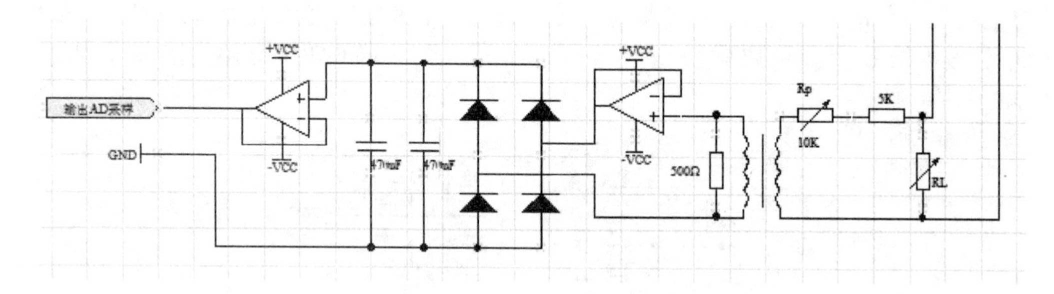

图 8-21　输出电压检测电路

5. SPWM 控制与驱动电路

利用 FPGA 的 DDS 信号发生器产生正弦波，利用计数器产生三角波，然后利用比较器进行比较，可生成 SPWM 波。驱动电路部分为了减少电源的路数，决定采用自举电路的形式，而不是采用光耦隔离的形式。驱动电路采用专用芯片 IR2111。

高压悬浮驱动器 IR2111 是具有两个输出的桥臂 MOSFET 栅极驱动器集成电路，具有快速完整的保护功能，因而可提高控制系统的可靠性，缩小控制板的尺寸。驱动电路如图 8-22 所示。

6. 过电流保护电路

利用电流互感器进行过电流保护。过电流保护电路如图 8-23 所示。

8.4.3　系统软件设计

系统软件流程图如图 8-24 所示。

8.4.4　测试方案与测试结果

表 8-10 列出了本测试所用的仪器仪表。利用这些仪器仪表进行测试，测试步骤如下：

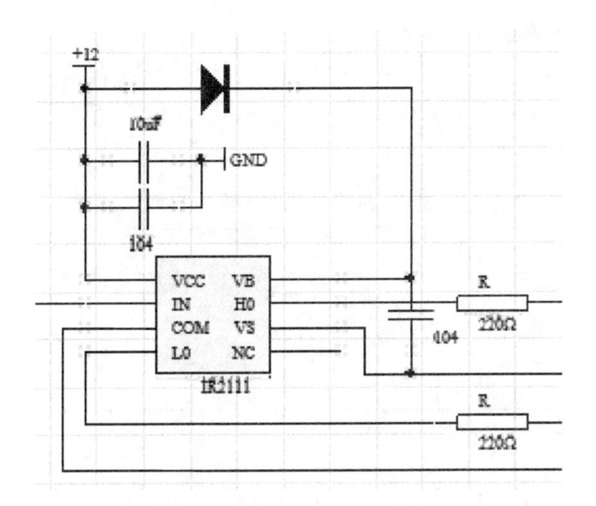

图 8-22 驱动电路

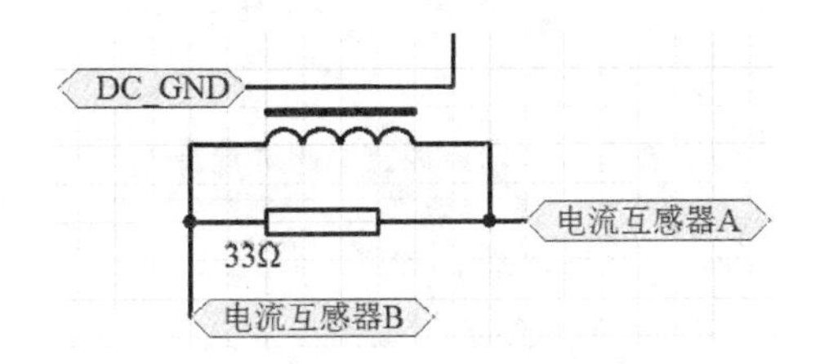

图 8-23 过电流保护电路

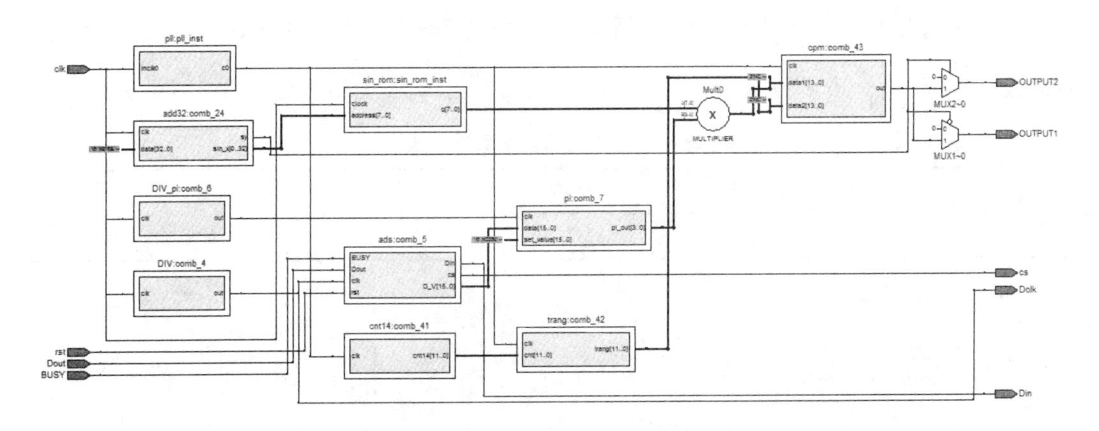

图 8-24 SPWM 控制 RTL 级视图

表 8-10 测试所用的仪器仪表

序号	测试仪器仪表名称	型号
1	双踪示波器	TDS 1002
2	万用表(三位半)	DT9205
3	万用表(四位半)	VICTOR 8155
4	滑动变压器(100 Ω、4.5 A)	BX7-10

1. 不同电源条件下逆变输出的测试

在交流供电有效值为 $U_1=30$ V 和直流供电 $U_3=30$ V 两种情况下，测试数据如表 8-11 所示，满足输出电压有效值为 $U_2=$ AC 24.0 V、频率为(50±1) Hz、额定输出电流为 1 A 的要求。

表 8-11　交流、直流供电时逆变输出测试数据

输入电压	AC 30 V	DC 30 V
输出电压	AC 24.0 V	AC 24.1 V
频率	50 Hz	50.25 Hz
额定输出电流	0.99 A	1.02 A

2. 电压调整率测试

在满载条件下，输入电压 U_1 从 AC 16.0 V 增加至 AC 29.3 V，测试数据如表 8-12 所示，电压调整率为 $\frac{(24.1-23.9)}{24.0}\times 100\%=0.83\%$，满足输出电压 U_2 变化不超过 2% 的要求。

表 8-12　电压调整率测试数据

输入电压/V	16.0	20.7	25.0	29.3
输出电压/V	23.9	24.0	24.1	24.0

3. 负载调整率测试

在输入电源电压 $U_1=$ AC 36 V 的情况下，从空载到满载，输出电压如表 8-13 所示。负载调整率 $=\frac{(24.9-23.9)}{24.0}\times 100\%=4.2\%$，满足输出电压 U_2 变化不超过 5% 的要求。

表 8-13　负载调整率测试数据

负载	空载	满载
U_2	24.9 V	23.9 V

4. 满载效率测试

直流电源供电时，在满载条件下，效率 $\eta=\frac{U_2\times I_2}{U_3\times I_3}=\frac{24\times 1.03}{30\times 1.04}\times 100\%=79.2\%$，满足效率不低于 65% 的要求。

第9章 实验

9.1 实验控制台综述

电力电子验证性操作实验采用DJDK-Ⅰ型电力电子技术及电机控制实验装置，如图9-1所示。该装置具有如下特点：

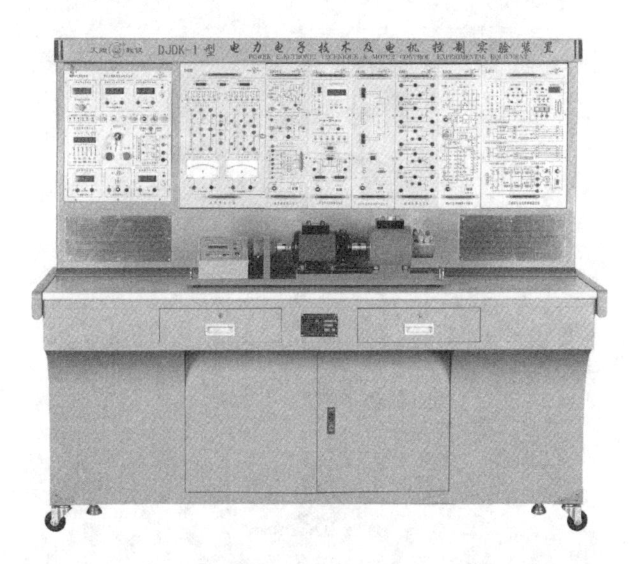

图9-1 DJDK-Ⅰ型电力电子技术及电机控制实验装置

(1) 该装置由固定在控制台上的电源控制屏供电。该控制屏采用三相隔离变压器隔离，设有电压型漏电保护装置和电流型漏电保护装置，可有效保护操作者的人身安全。

(2) 该装置采用挂件结构，可根据不同实验内容进行自由组合。

(3) 挂件面板分为3种接线孔，即强电接线孔、弱电接线孔及波形观察孔，三者有明显的区别，不能互插。同样，实验连接线采用强、弱分开的手枪式插头，分别与强电和弱电接线孔相对应，两者不能互插，避免了强电接入弱电设备而造成弱电设备损坏。

(4) 除电源控制屏和挂件外，该装置设有实验桌，桌面上可放置示波器、万用表等实验仪器，操作舒适、方便。该装备底部安装有轮子和不锈钢固定调节机构，便于移动和固定。

该装置的技术参数为：

(1) 输入电压：三相四线制380 V±10%，(50±1)Hz。

(2) 装置容量:≤1.5kV·A。

(3) 外形尺寸:长×宽×高为 1870 mm×730 mm×1600 mm。

(4) 工作环境温度范围:环境温度范围为-5~40 ℃,相对湿度<75%,海拔<1000 m。

9.2 电源控制屏介绍

电源控制屏固定在控制台上,主要为实验提供各种电源,如三相交流电源、直流励磁电源等。电源控制屏上还设有定时器兼报警记录仪,供教师考核学生实验用。在电源控制屏正面(电源控制屏面板右侧)的大凹槽内,设有两根不锈钢管,可挂置实验所需挂件,凹槽底部设有 12 芯、10 芯、4 芯、3 芯等插座,从这些插座提供有源挂件的电源。在电源控制屏两个侧边设有单相三极 220 V 电源插座及三相四极 380 V 电源插座。此外,电源控制屏上还设有供实验台照明用的 40 W 日光灯。

电源控制屏面板如图 9-2 所示。

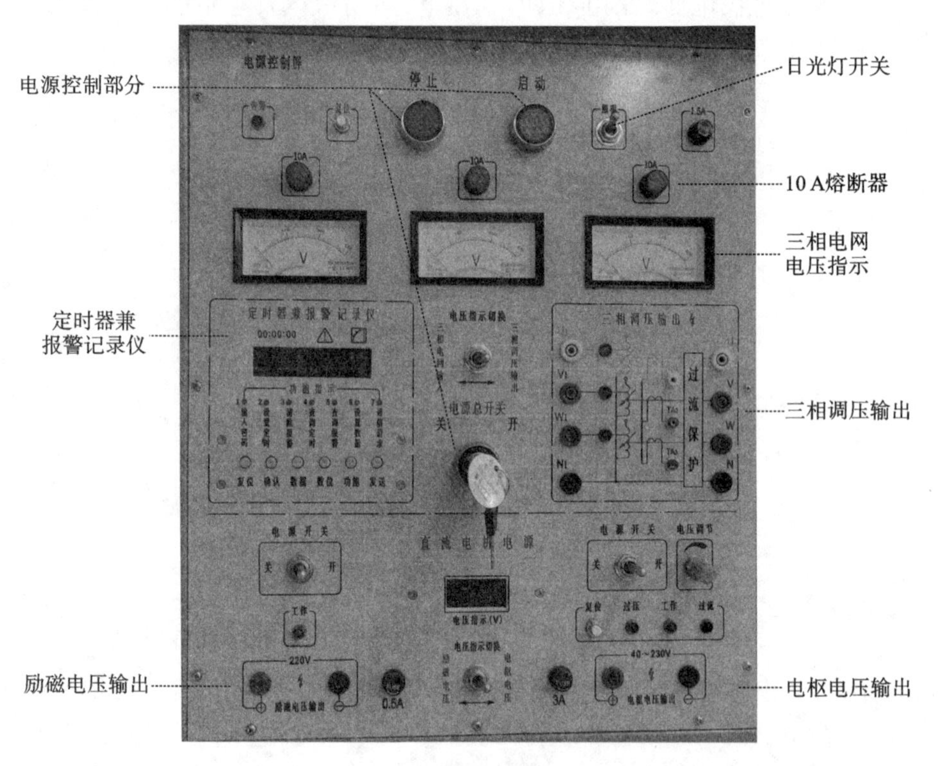

图 9-2 电源控制屏面板

1. 电源控制部分

电源控制部分由电源总开关、启动按钮(绿色)及停止按钮(红色)组成。它的主要功能是控制电源控制屏的各项功能。当打开电源总开关时,红灯亮,此时有三相电网输入电压;按下启动按钮后,红灯灭,绿灯亮,此时电源控制屏的三相电源输出才会有电压输出,三相电源输出电压的大小通过控制屏侧边的调压旋钮来调节。

2. 三相电网电压指示

三相电网电压指示实际上是三个交流有效值电压表。当位于中间的那个交流有效值电压表下面的电压指示切换钮子开关拨到三相电网输入侧时，三个交流有效值电压表显示整个控制屏的电压输入线电压的有效值。这三个电压表主要用于检测输入的电网电压是否有缺相的情况，观测三相电网各线间电压是否平衡。如果电网电压正常，此时这三个电压表都会指示在380 V左右；当电压指示切换钮子开关拨到三相调压输出侧时，三个交流有效值电压表显示的是控制屏三相电源输出电压的有效值，交流有效值电压表显示值的大小受控制屏侧边调压旋钮的调节。

3. 定时器兼报警记录仪

定时器兼报警记录仪平时作为时钟使用，具有设定实验时间、定时报警和切断电源等功能。它还可以自动记录由于接线操作错误所导致的告警次数。

4. 三相调压输出

三相调压输出可提供三相幅值相同、相位相差120°的交流电压。输出的电压大小由控制屏侧边的调压旋钮控制。同时，三相调压输出回路中还装有电流互感器。电流互感器可测定各相电源输出电流的大小，供电流反馈和过电流保护使用。面板上的TA_1、TA_2、TA_3三处观测点用于观测三路电流互感器输出电压信号。

5. 直流电机电源

直流电机电源包括励磁电压输出和电枢电压输出两部分。把电源总开关打开，绿色启动按钮按下后，把励磁电压输出对应的钮子开关拨至开，则励磁电源输出为220 V的直流电压并有发光二极管指示输出是否正常，励磁电源由0.5 A熔丝做短路保护，励磁电源由于容量有限，仅作为直流电机提供励磁电流，一般不能作为大电流的直流电源使用。把电源总开关打开，绿色启动按钮按下后，把电枢电压输出对应的钮子开关拨至开，则有40～230 V的可调节(通过相邻的电压调节旋钮进行调节)直流电枢电压输出，电枢电源由3 A熔丝做短路保护。

直流电机电源部分还有一个电压指示屏。电压指示切换钮子开关拨向励磁电压侧，则该指示屏显示励磁电压的大小；电压显示切换钮子开关拨向电枢电压侧，则该指示屏显示电枢电压。

9.3 单相正弦波脉宽调制(SPWM)逆变电路实验

1. 实验目的

(1) 熟悉单相交-直-交变频电路的原理及组成。

(2) 熟悉ICL8038的功能。

(3) 掌握SPWM波产生的机理。

(4) 分析交-直-交变频电路在不同负载下的工作情况和波形，并研究工作频率对电路工作波形的影响。

2. 实验内容

(1) 观测SPWM波控制信号。

(2) 观测单相正弦波脉宽调制(SPWM)逆变电路带纯电阻及阻感负载时输出电压的波形。

3. 实验所需挂件及仪表

单相正弦波脉宽调制(SPWM)逆变电路所需挂件及仪表如表 9-1 所示。

表 9-1 单相正弦波脉宽调制(SPWM)逆变电路所需挂件及仪表

序号	所需挂件及仪表	备注
1	DJK01 电源控制屏	该控制屏包含三相电源输出等模块
2	DJK09 单相调压与可调负载	该挂件包含整流与滤波、单相自耦调压器等模块
3	DJK14 单相交直交变频原理	该挂件包含逆变主电路、驱动电路等模块
4	双踪示波器	—
5	万用表	—

(1) DJK09 单相调压与可调负载。

该挂件由可调电阻器、整流与滤波、单相自耦调压器组成,面板如图 9-3 所示。

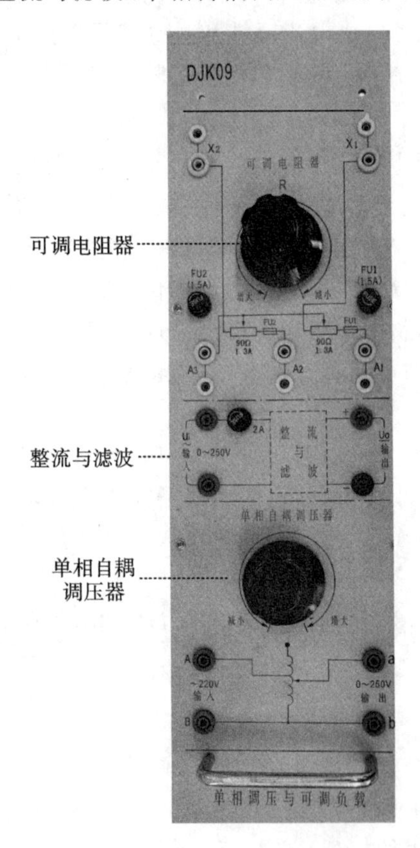

图 9-3 DJK09 **挂件面板图**

①可调电阻器。

可调电阻器由两个同轴 90 Ω/1.3 A 瓷盘电阻构成,通过旋转手柄调节电阻值的大小,单个电阻回路中有 1.5 A 熔丝起保护作用。当 A_1、X_1 两端接入电路时,当 90 Ω 固定电阻使用;当 A_2、X_2 两端接入电路时,也当 90 Ω 固定电阻使用;当 A_1 作为一端,A_3 作为另一端或

者 A_2 作为一端，A_3 作为另一端接入电路时，当可调电阻使用，调节范围是 0～90 Ω；当把 A_1 和 A_2 并联在一起作为一端，A_3 作为另一端接入电路时，当可调电阻使用，调节范围是 0～45 Ω。特别需要注意的是，当可调电阻使用时，调节旋钮的指示刻度线一定要在整个电路上电前指示在最大处。

②整流与滤波。

整流与滤波模块的作用是将交流电源通过二极管整流输出直流电源，供实验中直流电源使用，交流输入侧输入最大电压为 250 V，有 2 A 熔丝起保护作用。

③单相自耦调压器。

单相自耦调压器的额定输入交流电压为 220 V，输出电压为 0～250 V。

(2) DJK14 单相交直交变频原理。

DJK14 单相交直交变频原理挂件包括主电路、控制电路和驱动电路等。该挂件的面板如图 9-4 所示。为了与第 3 章符号一致，本节中 u_r 代表控制面板上的 U_r，u_c 代表控制面板上的 U_c，u_m 代表控制面板上的 U_m。

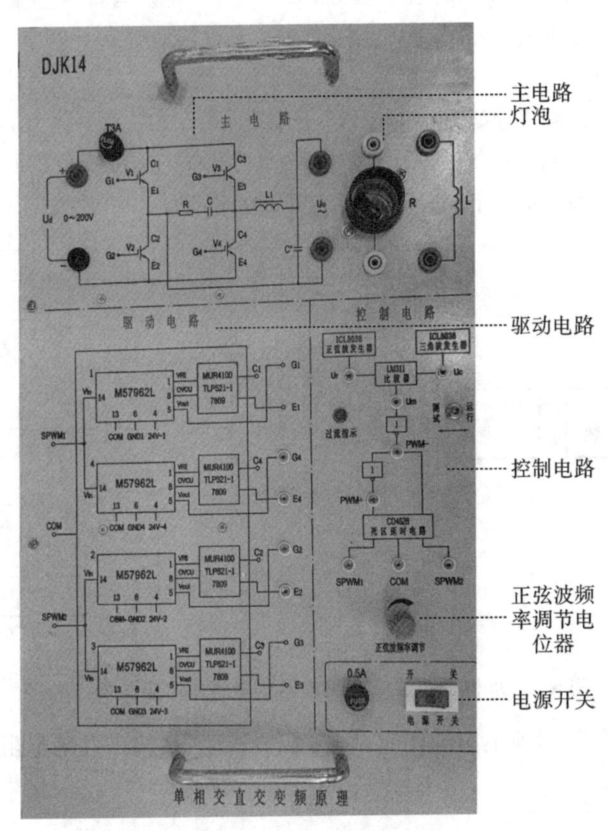

图 9-4　DJK14 挂件面板图

①主电路。

主电路由四个 IGBT 及 *LC* 滤波电路组成，左侧为 0～200 V 的直流电压输入，右侧输出是经 *LC* 低通滤波后的正弦波信号。

②驱动电路。

驱动电路由 IGBT 专用驱动电路 M57962L 构成，具有驱动、隔离、保护等功能。

③控制电路。

控制电路由两片 ICL8038 及外围元器件等组成，其中一片 ICL8038 产生一路锯齿波，另一片 ICL8038 产生一路频率可调的正弦波，调节正弦波频率调节电位器可调节正弦波的频率。

为了能让使用者比较清晰地观测到 SPWM 波信号，锯齿波的频率分为两挡，可通过钮子开关进行切换；当钮子开关拨到运行侧时，输出频率为 10 kHz 左右，可减少输出谐波分量；当钮子开关拨到测试侧时，输出频率为 400 Hz 左右，方便用普通示波器观测 SPWM 波信号。

4. 预习要求

阅读第 3.5 节 SPWM 逆变电路的内容。

5. 实验线路及原理

采用正弦波脉宽调制，通过改变调制波频率，实现交-直-交变频的目的。实验电路主要由三部分，即主电路、驱动电路和控制电路组成。另外，还设有保护电路。下面先讲解主电路、控制电路，再讲解驱动电路和保护电路。

(1) 主电路。

如图 9-5 所示，交流-直流变换部分(AC-DC)为不可控整流电路(由实验挂件 DJK09 提供)；逆变部分(DC-AC)由四个 IGBT 管组成单相桥式逆变电路，采用双极性调制方式。输出经 LC 低通滤波器滤除高次谐波，得到频率可调的正弦波(基波)交流输出 。

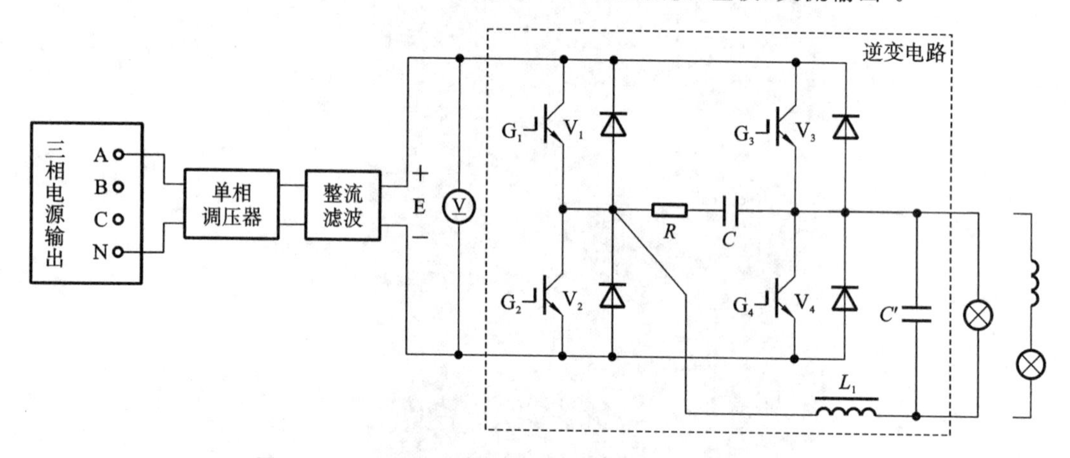

图 9-5 单相正弦波脉宽调制逆变电路主电路结构原理图

本实验设计的负载为纯电阻或阻感负载，满足一定条件时，可接电阻启动式单相鼠笼式异步电动机。

(2) 控制电路。

控制电路结构图如图 9-6 所示。它以两片集成函数信号发生器 ICL8038 为核心组成，其中一片 ICL8038 产生正弦调制波 u_r，另一片 ICL8038 用以产生三角形载波 u_c，将此两路信号经比较电路 LM311 异步调制后，产生一系列等幅、不等宽的矩形波 u_m，即 SPWM 波。u_m 经反相器后，生成两路相位相差 180°的正负 SPWM 波，再经触发器 CD4528 延时后，得到两路相位相差 180°并带一定死区范围的两路 SPWM1 波和 SPWM2 波，作为主电路中两对开关管 IGBT 的控制信号。各波形的观测点均已引到面板上，可通过示波器进行观测。

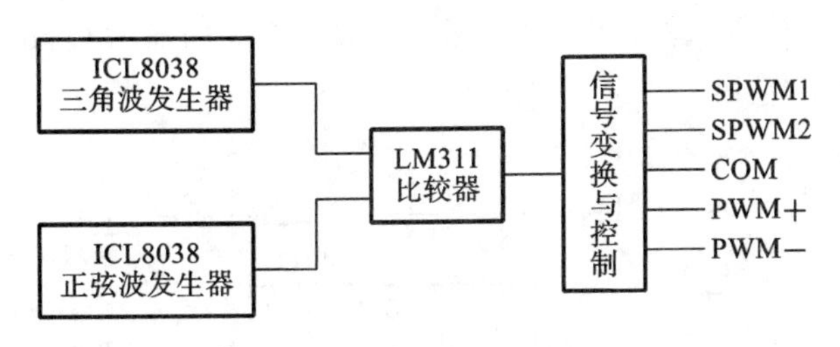

图 9-6　控制电路结构图

为了便于观察 SPWM 波，面板上设置了“测试”和“运行”选择开关。在“测试”状态下，三角形载波 u_c 的频率为 180 Hz 左右。此时通过示波器可较清楚地观察到异步调制的 SPWM 波，但在此状态下不能带载运行，这是因为载波比 N 太低，不利于设备的正常运行。在“运行”状态下，三角形载波 u_c 的频率为 10 kHz 左右，波形的宽窄快速变化致使无法用普通示波器观察到 SPWM 波，通过带储存的数字示波器的存储功能也可较清晰地观测 SPWM 波。正弦调制波 u_r 频率的调节范围设定为 5～60 Hz。

控制电路还设置了过电流保护接口端 STOP。当有过电流信号时，STOP 呈低电平，经“与门”输出低电平，封锁两路 SPWM 波信号，使 IGBT 关断，起到保护作用。

(3) 驱动电路和保护电路。

如图 9-7 所示(以其中一路为例)，驱动电路采用 IGBT 管专用驱动芯片 M57962L。M57962L 的输入端接控制电路产生的 SPWM 波信号，输出可用以直接驱动 IGBT 管。该电路的特点如下：

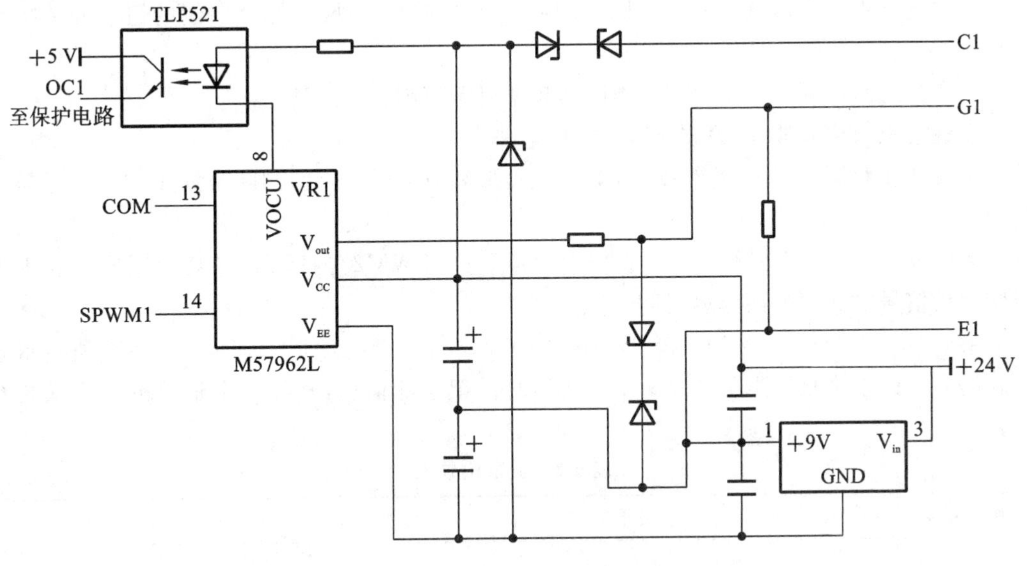

图 9-7　驱动电路结构原理图

①采用快速型的光电耦合器实现电气隔离。

②具有过电流保护功能，通过检测 IGBT 管的饱和压降来判断 IGBT 管是否过电流，过电流时 IGBT 管 CE 结之间的饱和压降升到某一定值，使 M57962L 的 8 脚输出低电平，使光电耦合器 TLP521 中的二极管发光，从而使 TLP521 的输出端 OC1 呈现高电平。该信号

给过电流保护电路，经过电流保护电路(见图 9-8)，使 4013 的输出 Q 端呈现低电平，并送控制电路，起到封锁保护作用。

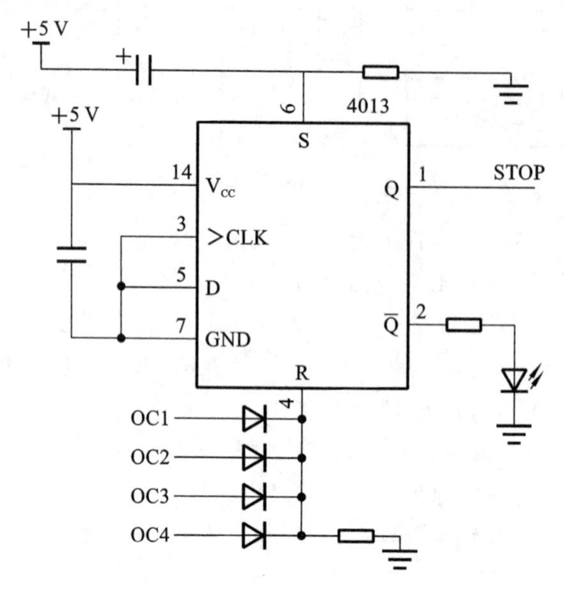

图 9-8　保护电路结构原理图

6. 实验方法

(1) 控制信号的观测。

在主电路不接直流电源时，打开控制电源开关，并将 DJK14 挂件左侧的钮子开关拨到“测试”侧。

①观察正弦调制波 u_r 的波形，测试其频率可调范围；

②观察三角形载波 u_c 的波形，测试其频率；

③改变正弦调制波 u_r 的频率，再测量三角形载波 u_c 的频率，判断是同步调制还是异步调制；

④比较“PWM+”与“PWM−”、“SPWM1”与“SPWM2”的区别，仔细观测同一相上下两管驱动信号之间的死区延迟时间。

将 u_r、u_c、PWM+、PWM−、SPWM1、SPWM2 等 6 个波形记录在诸如表 9-2 所示形式的表格中。此表格只给出了观察 u_r、u_c 波形时需记录的信息，其他 4 个信号的波形请自行补齐。

表 9-2　波形记录表

观测信号	波形	波形的说明
u_r	O	如幅值、频率可调范围等

续表

观测信号	波形	波形的说明
u_c	O	如幅值、频率以及是否随 u_r 频率的变化而变化等

(2) 带纯电阻或阻感负载。

完成实验步骤(1)之后，将 DJK14 挂件面板左侧的钮子开关拨到“运行”侧，将正弦调制波 u_r 的频率调到最小，选择负载种类。

①将输出接灯泡负载，然后将主电路接通。由控制屏左下侧的直流电源(通过调节单相交流自耦调压器，使整流后输出直流电压保持为 200 V)接入主电路，由小到大调节正弦调制波 u_r 的频率，观测负载电压的波形，记录其波形参数(幅值、频率)，并画出波形。

②负载改为灯泡与电感 L 串联，重复①步骤。

7. 思考题

(1) 为了使输出波形尽可能地接近正弦波，可采取什么措施?

(2) 调制波可否采用三角波?

(3) 分析开关死区时间对输出的影响。

8. 注意事项

(1) 双踪示波器有两个探头，可同时观测两路信号，但这两个探头的地线都与示波器的外壳相连，所以两个探头的地线不能同时接在同一电路不同电位的两个点上，否则这两个点会通过示波器外壳发生电气短路。为此，为了保证测量的顺利进行，可将其中一个探头的地线取下或外包绝缘，只使用其中一路的地线，这样从根本上解决了这个问题。当需要同时观察两个信号时，必须在被测电路上找到这两个信号的公共点，将探头的地线接于此处，将探头各接至被测信号，只有这样才能在示波器上同时观察到两个信号，而不发生意外。

(2) 在“测试”状态下，请勿带负载运行。

(3) 面板上的“过流保护”指示灯亮，表明过电流保护电路动作，此时应检查负载是否短路，若要继续实验，应先关机，再重新开机。

9.4 直流斩波电路的性能研究

1. 实验目的

(1) 熟悉直流斩波电路的工作原理。

(2) 熟悉各种直流斩波电路的组成和工作特点。

(3) 了解 PWM 控制与驱动电路的原理及其常用的集成芯片。

2. 实验内容

(1) 控制与驱动电路的测试。

(2) 六种直流斩波电路的测试。

3. 实验所需挂件及仪表

直流斩波电路实验所需挂件及仪表如表 9-3 所示。该实验新用到 DJK20 直流斩波实验挂件和 D42 三相可调电阻挂件,下面分别介绍这两个挂件的结构和功能。

表 9-3 直流斩波电路实验所需挂件及仪表

序号	型号	备注
1	DJK01 电源控制屏	该控制屏包含三相电源输出等模块
2	DJK09 单相调压与可调负载	该挂件包含整流与滤波、单相自耦调压器等模块
3	DJK20 直流斩波实验	该挂件包括斩波电路所需元器件、控制电路等模块
4	D42 三相可调电阻	该挂件包含三个可调电阻模块
5	示波器	自备
6	万用表	自备

(1) DJK20 直流斩波实验。

该挂件通过利用主电路元器件的自由组合,可构成降压斩波电路、升压斩波电路、升降压斩波电路、Cuk 斩波电路、Sepic 斩波电路、Zeta 斩波电路六种电路。该挂件的面板如图 9-9 所示。

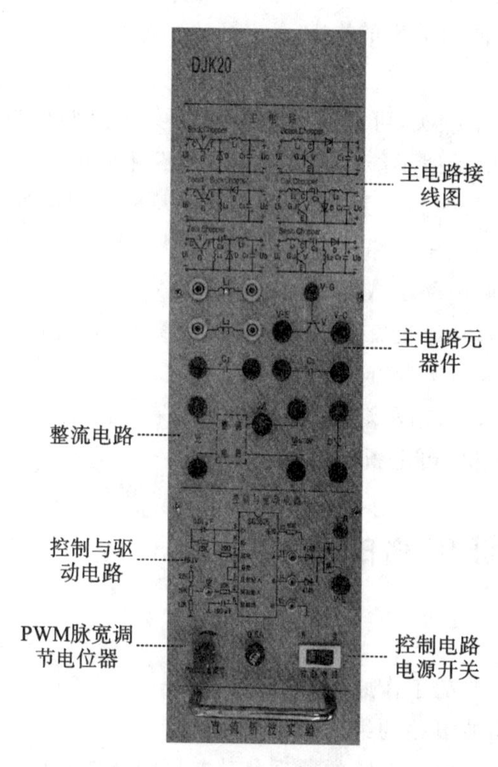

图 9-9 DJK20 面板图

①主电路接线图。

主电路接线图包括六种电路实验详细接线图,在实验过程中按元器件标号进行接线。

②主电路元器件。

主电路元器件部分包括实验中所用的器件，包括电容、电感、IGBT等。

③整流电路。

整流电路用于将输入交流电源转换成直流电源，要注意输出的直流电源不能超过50 V。直流侧有2 A熔丝起保护作用。

④控制电路及PWM脉宽调节电位器。

控制电路以SG3525为核心构成。SG3525为美国Silicon General公司生产的专用PWM控制集成电路，内部电路结构及各引脚功能如图9-10所示。它采用恒频脉宽调制控制方案，内部包含有精密基准源、锯齿波振荡器、误差放大器、比较器、分频器和保护电路等。结合图9-9和图9-10，调节u_r的大小，在A、B两端可输出两个幅值相等、频率相等、相位相差180°、占空比可调的矩形波(即PWM波信号)。它适用于各开关电源、斩波器的控制。详细的工作原理与性能指标可参阅相关的资料。调节"PWM脉宽调节电位器"，可改变输出的触发信号脉宽。

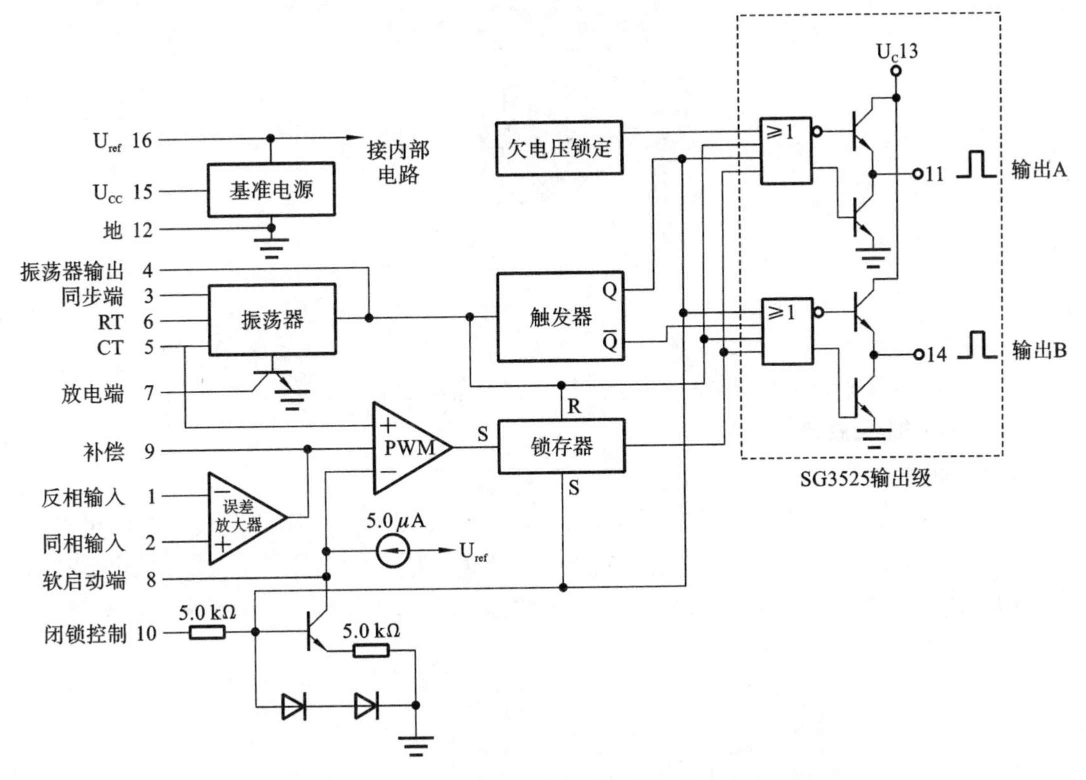

图9-10　SG3525芯片内部结构及各引脚功能图

(2) D42三相可调电阻。

D42的面板图如图9-11所示。该挂件包括三个相同的可调电阻模块。以最上面的电阻模块为例，当A_1和X_1作为电阻的两端，或A_2和X_2作为电阻的两端时，当阻值为900 Ω的固定电阻使用。当A_3和A_2作为电阻的两端或A_1和A_3作为电阻的两端时，当调节范围为0～900 Ω的可调电阻使用，可通过黑色的调节旋钮进行阻值调节。当A_1和A_2短接作为电阻的一端，A_3作为电阻的另外一端时，当调节范围为0～450 Ω的可调电阻使用。

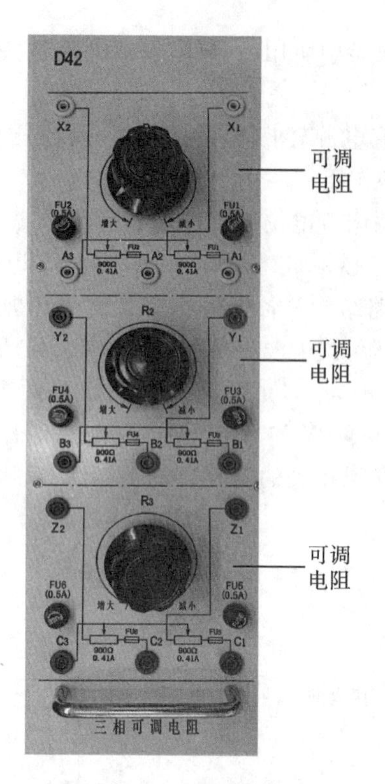

图 9-11 D42 面板图

4. 预习要求

(1) 阅读 4.1～4.3 节有关直流斩波电路的内容;

(2) 阅读本节中 DJK20 挂件 PWM 控制集成电路的内容。

5. 实验线路及原理

(1) 斩波电路的直流电源。

斩波电路的直流电源的实验原理如图 9-12 所示。DJK01 挂件的三相电源输出经过 DJK09 挂件上的单相调压器和整流滤波电路产生直流电压 U_i。特别要注意:在该电源接入后续的斩波电路前,一定要保证 $U_i \leqslant 50$ V,对应的输入交流电压大小由单相调压器调节。

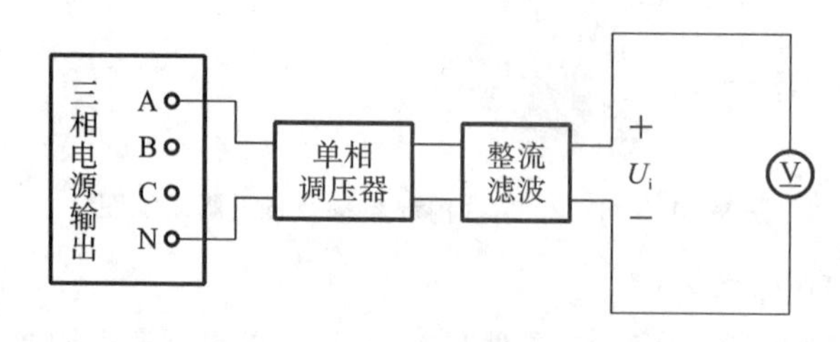

图 9-12 斩波电路的直流电源的实验原理

(2) 几种斩波电路的主电路。

①降压斩波电路。

降压斩波电路主电路的原理如图 9-13 所示。IGBT 的控制信号由 DJK20 挂件提供。

根据 4.1 节降压斩波电路的原理，输出电压的平均值为：

$$U_o = \frac{t_{on}}{t_{on}+t_{off}}U_i = \frac{t_{on}}{T}U_i = DU_i$$

式中，t_{on} 为 V 处于通态的时间，t_{off} 为 V 处于断态的时间，T 为开关周期，D 为导通占空比。

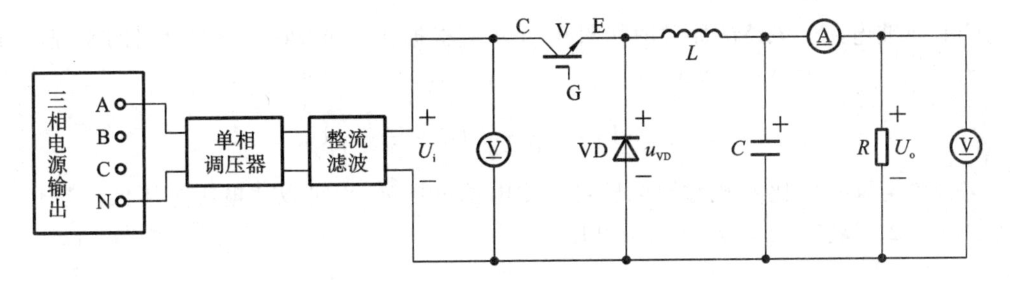

图 9-13　降压斩波电路主电路的原理图

②升压斩波电路。

升压斩波电路主电路的原理如图 9-14 所示。根据 4.2 节升压斩波电路原理，当电感电流连续时，输出电压为：

$$U_o = \frac{t_{on}+t_{off}}{t_{off}}U_i = \frac{T}{t_{off}}U_i$$

式中的 $T/t_{off} \geqslant 1$，输出电压高于电源电压，故称该电路为升压斩波电路。

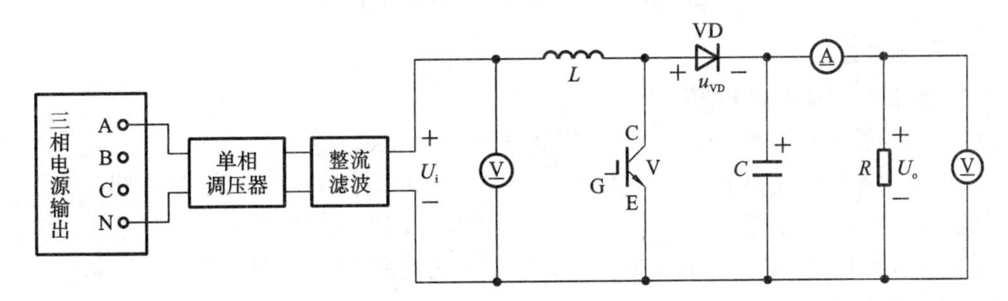

图 9-14　升压斩波电路主电路的原理图

③升降压斩波电路。

升降压斩波电路主电路的原理如图 9-15 所示。根据 4.3 节升降压斩波电路原理，当电感电流连续时，输出电压为：

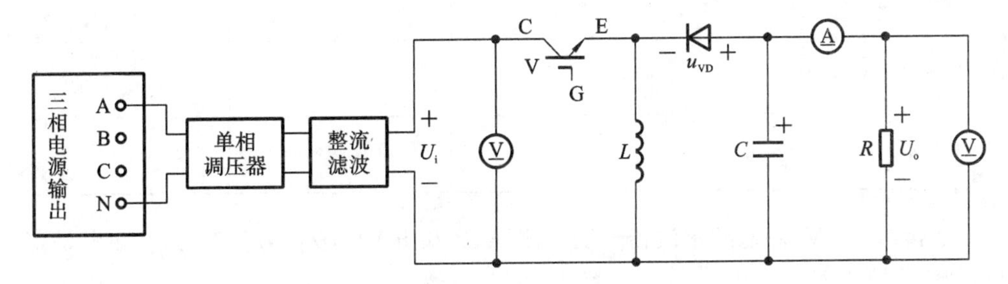

图 9-15　升降压斩波电路主电路的原理图

$$U_o=\frac{t_{on}}{t_{off}}U_i=\frac{t_{on}}{T-t_{on}}U_i=\frac{D}{1-D}U_i$$

若改变导通占空比 D，则输出电压可以比电源电压高，也可以比电源电压低。当 $0<D<1/2$ 时降压，当 $1/2<D<1$ 时为升压。

④Cuk 斩波电路。

Cuk 斩波电路主电路的原理图如图 9-16 示。根据 4.3 节 Cuck 斩波电路的原理，输出电压为：

$$U_o=\frac{t_{on}}{t_{off}}U_i=\frac{t_{on}}{T-t_{on}}U_i=\frac{D}{1-D}U_i$$

若改变导通占空比 α，则输出电压可以比电源电压高，也可以比电源电压低。当 $0<D<1/2$ 时为降压，当 $1/2<D<1$ 时为升压。

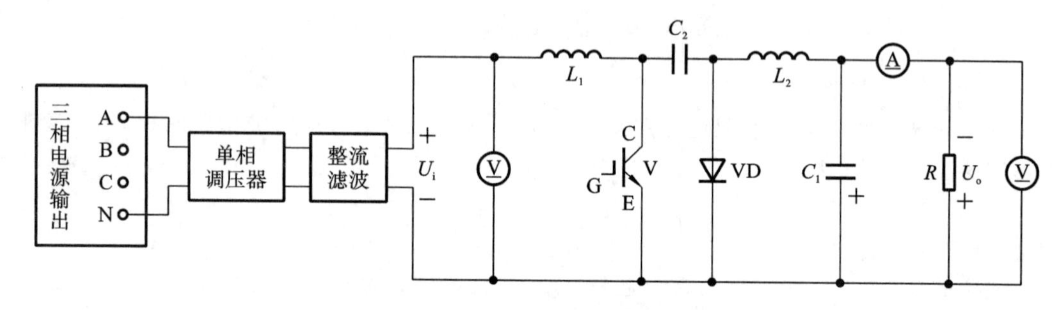

图 9-16　Cuk 斩波电路主电路的原理图

6. 实验方法

(1) 控制与驱动电路的测试。

①启动实验装置电源，开启 DJK20 控制电路电源开关。

②调节 PWM 脉宽调节电位器改变 u_r(PWM 控制芯片 SG3525 的 2 脚观察孔与 12 脚之间的电压)，用双踪示波器同时观测 SG3525 的第 11 脚(与 12 脚地之间)、第 14 脚的波形，再观测输出 PWM 波信号的波形(V-G 与 V-E 之间的波形)，测量不同 u_r 下各波形的占空比并填入表 9-4 中。

表 9-4　U_r 数值与占控比记录表

u_r/V	1.6	2.0	2.4
11 脚(A 点)占空比/(%)			
14 脚(B 点)占空比/(%)			
PWM 波占空比/(%)			

③令 $u_r=2.0$ V，用双踪示波器分别观测 A、B 和 PWM 波信号的波形，记录其波形、频率和幅值，并填入表 9-5 中。

表 9-5　控制信号波形记录表

观测点	A(11 脚)	B(14 脚)	PWM 波
波形	O	O	O
波形类型			
幅值 A/V			
频率 f/Hz			

④用双踪示波器的两个探头同时观测 11 脚和 14 脚的输出波形，调节 PWM 脉宽调节电位器，观测两路输出的 PWM 波信号，使得 11 脚波形的下降沿和 14 脚波形的上升沿不能再靠近为止，此时 11 脚波形的下降沿与 14 脚波形的上升沿之间的时间就是最小的死区时间，将此时的相关数据记录于表 9-6 中。

表 9-6　死区时间测量时相关数据表

观测量	u_r	11 脚和 14 脚波形的相位差	死区时间
数值			

(2) 直流斩波器的测试(使用一个探头观测波形)。

斩波电路的输入直流电压 u_i 由三相调压器输出的单相交流电经 DJK20 挂件上的单相桥式整流及电容滤波后得到。接通交流电源，观测 u_i 波形，记录其平均值(注：本装置限定直流电压输出最大值为 50 V，输入交流电压的大小由调压器调节输出)。按下列实验步骤依次对六种典型的直流斩波电路进行测试。

①切断电源，根据 DJK20 挂件上的主电路图，利用面板上的元器件连接好相应的斩波实验线路，并接上电阻负载，负载电流最大值限制在 200 mA 以内。将控制与驱动电路的输出"V-G""V-E"分别接至开关管 V 的 G 和 E 端。

②检查接线正确(尤其注意检查电解电容的极性是否正确)后，接通主电路和控制电路的电源。

③用示波器观测 PWM 波信号、u_{GE} 及输出电压 u_o 和二极管两端电压 u_{VD} 的波形，注意各波形间的相位关系。

④调节 PWM 脉宽调节电位器以改变 u_r，观测在不同占空比(α)时 u_i、u_o 和 α 的数值并填写表 9-7 中，从而画出 $u_o = f(\alpha)$ 的关系曲线。

表 9-7　不同数值时斩波电路数值记录表

u_r/V	1.4	1.6	1.8	2.0	2.2	2.4	2.5
11 脚(A 点)占空比/(%)							
14 脚(B 点)占空比/(%)							
PWM 波占空比/(%)							

续表

u_r/V	1.4	1.6	1.8	2.0	2.2	2.4	2.5
输入电压 u_i							
输出电压实测值							
输出电压理论值							

7. 思考题

(1) 直流斩波电路的工作原理是什么？有哪些结构形式和主要元器件？

(2) 为什么在主电路工作时不能用双踪示波器的两个探头同时对两处波形进行观测？

8. 实验报告

(1) 分析产生 PWM 波信号的工作原理。

(2) 整理各组实验数据，绘制各直流斩波电路的 u_i/u_o-α 曲线，并做比较与分析。

(3) 讨论、分析实验中出现的各种现象。

9. 注意事项

(1) 在主电路通电后，不能用双踪示波器的两个探头同时观测主电路元器件之间的波形，否则会造成短路。

(2) 用双踪示波器的两个探头同时观测两处波形时，要注意共地问题，否则会造成短路。在观测高压时应衰减 10 倍。在做直流斩波器测试实验时，最好使用一个探头。

9.5 锯齿波同步移相触发电路实验

1. 实验目的

(1) 加深理解锯齿波同步移相触发电路的工作原理及各元件的作用。

(2) 掌握锯齿波同步移相触发电路的调试方法。

2. 实验内容

(1) 锯齿波同步移相触发电路的调试。

(2) 锯齿波同步移相触发电路各点波形的观察和分析。

3. 实验所需挂件及仪表

锯齿波同步移相触发电路实验所需挂件及仪表如表 9-8 所示。其中，DJK01 电源控制屏在 9.2 节介绍过，下面介绍 DJK03-1 晶闸管触发电路挂件。

表 9-8　锯齿波同步移相触发电路实验所需挂件及仪表

序号	型号	备注
1	DJK01 电源控制屏	该控制屏包含三相电源输出等模块
2	DJK03-1 晶闸管触发电路	该挂件包含锯齿波同步触发电路等模块
3	双踪示波器	

DJK03-1 是晶闸管触发电路专用的实验挂件，面板如图 9-17 所示，包括单结晶体管触发电路、正弦波同步触发电路、锯齿波同步触发电路Ⅰ和锯齿波电路Ⅱ、单相交流调压触发电路以

及单相晶闸管触发电路。本次实验用到的部分是锯齿波同步触发电路I和锯齿波电路II。

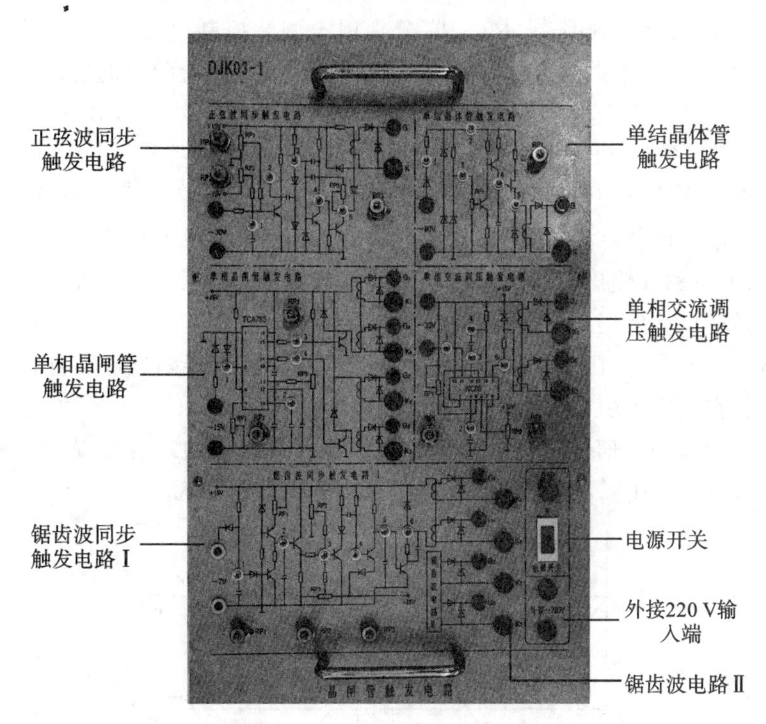

图 9-17　DJK03-1 挂件面板图

锯齿波同步触发电路 I 由同步检测、锯齿波形成、移相控制、脉冲形成、脉冲放大等环节组成，其原理图如图 9-18 所示。

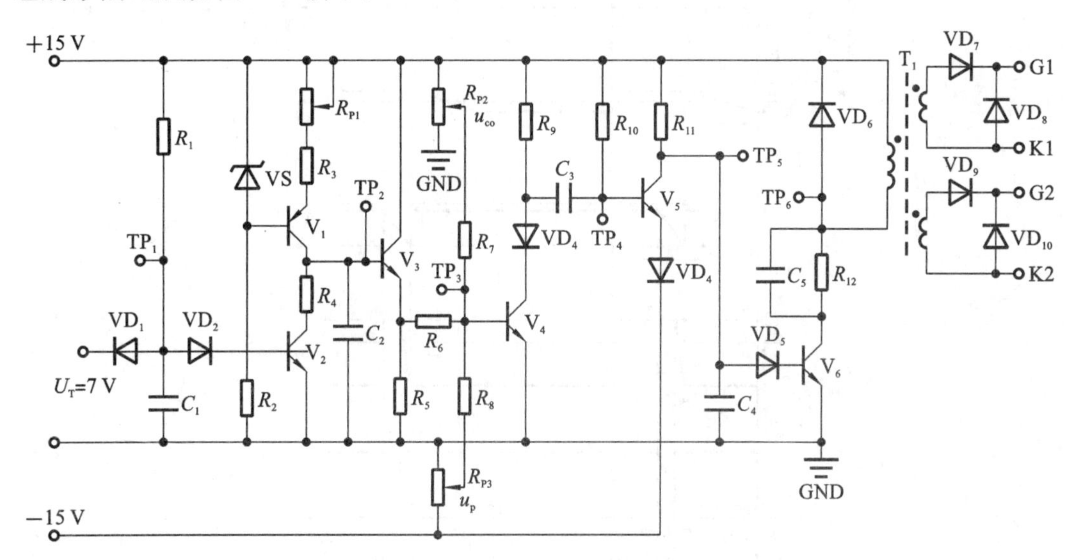

图 9-18　锯齿波同步触发电路 I 原理图

由 V_3、VD_1、VD_2、C_1 等元件组成同步检测环节，以利用同步电压 u_T 来控制锯齿波产生的时刻及锯齿波的宽度。由 V_1、VS 元件组成恒流源电路，当 V_2 截止时，恒流源对 C_2 充电，形成锯齿波；当 V_2 导通时，电容 C_2 通过 R_4、V_2 放电。调节电位器 R_{P1} 可以调节恒流源的电流大小，从而改变锯齿波的斜率。控制电压 u_{co}、偏移电压 u_p 和锯齿波电压在 V_4 基极综合叠加，从而构成移相控制环节，R_{P2}、R_{P3} 分别用于调节控制电压 u_{co} 和偏移电压 u_p 的大小。V_5、V_6 构成脉冲形成放大环节，C_5 为强触发电容，用于改善脉冲的前沿，由脉冲变压器输出触发脉冲。控制面板上引出了 6 个测试点"1""2""3""4""5""6"，分别对应电路原理图上的"TP1""TP2""TP3""TP4""TP5""TP6"六个点。

电路的各点电压波形如图 9-19 所示。图中的 t_1、t_2、t_3、t_4、t_5、t_6 是后面实验时需要记录的对应波形的宽度。该挂件上有两路锯齿波同步移相触发电路Ⅰ和Ⅱ，二者在电路上完全一样，只是锯齿波电路Ⅱ输出的触发脉冲相位与锯齿波同步触发电路Ⅰ恰好互差180°，供单相整流及单相逆变实验使用。

电位器 R_{P1}、R_{P2}、R_{P3} 均已安装在挂件的面板上，同步变压器副边已在挂件内部接好，所有的测试信号都在面板上引出。

该挂件的电源及同步信号都是由外接 220 V 输入端提供的。需要提请注意的是，输入的电压范围为 220 V±10%，如超过此范围会造成设备严重损坏。

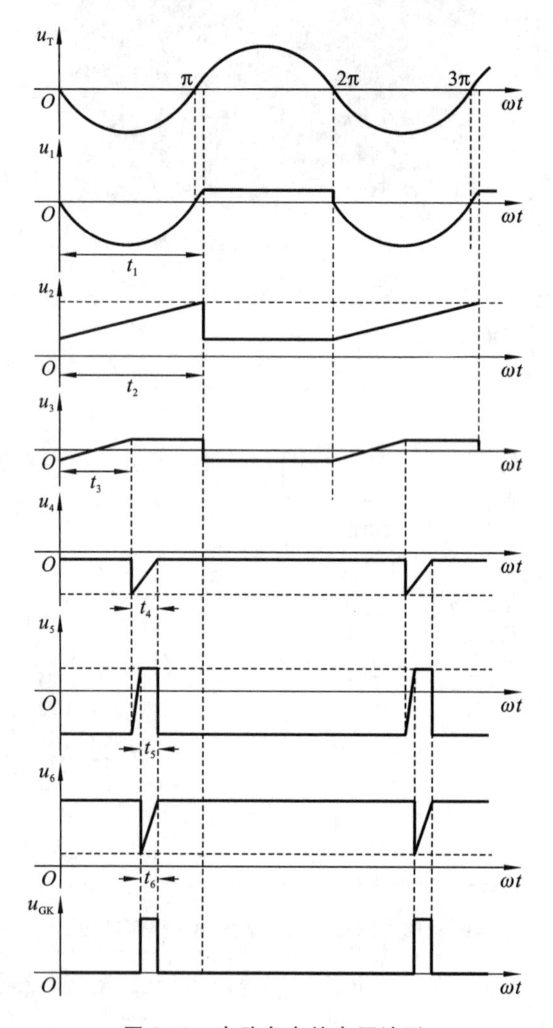

图 9-19 电路各点的电压波形

4. 预习要求

(1) 阅读 5.4 节中有关锯齿波同步移相触发电路的内容，弄清锯齿波同步移相触发电路的工作原理。

(2) 熟悉 DJK03-1 挂件面板图。

(3) 掌握锯齿波同步移相触发电路脉冲初始相位的调整方法。

5. 实验线路及原理

锯齿波同步移相触发电路的实验接线非常简单，只需将 220 V 的交流电源接到 DJK03-1挂件上就可以了，原理在本节 DJK03-1 的挂件介绍中已经讲述。

6. 实验方法

(1) 通过操作电源控制屏左侧的单相自耦调压器，将输出的线电压调到 220 V 左右，然后才能将电源接入挂件，用两根导线将 220 V 交流电压(可以用线电压)接到 DJK03-1 挂件的"外接～220V"端，按下启动按钮，打开 DJK03-1 挂件的电源开关，这时 DJK03-1 挂件中所有的触发电路都开始工作，用双踪示波器观察锯齿波同步触发电路各观察孔的电压波形。

①观察同步电压和"TP1"点的电压波形，了解"TP1"点波形形成的原因。

②观察"TP1"和"TP2"点的电压波形，了解锯齿波宽度和"TP1"点电压波形的关系。

③调节电位器 R_{P1}，观测"TP2"点锯齿波斜率的变化。

④观察"TP3"点至"TP6"点电压和输出电压的波形，在表 9-9 中记录各电压的最大值、最小值与宽度并比较"TP3"点电压 u_3 和"TP6"点电压 u_6 的对应关系。

表 9-9　各测试点波形数据

	u_1	u_2	u_3	u_4	u_5	u_6
最大值/V						
最小值/V						
宽度/ms						

(2) 调节触发脉冲的移相范围。

将控制电压 u_{co} 调至零(将电位器 R_{P2} 逆时针旋到底)，用示波器观察同步电压信号和"TP5"点 u_5 波形，调节偏移电压 u_p 即调节 R_{P3} 电位器，使 $\alpha=180°$，触发角为 0°的点从同步变压器副边电压30°开始算起。触发脉冲波形如图 9-20 所示。

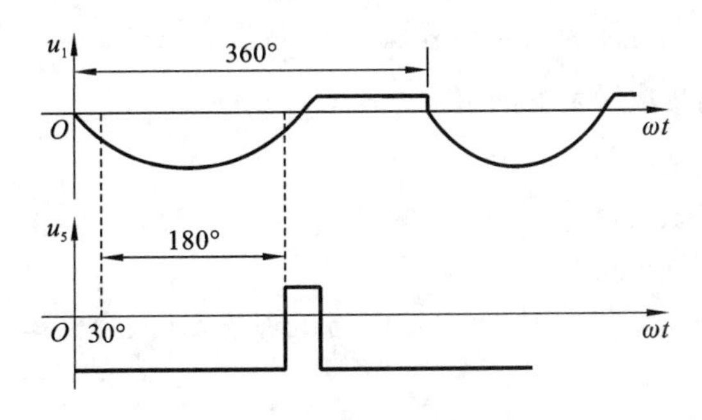

图 9-20　锯齿波同步移相触发波形

(3) 调节 u_{co}(即电位器 R_{P2})使 $\alpha=60°$，观察并记录 u_1～u_6 电压的波形，把各电压的最

大值、最小值和宽度记录于表 9-10 中。

表 9-10　触发角为 $\alpha=60°$ 时各点波形数据

	u_1	u_2	u_3	u_4	u_5	u_6
最大值/V						
最小值/V						
宽度/ms						

7. 思考题

(1) 锯齿波同步移相触发电路有哪些特点？

(2) 锯齿波同步移相触发电路的移相范围与哪些参数有关？

8. 实验报告

(1) 描绘实验中记录的各点波形，并标出其幅值和宽度。

(2) 总结锯齿波同步移相触发电路移相范围的调试方法，若要求在 $u_{co}=0$ V 的条件下使 $\alpha=90°$，如何调整？

(3) 讨论、分析实验中出现的各种现象。

9. 注意事项

双踪示波器有两个探头，可同时观测两路信号，但这两个探头的地线都与示波器的外壳相连，所以两个探头的地线不能同时接在同一电路不同电位的两个点上，否则这两个点会通过示波器外壳发生电气短路。为此，为了保证测量的顺利进行，可将其中一个探头的地线取下或外包绝缘，只使用其中一路的地线，这样从根本上解决了这个问题。当需要同时观察两个信号时，必须在被测电路上找到这两个信号的公共点，将探头的地线接于此处，将探头各接至被测信号，只有这样才能在示波器上同时观察到两个信号，而不发生意外。

9.6　三相桥式全控整流及有源逆变电路实验

1. 实验目的

(1) 加深理解三相桥式全控整流及有源逆变电路的工作原理。

(2) 了解 KC 系列集成触发器的调整方法和各点的波形。

2. 实验内容

(1) 三相桥式全控整流电路。

(2) 三相桥式有源逆变电路。

(3) 在整流或有源逆变状态下，当触发电路出现故障(人为模拟)时观测主电路的各电压波形。

3. 实验所需挂件及仪表

三相桥式全控整流及有源逆变电路实验所需挂件及仪表如表 9-11 所示。

表 9-11 三相桥式全控整流及有源逆变电路实验所需挂件和仪表

序号	型号	备注
1	DJK01 电源控制屏	该控制屏包含三相电源输出等模块
2	DJK02 晶闸管主电路	该挂件包含 12 个晶闸管、直流电压表和直流电流表等模块
3	DJK02-1 三相晶闸管触发电路	该挂件包含触发电路、正反桥功放等几个模块
4	DJK06 给定及实验器件	该挂件包含二极管等模块
5	DJK10 变压器实验	该挂件包含逆变变压器和三相不控整流桥等模块
6	D42 三相可调电阻	该挂件包含三个可调电阻
7	双踪示波器	
8	万用表	

(1) DJK02 晶闸管主电路。

DJK02 挂件装有 12 个晶闸管、直流电压表和直流电流表等,其面板如图 9-21 所示。

①三相同步信号输出。

同步信号从电源控制屏处获得。电源控制屏内装有△/Y 接法的三相同步变压器,和主电源输出同相,输出相电压幅值为 15 V 左右,供三相触发电路 DJK02-1 挂件内的 KC04 集成电路使用,从而产生移相触发脉冲。只要将本挂件的 12 芯插头与电源控制屏凹槽处的 12 芯电源插座相连接,就会输出相位一一对应的三相同步电压信号。

②正、反桥触发脉冲。

从 DJK02-1 挂件来的正、反桥触发脉冲分别通过输入接口,加到相应的晶闸管电路上。

③正、反桥钮子开关。

从正、反桥触发脉冲输入端来的触发脉冲信号通过"正、反桥钮子开关"接至相应晶闸管的门极和阴极。面板上共设有十二个钮子开关,分为正、反桥两组,分别控制对应的晶闸管的触发脉冲;开关打到"通"侧,触发脉冲接到晶闸管的门极和阴极;开关打到"断"侧,触发脉冲被切断。通过钮子开关的切换,可以模拟晶闸管失去触发脉冲的故障情况。

④三相正、反桥主电路。

三相正桥主电路和三相反桥主电路分别由六个 5 A/1000 V 晶闸管组成。其中,$VT_1 \sim VT_6$ 是组成三相正桥主电路的元件,$VT'_1 \sim VT'_6$ 是组成三相反桥主电路的元件。所有这些晶闸管元件均配置有阻容吸收及快速熔断器保护。此外,三相正桥主电路还设有压敏电阻,压敏电阻接成三角形,起过电压吸收作用。

⑤电抗器。

实验主回路中所使用的平波电抗器装在电源控制屏内,其各引出端通过电源控制屏凹槽的 12 芯插座连接到 DJK02 挂件面板的中间位置,有 3 挡电感量可供选择,分别为 100 mH、200 mH、700 mH(各挡在 1 A 电流下能保持线性),可根据实验需要选择合适的电感值。电抗器回路中串有 3 A 熔断器(起保护作用),熔断器座装在电源控制屏中电抗器旁。

⑥直流电压表及直流电流表。

DJK02 挂件面板上装有±300 V 的带镜面直流电压表、±2 A 的带镜面直流电流表。两块电表均为中零式,精度为 1.0 级,为整流和逆变电路系统提供电压及电流指示。

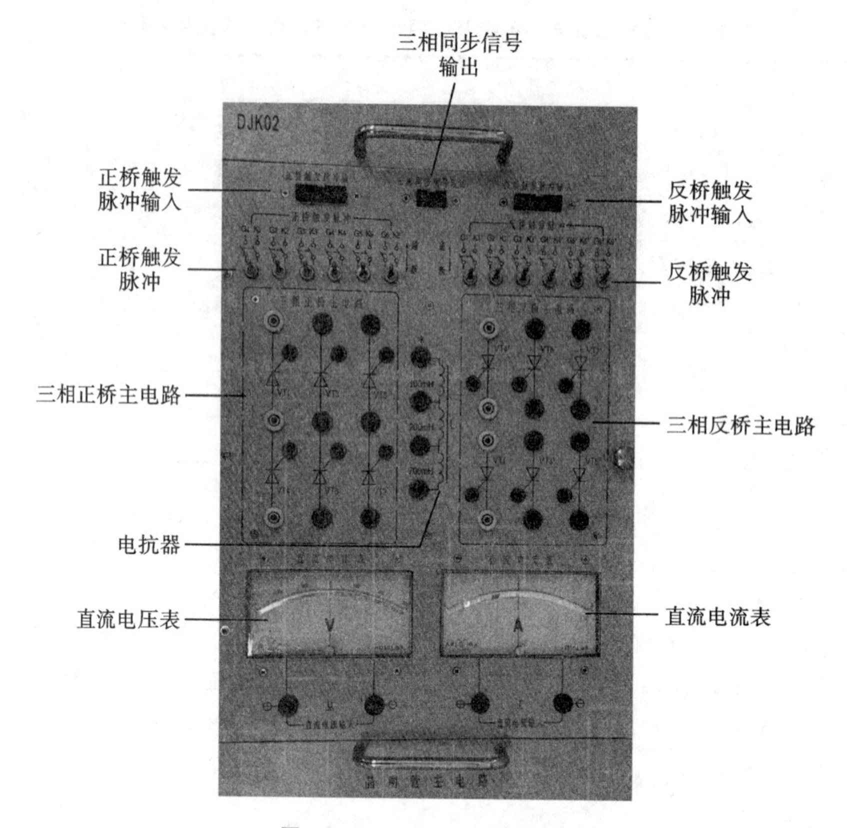

图 9-21　DJK02 挂件面板图

(2) DJK02-1 三相晶闸管触发电路。

该挂件装有三相晶闸管触发电路和正反桥功放电路等,面板图如图 9-22 所示。对该挂件面板的各功能区描述如下:

①三相同步信号输入。

通过专用的十芯扁平线将 DJK02 挂件上的三相同步信号输出端与 DJK02-1 三相同步信号输入端连接,为其内部的触发电路提供同步信号。同步信号也可以从其他地方获得,但要注意同步信号的幅值和相序问题。

②锯齿波斜率调节与观察孔。

打开该挂件的电源开关,由外接同步信号经 KC04 集成触发电路,产生三路锯齿波信号,调节相应的斜率调节电位器,可改变相应的锯齿波斜率。三路锯齿波信号的斜率应保证基本相同,只有这样才能使六路触发脉冲间隔基本一致,从而才能使主电路每个周期输出的六个波头的整流波形或逆变波形整齐划一。

③触发脉冲指示。

在触发脉冲指示处设有钮子开关,用以控制触发电路。开关拨到左边,绿色发光管亮,在触发脉冲观察孔处可观测到后沿固定、前沿可调的宽脉冲链;开关拨到右边,红色发光管亮,触发电路产生双窄脉冲。

④移相控制电压 u_{ct} 输入及偏移电压 u_b 观测及调节。

u_{ct} 及 u_b 用于控制触发电路的移相角。在一般的情况下,我们首先将 u_{ct} 接地,调节 u_b

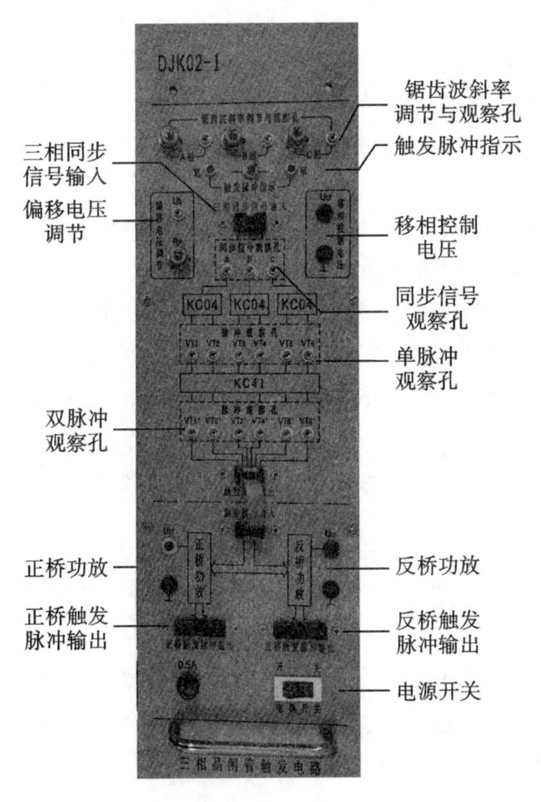

图 9-22　DJK02-1 **挂件面板图**

以确定触发脉冲的初始位置(即最大触发角的位置)。初始触发角定下后,在以后的调节中只调节 u_{ct}(由 DJK06 挂件提供)。这样确保移相角不会大于初始位置。例如在逆变电路实验中初始移相角 $\alpha=150°$定下后,无论如何调节 u_{ct}都能保证逆变角 $\beta>30°$,防止出现逆变颠覆的情况。

⑤控制电路。

控制电路在 KC04、KC41 和 KC42 三相集成触发电路的基础上,又增加了 4066、4069 芯片,可产生三相六路互差 60°的双窄脉冲或三相六路后沿固定、前沿可调的宽脉冲链,供触发晶闸管使用。

在面板上设有三相同步信号观察孔、两路触发脉冲观察孔。$VT_1 \sim VT_6$ 为单脉冲观察孔(触发脉冲指示为“窄脉冲”)或宽脉冲观察孔(在触发脉冲指示为“宽脉冲”);$VT'_1 \sim VT'_6$ 为双脉冲观察孔(触发脉冲指示为“窄脉冲”)或宽脉冲观察孔(触发脉冲指示为“宽脉冲”)。三相同步电压信号从每个 KC04 的 8 脚输入,在其 4 脚相应形成线性增加的锯齿波,移相控制电压 u_{ct}和偏移电压 u_b 经叠加后,从 9 脚输入。当触发脉冲选择的钮子开关拨到窄脉冲侧时,通过控制 4066(电子开关),使得每个 KC04 从 1、15 脚输出相位相差 180°的单窄脉冲(可在上面的 $VT_1 \sim VT_6$ 脉冲观察孔观察到),窄脉冲经 KC41(六路双脉冲形成器)后,得到六路双窄脉冲(可在下面的 $VT'_1 \sim VT'_6$ 脉冲观察孔观察到)。将钮子开关拨到宽脉冲侧时,通过控制 4066,使得 KC04 的 1、15 脚输出宽脉冲,同时将 KC41 的控制端 7 脚接高电平,使 KC41 停止工作,宽脉冲通过 4066 的 3、9 脚直接输出。4069 为反相器,它将部分控制信号反相,用以控制 4066;KC42 为调制信号发生器,对窄脉冲和宽脉冲进行高频调制。

⑥正桥控制端 U_{lf}及反桥控制端 U_{lr}。

这两个端子用于控制正反桥功放电路工作与否。当端子与地短接时，表示功放电路工作，触发电路产生的脉冲经功放电路从正反桥脉冲输出端输出；当端子悬空时，表示功放电路不工作。U_{lf}控制正桥功放电路，U_{lr}控制反桥功放电路。

⑦正、反桥脉冲输出。

通过专用的20芯扁平线将DJK02挂件上的正反桥脉冲输入端与DJK02-1挂件上的正反桥脉冲输出端连接，为其晶闸管提供相应的触发脉冲。

⑧正、反桥功放电路的原理以正桥的一路为例来说明，原理图如图9-23所示。由触发电路输出的脉冲信号经功放电路中的 V_2、V_3 三极管放大后由脉冲变压器 T_1 输出。U_{lf}即为DJK02挂件面板上的 U_{lf}，接地才可使 V_3 工作，脉冲变压器输出脉冲；正桥共有六路功放电路，其余的五路电路完全与这一路一致；反桥功放和正桥功放线路完全一致，只是控制端不一样，将 U_{lf}改为 U_{lr}。

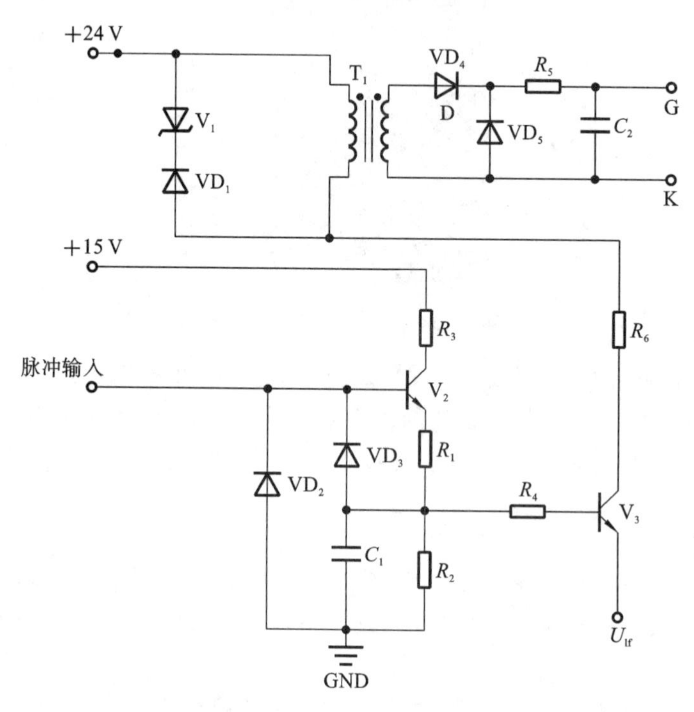

图9-23 功放电路原理图

(3) DJK06给定及实验器件。

DJK06挂件由给定、负载及二极管和压敏电阻等组成，其面板如图9-24所示。

①负载灯泡。

负载灯泡在电力电子实验中用作电阻性负载。

②给定。

给定单元用作给定电平触发信号。当钮子开关1拨向“接地”侧时，无输出；当钮子开关1拨向“给定”侧且钮子开关2拨向“正给定”侧时，通过可调电位器 R_{P1} 的调节可以输出正的给定电压，范围是0～+15 V；当钮子开关1拨向“给定”侧且钮子开关2拨向“负给定”侧时，通过可调电位器 R_{P2} 的调节可以输出负的给定电压，范围是−15～0 V。

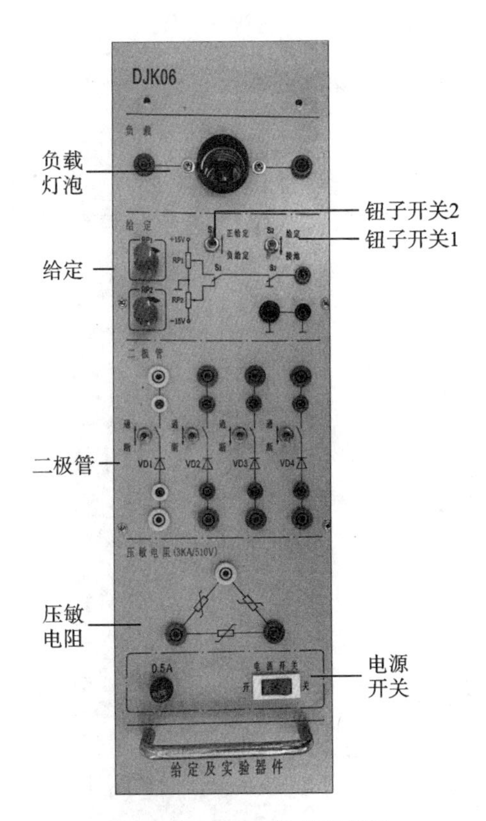

图 9-24　DJK06 挂件面板图

电压给定原理图如图 9-25 所示。

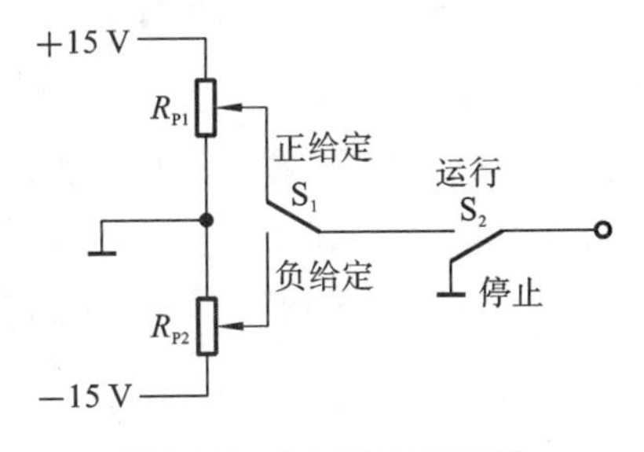

图 9-25　电压给定原理图

③二极管。

二极管的规格是：耐压值为 800 V，最大电流为 3 A。这 4 个二极管可作为普通的整流二极管使用，也可作为晶闸管实验带电感性负载时所需续流二极管使用，在每个二极管回路中由一个开关对其进行通断控制，但该二极管工作频率不高，不能用作快恢复二极管。

④压敏电阻。

三个压敏电阻(规格为：3 kA/510 V)用于三相反桥主电路(逻辑无环流直流调速系统)的电源输入端，起过电压保护作用，内部已连成三角形。

⑤电源开关。

当电源开关拨向“开”侧时，本挂件才会工作，给定单元才起作用。该电源由 0.5 A 熔丝做短路保护。

(4) DJK10 变压器实验。

该挂件由三相芯式变压器、逆变变压器以及三相不控整流桥组成，面板如图 9-26 所示。

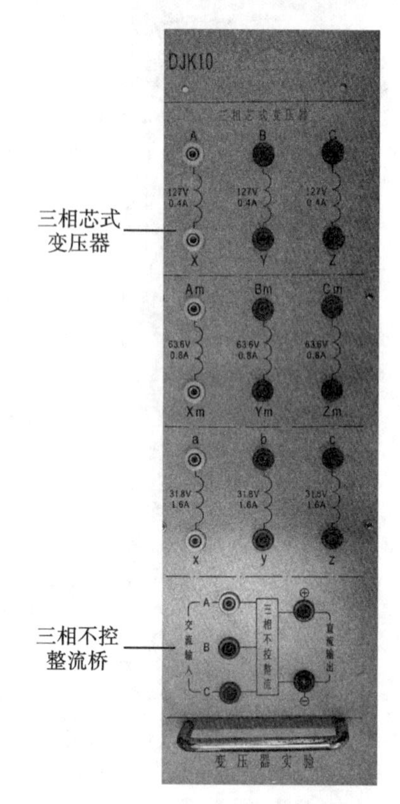

图 9-26　DJK10 挂件面板图

①三相芯式变压器。

三相芯式变压器在绕线式异步电机串级调速系统中作为逆变变压器使用，在三相桥式、单相桥式有源逆变电路实验中也要使用该变压器。该变压器有 2 套副边绕组，原、副边绕组的相电压为 127 V/63.6 V/31.8 V。如果采用 Y/Y/Y 接法，则线电压为 220 V/110 V/55 V。

②逆变变压器。

逆变变压器的额定电压为 24 V，额定电流为 0.5 A，变压比为 1，用于单相并联逆变实验。

③三相不控整流桥。

三相不控整流桥由六个二极管实现桥式整流，最大电流为 3 A。它可作为三相桥式、单相桥式有源逆变电路及直流斩波原理实验中的高压直流电源。

4. 预习要求

(1) 阅读 5.3 节中有关三相桥式全控整流电路的内容，掌握整流电路的基本原理。

(2) 阅读 5.6 节中有关有源逆变电路的有关内容，掌握实现有源逆变的基本条件。

5. 实验线路及原理

三相桥式全控整流电路实验线路如图 9-27 所示。三相桥式有源逆变电路实验线路如

图 9-28 所示。主电路由三相全控整流电路及作为逆变直流电源的三相不可控整流电路组成,触发电路为 DJK02-1 挂件中的集成触发电路,由 KC04、KC41、KC42 等集成芯片组成,可输出经高频调制后的双窄脉冲链。

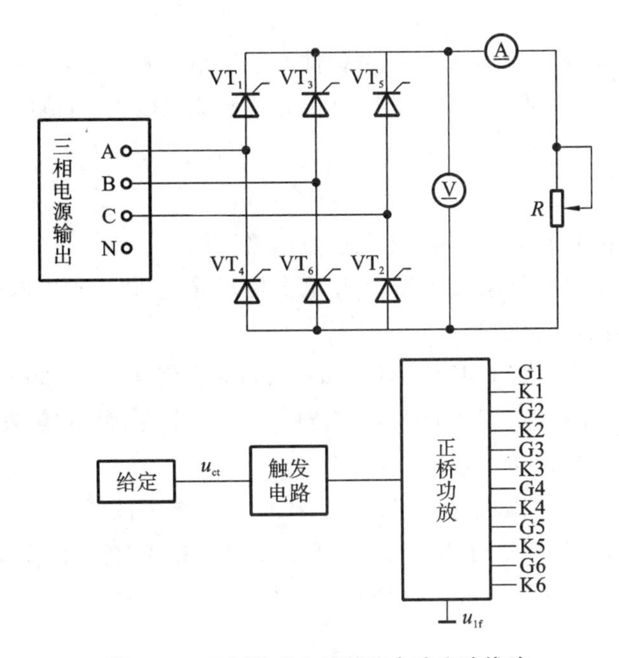

图 9-27　三相桥式全控整流电路实验线路

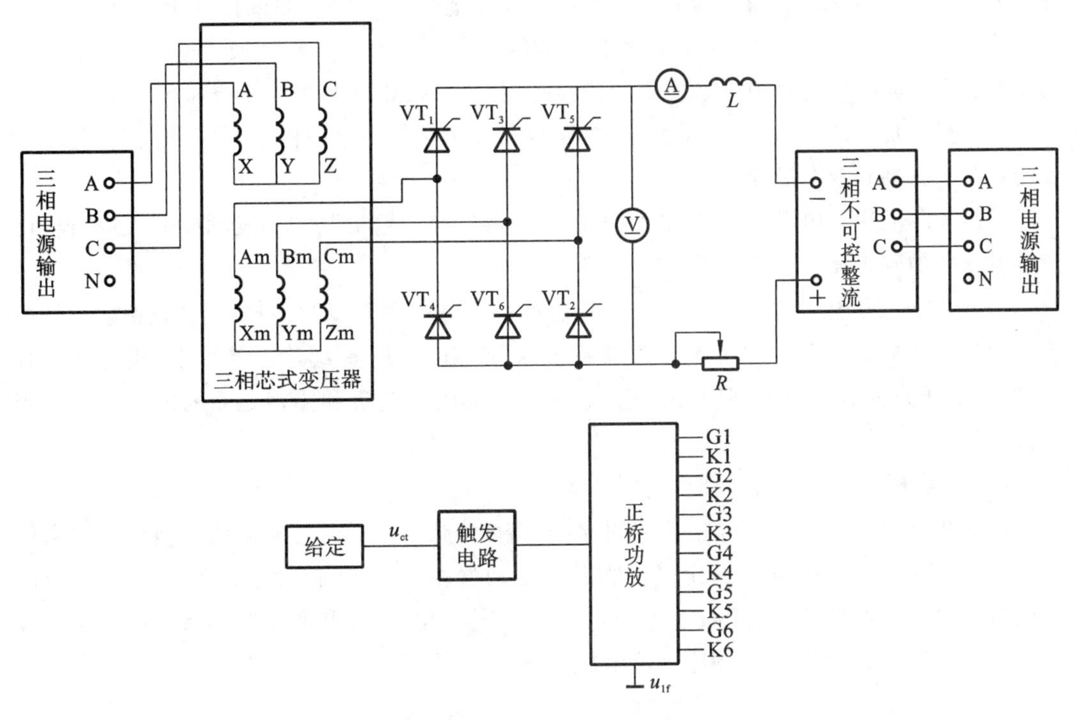

图 9-28　三相桥式有源逆变电路实验线路

在三相桥式有源逆变电路中，电阻、电感与三相桥式全控整流电路中的一致，而三相不控整流桥及芯式变压器均在 DJK10 挂件上，其中芯式变压器用作升压变压器，逆变输出的电压接芯式变压器的中压端 Am、Bm、Cm，返回电网的电压从高压端 A、B、C 输出，变压器采用 Y/Y 接法。

图 9-27 和图 9-28 中的 R 均使用 D42 挂件上的三相可调电阻，将两个 900 Ω 接成并联形式；电感 L_d 在 DJK02 挂件面板上，选用 700 mH，直流电压表、直流电流表由 DJK02 挂件提供。

6. 实验方法

（1）DJK02 挂件和 DJK02-1 挂件上的触发电路调试。

①打开 DJK01 挂件的总电源开关，操作电源控制屏上的“三相电网电压指示”开关，观察输入的三相电网电压是否平衡。

②用 10 芯的扁平电缆将 DJK02 挂件上的“三相同步信号输出”端和 DJK02-1 挂件上的“三相同步信号输入”端相连，打开 DJK02-1 挂件的电源开关，拨动“触发脉冲指示”钮子开关，使“窄脉冲”指示发光管亮。

③观察 A、B、C 三相的锯齿波，并调节 A、B、C 三相锯齿波斜率调节电位器（在各观察孔左侧），使三相锯齿波斜率尽可能一致。观察斜率时两相相对比，即先 a 相和 b 相相对比，再 a 相和 c 相相对比，看是否平行。此时示波器两个探头的挡位要一致，即都是 1× 或都是 10×。

④将 DJK06 挂件上的“给定”输出 u_g 直接与 DJK02-1 挂件上的移相控制电压 u_{ct} 相接，将给定开关 S_2 拨到接地位置（即 $u_{ct}=0$ V），调节 DJK02-1 挂件上的偏移电压电位器，用双踪示波器观察 A 相同步电压信号和“单脉冲观察孔”VT_1 的输出波形，使 $\alpha=150°$（注意此处的 α 表示三相晶闸管电路中的触发角，它的 0°是从自然换相点开始计算的）。

⑤适当增加给定 u_g 的正电压输出，观测 DJK02-1 挂件上“脉冲观察孔”的波形，此时应观测到单窄脉冲和双窄脉冲。

⑥用 8 芯的扁平电缆将 DJK02-1 挂件上的“触发脉冲输出”和“触发脉冲输入”相连，使得触发脉冲加到正反桥功放电路的输入端。

⑦将 DJK02-1 挂件上的 u_{lf} 接地，用 20 芯的扁平电缆将 DJK02-1 挂件的“正桥触发脉冲输出”端和 DJK02 挂件上的“正桥触发脉冲输入”端相连，并将 DJK02 挂件上“正桥触发脉冲”的六个开关拨至“通”侧，观察正桥 VT_1 ～ VT_6 晶闸管门极和阴极之间的触发脉冲是否正常。

（2）三相桥式全控整流电路带电阻负载。

按图 9-27 接线，将 DJK06 挂件上的“给定”输出调到零（逆时针旋到底），使电位器阻值 R_{P1} 最大，按下启动按钮，调节给定电位器 R_{P1}，增加移相电压，使触发角 α 在 30°～150°范围内调节。用示波器观察并记录 $\alpha=30°$、60°及 90°时整流电压 u_d 和晶闸管两端电压 u_{VT_1} 的波形，记录于表 9-12 中，并记录相应整流电压 u_d 的平均值 U_d 于表 9-13 中。

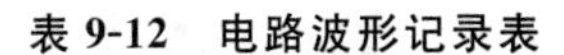
表 9-12　电路波形记录表

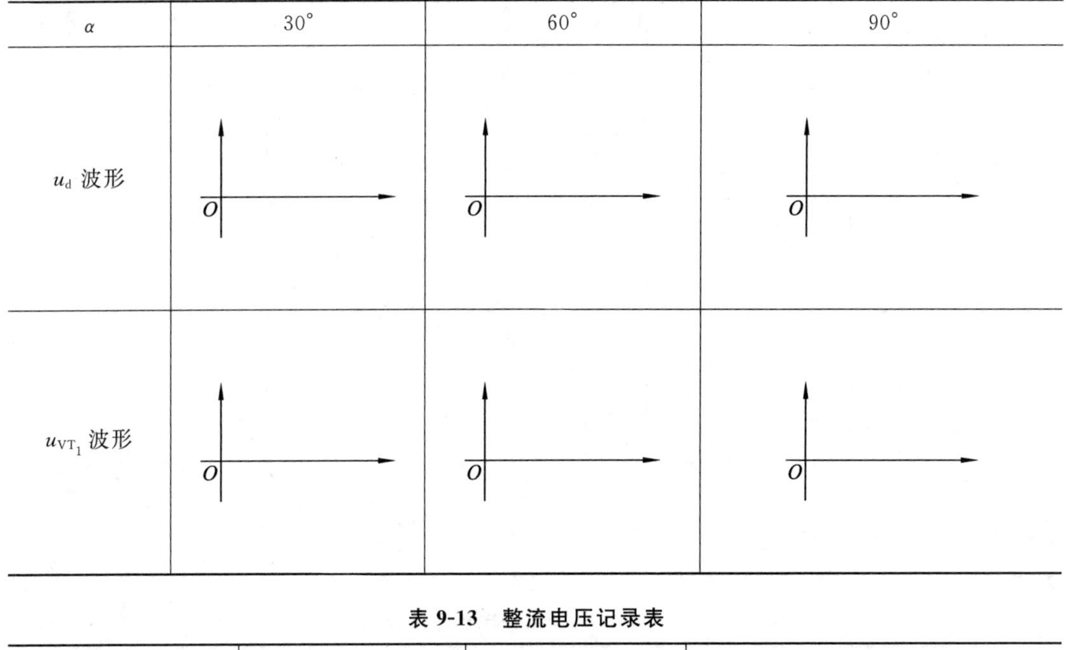

α	30°	60°	90°
u_d 波形	O	O	O
u_{VT_1} 波形	O	O	O

表 9-13　整流电压记录表

α	30°	60°	90°
U_2			
U_d(记录值)			
U_d(计算值)			
$U_{d(记录值)}/U_2$			

U_d 的计算值根据下列公式计算：

$$\begin{cases} U_d = 2.34U_2\cos\alpha, & \alpha = 0^\circ \sim 60^\circ \\ U_d = 2.34U_2\left[1+\cos\left(\alpha+\dfrac{\pi}{3}\right)\right], & \alpha = 60^\circ \sim 120^\circ \end{cases}$$

注意：控制台电源挂件上的电压表显示的是电源线电压的有效值，而此表中的 U_2 是相电压的有效值，计算公式里的 U_2 也是相电压的有效值，在填表和计算时注意换算。

(3) 三相桥式整流电路带阻感负载。

将图 9-27 中电阻负载换成阻感负载，重复(2)中的实验步骤。

(4) 三相桥式有源逆变电路。

按图 9-28 接线，将 DJK06 挂件上的“给定”输出调到零(逆时针旋到底)，使电位器阻值 R_{P1} 最大，按下启动按钮，调节给定电位器 R_{P1}，增加移相电压，使逆变角 β 在 30°～90°范围内调节，逆变角 $\beta=\pi-\alpha$，调节角度时，调节逆变角实质上仍然是调节触发角 α。用示波器观察并记录 β=30°、60°、90°时的电压 u_d 和晶闸管两端电压 u_{VT_1} 的波形，记录于表 9-14 中，并记录相应逆变电压 u_d 的平均值 U_d 于表 9-15 中。

表 9-14　逆变电路波形记录表

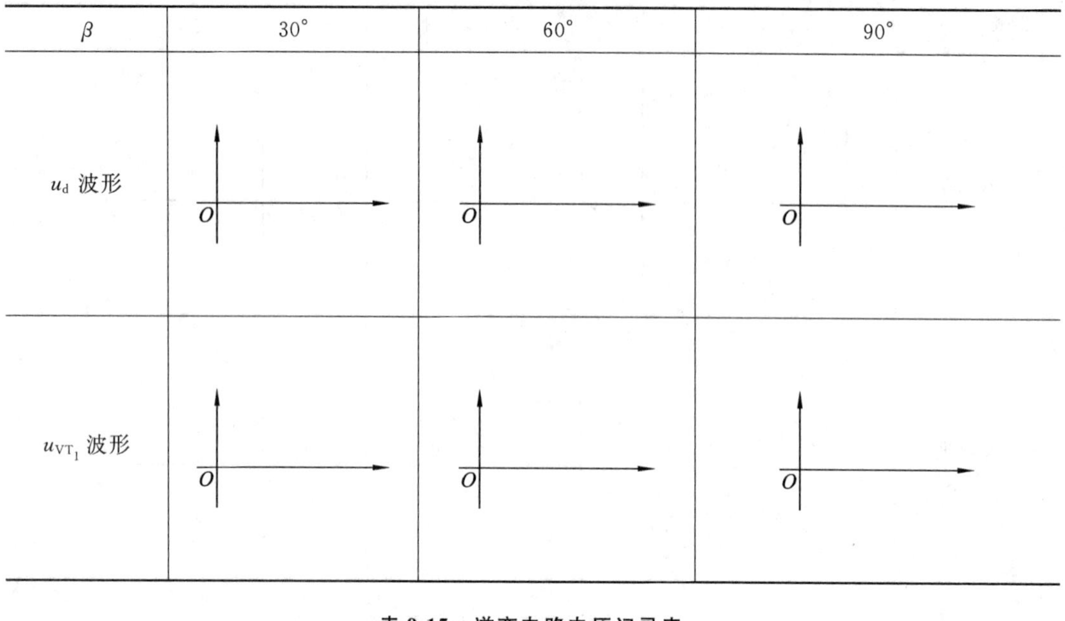

β	30°	60°	90°
u_d 波形			
u_{VT_1} 波形			

表 9-15　逆变电路电压记录表

β	30°	60°	90°
U_2			
U_d(记录值)			
U_d(计算值)			
$U_{d(记录值)}/U_2$			

(5) 故障现象的模拟。

当 $\beta=60°$ 时，将 DJK02 挂件上的触发脉冲正桥钮子开关部分拨向断开侧，模拟部分晶闸管失去触发脉冲时的故障，观察并记录这时的 u_d 和 u_{VT_1} 的波形变化情况，填入表9-16中。

表 9-16　逆变电路故障电路波形记录表

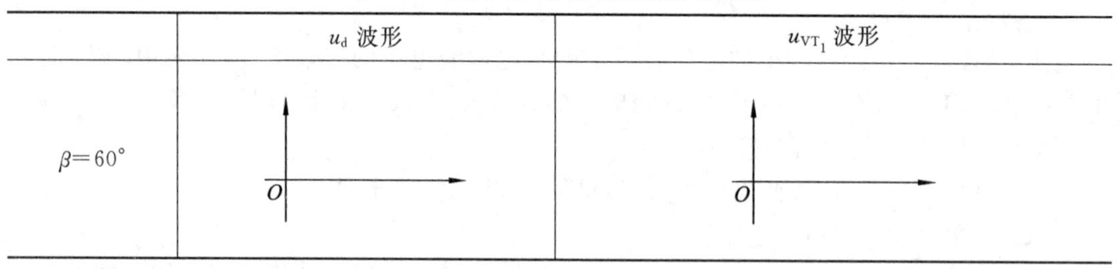

	u_d 波形	u_{VT_1} 波形
$\beta=60°$		

7. 思考题

(1) 如何解决主电路和触发电路的同步问题？在本实验中主电路三相电源的相序可任意设定吗？

(2) 在进行整流及逆变时，对触发角 α 有什么要求？为什么？

8. 实验报告

(1) 画出整流电路带电阻负载时、带阻感负载时、有源逆变时的移相特性 $u_d = f(\alpha)$，即触发角 α 和负载输出电压的关系。

(2) 画出触发电路的传输特性 $\alpha = f(u_{ct})$，即移相控制电压 u_{ct} 和触发角 α 的关系。

(3) 画出带电阻负载时 $\alpha = 30°、60°、90°、120°、150°$ 时整流电压 u_d 和晶闸管两端电压 u_{VT_1} 的波形。

(4) 简单分析模拟的故障现象。

9. 注意事项

(1) 双踪示波器有两个探头，可同时观测两路信号，但这两个探头的地线都与示波器的外壳相连，所以两个探头的地线不能同时接在同一电路不同电位的两个点上，否则这两点会通过示波器外壳发生电气短路。为此，为了保证测量的顺利进行，可将其中一根探头的地线取下或外包绝缘，只使用其中一路的地线，这样从根本上解决了这个问题。当需要同时观察两个信号时，必须在被测电路上找到这两个信号的公共点，将探头的地线接于此处，将探头各接至被测信号，只有这样才能在示波器上同时观察到两个信号，而不发生意外。

(2) 为了防止过电流，启动时将负载电阻 R 调至最大阻值位置。

(3) 三相不控整流桥的输入端可加接三相自耦调压器，以降低逆变用直流电源的电压值。

9.7 单相相控式交流调压电路实验

1. 实验目的

(1) 加深理解单相相控式交流调压电路的工作原理。

(2) 加深理解单相相控式交流调压电路带电感性负载对脉冲及移相范围的要求。

(3) 了解 KC05 晶闸管移相触发器的原理和应用。

2. 实验内容

(1) KC05 集成移相触发电路的调试及工作波形测试。

(2) 单相相控式交流调压电路带纯电阻负载时主电路工作波形测试。

(3) 单相相控式交流调压电路带阻感负载时负载阻抗角测试及主电路工作波形测试。

3. 实验所需挂件及附件

本实验所需挂件及仪表如表 9-17 所示。

表 9-17 单相相控式交流调压电路实验所需挂件及仪表

序号	型号	备注
1	DJK01 电源控制屏	该控制屏包含三相电源输出等模块
2	DJK02 晶闸管主电路	该挂件包含 12 个晶闸管、直流电压表和直流电流表等模块
3	DJK03-1 晶闸管触发电路	该挂件包含单相交流调压触发电路等模块
4	D42 三相可调电阻	该挂件包含三个可调电阻模块

续表

序号	型号	备注
5	双踪示波器	
6	万用表	

DJK01 挂件在 9.2 节中已经讲述，DJK02 挂件在 9.6 节中已经讲述。DJK03-1 挂件面板如图 9-17 所示。本实验应用 DJK03-1 挂件中的单相交流调压触发电路。

单相交流调压触发电路原理如图 9-29 所示。

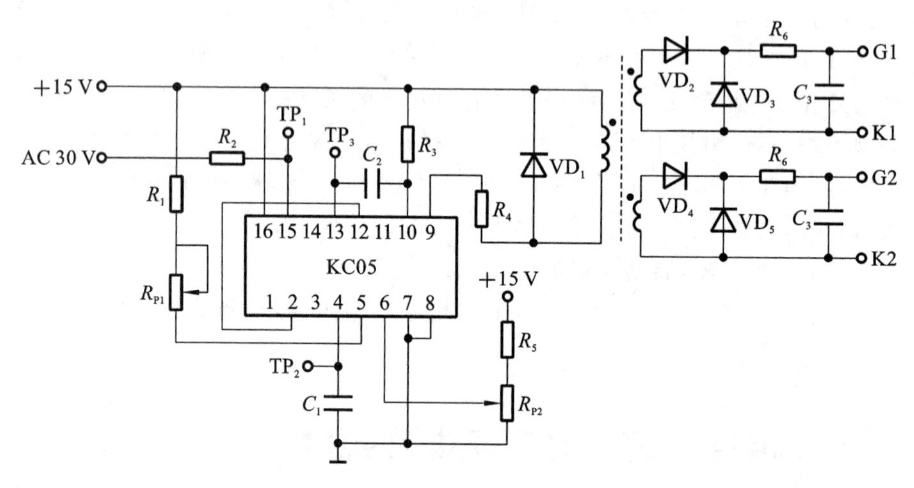

图 9-29　单相交流调压触发电路原理图

4. 预习要求

(1) 阅读 6.1 节中有关交流调压的内容，掌握交流调压的工作原理。

(2) 学习本节中有关单相相控式交流调压电路的内容，了解 KC05 晶闸管触发芯片的工作原理及在单相相控式交流调压电路中的应用。

5. 实验线路及原理

本实验采用 KC 晶闸管集成移相触发器。该触发器适用于双向晶闸管或两个反向并联晶闸管电路的交流相位控制，具有锯齿波线性好、移相范围宽、控制方式简单、易于集中控制、输出电流大等优点。

单相交流调压电路的主电路由两个反向并联的晶闸管组成，如图 9-30 所示。

图 9-30 中电阻 R 用 D42 三相可调电阻，将两个 900 Ω 接成并联的形式，晶闸管则利用 DJK02 上的反桥元件，交流电压表和交流电流表由 DJK01 挂件提供，电抗器 L_d 由 DJK02 挂件提供，为 700 mH。

6. 实验方法

(1) KC05 集成移相触发电路的调试。

从电源控制屏用两根导线将 220 V 交流电压接到 DJK03-1 挂件“外接～220 V”端，按下启动按钮，打开 DJK03-1 挂件的电源开关，用示波器观察单相交流调压电路 1～5 端输出脉冲的波形。调节 DJK03-1 挂件上的电位器 R_{P1}，观察锯齿波斜率是否变化；调节 R_{P2}，观察

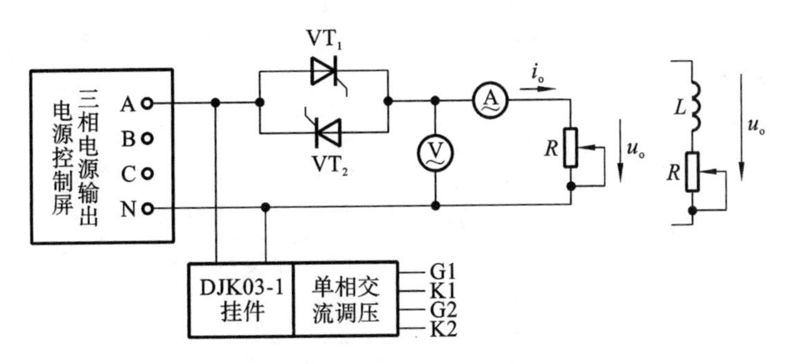

图 9-30　单相交流调压主电路原理图

输出脉冲的移相范围如何变化、移相能否达到 170°，记录上述过程中观察到的各点电压波形。

(2) 单相交流调压电路带纯电阻负载。

将 DJK02 挂件上的两个晶闸管反向并联而构成交流调压电路，将触发器的输出脉冲端“G1”“K1”“G2”“K2”分别接至主电路相应晶闸管的门极和阴极，接上纯电阻负载，调节“单相交流调压触发电路”上的电位器 R_{P2}，观察并记录 $\alpha=60°$、120°时的输出电压 u_o、晶闸管两端电压 u_{VT_1} 的波形于表 9-18 中，并记录 $\alpha=30°$、60°、90°、120°时 U_o 的数值于表 9-19 中。

表 9-18　单相相控式交流调压电路带纯电阻负载时 u_o 和 u_{VT_1} 的波形

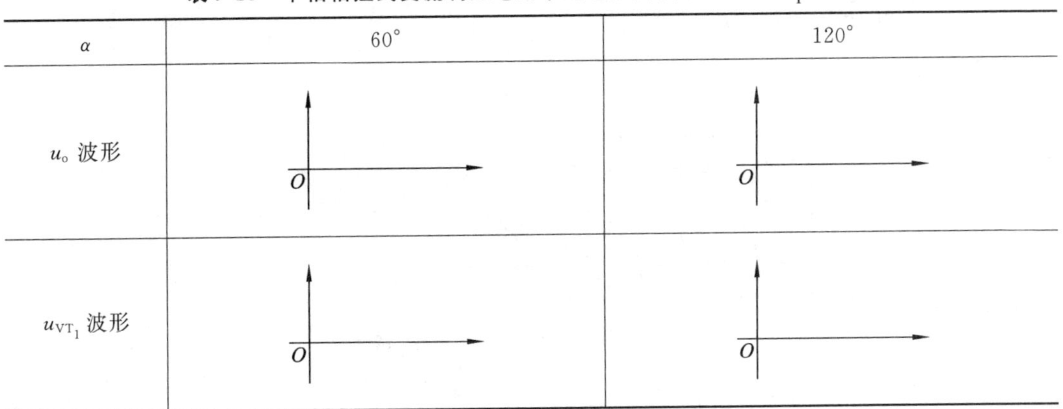

α	60°	120°
u_o 波形	O	O
u_{VT_1} 波形	O	O

表 9-19　单相相控式交流调压带纯电阻负载时的测量结果

α	30°	60°	90°	120°
U_2				
U_o(记录值)				
U_o(计算值)				
$U_{o(记录值)}/U_2$				

输出电压有效值的计算公式为：

$$U_o = U_2\sqrt{\frac{1}{2\pi}\sin(2\alpha)+\frac{\pi-\alpha}{\pi}}$$

(3) 单相相控式交流调压电路带阻感负载。

在进行带阻感负载实验时，需要调节负载阻抗角的大小，因此应该知道电抗器内阻和电感量。电抗器的内阻可以用万用表欧姆挡直接测量，也可以用直流伏安法来测量，如图9-31所示。电抗器内阻为：

$$R_L=\frac{U_L}{I}$$

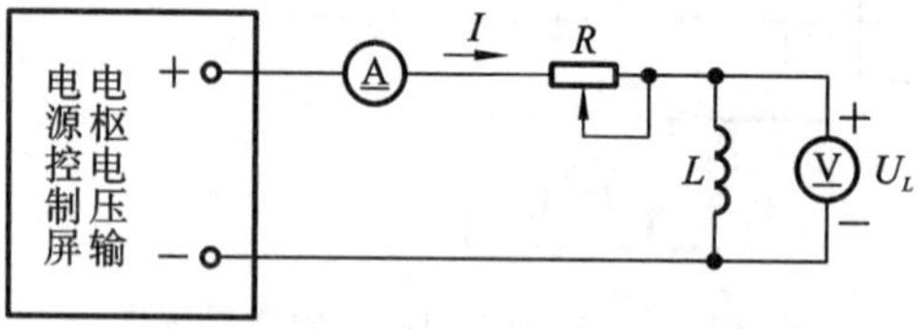

图 9-31　用直流伏安法测电抗器内阻

电抗器的电感量可以用交流伏安法测量，如图 9-32 所示。由于电流大时，对电抗器电感量影响较大，采用自耦调压器调压，多测几次取其平均值，从而可得到交流阻抗，即：

$$Z=\frac{U_L}{I}$$

电抗器的电感为：

$$L=\frac{\sqrt{Z^2-(R+R_L)^2}}{2\pi f}$$

负载阻抗角为：

$$\varphi=\arctan\frac{\omega L}{R+R_L}$$

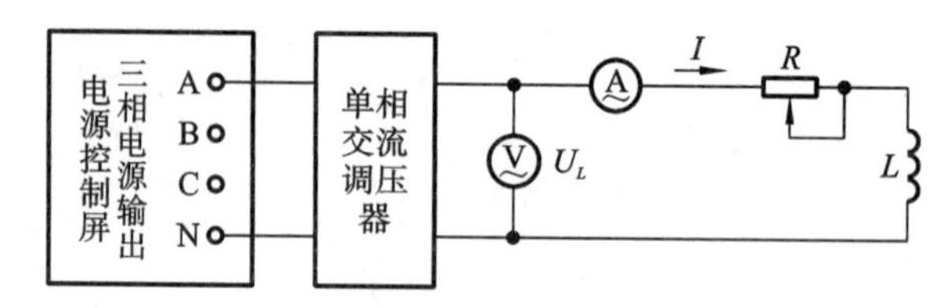

图 9-32　用交流伏安法测定电感量

调节 R 的数值并记录，将测量结果记入表 9-20 中。

表 9-20　电抗器参数测量

	R_L 的测量			Z_L 的测量			φ 测算值/(°)
	U_L/V	I/A	R_L 测算值/Ω	U_L/V	I/A	Z_L 测算值/Ω	
第一次测量							
第二次测量							
第三次测量							

特别注意：R_L 测量时用直流电源、直流电压表和直流电流表；Z_L 测量时，用交流电源、交流电压表和交流电流表。在实验中欲改变阻抗角，只需改变滑动变阻器的电阻值即可。

7. 思考题

（1）交流调压在带电感性负载时可能会出现什么现象？为什么？如何解决？

（2）交流调压有哪些控制方式？有哪些应用场合？

(3) 如何用双踪示波器同时观察负载电压 u_o 和负载电流 i_o 的波形?

8. 实验报告

(1) 画出实验中所记录的各类波形。

(2) 分析带阻感负载时,α 角与 φ 角相应关系的变化对调压器工作的影响。

(3) 分析实验中出现的各种问题。

9. 注意事项

(1) 可参考实验 9.6 的注意事项(1) 和(2)。

(2) 触发脉冲从外部接入 DJK02 挂件上晶闸管的门极和阴极,此时,应将所用晶闸管对应的正桥触发脉冲或反桥触发脉冲的开关拨向“断”的位置,并将正桥控制端和反桥控制端悬空,以避免误触发。

(3) 由于“G”“K”输出端有电容影响,因此观察触发脉冲电压波形时,需将输出端“G”和“K”分别接到晶闸管的门极和阴极(或者也可用约 100 Ω 阻值的电阻接到“G”“K”两端,来模拟晶闸管门极与阴极的阻值),否则无法观察到正确的脉冲波形。

参考文献

[1] 王兆安,刘进军.电力电子技术[M].5版.北京:机械工业出版社,2009.
[2] 陈坚.电力电子学——电力电子变换和控制技术[M].北京:高等教育出版社,2002.
[3] 洪乃刚.电力电子技术基础[M].2版.北京:清华大学出版社,2015.
[4] 石新春,王毅,孙丽玲.电力电子技术[M].2版.北京:中国电力出版社,2013.
[5] 王云亮.电力电子技术[M].3版.北京:电子工业出版社,2013.
[6] 周渊深.电力电子技术与MATLAB仿真[M].2版.北京:中国电力出版社,2014.
[7] 林渭勋.现代电力电子技术[M].北京:机械工业出版社,2006.
[8] 陈伯时.电力拖动自动控制系统[M].2版.北京:机械工业出版社,2005.
[9] 张占松,蔡宣三.开关电源的原理与设计[M].北京:电子工业出版社,1998.
[10] 陈艳,吴敏,沈放.电力电子技术实验教程[M].重庆:重庆大学出版社,2017.
[11] 王鲁杨,王禾兴.电力电子技术实验指导书[M].2版.北京:中国电力出版社,2017.